개념+유형

PLUS

개념편

CONCEPT

중학 수학

1·2

개념과 유

하나로

교과서
채택률 1위
15개정 교육과정

visang

개발 손종은 김성범 용효진
디자인 정세연 안상현

발행일 2022년 2월 1일
펴낸날 2023년 11월 1일
펴낸곳 (주)비상교육
펴낸이 양태회
신고번호 제2002-000048호
출판사업총괄 최대찬
개발총괄 채진희
개발책임 최진형
디자인책임 김재훈
영업책임 이지웅
품질책임 석진안
마케팅책임 이은진
대표전화 1544-0554
주소 경기도 과천시 과천대로2길 54

세상이 변해도
배움의 즐거움은
변함없도록

시대는 빠르게 변해도
배움의 즐거움은
변함없어야 하기에

어제의 비상은
남다른 교재부터
결이 다른 콘텐츠
전에 없던 교육 플랫폼까지

변함없는 혁신으로
교육 문화 환경의 새로운 전형을
실현해왔습니다.

비상은 오늘, 다시 한번
새로운 교육 문화 환경을 실현하기 위한
또 하나의 혁신을 시작합니다.

오늘의 내가 어제의 나를 초월하고
오늘의 교육이 어제의 교육을 초월하여
배움의 즐거움을 지속하는 혁신,

바로, 메타인지 기반 완전 학습을.

상상을 실현하는 교육 문화 기업 비상

메타인지 기반 완전 학습

초월을 뜻하는 meta와 생각을 뜻하는 인지가 결합한 메타인지는
자신이 알고 모르는 것을 스스로 구분하고 학습계획을 세우도록 하는
궁극의 학습 능력입니다. 비상의 메타인지 기반 완전 학습 시스템은
잠들어 있는 메타인지를 깨워 공부를 100% 내 것으로 만들도록 합니다.

비상교재 인강이 듣고 싶다면?
온리원중등 바로 수강

온리원중등
7일 무료 체험

전 강좌 수강 가능

QR코드 찍고 비상교재 전용 강의가 있는
온리원중등 체험 신청하기

체험 신청하고
무제한 듣기

콕 강의
30회 무료 수강권

개념&문제별 수강 가능

※ 박스 안을 연필 또는 샤프 펜슬로
칠하면 번호가 보입니다.

쿠폰 등록하고
바로 수강하기

100% 당첨

N Pay 10,000원

CU CU 모바일 상품권 10,000원

Bonus!

무료 체험 100% 당첨 이벤트

무료 체험시 상품권, 간식 등 100% 선물 받는다!
지금 바로 '온리원중등' 체험하고 혜택 받자!

7일 무료체험 및 수강권 이용 방법

1. 무료체험은 QR 코드를 통해 바로 신청 가능하며 체험 신청 후
   체험 안내 해피콜이 진행됩니다.(배송비&반납비 무료)
2. 콕강의 수강권은 QR코드를 통해 등록 가능합니다.
3. 체험 신청 및 수강권 등록은 ID당 1회만 가능합니다.

경품 이벤트 참여 방법

1. 무료체험 신청 후 인증시(기기에서 로그인)
   전원 혜택이 제공되며 경품은 매월 변경됩니다.
2. 콕강의 수강권 등록한 전원에게 혜택 제공되며 경품은
   두 달마다 변경됩니다.
3. 이벤트 경품은 소진 시 조기 종료될 수 있습니다.

visang **ONLY**

온리원중등

장학생 1년 만에
96.8% 폭발적 증가!

역대최대다!

2022년
3,499명*

2023년
6,888명**

성적 향상이 보인다

1. 독보적인 강의 콘텐츠

검증된 베스트셀러 교재로
인기 선생님이 진행하는 독점 강좌

2. 학습 성취 높이는 시스템

공부 빈틈을 찾아 메우고
장기기억화 하는 메타인지 학습

3. 긴장감 있는 학습 환경

공부 시작부터 1:1 코칭 진행,
학습결과 분석해 맞춤 피드백 제시

4. 내신 만점 맞춤 솔루션

실력 점검 테스트, 서술형 기출 족보,
수행평가 1:1 멘토링, 과목별 자료 제공

비상교육 온리원중등과 함께 성적 상승을 경험하세요.

문의 1588-6563 www.only1.co.kr

개념➕유형

개념편

CONCEPT

중등 수학

1·2

STRUCTURE ··· 구성과 특징

① 핵심 개념을 이해하고!

핵심 개념
자세하고 깔끔한 개념 정리와 필수 문제, 유제

② 개념을 익히고!

Step 1 쏙쏙 개념 익히기
보다 완벽하게 개념을 이해하기 위한 대표 문제

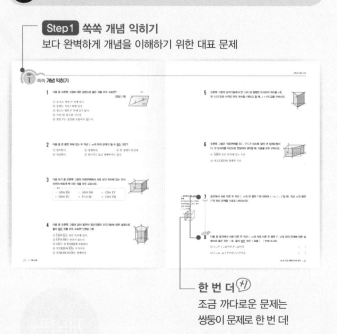

한 번 더 ㈎
조금 까다로운 문제는
쌍둥이 문제로 한 번 더!

개념편 학습 후
유 형 편

유형별 연습 문제로 **기초**를 **탄탄**하게 하고 싶다면

유형편 라이트

유형별
연습 문제 ▶ 쌍둥이
기출문제 ▶ 단원
마무리

개념과 유형이 하나로~!
개념+유형의 체계적인 학습 시스템

❸ 실전 문제로 다지기!

Step 2 탄탄 단원 다지기
교과서 문제와 기출문제로 구성된 단원 마무리 문제

Step 3 쓱쓱 서술형 완성하기
연습과 실전이 함께하는 서술형 문제

❹ 개념 정리로 마무리!

○○ 속 수학
다양한 분야에서 수학과 관련된 흥미로운 이야기

마인드맵
단원의 핵심 개념을 한눈에 보는
개념 정리 마인드맵

다양한 기출문제로 **내신 만점**에 도전한다면

유형편 **파워**

유형별 비법 정리 ▸ 유형별 기출문제 ▸ 단원 마무리

CONTENTS ... 차례

개념플러스유형 1-1

Ⅰ. 수와 연산	1. 소인수분해
	2. 정수와 유리수
Ⅱ. 문자와 식	3. 문자의 사용과 식의 계산
	4. 일차방정식
Ⅲ. 좌표평면과 그래프	5. 좌표와 그래프
	6. 정비례와 반비례

I
기본 도형

1 기본 도형

이전에 배운 내용

초3~4
• 평면도형
• 각도
• 수직과 평행

이번에 배울 내용

◠1 점, 선, 면, 각
◠2 점, 직선, 평면의 위치 관계
◠3 동위각과 엇각

이후에 배울 내용

중2
• 도형의 성질

고등
• 선분의 내분점과 외분점
• 두 직선의 평행과 수직

준비 학습

초3~4 **평면도형**
• 직선: 양쪽으로 끝이 없는 곧은 선
• 반직선: 한 점에서 시작하여 한쪽으로 끝이 없는 곧은 선
• 선분: 두 점을 곧게 이은 선

1 다음에서 서로 알맞은 것끼리 연결하시오.

(1) ━━━━ㄱ━━━━ㄴ━ • • 선분 ㄱㄴ

(2) •ㄱ━━━━ㄴ• • 반직선 ㄱㄴ

(3) •ㄱ━━━━ㄴ━ • • 직선 ㄱㄴ

초3~4 **각도**
• 예각: 각도가 0°보다 크고 직각의 그기보디 작은 각
• 둔각: 각도가 직각의 크기보다 크고 180°보다 작은 각

2 다음 각을 예각과 둔각으로 구분하시오.

(1)

(2)

초3~4 **수직과 평행**
• 두 직선이 서로 수직이다.
  ➡ 만나서 이루는 각이 직각이다.
• 두 직선이 서로 평행하다.
  ➡ 서로 만나지 않는다.

3 오른쪽 그림에서 다음을 찾으시오.

(1) 서로 수직인 직선

(2) 서로 평행한 직선

1 점, 선, 면, 각

● 정답과 해설 13쪽

1 점, 선, 면

(1) 점이 움직인 자리는 선이 되고,
선이 움직인 자리는 면이 된다.

(2) 점, 선, 면은 도형을 구성하는 기본적인 요소이다.

2 도형의 종류

(1) **평면도형**: 삼각형, 원과 같이 한 평면 위에 있는 도형

(2) **입체도형**: 직육면체, 원기둥과 같이 한 평면 위에 있
지 않은 도형

3 교점과 교선

(1) **교점**: 선과 선 또는 선과 면이 만나서 생기는 점

(2) **교선**: 면과 면이 만나서 생기는 선

참고 교선은 직선일 수도 있고 곡선일 수도 있다.

> **용어**
> • **교점** (交 만나다, 點 점)
> 두 도형이 만날 때 생기는 점
> • **교선** (交 만나다, 線 선)
> 두 도형이 만날 때 생기는 선

필수 문제 1

교점과 교선

▶ 평면으로만 둘러싸인 입체도
형에서 두 모서리의 교점은
꼭짓점이고, 두 면의 교선은
모서리이므로
(교점의 개수)=(꼭짓점의 개수),
(교선의 개수)=(모서리의 개수)

다음 입체도형에서 교점의 개수와 교선의 개수를 구하시오.

(1)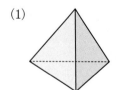

교점: _____
교선: _____

(2)

교점: _____
교선: _____

1-1 다음 입체도형에서 교점의 개수를 a개, 교선의 개수를 b개라고 할 때, $a+b$의 값을
구하시오.

(1)

(2)

4 직선의 결정

한 점을 지나는 직선은 무수히 많지만 서로 다른 두 점을 지나는

직선은 오직 하나뿐이다. → 서로 다른 두 점은 직선 하나를 결정한다.

참고 점은 보통 대문자 A, B, C, …로 나타내고, 직선은 보통 소문자 l, m, n, …
으로 나타낸다.

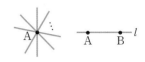

5 직선, 반직선, 선분

(1) 직선 AB: 서로 다른 두 점 A, B를 지나는 직선

기호 $\overleftrightarrow{AB}$ → $\overleftrightarrow{AB}$와 $\overleftrightarrow{BA}$는 같은 직선이다.

(2) 반직선 AB: 직선 AB 위의 한 점 A에서 시작하여
점 B의 방향으로 한없이 뻗어 나가는 직선 AB의 부분

기호 $\overrightarrow{AB}$ → $\overrightarrow{AB}$는 ●──→ , $\overrightarrow{BA}$는 ←──● 이므로 $\overrightarrow{AB}$와 $\overrightarrow{BA}$는 다른 반직선이다.
A B   A B

(3) 선분 AB: 직선 AB 위의 두 점 A, B를 포함하여 점 A에서 점 B까지의 부분

기호 $\overline{AB}$ → $\overline{AB}$와 $\overline{BA}$는 같은 선분이다.

$\overleftrightarrow{AB}$	←●────●→ A B
$\overrightarrow{AB}$	●────●→ A B
$\overline{AB}$	●────● A B

개념 확인 다음 도형을 기호로 나타내시오.

(1)
P   Q

(2) ●────────→
P   Q

(3)
P   Q

(4) ←●────────●→
P   Q

용어
• 직선(直 곧다, 線 선)
곧게 뻗은 선
• 선분(線 선, 分 나누다)
직선을 나눈 일부분

필수 문제 2
직선, 반직선, 선분

▶ 반직선 AB($\overrightarrow{AB}$)의 구분
시작점┘ └ 뻗어 나가는 방향
두 반직선이 같으려면 시작점
과 뻗어 나가는 방향이 모두
같아야 한다.

오른쪽 그림과 같이 직선 l 위에 네 점 A, B, C, D가 있을 때,
다음 중 옳지 않은 것은?

① $\overleftrightarrow{AB} = \overleftrightarrow{BC}$
② $\overrightarrow{AB} = \overrightarrow{CD}$
③ $\overline{BD} = \overline{DB}$
④ $\overrightarrow{CA} = \overrightarrow{CB}$
⑤ $\overline{BC} = \overline{CB}$

2-1 오른쪽 그림과 같이 직선 l 위에 세 점 A, B, C가 있을 때,
다음 도형과 같은 것을 보기에서 모두 고르시오.

●──●──●───l
A B   C

보기
$\overleftrightarrow{BC}$, $\overrightarrow{AC}$, $\overleftrightarrow{CA}$, $\overline{AB}$, $\overline{BC}$, $\overrightarrow{CA}$, $\overrightarrow{AC}$, $\overrightarrow{BA}$, $\overrightarrow{BC}$, $\overline{CB}$

(1) $\overleftrightarrow{AB}$

(2) $\overline{AC}$

(3) $\overrightarrow{AB}$

(4) $\overrightarrow{CA}$

6 두 점 사이의 거리

(1) **두 점 A, B 사이의 거리**: 서로 다른 두 점 A, B를 잇는 무수히 많은
선 중에서 길이가 가장 짧은 선인 선분 AB의 길이

(2) $\overline{AB}$는 선분을 나타내기도 하고, 그 선분의 길이를 나타내기도 한다.

두 점 A, B 사이의 거리

> 예 • 선분 AB의 길이가 2 cm이다. ➡ $\overline{AB}=2$ cm
> • 두 선분 AB와 CD의 길이가 같다. ➡ $\overline{AB}=\overline{CD}$

7 선분의 중점

선분 AB 위의 한 점 M에 대하여 $\overline{AM}=\overline{MB}$일 때,
점 M을 선분 AB의 **중점**이라고 한다.

➡ $\overline{AM}=\overline{MB}=\dfrac{1}{2}\overline{AB} \rightarrow \overline{AB}=2\overline{AM}=2\overline{MB}$

선분 AB의 중점

> 용어
> **중점**(中 가운데, 點 점)
> 선분의 한가운데에 있는 점

개념 확인 오른쪽 그림에서 다음을 구하시오.

(1) 두 점 A, B 사이의 거리
(2) 두 점 B, C 사이의 거리

필수 문제 ③

두 점 사이의 거리와
선분의 중점

▸중점은 선분의 길이를 이등분
한다.

오른쪽 그림에서 점 C는 $\overline{AD}$의 중점이고 점 B는 $\overline{AC}$의 중점일 때,
다음 ☐ 안에 알맞은 수를 쓰시오.

(1) $\overline{AB}=\boxed{}\overline{AC}$ (2) $\overline{AD}=\boxed{}\overline{AB}$

(3) $\overline{AD}=20$ cm이면 $\overline{AC}=\boxed{}$ cm, $\overline{AB}=\boxed{}$ cm

3-1 오른쪽 그림에서 $\overline{AB}=\overline{BC}=\overline{CD}$이고 점 M은 선분 AB의
중점일 때, 다음 중 옳지 않은 것은?

① $\overline{AB}=2\overline{AM}$ ② $\overline{AD}=3\overline{AB}$ ③ $\overline{BC}=\dfrac{1}{3}\overline{AD}$

④ $\overline{AC}=3\overline{AM}$ ⑤ $\overline{BD}=\dfrac{2}{3}\overline{AD}$

3-2 오른쪽 그림에서 점 M은 $\overline{AB}$의 중점이고 점 N은 $\overline{MB}$의 중
점이다. $\overline{AB}=12$ cm일 때, 다음 선분의 길이를 구하시오.

(1) $\overline{AM}$ (2) $\overline{MN}$ (3) $\overline{AN}$

STEP 1 쏙쏙 개념 익히기

1 다음 보기 중 옳지 <u>않은</u> 것을 모두 고르시오.

┤ 보기 ├

ㄱ. 선이 움직인 자리는 면이 된다.
ㄴ. 교점은 선과 선이 만나는 경우에만 생긴다.
ㄷ. 면과 면이 만나면 직선 또는 곡선이 생긴다.
ㄹ. 직육면체에서 교선의 개수는 면의 개수와 같다.

2 다음 입체도형 중 점 A를 지나는 교선의 개수가 나머지 넷과 <u>다른</u> 하나는?

①   ②   ③   ④   ⑤

3 오른쪽 그림과 같이 직선 l 위에 네 점 A, B, C, D가 있을 때, 다음 보기 중 $\overrightarrow{AB}$를 포함하는 반직선은 모두 몇 개인지 구하시오.

┤ 보기 ├

$\overrightarrow{AB}$, $\overrightarrow{BA}$, $\overrightarrow{BC}$, $\overrightarrow{CD}$, $\overrightarrow{DB}$

4 오른쪽 그림과 같이 한 직선 위에 있지 않은 세 점 A, B, C가 있다. 이 중 두 점을 이어서 만들 수 있는 서로 다른 직선, 반직선, 선분의 개수를 차례로 구하시오.

5 오른쪽 그림에서 점 B는 $\overline{AC}$의 중점이고, 점 C는 $\overline{BD}$의 중점이다. $\overline{AC}=6\,cm$일 때, $\overline{AD}$의 길이를 구하시오.

6 오른쪽 그림과 같이 길이가 $18\,cm$인 $\overline{AB}$ 위에 점 C가 있다. 점 M은 $\overline{AC}$의 중점이고 점 N은 $\overline{CB}$의 중점일 때, $\overline{MN}$의 길이를 구하시오.

8 각

(1) **각 AOB**: 한 점 O에서 시작하는 두 <u>반직선</u> OA, OB로 이루어진 도형
→ 또는 선분

기호 ∠AOB, ∠BOA, ∠O, ∠a

각의 꼭짓점을 가운데에 쓴다.

참고 각 AOB에서 점 O를 각의 꼭짓점, 두 반직선 OA, OB를 각의 변이라고 한다.

(2) **각 AOB의 크기**: 꼭짓점 O를 중심으로 변 OB가 변 OA까지 회전한 양

참고 • ∠AOB는 각을 나타내기도 하고, 그 각의 크기를 나타내기도 한다.
• ∠AOB는 보통 크기가 작은 쪽의 각을 말한다.

예 ➡ ∠AOB=120°

9 각의 분류

(1) **평각**: 각의 두 변이 꼭짓점을 중심으로 서로 반대쪽에 있고
한 직선을 이룰 때의 각, 즉 크기가 180°인 각

(2) **직각**: 평각의 크기의 $\frac{1}{2}$인 각, 즉 크기가 90°인 각

(3) **예각**: 크기가 0°보다 크고 90°보다 작은 각

(4) **둔각**: 크기가 90°보다 크고 180°보다 작은 각

(평각)=180°   (직각)=90°

0°<(예각)<90°   90°<(둔각)<180°

개념 확인 오른쪽 그림에서 ∠a, ∠b를 각각 점 A, B, C, D를 사용하여 나타내려고 한다. 다음 ☐ 안에 알맞은 것을 쓰시오.

(1) ∠a=∠A=☐=☐=☐=☐

(2) ∠b=☐=☐

필수 문제 4

각의 분류

다음 각을 오른쪽 보기에서 모두 고르시오.

(1) 예각 (2) 직각

(3) 둔각 (4) 평각

┌ 보기 ┐
45°,   60°,   158°,   90°,
17°,   120°,   95°,   180°

필수 문제 5

평각, 직각을 이용하여 각의 크기 구하기

다음 그림에서 ∠x의 크기를 구하시오.

(1)

x / 80°

(2)

x / 70°

5-1 다음 그림에서 ∠x의 크기를 구하시오.

(1)

55° / x

(2)

2x / x

10 맞꼭지각

(1) **교각**: 두 직선이 한 점에서 만날 때 생기는 네 개의 각

➡ $\angle a$, $\angle b$, $\angle c$, $\angle d$

(2) **맞꼭지각**: 두 직선의 교각 중에서 서로 마주 보는 각

➡ $\angle a$와 $\angle c$, $\angle b$와 $\angle d$

(3) **맞꼭지각의 성질**: 맞꼭지각의 크기는 서로 같다.

➡ $\angle a = \angle c$, $\angle b = \angle d$

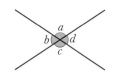

참고 $\angle a + \angle b = 180°$, $\angle b + \angle c = 180°$이므로
$\angle a = 180° - \angle b$, $\angle c = 180° - \angle b$
∴ $\angle a = \angle c$
같은 방법으로 하면 $\angle b = \angle d$

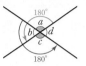

개념 확인 오른쪽 그림과 같이 세 직선이 한 점 O에서 만날 때, 다음 각의 맞꼭지각을 구하시오.

(1) $\angle$AOF   (2) $\angle$DOE

(3) $\angle$BOD   (4) $\angle$DOF

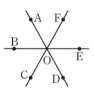

필수 문제 6

맞꼭지각의 성질을 이용하여 각의 크기 구하기

다음 그림에서 $\angle x$, $\angle y$의 크기를 각각 구하시오.

(1)

(2)

6-1 다음 그림에서 x의 값을 구하시오.

(1)

(2)

6-2 다음 그림에서 x의 값을 구하시오.

⇨ $\angle a + \angle b = \angle c$

(1)

(2)

11 직교, 수직이등분선

(1) **직교**: 두 직선 AB와 CD의 교각이 직각일 때, 이 두 직선은 **직교**한다 또는 서로 수직이라고 한다. **기호** $\overleftrightarrow{AB} \perp \overleftrightarrow{CD}$

이때 한 직선을 다른 직선의 수선이라고 한다.

예 $\overleftrightarrow{AB}$는 $\overleftrightarrow{CD}$의 수선이다.

(2) **수직이등분선**: 선분 AB의 중점 M을 지나고 선분 AB에 수직인 직선 l을 선분 AB의 **수직이등분선**이라고 한다.

➡ 직선 l이 선분 AB의 수직이등분선이면 $l \perp \overline{AB}$, $\overline{AM} = \overline{MB}$

12 수선의 발

(1) 직선 l 위에 있지 않은 점 P에서 직선 l에 수선을 그었을 때 생기는 교점 H를 점 P에서 직선 l에 내린 **수선의 발**이라고 한다.

(2) 점 P와 직선 l 사이의 거리: 점 P와 직선 l 위에 있는 점을 잇는 무수히 많은 선분 중에서 길이가 가장 짧은 선분인 $\overline{PH}$의 길이

➡ 점 P에서 직선 l에 내린 수선의 발 H까지의 거리

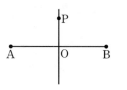
점 P와 직선 l 사이의 거리
수선의 발

용어
직교 (直 곧다, 交 만나다)
직각을 이루며 만나는 일

개념 확인 오른쪽 그림에서 $\overleftrightarrow{PO}$가 $\overline{AB}$의 수직이등분선이고 $\overline{AB} = 10\,cm$ 일 때, 다음을 구하시오.

(1) $\overline{AO}$의 길이

(2) $\angle AOP$의 크기

필수 문제 **7**
직교와 수선

오른쪽 그림의 사다리꼴에서 다음을 구하시오.

(1) $\overline{AD}$와 직교하는 선분

(2) 점 D에서 $\overline{AB}$에 내린 수선의 발

(3) 점 A와 $\overline{BC}$ 사이의 거리

7-1 다음 보기 중 오른쪽 그림의 삼각형에 대한 설명으로 옳은 것을 모두 고르시오.

┤ 보기 ├
ㄱ. $\overline{AD}$는 $\overline{BC}$의 수선이다.
ㄴ. 점 A와 $\overline{BC}$ 사이의 거리는 $12\,cm$이다.
ㄷ. 점 C와 $\overline{AB}$ 사이의 거리는 $13\,cm$이다.

STEP 1 쏙쏙 개념 익히기

1 오른쪽 그림에서 $\angle AOB = 50°$, $\angle AOC = \angle BOD = 90°$일 때, $\angle x$, $\angle y$의 크기를 각각 구하시오.

2 오른쪽 그림에서 x의 값을 구하시오.

3 오른쪽 그림에서 $\angle a + \angle c = 220°$일 때, $\angle b$의 크기를 구하시오.

4 다음 중 오른쪽 그림의 두 직선에 대한 설명으로 옳지 <u>않은</u> 것은?

① $\overleftrightarrow{AB} \perp \overleftrightarrow{PQ}$이다.
② $\angle AHQ = 90°$이다.
③ $\overleftrightarrow{PQ}$는 $\overleftrightarrow{AB}$의 수선이다.
④ 점 B에서 $\overleftrightarrow{PQ}$에 내린 수선의 발은 점 A이다.
⑤ 점 Q와 $\overline{AB}$ 사이의 거리는 $\overline{HQ}$의 길이와 같다.

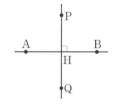

● 각의 크기 사이의 조건이 주어질 때, 각의 크기 구하기
주어진 각을 $\angle x$, $\angle y$, …로 놓고 풀면 편리하다.
예를 들어
$\angle POQ = 2\angle QOR$일 때
⇨ $\angle QOR = \angle x$,
　　$\angle POQ = 2\angle x$

5 오른쪽 그림에서 $\angle AOB = \angle BOC$, $\angle COD = \angle DOE$일 때, $\angle BOD$의 크기를 구하시오.

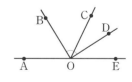

6 오른쪽 그림에서 $\angle AOB = 3\angle BOC$, $\angle DOE = 3\angle COD$일 때, $\angle BOD$의 크기를 구하시오.

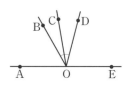

2 점, 직선, 평면의 위치 관계

● 정답과 해설 15쪽

1 점과 직선의 위치 관계

① 점이 직선 위에 있다. → 직선이 점을 지난다.

② 점이 직선 위에 있지 않다. → 직선이 점을 지나지 않는다.
점이 직선 밖에 있다.

2 점과 평면의 위치 관계

① 점이 평면 위에 있다. → 평면이 점을 포함한다.

② 점이 평면 위에 있지 않다. → 평면이 점을 포함하지 않는다.
점이 평면 밖에 있다.

참고 평면은 보통 대문자 P, Q, R, …로 나타낸다.

필수 문제 1

점과 직선의 위치 관계

다음 보기 중 오른쪽 그림에 대한 설명으로 옳은 것을 모두 고르시오.

┌ 보기 ├
ㄱ. 점 A는 직선 l 위에 있다.
ㄴ. 점 D는 직선 l 위에 있지 않다.
ㄷ. 직선 l은 점 B를 지나지 않는다.
ㄹ. 두 점 B, C는 같은 직선 위에 있다.

1-1 오른쪽 그림의 평행사변형에서 다음을 구하시오.

(1) 변 BC 위에 있는 꼭짓점

(2) 점 B를 지나지 않는 변

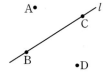

필수 문제 2

점과 평면의 위치 관계

오른쪽 그림의 직육면체에서 다음을 구하시오.

(1) 면 ABFE 위에 있는 꼭짓점

(2) 꼭짓점 C를 포함하는 면

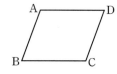

2-1 오른쪽 그림의 삼각뿔에서 다음을 구하시오.

(1) 꼭짓점 B를 포함하는 면

(2) 꼭짓점 B와 꼭짓점 D를 동시에 포함하는 면

(3) 면 ABC 밖에 있는 꼭짓점

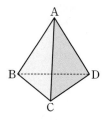

3 평면에서 두 직선의 위치 관계

(1) 두 직선의 평행

한 평면 위의 두 직선 l, m이 서로 만나지 않을 때, 두 직선 l, m은 서로 평행하다고 한다.

[기호] $l \,/\!/\, m$

[참고] 평행한 두 직선 l, m을 평행선이라고 한다.

(2) 평면에서 두 직선의 위치 관계

① 한 점에서 만난다.   ② 일치한다. → 한 직선으로 본다.   ③ 평행하다. → 만나지 않는다.

필수 문제 ▸ 3

평면에서 두 직선의 위치 관계

오른쪽 그림의 직사각형에 대하여 다음 물음에 답하시오.

(1) 변 AD와 한 점에서 만나는 변을 모두 구하시오.

(2) 평행한 변을 모두 찾아 기호로 나타내시오.

A   D
B   C

3-1 다음 보기 중 오른쪽 그림에 대한 설명으로 옳은 것을 모두 고르시오.

┌ 보기 ┐

ㄱ. $\overleftrightarrow{AB} \,/\!/\, \overleftrightarrow{CD}$이다.

ㄴ. $\overleftrightarrow{AB} \perp \overleftrightarrow{AD}$이다.

ㄷ. $\overleftrightarrow{BC}$와 $\overleftrightarrow{CD}$는 한 점에서 만난다.

ㄹ. $\overleftrightarrow{AB}$와 $\overleftrightarrow{BC}$의 교점은 점 C이다.

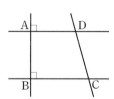

▸도형에서 두 직선의 위치 관계를 파악할 때는 변을 직선으로 연장하여 생각한다.

3-2 오른쪽 그림의 정육각형에서 각 변을 직선으로 연장하여 생각할 때, 다음을 구하시오.

(1) $\overleftrightarrow{AB}$와 평행한 직선

(2) $\overleftrightarrow{AB}$와 한 점에서 만나는 직선

4 공간에서 두 직선의 위치 관계

(1) 꼬인 위치: 공간에서 두 직선이 서로 만나지도 않고 평행하지도 않을 때, 두 직선은 꼬인 위치에 있다고 한다.

(2) 공간에서 두 직선의 위치 관계

개념 확인 다음 그림의 정육면체에서 색칠한 두 모서리의 위치 관계를 말하시오.

(1) 　　(2) 　　(3)

필수 문제 **4**

공간에서 두 직선의 위치 관계

▶공간에서 두 직선이 한 평면 위에 있지 않으면 두 직선은 꼬인 위치에 있다.

오른쪽 그림의 삼각기둥에서 다음을 구하시오.

(1) $\overline{AB}$와 한 점에서 만나는 모서리

(2) $\overline{AB}$와 평행한 모서리

(3) $\overline{AB}$와 꼬인 위치에 있는 모서리

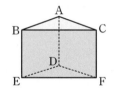

4-1 다음 보기 중 오른쪽 그림의 직육면체에 대한 설명으로 옳지 <u>않은</u> 것을 모두 고르시오.

| 보기 |

ㄱ. 모서리 AB와 모서리 EF는 평행하다.

ㄴ. 모서리 AD와 모서리 FG는 꼬인 위치에 있다.

ㄷ. 모서리 CD와 한 점에서 만나는 모서리는 4개이다.

ㄹ. 모서리 EH와 평행한 모서리는 1개이다.

4-2 오른쪽 그림의 사각뿔에서 모서리 AE와 꼬인 위치에 있는 모서리의 개수를 구하시오.

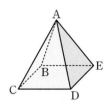

5 공간에서 직선과 평면의 위치 관계

(1) 공간에서 직선과 평면의 위치 관계

① 한 점에서 만난다.

② 포함된다.

③ 평행하다. → 만나지 않는다.

기호 $l /\!/ P$

(2) 직선과 평면의 수직

직선 l이 평면 P와 한 점 H에서 만나면서 점 H를 지나는 평면 P 위의 모든 직선과 수직일 때, 직선 l과 평면 P는 서로 수직이다 또는 직교한다고 한다.

기호 $l \perp P$

참고 직선 l 위의 점 A와 평면 P 사이의 거리 ➡ $\overline{AH}$의 길이

필수 문제 5

공간에서 직선과 평면의 위치 관계

▶ 직선과 평면이 만나지 않으면 직선과 평면은 서로 평행하다.

오른쪽 그림의 직육면체에서 다음을 구하시오.

(1) 면 ABCD와 한 점에서 만나는 모서리

(2) 모서리 AB를 포함하는 면

(3) 면 ABCD와 평행한 모서리

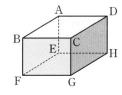

5-1 다음 보기 중 오른쪽 그림과 같이 밑면이 사다리꼴인 사각기둥에 대한 설명으로 옳은 것을 모두 고르시오.

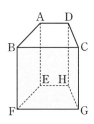

┤ 보기 ├

ㄱ. 면 DHGC는 모서리 CG를 포함한다.

ㄴ. 면 ABFE와 모서리 DH는 한 점에서 만난다.

ㄷ. 면 AEHD와 평행한 모서리는 2개이다.

ㄹ. 면 EFGH와 수직인 모서리는 4개이다.

5-2 오른쪽 그림의 삼각기둥에서 점 A와 면 CBEF 사이의 거리를 구하시오.

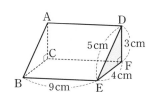

6 공간에서 두 평면의 위치 관계

(1) 공간에서 두 평면의 위치 관계

① 한 직선에서 만난다.

② 일치한다. → 한 평면으로 본다.

③ 평행하다. → 만나지 않는다.

기호 $P /\!/ Q$

(2) 두 평면의 수직

평면 P가 평면 Q와 수직인 직선 l을 포함할 때, 평면 P와 평면 Q는 서로 수직이다 또는 직교한다고 한다.

기호 $P \perp Q$

필수 문제 6

공간에서 두 평면의 위치 관계

오른쪽 그림의 직육면체에서 다음을 구하시오.

(1) 면 ABCD와 한 모서리에서 만나는 면

(2) 면 ABFE와 수직인 면

(3) 면 EFGH와 평행한 면

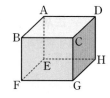

6-1 다음 보기 중 오른쪽 그림의 삼각기둥에 대한 설명으로 옳은 것을 모두 고르시오.

| 보기 |

ㄱ. 면 DEF와 면 BEFC는 한 모서리에서 만난다.
ㄴ. 면 ABED와 면 ADFC는 수직이다.
ㄷ. 면 ABC와 평행한 면은 1개이다.
ㄹ. 면 ABC와 수직인 면은 2개이다.

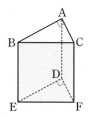

6-2 다음 중 오른쪽 그림의 직육면체에서 면 AEGC와 수직인 면을 모두 고르면? (정답 2개)

① 면 ABCD ② 면 AEHD ③ 면 ABFE
④ 면 CGHD ⑤ 면 EFGH

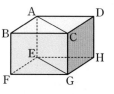

STEP 1 쏙쏙 개념 익히기

1 다음 중 오른쪽 그림에 대한 설명으로 옳은 것을 모두 고르면? (정답 2개)

① 점 A는 평면 P 위에 있다.
② 점 B는 직선 l 밖에 있다.
③ 점 C는 평면 P 위에 있지 않다.
④ 직선 l은 점 C를 지난다.
⑤ 평면 P는 점 D를 포함하지 않는다.

2 다음 중 한 평면 위에 있는 두 직선 l, m의 위치 관계가 될 수 없는 것은?

① 일치한다.   ② 평행하다.   ③ 한 점에서 만난다.
④ 직교한다.   ⑤ 만나지도 않고 평행하지도 않다.

3 다음 보기 중 오른쪽 그림의 직육면체에서 서로 꼬인 위치에 있는 모서리끼리 바르게 짝 지은 것을 모두 고르시오.

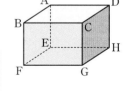

┌ 보기 ┐
ㄱ. $\overline{AB}$와 $\overline{EH}$ ㄴ. $\overline{AD}$와 $\overline{DH}$ ㄷ. $\overline{CD}$와 $\overline{EF}$
ㄹ. $\overline{DH}$와 $\overline{FG}$ ㅁ. $\overline{FG}$와 $\overline{BC}$ ㅂ. $\overline{GH}$와 $\overline{EH}$

4 다음 중 오른쪽 그림과 같이 밑면이 정오각형인 오각기둥에 대한 설명으로 옳지 <u>않은</u> 것을 모두 고르면? (정답 2개)

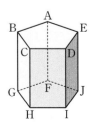

① $\overleftrightarrow{CD}$와 $\overleftrightarrow{IJ}$는 꼬인 위치에 있다.
② $\overleftrightarrow{GF}$와 $\overleftrightarrow{HI}$는 만나지 않는다.
③ $\overline{GH}$는 면 FGHIJ에 포함된다.
④ 면 DIJE와 $\overleftrightarrow{FJ}$는 수직이다.
⑤ 면 BGHC와 $\overline{DI}$는 평행하다.

STEP 1 쏙쏙 개념 익히기

5 오른쪽 그림의 삼각기둥에서 면 ABC와 평행한 모서리의 개수를 a개, 면 ADEB와 수직인 면의 개수를 b개라고 할 때, $a+b$의 값을 구하시오.

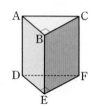

6 오른쪽 그림은 직육면체를 $\overline{BC}=\overline{FG}$가 되도록 잘라 낸 입체도형이다. 각 모서리를 직선으로 연장하여 생각할 때, 다음을 모두 구하시오.

(1) $\overleftrightarrow{AB}$와 꼬인 위치에 있는 직선

(2) 면 CGHD와 평행한 직선

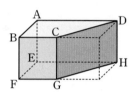

● 공간에서 여러 가지 위치 관계
공간에서의 위치 관계는 직육면체를 그려서 확인 하면 편리하다.
⇨ $l \perp P$이면

7 공간에서 서로 다른 두 직선 l, m과 한 평면 P에 대하여 $l /\!/ m$, $l \perp P$일 때, 직선 m과 평면 P의 위치 관계를 기호로 나타내시오.

8 다음 중 공간에서 서로 다른 두 직선 l, m과 서로 다른 두 평면 P, Q의 위치 관계에 대한 설명으로 옳은 것은 ○표, 옳지 <u>않은</u> 것은 ×표를 ( ) 안에 쓰시오.

(1) $l \perp P$, $l \perp Q$이면 $P \perp Q$이다. ( )

(2) $l \perp m$, $m /\!/ P$이면 $l /\!/ P$이다. ( )

평면과 공간에서의 위치 관계

	평면	공간
점과 직선	① 점 A가 직선 l 위에 있다. ② 점 B가 직선 l 위에 있지 않다.	
점과 평면		① 점 A가 평면 P 위에 있다. ② 점 B가 평면 P 위에 있지 않다.
직선과 직선	① 한 점에서 만난다. 참고 $l \perp m$ └→ 수직으로 만난다. ② 일치한다. l, m ③ 평행하다. $l /\!/ m$	① 한 점에서 만난다. ② 일치한다. l, m ③ 평행하다. $l /\!/ m$ └→ 한 평면 위에 있다. ④ 꼬인 위치에 있다. └→ 한 평면 위에 있지 않다.
직선과 평면		① 한 점에서 만난다. 참고 $l \perp P$ └→ 수직으로 만난다. ② 포함된다. ③ 평행하다. $l /\!/ P$
평면과 평면		① 한 직선에서 만난다. 참고 $P \perp Q$ └→ 수직으로 만난다. ② 일치한다. P, Q ③ 평행하다. $P /\!/ Q$

3 동위각과 엇각

• 정답과 해설 17쪽

1 동위각과 엇각

한 평면 위의 서로 다른 두 직선 l, m이 다른 한 직선 n과 만나서 생기는 8개의 각 중에서

(1) **동위각**: 같은 위치에 있는 각

➡ $\angle a$와 $\angle e$, $\angle b$와 $\angle f$, $\angle c$와 $\angle g$, $\angle d$와 $\angle h$ → 총 4쌍

(2) **엇각**: 엇갈린 위치에 있는 각

➡ $\angle b$와 $\angle h$, $\angle c$와 $\angle e$ → 총 2쌍

주의 엇각은 두 직선 l, m 사이에 있는 각이므로 바깥쪽에 있는 각은 생각하지 않는다.
➡ $\angle a$와 $\angle g$, $\angle d$와 $\angle f$는 엇각이 아니다.

용어

동위각 (同 같다, 位 위치, 角 각)
같은 위치에 있는 각

필수 문제 1

동위각과 엇각

▶다음과 같이 기억하면 쉽다.
① 동위각은 알파벳 F

② 엇각은 알파벳 Z

오른쪽 그림에서 다음을 구하시오.

(1) $\angle a$의 동위각

(2) $\angle c$의 동위각

(3) $\angle b$의 엇각

(4) $\angle a$의 엇각

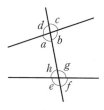

1-1 오른쪽 그림에서 다음 각을 찾고, 그 크기를 구하시오.

(1) $\angle a$의 동위각

(2) $\angle b$의 엇각

1-2 오른쪽 그림과 같이 서로 다른 세 직선이 다른 한 직선과 만날 때, 다음을 모두 구하시오.

(1) $\angle b$의 동위각

(2) $\angle c$의 엇각

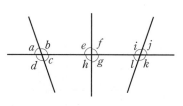

2 평행선의 성질

서로 다른 두 직선이 다른 한 직선과 만날 때

(1) 두 직선이 평행하면 동위각의 크기는 서로 같다.

(2) 두 직선이 평행하면 엇각의 크기는 서로 같다.

$l /\!/ m$이면 $\angle a = \angle b$ (동위각)　　　$l /\!/ m$이면 $\angle c = \angle d$ (엇각)

개념 확인　오른쪽 그림에서 $l /\!/ m$일 때, 다음을 구하시오.

(1) $\angle a$의 크기　　　　　(2) $\angle b$의 크기

필수 문제　**2**

평행선의 성질을 이용하여 각의 크기 구하기

▶맞꼭지각의 크기는 항상 같지만 동위각, 엇각의 크기는 두 직선이 평행할 때만 같다.

다음 그림에서 $l /\!/ m$일 때, $\angle x$, $\angle y$의 크기를 각각 구하시오.

(1)

(2)

2-1　다음 그림에서 $l /\!/ m$일 때, x의 값을 구하시오.

(1)

(2)

필수 문제　**3**

평행선에서 보조선을 그어 각의 크기 구하기

다음 그림에서 $l /\!/ m /\!/ n$일 때, $\angle x$, $\angle y$의 크기를 각각 구하시오.

(1)

(2)

3-1　다음 그림에서 $l /\!/ m$일 때, $\angle x$의 크기를 구하시오.

(1)

(2)

3 평행선이 되기 위한 조건

서로 다른 두 직선이 다른 한 직선과 만날 때
(1) 동위각의 크기가 같으면 두 직선은 평행하다.
(2) 엇각의 크기가 같으면 두 직선은 평행하다.

∠a = ∠b이면 l // m
동위각

∠c = ∠d이면 l // m
엇각

개념 확인 다음 그림에서 두 직선 l, m이 평행한 것은 ○표, 평행하지 <u>않은</u> 것은 ×표를 ( ) 안에 쓰시오.

(1)

( )

(2)

( )

(3)

( )

필수 문제 **4**

평행선이 되기 위한 조건

▶다음 중 하나에 해당하면 두 직선은 평행하다.
① 동위각의 크기가 같다.
② 엇각의 크기가 같다.

다음 보기 중 두 직선 l, m이 평행한 것을 모두 고르시오.

보기

ㄱ. 70°, 105°, l, m
ㄴ. 95°, 100°, l, m
ㄷ. 80°, 100°, l, m
ㄹ. 65°, 105°, l, m
ㅁ. 85°, 95°, l, m
ㅂ. 110°, 115°, l, m

4-1 다음 중 오른쪽 그림에서 l // m이 되게 하는 조건이 <u>아닌</u> 것을 모두 고르면? (정답 2개)

① ∠a = ∠h
② ∠b = ∠f
③ ∠c = ∠e
④ ∠d = ∠h
⑤ ∠g = ∠e

4-2 오른쪽 그림에서 평행한 직선을 모두 찾아 기호로 나타내시오.

STEP 1 쏙쏙 개념 익히기

1 오른쪽 그림에서 $\angle a=110°$일 때, 다음 중 옳지 <u>않은</u> 것은?

① $\angle a$의 동위각은 $\angle e$이다.

② $\angle b$의 엇각은 $\angle h$이다.

③ $\angle b$의 맞꼭지각은 $\angle d$이다.

④ $\angle d=70°$이다.

⑤ $\angle e=110°$이다.

2 다음 그림에서 $l /\!/ m$일 때, $\angle x$, $\angle y$의 크기를 각각 구하시오.

(1)

(2)

3 오른쪽 그림에서 $l /\!/ m$일 때, $\angle x - \angle y$의 크기를 구하시오.

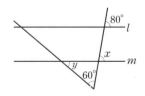

4 다음 그림에서 $l /\!/ m$일 때, $\angle x$의 크기를 구하시오.

(1)

(2)

STEP
1 쏙쏙 **개념 익히기**

5 다음 그림에서 $l /\!/ m$일 때, $\angle x$의 크기를 구하시오.

(1)

(2)

6 다음 보기 중 두 직선 l, m이 평행한 것을 모두 고르시오.

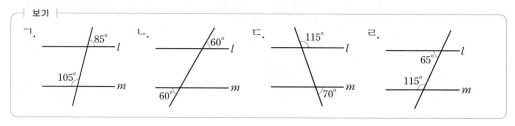

● 종이를 접었을 때, 각의 크기 구하기
직사각형 모양의 종이를 접으면
① 접은 각의 크기가 같다.
② 엇각의 크기가 같다.

7 오른쪽 그림과 같이 직사각형 모양의 종이를 $\overline{BC}$를 접는 선으로 하여 접었다. $\angle CBD=50°$일 때, 다음 물음에 답하시오.

(1) $\angle CBD$와 크기가 같은 각을 모두 구하시오.

(2) $\angle x$의 크기를 구하시오.

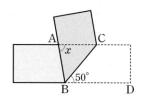

한번 더 ↗

8 오른쪽 그림과 같이 직사각형 모양의 종이테이프를 $\overline{EG}$를 접는 선으로 하여 접었다. $\angle FEG=35°$일 때, $\angle x$의 크기를 구하시오.

★ 중요

1 오른쪽 그림의 육각뿔에서 교점의 개수를 a개, 교선의 개수를 b개라고 할 때, $a+b$의 값을 구하시오.

4 다음 그림에서 $\overline{AB}$, $\overline{BC}$의 중점을 각각 M, N이라 하고, $\overline{MN}$의 중점을 P라고 하자. $\overline{AB}=20\,cm$, $\overline{BC}=12\,cm$일 때, $\overline{PB}$의 길이를 구하시오.

2 오른쪽 그림과 같이 직선 l 위에 네 점 A, B, C, D가 있을 때, 다음 중 옳지 <u>않은</u> 것은?

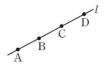

① $\overleftrightarrow{AB}=\overrightarrow{AD}$ ② $\overrightarrow{AC}=\overrightarrow{AD}$

③ $\overrightarrow{BC}=\overrightarrow{BD}$ ④ $\overrightarrow{CB}=\overrightarrow{CD}$

⑤ $\overline{BD}=\overline{DB}$

5 오른쪽 그림에서 x의 값은?

① 10   ② 15

③ 20   ④ 25

⑤ 30

6 오른쪽 그림에서 $\angle x : \angle y : \angle z = 2 : 3 : 4$일 때, $\angle y$의 크기를 구하시오.

3 오른쪽 그림과 같이 원 위에 5개의 점 A, B, C, D, E가 있을 때, 이 중 두 점을 지나는 서로 다른 직선의 개수는?

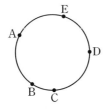

① 5개   ② 10개

③ 12개   ④ 20개

⑤ 25개

7 오른쪽 그림과 같이 세 직선이 한 점 O에서 만날 때 생기는 맞꼭지각은 모두 몇 쌍인가?

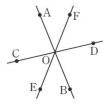

① 3쌍   ② 4쌍

③ 5쌍   ④ 6쌍

⑤ 7쌍

8 오른쪽 그림에서 x의 값은?

① 20 ② 24

③ 28 ④ 32

⑤ 36

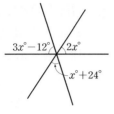

9 오른쪽 그림에서 $x-y$의 값을 구하시오.

10 오른쪽 그림의 직사각형에 대한 설명으로 옳은 것을 다음 보기에서 모두 고르시오.

┌ 보기 ┐

ㄱ. $\overline{AB} \perp \overline{AD}$이다.

ㄴ. $\overline{CD}$와 직교하는 선분은 $\overline{AD}$, $\overline{BC}$이다.

ㄷ. 점 C에서 $\overline{AB}$에 내린 수선의 발은 점 A이다.

ㄹ. 점 C와 $\overline{AB}$ 사이의 거리는 $6\,\mathrm{cm}$이다.

ㅁ. 점 D와 $\overline{BC}$ 사이의 거리는 $6\,\mathrm{cm}$이다.

11 다음 중 오른쪽 그림에 대한 설명으로 옳은 것을 모두 고르면?

(정답 2개)

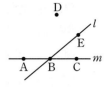

① 점 A는 직선 l 위에 있다.

② 직선 l은 점 E를 지난다.

③ 직선 m은 점 B를 지나지 않는다.

④ 두 점 B, E는 같은 직선 위에 있다.

⑤ 점 C는 두 직선 l, m 중 어느 직선 위에도 있지 않다.

12 오른쪽 그림의 직육면체에서 모서리 CG와는 평행하고 선분 BD와는 꼬인 위치에 있는 모서리는?

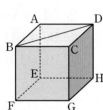

① $\overline{AD}$ ② $\overline{AE}$

③ $\overline{BF}$ ④ $\overline{EF}$

⑤ $\overline{EH}$

13 오른쪽 그림과 같이 밑면이 정육각형인 육각기둥에서 면 ABCDEF와 평행한 모서리의 개수를 x개, $\overline{AB}$와 평행한 모서리의 개수를 y개라고 할 때, $x+y$의 값을 구하시오.

14 다음 중 공간에서 위치 관계에 대한 설명으로 옳은 것은?

① 한 직선에 평행한 서로 다른 두 직선은 수직이다.
② 한 직선에 수직인 서로 다른 두 직선은 평행하다.
③ 한 평면에 평행한 서로 다른 두 직선은 평행하다.
④ 한 평면에 수직인 서로 다른 두 직선은 평행하다.
⑤ 서로 만나지 않는 두 직선은 항상 평행하다.

15 오른쪽 그림은 직육면체를 세 꼭짓점 A, B, E를 지나는 평면으로 잘라서 만든 입체도형이다. 다음 중 옳지 <u>않은</u> 것은?

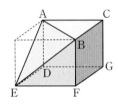

① 모서리 BE와 면 ADGC는 평행하다.
② 면 ABC와 면 BFGC는 수직이다.
③ 면 ABC와 면 DEFG는 평행하다.
④ 모서리 AB와 한 점에서 만나는 면은 5개이다.
⑤ 모서리 BE와 꼬인 위치에 있는 모서리는 5개이다.

16 오른쪽 그림의 전개도로 정육면체를 만들 때, 면 B와 수직인 면을 모두 구하시오.

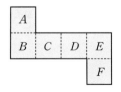

17 오른쪽 그림과 같이 세 직선이 만날 때, 다음 중 항상 옳은 것을 모두 고르면? (정답 2개)

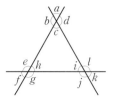

① ∠a와 ∠h는 동위각이다.
② ∠b와 ∠f는 동위각이다.
③ ∠c와 ∠e는 엇각이다.
④ ∠d와 ∠l은 엇각이다.
⑤ ∠d의 크기와 ∠j의 크기는 같다.

18 오른쪽 그림에서 $l /\!/ m$일 때, ∠x의 크기는?

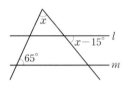

① 50°   ② 55°
③ 60°   ④ 65°
⑤ 70°

19 오른쪽 그림에서 $l /\!/ m$일 때, ∠x의 크기를 구하시오.

따라 해보자

예제 1

다음 그림에서 $\overline{AB}=16\ cm$이고 두 점 M, N은 각각 $\overline{AC}$, $\overline{BC}$의 중점일 때, $\overline{MN}$의 길이를 구하시오.

유제 1

다음 그림에서 두 점 M, N은 각각 $\overline{AB}$, $\overline{BC}$의 중점이고 $\overline{MN}=12\ cm$일 때, $\overline{AC}$의 길이를 구하시오.

풀이 과정

1단계 $\overline{MC}$, $\overline{CN}$의 길이를 각각 $\overline{AC}$, $\overline{BC}$를 사용하여 나타내기

점 M이 $\overline{AC}$의 중점이므로 $\overline{MC}=\dfrac{1}{2}\overline{AC}$

점 N이 $\overline{BC}$의 중점이므로 $\overline{CN}=\dfrac{1}{2}\overline{BC}$

2단계 $\overline{MN}$의 길이 구하기

$\overline{MN}=\overline{MC}+\overline{CN}=\dfrac{1}{2}\overline{AC}+\dfrac{1}{2}\overline{BC}=\dfrac{1}{2}(\overline{AC}+\overline{BC})$

$\qquad =\dfrac{1}{2}\overline{AB}=\dfrac{1}{2}\times16=8(cm)$

답 8 cm

풀이 과정

1단계 $\overline{AB}$, $\overline{BC}$의 길이를 각각 $\overline{MB}$, $\overline{BN}$을 사용하여 나타내기

2단계 $\overline{AC}$의 길이 구하기

답

예제 2

오른쪽·그림에서 $l \parallel m$일 때, $\angle x$의 크기를 구하시오.

유제 2

오른쪽 그림에서 $l \parallel m$일 때, $\angle x$의 크기를 구하시오.

풀이 과정

1단계 보조선 긋기

오른쪽 그림과 같이 두 직선 l, m에 평행한 직선 n을 긋자.

2단계 꺾인 선과 보조선이 이루는 각의 크기 구하기

$l \parallel n$이므로 $\angle a=45°$(엇각)

$n \parallel m$이므로 $\angle b=35°$(엇각)

3단계 $\angle x$의 크기 구하기

$\angle x=\angle a+\angle b$

$\qquad =45°+35°=80°$

답 80°

풀이 과정

1단계 보조선 긋기

2단계 꺾인 선과 보조선이 이루는 각의 크기 구하기

3단계 $\angle x$의 크기 구하기

답

연습해 보자

1 오른쪽 그림과 같이 직선 l 위에 세 점 A, B, C가 있고 직선 l 밖에 한 점 P가 있다. 이 네 점 중 두 점을 이어서 만들 수 있는 서로 다른 직선, 반직선, 선분의 개수를 차례로 구하시오.

풀이 과정

답

2 오른쪽 그림에서 $\overline{\text{AE}} \perp \overline{\text{DO}}$ 이고 $\angle \text{AOB} = 2\angle \text{BOC}$, $\angle \text{COE} = 4\angle \text{COD}$일 때, $\angle \text{BOD}$의 크기를 구하시오.

풀이 과정

답

3 오른쪽 그림의 전개도로 만들어지는 입체도형에서 다음을 모두 구하시오.

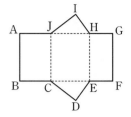

(1) $\overline{\text{AB}}$와 꼬인 위치에 있는 모서리

(2) 면 ABCJ와 수직인 면의 개수

풀이 과정

(1)

(2)

답 (1)　　　　(2)

4 오른쪽 그림과 같이 직사각형 모양의 종이를 $\overline{\text{GF}}$를 접는 선으로 하여 접었다. $\angle \text{EGF} = 66°$일 때, $\angle x$의 크기를 구하시오.

풀이 과정

답

생활 속 수학

● 정답과 해설 21쪽

제주도의 옛 민가에서 볼 수 있는 평행선

　제주도의 옛 민가에는 대문이 없는 경우가 많았는데, 이는 많은 바람과 잦은 태풍으로 인해 풍압이 심해지는 것을 막기 위함이었다고 한다. 이때 소나 말과 같은 가축들이 집에 들어오지 못하도록 대문 대신에 정낭이라고 불리는 둥글고 긴 나무를 평행하게 걸쳐 두었다.

　제주도의 재미있는 생활 풍속 중 하나는 다음과 같이 정낭이 걸쳐 있는 개수에 따라 집 안에 사람이 있는지, 만약 없다면 언제쯤 돌아오는지를 알 수 있게 했다는 것이다.

- 정낭이 하나도 걸쳐 있지 않으면 집 안에 사람이 있다는 의미이다.
- 정낭이 하나만 걸쳐 있으면 집 안에 사람이 없으나 금방 돌아온다는 의미이다.
- 정낭이 두 개 걸쳐 있으면 집 안에 사람이 없으나 저녁때쯤 돌아온다는 의미이다.
- 정낭이 세 개 모두 걸쳐 있으면 집에서 먼 곳으로 나가 오랫동안 집을 비운다는 의미이다.

기출문제는 이렇게!

Q 오른쪽 그림과 같이 직선 모양의 세 정낭 l, m, n 중 두 정낭 l, m을 평행하게 걸쳐 놓았다. 이때 $x+y$의 값을 구하시오.

2 작도와 합동

이번에 배울 내용

1 삼각형의 작도
2 삼각형의 합동

이후에 배울 내용

중2
• 피타고라스 정리
• 도형의 닮음
중3
• 삼각비

준비 **학습**

초5~6 **합동**

모양과 크기가 같아서 포개었을 때 완전히 겹치는 두 도형을 서로 합동이라고 한다.

1 오른쪽 그림의 두 사각형이 서로 합동일 때, 다음을 구하시오.

(1) 점 ㄱ의 대응점

(2) 변 ㄴㄷ의 대응변

(3) 각 ㄱㄹㄷ의 대응각

초5~6 **선대칭도형**

한 직선을 따라 접었을 때 완전히 겹치는 도형

2 오른쪽 그림의 삼각형 ㄱㄴㄷ은 선분 ㄱㄹ을 대칭축으로 하는 선대칭도형이다. ⑺, ⑻에 알맞은 수를 구하시오.

1 삼각형의 작도

• 정답과 해설 22쪽

1 작도

눈금 없는 자와 컴퍼스만을 사용하여 도형을 그리는 것

(1) **눈금 없는 자**: 두 점을 지나는 선분을 그리거나 선분을 연장할 때 사용

(2) **컴퍼스**: 원을 그리거나 주어진 선분의 길이를 재어서 다른 곳으로 옮길 때 사용

2 길이가 같은 선분의 작도

선분 AB와 길이가 같은 선분 CD의 작도

❶ 직선을 긋고, 그 직선 위에 점 C 잡기

❷ $\overline{AB}$의 길이 재기
❸ 점 C를 중심으로 반지름의 길이가 $\overline{AB}$인 원 그리기

> 용어
>
> **작도** (作 그리다, 圖 도형)
> 도형을 그리는 것

필수 문제 1

길이가 같은 선분의 작도

다음은 선분 XY와 길이가 같은 선분 PQ를 작도하는 과정이다. 작도 순서를 바르게 나열하시오.

> ㉠ 컴퍼스를 사용하여 선분 XY의 길이를 잰다.
> ㉡ 눈금 없는 자를 사용하여 직선 l을 긋고, 그 위에 점 P를 잡는다.
> ㉢ 점 P를 중심으로 반지름의 길이가 $\overline{XY}$인 원을 그려 직선 l과의 교점을 Q라고 한다.

1-1 다음 그림과 같이 직선 l 위에 $\overline{AC}=2\overline{AB}$가 되도록 선분 AC를 작도할 때 사용하는 도구는?

① 컴퍼스   ② 각도기   ③ 삼각자

④ 눈금 있는 자   ⑤ 눈금 없는 자

3 크기가 같은 각의 작도

∠XOY와 크기가 같은 ∠DPC의 작도

  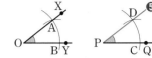

❶ 점 O를 중심으로 적당한 크기의 원을 그려
$\overrightarrow{OX}$, $\overrightarrow{OY}$와의 교점을 각각 A, B로 놓기
❷ 점 P를 중심으로 반지름의 길이가 $\overline{OA}$인
원을 그려 $\overrightarrow{PQ}$와의 교점을 C로 놓기

❸ $\overline{AB}$의 길이 재기
❹ 점 C를 중심으로 반지름의 길이가 $\overline{AB}$인
원을 그려 ❷의 원과의 교점을 D로 놓기

❺ 두 점 P, D를 지나는 $\overrightarrow{PD}$ 긋기

참고 크기가 같은 각의 작도를 이용하면 평행선을 작도할 수 있다.

└→ ∠BAC=∠QPR (동위각)이므로
직선 l과 ❻의 직선이 평행하다.

필수 문제 **2**

크기가 같은 각의 작도

오른쪽 그림에서 ㉠~㉤은 ∠AOB와 크기가 같고 $\overrightarrow{CD}$를
한 변으로 하는 각을 작도하는 과정을 나타낸 것이다. 작도
순서를 바르게 나열하시오.

2-1 오른쪽 그림은 ∠XOY와 크기가 같고 $\overrightarrow{PQ}$를 한
변으로 하는 각을 작도한 것이다. 다음 중 옳지 <u>않은</u> 것
을 모두 고르면? (정답 2개)

① 작도 순서는 ㉡ → ㉠ → ㉣ → ㉤ → ㉢이다.
② $\overline{OA}=\overline{OB}$
③ $\overline{OA}=\overline{PC}$
④ $\overline{OB}=\overline{AB}$
⑤ ∠AOB=∠CPD

2-2 오른쪽 그림은 크기가 같은 각의 작도를 이용하여 직선 l 밖의 한
점 P를 지나고 직선 l과 평행한 직선을 작도한 것이다. 다음 □ 안에 알
맞은 것을 쓰시오.

(1) 작도 순서는 ㉤ → ㉠ → □ → □ → □ → ㉡이다.

(2) 작도에 이용한 평행선의 성질을 말하시오.

STEP 1 쏙쏙 개념 익히기

1 다음 중 작도에 대한 설명으로 옳지 <u>않은</u> 것은?

① 눈금 없는 자와 컴퍼스만을 사용하여 도형을 그리는 것을 작도라고 한다.
② 두 선분의 길이를 비교할 때는 눈금 없는 자를 사용한다.
③ 두 점을 지나는 직선을 그릴 때는 눈금 없는 자를 사용한다.
④ 주어진 선분의 길이를 다른 직선 위로 옮길 때는 컴퍼스를 사용한다.
⑤ 원을 그릴 때는 컴퍼스를 사용한다.

2 다음은 길이가 같은 선분의 작도를 이용하여 주어진 선분 AB를 한 변으로 하는 정삼각형을 작도하는 과정이다. ㈎~㈐에 알맞은 것을 구하시오.

❶ 두 점 A, B를 중심으로 반지름의 길이가 ㈎ 인 원을 각각 그려 두 원의 교점을 C라고 한다.
❷ $\overline{AC}$, $\overline{BC}$를 그으면 $\overline{AB}=$ ㈏ $=\overline{CA}$이므로 삼각형 ABC는 ㈐ 이(가) 된다.

3 오른쪽 그림은 ∠AOB와 크기가 같고 $\overrightarrow{PQ}$를 한 변으로 하는 각을 작도한 것이다. 다음 중 $\overline{OX}$와 길이가 같은 선분이 <u>아닌</u> 것을 모두 고르면? (정답 2개)

① $\overline{OY}$ ② $\overline{XY}$ ③ $\overline{PC}$
④ $\overline{PD}$ ⑤ $\overline{CD}$

4 오른쪽 그림은 직선 l 밖의 한 점 P를 지나고 직선 l과 평행한 직선을 작도한 것이다. 다음 중 옳지 <u>않은</u> 것은?

① $l /\!/ \overrightarrow{PR}$ ② $\overline{AC}=\overline{PQ}$ ③ $\overline{BC}=\overline{QR}$
④ $\overline{PQ}=\overline{QR}$ ⑤ ∠BAC=∠QPR

• 정답과 해설 22쪽

4 삼각형

(1) **삼각형 ABC**: 세 선분 AB, BC, CA로 이루어진 도형

기호 △ABC

(2) **대변**: 한 각과 마주 보는 변

예 ∠A의 대변: $\overline{BC}$, ∠B의 대변: $\overline{AC}$, ∠C의 대변: $\overline{AB}$

(3) **대각**: 한 변과 마주 보는 각

예 $\overline{BC}$의 대각: ∠A, $\overline{AC}$의 대각: ∠B, $\overline{AB}$의 대각: ∠C

└▸ 일반적으로 △ABC에서 ∠A, ∠B, ∠C의 대변의 길이를 각각 a, b, c로 나타낸다.

5 삼각형의 세 변의 길이 사이의 관계 → 삼각형이 될 수 있는 조건

삼각형에서 한 변의 길이는 나머지 두 변의 길이의 합보다 작다.

➡ (가장 긴 변의 길이)<(나머지 두 변의 길이의 합)

용어

• **대변** (對 마주하다, 邊 변)
  마주 보는 변

• **대각** (對 마주하다, 角 각)
  마주 보는 각

개념 확인 오른쪽 그림의 삼각형 ABC에 대하여 다음 표의 빈칸을 알맞게 채우시오.

대변	대각
(1) ∠A의 대변:	(4) $\overline{AB}$의 대각:
(2) ∠B의 대변:	(5) $\overline{BC}$의 대각:
(3) ∠C의 대변:	(6) $\overline{AC}$의 대각:

필수 문제

삼각형의 세 변의 길이 사이의 관계

3 다음 중 삼각형의 세 변의 길이가 될 수 없는 것은?

① 2, 5, 6 　　② 3, 6, 7 　　③ 4, 5, 9
④ 6, 8, 10 　　⑤ 7, 15, 17

3-1 삼각형의 세 변의 길이가 5 cm, 11 cm, a cm일 때, 다음 중 a의 값이 될 수 있는 것은?

① 4 　　② 5 　　③ 6
④ 9 　　⑤ 17

6 삼각형의 작도

다음의 각 경우에 삼각형을 하나로 작도할 수 있다.

(1) 세 변의 길이가 주어질 때

길이가 a인 $\overline{BC}$ 작도하기 | 두 점 B, C를 중심으로 각각 반지름의 길이가 c, b인 원을 그려 그 교점을 A로 놓기 | 두 점 A와 B, 두 점 A와 C 각각 잇기

(2) 두 변의 길이와 그 끼인각의 크기가 주어질 때

∠A와 크기가 같은 ∠XAY 작도하기 | $\overrightarrow{AX}$ 위에 길이가 b인 $\overline{AC}$, $\overrightarrow{AY}$ 위에 길이가 c인 $\overline{AB}$ 작도하기 | 두 점 B와 C 잇기

(3) 한 변의 길이와 그 양 끝 각의 크기가 주어질 때

길이가 a인 $\overline{BC}$ 작도하기 | ∠B, ∠C와 크기가 각각 같은 ∠XBC, ∠YCB 작도하기 | $\overrightarrow{BX}$와 $\overrightarrow{CY}$의 교점을 A로 놓기

필수 문제 **4**

삼각형의 작도

오른쪽 그림에서 ㉠~㉢은 세 변의 길이 a, b, c가 주어질 때 길이가 a인 변 BC가 직선 l 위에 있도록 △ABC를 작도하는 과정을 나타낸 것이다. 작도 순서를 바르게 나열하시오.

 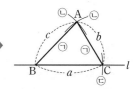

4-1 오른쪽 그림과 같이 한 변의 길이와 그 양 끝 각의 크기가 주어졌을 때, 다음 중 △ABC를 작도하는 순서로 옳지 <u>않은</u> 것은?

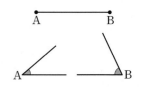

① $\overline{AB}$ → ∠A → ∠B

② $\overline{AB}$ → ∠B → ∠A

③ ∠A → $\overline{AB}$ → ∠B

④ ∠B → $\overline{AB}$ → ∠A

⑤ ∠A → ∠B → $\overline{AB}$

7 삼각형이 하나로 정해지는 경우

(1) 세 변의 길이가 주어질 때

(2) 두 변의 길이와 그 끼인각의 크기가 주어질 때

(3) 한 변의 길이와 그 양 끝 각의 크기가 주어질 때

8 삼각형이 하나로 정해지지 않는 경우

(1) 가장 긴 변의 길이가 나머지 두 변의 길이의 합보다 크거나 같은 경우

　➡ 삼각형이 그려지지 않는다.

　[예] $\overline{AB}=4\,cm$, $\overline{BC}=2\,cm$, $\overline{CA}=1\,cm$ 또는 $\overline{AB}=4\,cm$, $\overline{BC}=3\,cm$,
　$\overline{CA}=1\,cm$인 △ABC는 오른쪽 그림과 같이 그려지지 않는다.

(2) 두 변의 길이와 그 끼인각이 아닌 다른 한 각의 크기가 주어진 경우

　➡ 삼각형이 그려지지 않거나, 1개 또는 2개가 그려진다.

　[예] $\overline{AB}=5\,cm$, $\overline{BC}=4\,cm$, $\angle A=50°$인 △ABC는
　오른쪽 그림과 같이 2개가 그려진다.

(3) 세 각의 크기가 주어진 경우

　➡ 모양은 같고 크기가 다른 삼각형이 무수히 많이 그려진다.

　[예] $\angle A=40°$, $\angle B=60°$, $\angle C=80°$인 △ABC는
　오른쪽 그림과 같이 무수히 많이 그려진다.

필수 문제 **5**

삼각형이 하나로 정해지는 경우와 하나로 정해지지 않는 경우

▸ 세 변의 길이가 주어질 때는 삼각형이 그려지지 않을 수 있으므로 세 변의 길이 사이의 관계를 반드시 확인해야 한다.

다음 중 △ABC가 하나로 정해지는 것을 모두 고르면? (정답 2개)

① $\overline{AB}=6$, $\overline{BC}=2$, $\overline{CA}=3$　　② $\overline{AB}=4$, $\overline{BC}=3$, $\angle A=45°$

③ $\overline{AB}=5$, $\overline{BC}=7$, $\angle B=65°$　　④ $\overline{AB}=5$, $\angle A=70°$, $\angle B=50°$

⑤ $\angle A=70°$, $\angle B=50°$, $\angle C=60°$

5-1 △ABC에서 $\overline{BC}=7$일 때, 다음 중 △ABC가 하나로 정해지지 <u>않는</u> 것은?

① $\overline{AB}=3$, $\overline{CA}=5$　　② $\overline{AB}=4$, $\angle B=45°$　　③ $\overline{AC}=5$, $\angle B=50°$

④ $\angle A=95°$, $\angle B=40°$　　⑤ $\angle B=55°$, $\angle C=70°$

1 다음 중 오른쪽 그림의 삼각형에 대한 설명으로 옳지 <u>않은</u> 것은?

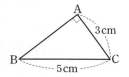

① 삼각형 ABC를 기호로 △ABC와 같이 나타낸다.
② ∠A의 대변의 길이는 5 cm이다.
③ $\overline{BC}$의 대각의 크기는 90°이다.
④ $\overline{BC} > \overline{AB} + \overline{CA}$이다.
⑤ ∠A+∠B+∠C=180°이다.

2 다음 중 주어진 길이를 세 변의 길이로 하는 삼각형을 그릴 수 <u>없는</u> 것은?

① 3 cm, 4 cm, 5 cm   ② 4 cm, 7 cm, 7 cm   ③ 4 cm, 8 cm, 10 cm
④ 5 cm, 6 cm, 9 cm   ⑤ 5 cm, 7 cm, 12 cm

3 삼각형의 세 변의 길이가 x, $x+4$, $x+9$일 때, 다음 중 x의 값이 될 수 있는 것을 모두 고르면? (정답 2개)

① 3   ② 4   ③ 5   ④ 6   ⑤ 7

4 다음은 두 변의 길이와 그 끼인각의 크기가 주어질 때 삼각형을 작도하는 과정이다. (개)~(대)에 알맞은 것을 구하시오.

❶ [(개)]와 크기가 같은 ∠XBY를 작도한다.
❷ 점 B를 중심으로 반지름의 길이가 [(내)]인 원을 그려 $\overrightarrow{BX}$와 만나는 점을 A라고 한다.
❸ 점 B를 중심으로 반지름의 길이가 [(대)]인 원을 그려 $\overrightarrow{BY}$와 만나는 점을 C라고 한다.
❹ $\overline{AC}$를 그으면 △ABC가 작도된다.

5 △ABC에서 $\overline{AB}$와 $\overline{BC}$의 길이가 주어졌을 때, 다음 보기 중 △ABC가 하나로 정해지기 위해 필요한 나머지 한 조건이 될 수 있는 것을 모두 고르시오.
(단, $\overline{AB}+\overline{BC}>\overline{CA}$이고, $\overline{CA}$가 가장 긴 변이다.)

┌ 보기 ┐
ㄱ. $\overline{CA}$　　　　ㄴ. ∠A　　　　ㄷ. ∠B　　　　ㄹ. ∠C

6 다음 중 △ABC가 하나로 정해지지 <u>않는</u> 것은?

① $\overline{AB}=4\,cm$, $\overline{BC}=5\,cm$, $\overline{CA}=6\,cm$
② $\overline{AB}=4\,cm$, $\overline{BC}=5\,cm$, ∠B$=50°$
③ $\overline{AB}=4\,cm$, ∠A$=40°$, ∠B$=60°$
④ $\overline{AB}=4\,cm$, ∠B$=50°$, ∠C$=80°$
⑤ ∠A$=45°$, ∠B$=60°$, ∠C$=75°$

● 세 변의 길이를 골라 삼각형 만들기
각 경우의 세 변의 길이 사이의 관계를 확인한다.

7 길이가 $3\,cm$, $4\,cm$, $5\,cm$, $7\,cm$인 막대가 각각 하나씩 있다. 이 중 3개의 막대를 골라서 만들 수 있는 서로 다른 삼각형의 개수는?

① 2개　　　　② 3개　　　　③ 4개
④ 5개　　　　⑤ 6개

한번 더 ×]
8 길이가 $1\,cm$, $2\,cm$, $3\,cm$, $4\,cm$인 4개의 선분 중 3개의 선분을 골라서 만들 수 있는 서로 다른 삼각형의 개수를 구하시오.

2 삼각형의 합동

• 정답과 해설 24쪽

1 합동

한 도형 P를 모양과 크기를 바꾸지 않고 다른 도형 Q에 완전히 포갤 수 있을 때, 이 두 도형을 서로
합동이라고 한다. [기호] P≡Q

(1) 서로 포개어지는 꼭짓점과 꼭짓점, 변과 변, 각과 각은
서로 대응한다고 한다.

(2) 서로 대응하는 꼭짓점을 대응점, 대응하는 변을 대응변,
대응하는 각을 대응각이라고 한다.

△ABC≡△PQR

기호를 써서 합동을 나타낼 때는
두 도형의 대응점의 순서를 맞춘다.

[참고] =와 ≡의 차이점은 다음과 같다.
- △ABC=△PQR ➡ △ABC와 △PQR의 넓이가 서로 같다.
- △ABC≡△PQR ➡ △ABC와 △PQR는 서로 합동이다.

[주의] 합동인 두 도형의 넓이는 항상 같지만 두 도형이 넓이가 같다고 해서
항상 합동인 것은 아니다.

2 합동인 도형의 성질

두 도형이 서로 합동이면

(1) 대응변의 길이는 서로 같다.　　　　　(2) 대응각의 크기는 서로 같다.

[용어]
합동(合 합하다, 同 같다)
합하여 포갤 때 모양과 크기가
서로 똑같은 것

개념 확인　오른쪽 그림에서 △ABC≡△PQR일 때,
다음 표의 빈칸을 알맞게 채우시오.

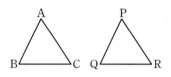

대응변	대응각
(1) $\overline{AB}$의 대응변:	(4) ∠A의 대응각:
(2) $\overline{BC}$의 대응변:	(5) ∠B의 대응각:
(3) $\overline{CA}$의 대응변:	(6) ∠C의 대응각:

필수 문제　1

합동인 도형의 성질

오른쪽 그림에서 사각형 ABCD와 사각형 EFGH가
서로 합동일 때, 다음을 구하시오.

(1) ∠A의 크기　　　　(2) $\overline{BC}$의 길이

1-1　오른쪽 그림에서 △ABC≡△DEF일 때, 다음
보기 중 옳은 것을 모두 고르시오.

┤ 보기 ├

ㄱ. ∠B=40°　　　　　　ㄴ. ∠D=70°　　　　　　ㄷ. ∠F=75°

ㄹ. $\overline{DF}$=8 cm　　　　ㅁ. $\overline{EF}$=6 cm　　　　ㅂ. $\overline{DE}$=8 cm

3 삼각형의 합동 조건

다음의 각 경우에 두 삼각형은 서로 합동이다.

(1) 대응하는 세 변의 길이가 각각 같을 때 (SSS 합동)
➡ $\overline{AB}=\overline{PQ}$, $\overline{BC}=\overline{QR}$, $\overline{AC}=\overline{PR}$

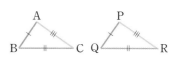

(2) 대응하는 두 변의 길이가 각각 같고, 그 끼인각의 크기가 같을 때 (SAS 합동)
➡ $\overline{AB}=\overline{PQ}$, $\overline{BC}=\overline{QR}$, $\angle B=\angle Q$

(3) 대응하는 한 변의 길이가 같고, 그 양 끝 각의 크기가 각각 같을 때 (ASA 합동)
➡ $\overline{BC}=\overline{QR}$, $\angle B=\angle Q$, $\angle C=\angle R$

> **용어**
> 삼각형의 합동 조건에서
> S는 Side(변), A는 Angle(각)의 머리글자이다.

필수 문제 2 삼각형의 합동 조건

오른쪽 그림의 두 삼각형이 서로 합동일 때, 기호 ≡를 써서 합동임을 나타내고, 합동 조건을 말하시오.

2-1 다음 중 오른쪽 보기의 삼각형과 합동인 것은?

2-2 오른쪽 그림의 △ABC와 △DEF에서 $\overline{AB}=\overline{DE}$, $\angle A=\angle D$일 때, 다음 보기 중 △ABC≡△DEF가 되기 위해 필요한 나머지 한 조건이 될 수 있는 것을 모두 고르시오.

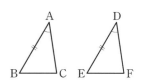

> **보기**
> ㄱ. $\overline{AC}=\overline{DF}$ ㄴ. $\overline{AC}=\overline{EF}$ ㄷ. $\overline{BC}=\overline{DF}$
> ㄹ. $\overline{BC}=\overline{EF}$ ㅁ. $\angle B=\angle E$ ㅂ. $\angle C=\angle F$

STEP 1 쏙쏙 **개념 익히기**

1 오른쪽 그림에서 △ABC≡△FED일 때, 다음 중 옳지 **않은** 것은?

① $\overline{AC}$의 대응변은 $\overline{DE}$이다.

② $\overline{DE}$의 길이는 a이다.

③ ∠A=∠F, ∠B=∠E이다.

④ ∠D=45°이다.

⑤ ∠F=55°이다.

2 다음 보기 중 서로 합동인 삼각형끼리 바르게 짝 지은 것을 모두 고르면? (정답 2개)

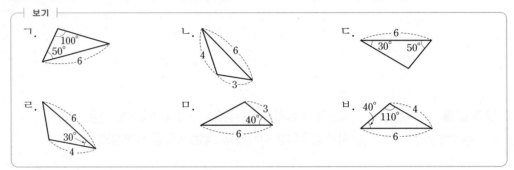

① ㄱ과 ㄷ   ② ㄱ과 ㄹ   ③ ㄴ과 ㄷ

④ ㄴ과 ㅁ   ⑤ ㄹ과 ㅂ

3 오른쪽 그림의 △ABC와 △DEF에서 $\overline{AB}=\overline{DE}$, $\overline{BC}=\overline{EF}$일 때, 다음 중 △ABC≡△DEF가 되기 위해 필요한 조건과 그 때의 합동 조건을 바르게 나열한 것을 모두 고르면? (정답 2개)

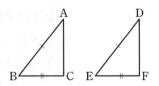

① ∠A=∠D, SAS 합동   ② ∠B=∠E, SAS 합동

③ ∠C=∠E, ASA 합동   ④ $\overline{AB}=\overline{EF}$, SSS 합동

⑤ $\overline{AC}=\overline{DF}$, SSS 합동

4 오른쪽 그림에서 $\overline{AB}=\overline{CD}$, $\overline{BC}=\overline{DA}$일 때, 다음은 두 삼각형이 서로 합동임을 설명하는 과정이다. 물음에 답하시오.

△ABC와 △CDA에서

$\overline{AB}=$ ⎡(개)⎤, $\overline{BC}=\overline{DA}$, ⎡(내)⎤는 공통

∴ △ABC≡△CDA (⎡(대)⎤ 합동)

(1) (개)~(대)에 알맞은 것을 구하시오.

(2) ∠D의 크기를 구하시오.

탄탄 **단원 다지기**

1 다음 보기에서 작도할 때의 눈금 없는 자와 컴퍼스의 용도를 각각 고르시오.

┌ 보기 ├
ㄱ. 원을 그린다.
ㄴ. 두 점을 잇는 선분을 그린다.
ㄷ. 주어진 선분을 연장한다.
ㄹ. 두 선분의 길이를 비교한다.

2 다음 그림에서 ㉠~㉢은 선분 AB를 점 B의 방향으로 연장하여 $\overline{AC}=2\overline{AB}$가 되도록 선분 AC를 작도하는 과정을 나타낸 것이다. 작도 순서를 바르게 나열하시오.

3 오른쪽 그림은 직선 l 밖의 한 점 P를 지나고 직선 l과 평행한 직선 m을 작도한 것이다. 다음 중 이 작도에서 이용한 성질은?

① 맞꼭지각의 크기는 서로 같다.
② 한 직선에 평행한 서로 다른 두 직선은 평행하다.
③ 한 직선에 수직인 서로 다른 두 직선은 평행하다.
④ 서로 다른 두 직선이 다른 한 직선과 만날 때, 엇각의 크기가 같으면 두 직선은 평행하다.
⑤ 서로 다른 두 직선이 다른 한 직선과 만날 때, 동위각의 크기가 같으면 두 직선은 평행하다.

4 다음 중 삼각형의 세 변의 길이가 될 수 <u>없는</u> 것은?

① 2 cm, 3 cm, 4 cm
② 4 cm, 6 cm, 8 cm
③ 5 cm, 5 cm, 9 cm
④ 5 cm, 7 cm, 12 cm
⑤ 10 cm, 10 cm, 10 cm

5 삼각형의 세 변의 길이가 3 cm, 5 cm, a cm일 때, a의 값이 될 수 있는 자연수의 개수를 구하시오.

6 오른쪽 그림과 같이 두 변의 길이와 그 끼인각의 크기가 주어졌을 때, 다음 중 △ABC를 작도하는 순서로 옳지 <u>않은</u> 것은?

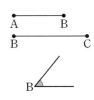

① ∠B → $\overline{AB}$ → $\overline{BC}$ → $\overline{AC}$
② ∠B → $\overline{BC}$ → $\overline{AB}$ → $\overline{AC}$
③ $\overline{AB}$ → ∠B → $\overline{BC}$ → $\overline{AC}$
④ $\overline{BC}$ → ∠B → $\overline{AB}$ → $\overline{AC}$
⑤ $\overline{AB}$ → $\overline{BC}$ → ∠B → $\overline{AC}$

7 다음 중 △ABC가 하나로 정해지는 것은?

① $\overline{AB}=3\,cm$, $\overline{BC}=4\,cm$, $\overline{CA}=8\,cm$

② $\overline{AB}=3\,cm$, $\overline{BC}=4\,cm$, $\angle C=80°$

③ $\overline{AB}=3\,cm$, $\overline{CA}=8\,cm$, $\angle C=60°$

④ $\overline{AB}=3\,cm$, $\angle B=50°$, $\angle C=70°$

⑤ $\angle A=30°$, $\angle B=60°$, $\angle C=90°$

8 다음 중 ∠A가 추가로 주어질 때 △ABC가 하나로 정해지지 <u>않는</u> 것은?

① $\overline{AB}$, ∠B   ② $\overline{BC}$, ∠B   ③ $\overline{CA}$, ∠C

④ $\overline{AB}$, $\overline{BC}$ ⑤ $\overline{AB}$, $\overline{CA}$

9 다음 중 두 도형이 항상 합동인 것은?

① 한 변의 길이가 같은 두 이등변삼각형

② 한 변의 길이가 같은 두 마름모

③ 둘레의 길이가 같은 두 정삼각형

④ 둘레의 길이가 같은 두 직사각형

⑤ 세 각의 크기가 같은 두 삼각형

10 아래 그림의 사각형 ABCD와 사각형 EFGH가 서로 합동일 때, 다음 중 옳은 것은?

① $\overline{AB}=6\,cm$ ② $\overline{GH}=3\,cm$

③ $\angle C=65°$ ④ $\angle E=120°$

⑤ $\angle H=105°$

11 다음 보기 중 오른쪽 그림의 삼각형과 합동인 삼각형을 모두 고르시오.

┌ 보기 ┐

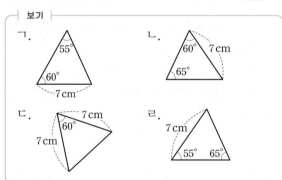

12 아래 그림의 △ABC와 △DEF에 대하여 다음 중 △ABC≡△DEF라고 할 수 <u>없는</u> 것을 모두 고르면? (정답 2개)

 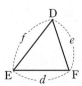

① $a=d$, $b=e$, $c=f$

② $a=d$, $b=e$, $\angle C=\angle F$

③ $a=d$, $c=f$, $\angle C=\angle F$

④ $a=d$, $\angle B=\angle E$, $\angle C=\angle F$

⑤ $\angle A=\angle D$, $\angle B=\angle E$, $\angle C=\angle F$

13 아래 그림에서 ∠B=∠F, ∠C=∠E일 때, 다음 중 △ABC≡△DFE가 되기 위해 필요한 나머지 한 조건이 될 수 있는 것을 모두 고르면? (정답 2개)

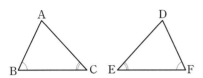

① $\overline{AB}=\overline{DF}$ ② $\overline{AC}=\overline{EF}$

③ ∠A=∠D   ④ $\overline{BC}=\overline{DE}$

⑤ $\overline{BC}=\overline{EF}$

14 오른쪽 그림에서 $\overline{OA}=\overline{OC}$, $\overline{AB}=\overline{CD}$일 때, 다음은 △AOD≡△COB임을 설명 하는 과정이다. ㈎~㈐에 알맞 은 것을 차례로 나열하면?

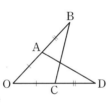

> △AOD와 △COB에서
> $\overline{OA}=\overline{OC}$, $\overline{OD}=$ ㈎ , ㈏ 는 공통
> ∴ △AOD≡△COB (㈐ 합동)

① $\overline{OB}$, $\overline{AD}$, SSS

② $\overline{OB}$, ∠O, SAS

③ $\overline{OB}$, ∠O, ASA

④ $\overline{BC}$, $\overline{AD}$, SSS

⑤ $\overline{BC}$, ∠D, SAS

15 오른쪽 그림의 사각형 ABCD 에서 $\overline{AB}=\overline{CB}$, $\overline{AD}=\overline{CD}$일 때, 다음 중 옳지 않은 것은?

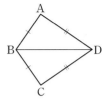

① ∠BAD=∠BCD

② ∠ADB=∠CDB

③ ∠ABD=∠BDC

④ ∠ABC=2∠DBC

⑤ △ABD≡△CBD

16 오른쪽 그림에서 점 M은 $\overline{AD}$ 와 $\overline{BC}$의 교점이고 $\overline{AB}/\!/\overline{CD}$, $\overline{AM}=\overline{DM}$일 때, 다음 보기 중 옳은 것을 모두 고르시오.

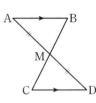

> ┤ 보기 ├
> ㄱ. $\overline{AB}=\overline{CD}$ ㄴ. $\overline{BM}=\overline{CM}$
> ㄷ. $\overline{AD}=\overline{BC}$ ㄹ. ∠ABM=∠AMB
> ㅁ. ∠BAM=∠CDM

17 오른쪽 그림의 두 정사각 형 ABCD와 ECFG에서 점 E는 $\overline{DC}$ 위의 점일 때, $\overline{BE}$의 길이를 구하려고 한다. 다음 물음에 답하시오.

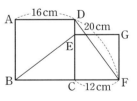

(1) 합동인 두 삼각형을 찾아 기호로 나타내시오.

(2) $\overline{BE}$의 길이를 구하시오.

쓱쓱 서술형 완성하기

따라 해보자

예제 1 △ABC에서 $\overline{AB}$의 길이와 $\overline{AC}$의 길이가 주어질 때, △ABC가 하나로 정해지도록 한 조건을 추가하려고 한다. 이때 추가할 수 있는 조건을 모두 구하시오.

풀이 과정

1단계 변의 길이에 대한 조건 구하기
$\overline{BC}$의 길이를 추가하면 세 변의 길이가 주어진 경우가 되므로 △ABC가 하나로 정해진다.

2단계 각의 크기에 대한 조건 구하기
∠A의 크기를 추가하면 두 변의 길이와 그 끼인각의 크기가 주어진 경우가 되므로 △ABC가 하나로 정해진다.

3단계 추가할 수 있는 조건 모두 구하기
따라서 추가할 수 있는 조건은 $\overline{BC}$의 길이 또는 ∠A의 크기이다.

답 $\overline{BC}$의 길이, ∠A의 크기

유제 1 △ABC에서 $\overline{AB}$의 길이와 ∠A의 크기가 주어질 때, △ABC를 하나로 작도할 수 있도록 한 조건을 추가하려고 한다. 이때 추가할 수 있는 조건을 모두 구하시오.

풀이 과정

1단계 변의 길이에 대한 조건 구하기

2단계 각의 크기에 대한 조건 구하기

3단계 추가할 수 있는 조건 모두 구하기

답

예제 2 오른쪽 그림에서 △ABC는 정삼각형이고 $\overline{BD}=\overline{CE}$일 때, △ABD≡△BCE이다. 이때 이용된 합동 조건을 말하시오.

풀이 과정

1단계 △ABD와 △BCE가 합동인 이유 설명하기
△ABD와 △BCE에서
$\overline{BD}=\overline{CE}$이고,
△ABC는 정삼각형이므로
$\overline{AB}=\overline{BC}$, ∠ABD=∠BCE=60°

2단계 합동 조건 말하기
따라서 대응하는 두 변의 길이가 각각 같고, 그 끼인각의 크기가 같으므로
△ABD≡△BCE (SAS 합동)

답 SAS 합동

유제 2 오른쪽 그림에서 사각형 ABCD는 정사각형이고 $\overline{CE}=\overline{DF}$일 때, △BCE≡△CDF이다. 이때 이용된 합동 조건을 말하시오.

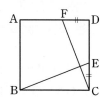

풀이 과정

1단계 △BCE와 △CDF가 합동인 이유 설명하기

2단계 합동 조건 말하기

답

연습해 보자

1 오른쪽 그림에서 ㉠~㉣은 크기가 같은 각의 작도를 이용하여 직선 l 밖의 한 점 P를 지나고 직선 l과 평행한 직선 m을 작도하는 과정을 나타낸 것이다. 다음 물음에 답하시오.

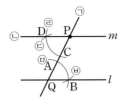

(1) 작도 순서를 바르게 나열하시오.

(2) 이 작도에 이용한 평행선의 성질을 말하시오.

풀이 과정

(1)

(2)

답 (1)   (2)

2 길이가 2 cm, 6 cm, 8 cm, 9 cm인 4개의 막대 중 3개의 막대를 골라서 만들 수 있는 서로 다른 삼각형의 개수를 구하시오.

풀이 과정

답

3 오른쪽 그림의 직사각형 ABCD에서 점 E가 $\overline{BC}$의 중점일 때, △ABE와 합동인 삼각형을 찾고, 합동 조건을 말하시오.

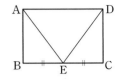

풀이 과정

답

4 오른쪽 그림은 두 지점 A, B 사이의 거리를 구하기 위해 측정한 값을 나타낸 것이다. $\overline{AC}$와 $\overline{BD}$의 교점을 O라고 할 때, 두 지점 A, B 사이의 거리를 구하시오.

풀이 과정

답

북극성과 북두칠성

도심을 벗어난 외곽으로 가면 맑은 밤하늘에 반짝이는 수많은 별들을 볼 수 있는데 이 별들 중에서 북극성과 북두칠성은 우리에게 아주 친숙한 별이다. 북극성은 그 위치가 북극 근처에 있기 때문에 붙여진 이름으로, 지구가 자전하는 동안에도 움직이지 않는 것처럼 보이는 유일한 별이다.

다음은 북극성과 북두칠성에 얽힌 그리스 신화이다.

북극성이 있는 작은곰자리와 북두칠성이 있는 큰곰자리의 별들은 신들의 왕인 제우스와 그의 아내인 헤라의 축복과 저주로 만들어졌다고 한다.

제우스가 칼리스토라는 여인과 사랑에 빠지자 화가 난 헤라는 칼리스토를 곰으로 만들어 버렸다.

곰이 된 칼리스토는 숲을 지나던 중, 마침 그곳에서 사냥을 하던 그녀의 아들 아르카스의 창에 찔렸는데, 이를 본 제우스는 칼리스토와 아르카스를 각각 큰곰자리와 작은곰자리로 만들어 주었다.

다시 화가 난 헤라는 이 별자리가 바다로 내려와서 쉴 수 없게 만들었는데, 이 때문에 북쪽 하늘에서 빛나고 있는 큰곰자리와 작은곰자리의 별들은 지평선 아래로 내려올 수 없게 되었다고 한다.

 기출문제는 이렇게!

Q 국자 모양의 북두칠성 중 마지막 두 별의 이름은 '메라크'와 '두베'이고, 이 두 별 사이의 거리의 다섯 배가 되는 곳에 북극성이 있다고 한다. 오른쪽 그림에서 작도를 이용하여 북극성의 위치를 찾으려고 할 때, 다음 작도 순서를 바르게 나열하시오.

㉠ 메라크를 시작점으로 하고 두베를 지나는 반직선 l을 그린다.

㉡ 같은 방법으로 반지름의 길이가 메라크와 두베 사이의 거리와 같은 원을 그리는 과정을 반복하여 반직선 l과의 교점을 각각 C, D, E라고 한다.

㉢ 두베를 중심으로 반지름의 길이가 메라크와 두베 사이의 거리와 같은 원을 그려 반직선 l과의 교점을 A, 점 A를 중심으로 반지름의 길이가 메라크와 두베 사이의 거리와 같은 원을 그려 반직선 l과의 교점을 B라고 한다.

㉣ 메라크와 두베 사이의 길이를 잰다.

마인드 MAP

작도와 합동

작도에서 사용하는 도구

눈금 없는 자

컴퍼스

작도

길이가 같은 선분의 작도

$\overline{AB} = \overline{CD}$

크기가 같은 각의 작도

∠XOY = ∠FAE

삼각형 ABC

A BC의 대각
∠A의 대변

(가장 긴 변의 길이) < (나머지 두 변의 길이의 합)
↳ $\overline{BC} < \overline{AB} + \overline{AC}$

삼각형이 하나로 정해지는 경우

(1) 세 변의 길이가 주어질 때
(2) 두 변의 길이와 그 끼인각의 크기가 주어질 때
(3) 한 변의 길이와 그 양 끝 각의 크기가 주어질 때

합동

삼각형의 합동 조건

SSS 합동

SAS 합동

ASA 합동

3 다각형

이번에 배울 내용

○1 다각형
○2 삼각형의 내각과 외각
○3 다각형의 내각과 외각

이후에 배울 내용

중2
• 삼각형과 사각형의 성질
중3
• 삼각비

준비 **학습**

초3~4 **각도**
• (삼각형의 세 각의 크기의 합)
  =180°
• (사각형의 네 각의 크기의 합)
  =360°

1 다음 그림에서 ㉠의 각도를 구하시오.

(1)

(2)

초3~4 **다각형**
선분으로만 둘러싸인 도형

2 다음 보기에서 다각형을 모두 찾고, 그 다각형의 이름을 말하시오.

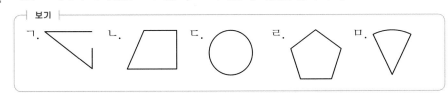
ㄱ.   ㄴ.   ㄷ.   ㄹ.   ㅁ.

다각형

● 정답과 해설 28쪽

1 다각형

3개 이상의 선분으로 둘러싸인 평면도형을 다각형이라 하고, 선분의 개수가
3개, 4개, …, n개인 다각형을 각각 삼각형, 사각형, …, n각형이라고 한다.

(1) **내각**: 다각형의 이웃하는 두 변으로 이루어진 각 중에서 안쪽에 있는 각

(2) **외각**: 다각형의 각 꼭짓점에 이웃하는 두 변 중에서 한 변과 다른 한 변
의 연장선이 이루는 각

참고 다각형의 한 꼭짓점에서 (내각의 크기)+(외각의 크기)=180°이다.

2 정다각형

모든 변의 길이가 같고 모든 내각의 크기가 같은 다각형을
정다각형이라 하고, 변의 개수가 3개, 4개, …, n개인 정다
각형을 각각 정삼각형, 정사각형, …, 정n각형이라고 한다.

정삼각형   정사각형   정오각형

개념 확인 다음 중 다각형이 <u>아닌</u> 것을 모두 고르면? (정답 2개)

① 구각형 ② 원 ③ 정오각형

④ 삼각기둥 ⑤ 사다리꼴

필수 문제 1

다각형의 내각과 외각

▶ 한 내각에 대한 외각은 2개이
지만 서로 맞꼭지각으로 그
크기가 같으므로 둘 중 하나
만 생각한다.

오른쪽 그림의 △ABC에서 다음을 구하시오.

(1) ∠B의 크기 (2) ∠C의 외각의 크기

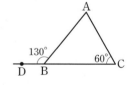

1-1 오른쪽 그림의 사각형 ABCD에서 다음을 구하시오.

(1) ∠A의 외각의 크기 (2) ∠C의 크기

필수 문제 2

정다각형

▶ 다각형에서 변의 개수와 꼭짓
점의 개수는 같다.

다음 조건을 모두 만족시키는 다각형의 이름을 말하시오.

(1) ┤ 조건 ├
㉮ 6개의 선분으로 둘러싸여 있다.
㉯ 모든 변의 길이가 같고, 모든 내각
의 크기가 같다.

(2) ┤ 조건 ├
㉮ 모든 변의 길이가 같다.
㉯ 크기가 모두 같은 8개의 내각으로
이루어져 있다.

3 다각형의 대각선의 개수

(1) 대각선: 다각형에서 서로 이웃하지 않는 두 꼭짓점을 이은 선분

(2) 대각선의 개수

① n각형의 한 꼭짓점에서 그을 수 있는 대각선의 개수 ➡ $(n-3)$개

> 꼭짓점 자신과 그와 이웃하는 두 꼭짓점을 제외한 곳에 그으므로 3을 뺀다.

대각선

② n각형의 대각선의 개수 ➡ $\dfrac{n(n-3)}{2}$개

> 꼭짓점의 개수 ↗ ↖ 한 꼭짓점에서 그을 수 있는 대각선의 개수
> 꼭짓점마다 대각선을 그으면 한 대각선이 2번씩 그어지므로 2로 나눈다.

[예] 오각형의 한 꼭짓점에서 그을 수 있는 대각선의 개수는 $5-3=2$(개)이고

오각형의 대각선의 개수는 $\dfrac{5\times(5-3)}{2}=5$(개)이다. ←

[참고] n각형의 한 꼭짓점에서 대각선을 모두 그었을 때 만들어지는 삼각형의 개수 ➡ $(n-2)$개

개념 확인 다음 다각형의 꼭짓점 A에서 그을 수 있는 대각선을 모두 그리고, 표의 빈칸을 알맞게 채우시오.

다각형	A 사각형	A 오각형	A 육각형	…	n각형
꼭짓점의 개수				…	
한 꼭짓점에서 그을 수 있는 대각선의 개수				…	
대각선의 개수				…	

필수 문제 ③ 다음 다각형의 대각선의 개수를 구하시오.

다각형의 대각선의 개수

(1) 팔각형　　　　　　　(2) 구각형　　　　　　　(3) 십일각형

3-1 한 꼭짓점에서 그을 수 있는 대각선의 개수가 12개인 다각형에 대하여 다음을 구하시오.

(1) 다각형의 이름　　　　　　　(2) 다각형의 대각선의 개수

3-2 한 꼭짓점에서 대각선을 모두 그었을 때 만들어지는 삼각형의 개수가 10개인 다각형의 대각선의 개수를 구하시오.

쏙쏙 개념 익히기

1 오른쪽 그림의 사각형 ABCD에서 ∠A의 외각의 크기와 ∠D의 외각의 크기의 합을 구하시오.

2 다음 중 정팔각형에 대한 설명으로 옳지 <u>않은</u> 것을 모두 고르면? (정답 2개)

① 변의 개수는 8개이다.
② 모든 내각의 크기가 같다.
③ 모든 외각의 크기가 같다.
④ 모든 대각선의 길이가 같다.
⑤ 한 꼭짓점에서 내각과 외각의 크기의 합은 360°이다.

3 칠각형의 한 꼭짓점에서 그을 수 있는 대각선의 개수가 a개, 십육각형의 대각선의 개수가 b개일 때, $a+b$의 값을 구하시오.

4 한 꼭짓점에서 대각선을 모두 그었을 때 만들어지는 삼각형의 개수가 13개인 다각형의 변의 개수를 구하시오.

● 대각선의 개수를 이용하여 다각형 구하기
n각형으로 놓고, 조건을 만족시키는 n의 값을 구한다.

5 대각선의 개수가 14개인 정다각형은?

① 정육각형　　　　② 정칠각형　　　　③ 정팔각형
④ 정십이각형　　　⑤ 정십사각형

6 다음 조건을 모두 만족시키는 다각형의 이름을 말하시오.

┤ 조건 ├
㈎ 모든 변의 길이가 같고, 모든 내각의 크기가 같다.
㈏ 대각선의 개수는 35개이다.

2 삼각형의 내각과 외각

• 정답과 해설 29쪽

1 삼각형의 내각의 크기의 합

삼각형의 세 내각의 크기의 합은 **180°**이다.

➡ △ABC에서 ∠A+∠B+∠C=180°

[참고] 세 내각의 크기의 합이 180°임을 확인하는 방법

[방법1] 세 내각을 접어 모으기

[방법2] 합동인 세 삼각형을 이어 붙이기

[보충]

평행선을 이용하여 설명하기

점 A를 지나고 $\overline{BC}$와 평행한 $\overleftrightarrow{DE}$를 그으면
∠B=∠DAB (엇각),
∠C=∠EAC (엇각)이므로
∠A+∠B+∠C=∠A+∠DAB+∠EAC
　　　　　　　=180° ← 평각의 크기

필수 문제 1

삼각형의 내각의 크기의 합

삼각형의
세 내각의 크기의
합은 180°!

다음 그림에서 ∠x의 크기를 구하시오.

(1)

(2)

(3)

1-1 삼각형의 세 내각의 크기가 $2x°$, $x°+45°$, $3x°+15°$일 때, x의 값을 구하시오.

1-2 오른쪽 그림의 △ABC에서 ∠A : ∠B : ∠C=2 : 3 : 4일 때, ∠A, ∠B, ∠C의 크기를 각각 구하시오.

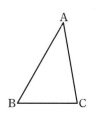

2 삼각형의 내각과 외각 사이의 관계

삼각형에서 한 외각의 크기는 그와 이웃하지 않는 두 내각의 크기의 합과 같다.

➡ △ABC에서 $\underbrace{\angle ACD}_{\angle C의\ 외각} = \underbrace{\angle A + \angle B}_{\angle C를\ 제외한\ 두\ 내각의\ 크기의\ 합}$

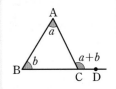

참고 ∠ACD=∠A+∠B인 이유
➡ △ABC에서 ∠A+∠B+∠C=180°
∠BCD가 평각이므로 ∠C+∠ACD=180°
따라서 ∠A+∠B+∠C̸=∠C̸+∠ACD이므로 ∠ACD=∠A+∠B

필수 문제 2

삼각형의 내각과 외각
사이의 관계

다음 그림에서 ∠x의 크기를 구하시오.

(1)

(2)

2-1 다음 그림에서 ∠x의 크기를 구하시오.

(1)

(2)

2-2 다음 그림에서 x의 값을 구하시오.

(1)

(2)

STEP 1 쏙쏙 개념 익히기

1 다음 그림에서 x의 값을 구하시오.

(1)

(2)

2 다음 그림에서 $\angle x$의 크기를 구하시오.

(1)

(2)

3 오른쪽 그림의 △ABC에서 $\angle$ACD$=$$\angle$DCB이고 $\angle$A$=50°$, $\angle$B$=70°$일 때, $\angle x$의 크기를 구하시오.

● 이등변삼각형의 성질을 이용하여 각의 크기 구하기
❶ 이등변삼각형의 두 각의 크기는 같음을 이용한다.
❷ 삼각형의 내각과 외각 사이의 관계를 이용한다.

4 오른쪽 그림에서 $\overline{AB}=\overline{AC}=\overline{CD}$이고 $\angle$DBC$=25°$일 때, $\angle x$의 크기를 구하려고 한다. 다음을 구하시오.

(1) $\angle$DAC의 크기

(2) $\angle x$의 크기

5 오른쪽 그림에서 $\overline{AB}=\overline{BD}=\overline{CD}$이고 $\angle$DAC$=30°$일 때, $\angle x$의 크기를 구하시오.

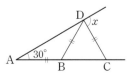

3 다각형의 내각과 외각

• 정답과 해설 30쪽

1 다각형의 내각의 크기의 합

n각형에서 내각의 크기의 합은 $180° \times (n-2)$이다.

다각형	사각형	오각형	육각형	⋯	n각형	← 다각형을 여러 개의 삼각형으로 나눈다.
한 꼭짓점에서 대각선을 모두 그어 만든 삼각형의 개수	②개	③개	④개	⋯	$(n-2)$개	← (삼각형의 개수) =(변의 개수)-2
내각의 크기의 합	$180° \times ② = 360°$	$180° \times ③ = 540°$	$180° \times ④ = 720°$	⋯	$180° \times (n-2)$	← $180° \times$ (삼각형의 개수)

필수 문제 1

다각형의 내각의 크기의 합

다음 다각형의 내각의 크기의 합을 구하시오.

(1) 팔각형   (2) 십일각형   (3) 십오각형

1-1 오른쪽 그림에서 $\angle x$의 크기를 구하시오.

필수 문제 2

다각형의 내각의 크기의 합이 주어진 경우

내각의 크기의 합이 $900°$인 다각형의 이름을 말하시오.

2-1 내각의 크기의 합이 $1800°$인 다각형의 꼭짓점의 개수를 구하시오.

2 다각형의 외각의 크기의 합

n각형에서 외각의 크기의 합은 항상 **360°**이다.

→ 한 꼭짓점에서 내각과 외각의 크기의
합은 180°이다.

다각형	삼각형	사각형	오각형	...	n각형
❶→ (내각의 크기의 합) +(외각의 크기의 합)	$180° \times 3$	$180° \times 4$	$180° \times 5$	...	$180° \times n$
❷→ 내각의 크기의 합	$180°$	$180° \times 2$	$180° \times 3$	...	$180° \times (n-2)$
❶-❷→ 외각의 크기의 합	$360°$	$360°$	$360°$	...	$360°$

[참고] 오른쪽 그림과 같이 카메라 렌즈의 덮개가 닫히는 모양을
통해 다각형의 외각의 크기의 합이 360°임을 알 수도 있다.

필수 문제 ③
다각형의 외각의 크기의 합

다음 그림에서 ∠x의 크기를 구하시오.

(1)

(2)

3-1 다음 그림에서 ∠x의 크기를 구하시오.

(1)

(2)

▶ 내각과 외각이 함께 주어질 때,
내각과 외각 중 더 많이 주어
진 쪽을 기준으로 식을 세워
문제를 풀면 편리하다.

3-2 오른쪽 그림에서 ∠x의 크기를 구하시오.

3 정다각형의 한 내각과 한 외각의 크기

(1) 정다각형은 모든 내각의 크기가 서로 같으므로

➡ (정 n각형의 한 내각의 크기) $=\dfrac{180° \times (n-2)}{n}$ ← 내각의 크기의 합 ← 꼭짓점의 개수

예 정오각형의 한 내각의 크기는 $\dfrac{180° \times (5-2)}{5}=108°$이다.

(2) 정다각형은 모든 외각의 크기가 서로 같으므로

➡ (정 n각형의 한 외각의 크기) $=\dfrac{360°}{n}$ ← 외각의 크기의 합 ← 꼭짓점의 개수

예 정오각형의 한 외각의 크기는 $\dfrac{360°}{5}=72°$이다.

정다각형의 한 내각과
한 외각의 크기

▶ 한 내각과 한 외각의 크기의
합은 180°이므로 한 내각과
한 외각의 크기를 모두 구할
때는 한 외각의 크기를 먼저
구한 후에 이를 이용하여 한
내각의 크기를 구할 수도 있
다.

다음 정다각형의 한 내각의 크기와 한 외각의 크기를 차례로 구하시오.

(1) 정팔각형　　　　　　(2) 정구각형　　　　　　(3) 정십이각형

4-1 오른쪽 그림의 정다각형에서 $\angle a - \angle b$의 크기를 구하시오.

4-2 다음과 같은 정다각형의 이름을 말하시오.

(1) 한 외각의 크기가 20°인 정다각형

(2) 한 내각의 크기가 156°인 정다각형

STEP 1 쏙쏙 개념 익히기

1 십각형의 한 꼭짓점에서 대각선을 모두 그으면 a개의 삼각형으로 나누어지므로 십각형의 내각의 크기의 합은 $b°$이다. 이때 $a+b$의 값을 구하시오.

2 내각의 크기의 합이 $1260°$인 다각형의 한 꼭짓점에서 그을 수 있는 대각선의 개수를 구하시오.

3 다음 그림에서 $\angle x$의 크기를 구하시오.

(1)

(2)

(3)

4 n각형의 내각의 크기와 외각의 크기의 총합이 $1440°$일 때, 자연수 n의 값을 구하시오.

5 다음 중 정다각형에 대한 설명으로 옳지 <u>않은</u> 것은?

① 정오각형의 한 내각의 크기는 $108°$이다.

② 정십각형의 한 외각의 크기는 $36°$이다.

③ 정사각형의 한 내각의 크기와 한 외각의 크기는 서로 같다.

④ 정다각형의 한 내각의 크기와 한 외각의 크기의 합은 항상 같다.

⑤ 정육각형의 내각의 크기의 합은 정오각형의 내각의 크기의 합보다 $360°$만큼 더 크다.

쏙쏙 개념 익히기

6 한 외각의 크기가 $60°$인 정다각형의 대각선의 개수는?

① 5개   ② 9개   ③ 14개

④ 20개   ⑤ 27개

7 오른쪽 그림의 정오각형 ABCDE의 두 변 AB와 DC의 연장선의 교점을 F라고 할 때, $\angle x$, $\angle y$의 크기를 각각 구하시오.

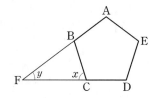

8 한 내각의 크기와 한 외각의 크기의 비가 $1:2$인 정다각형을 구하려고 할 때, 다음 물음에 답하시오.

● 한 내각과 한 외각의 크기의 비가 주어진 정다각형
한 내각과 한 외각의 크기의 합이 $180°$임을 이용한다.

(1) 한 외각의 크기를 구하시오.

(2) (1)을 이용하여 조건을 만족시키는 정다각형의 이름을 말하시오.

9 한 내각의 크기와 한 외각의 크기의 비가 $7:2$인 정다각형의 이름을 말하시오.

STEP 2 탄탄 단원 다지기

1 오른쪽 그림의 사각형 ABCD에서 $\angle x + \angle y$의 크기는?

① $155°$　　② $160°$
③ $165°$　　④ $170°$
⑤ $175°$

2 다음 중 옳은 것을 모두 고르면? (정답 2개)

① 다각형에서 변의 개수와 꼭짓점의 개수는 같다.
② 다각형의 한 꼭짓점에 대하여 외각은 1개이다.
③ 내각의 크기가 모두 같은 다각형은 정다각형이다.
④ 내각의 크기가 모두 같은 삼각형은 정삼각형이다.
⑤ 정다각형의 한 내각의 크기와 한 외각의 크기는 서로 같다.

3 한 꼭짓점에서 대각선을 모두 그었을 때 만들어지는 삼각형의 개수가 8개인 다각형의 대각선의 개수를 구하시오.

4 오른쪽 그림과 같이 7명의 학생이 원탁에 둘러 앉아 있다. 양옆에 앉은 학생과는 각각 악수를 하고, 나머지 학생들과는 각각 눈인사를 하려고 한다. 다음 물음에 답하시오.

(1) 악수를 하는 학생은 모두 몇 쌍인지 구하시오.

(2) 눈인사를 하는 학생은 모두 몇 쌍인지 구하시오.

5 다음 조건을 모두 만족시키는 다각형은?

> **조건**
> ㈎ 모든 변의 길이가 같고, 모든 내각의 크기가 같다.
> ㈏ 대각선의 개수는 54개이다.

① 정팔각형　　② 구각형　　③ 십이각형
④ 정구각형　　⑤ 정십이각형

6 오른쪽 그림의 △ABC에서 $\angle B = 60°$, $\angle A = 2\angle C$일 때, $\angle A$의 크기를 구하시오.

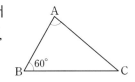

7 오른쪽 그림의 △ABC에서 점 I는 $\angle B$의 이등분선과 $\angle C$의 이등분선의 교점이다. $\angle BIC = 130°$일 때, $\angle x$의 크기를 구하시오.

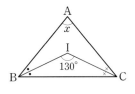

●○○
8 오른쪽 그림에서 ∠x의 크기
는?

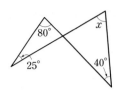

① 50° ② 55°

③ 60° ④ 65°

⑤ 70°

●●○
9 오른쪽 그림에서 ∠x, ∠y의
크기를 각각 구하시오.

●●○
10 오른쪽 그림의 △ABC에서
∠BAD＝∠CAD일 때,
∠x의 크기는?

① 65° ② 70°

③ 75° ④ 80°

⑤ 85°

●●○
11 오른쪽 그림의 △ABC에서
$\overline{AD}=\overline{BD}=\overline{BC}$이고 ∠C＝70°일
때, ∠x의 크기는?

① 29° ② 31°

③ 33° ④ 35°

⑤ 37°

●●○
12 오른쪽 그림에서 ∠x의
크기를 구하시오.

●●○
13 오른쪽 그림에서 ∠x의 크기
를 구하시오.

14 오른쪽 그림에서 ∠x의 크기는?

① 35°　　② 40°

③ 45°　　④ 50°

⑤ 60°

15 외각의 크기의 비가 1 : 4 : 2 : 3인 사각형에서 가장 작은 내각의 크기를 구하시오.

16 오른쪽 그림에서
$∠a + ∠b + ∠c + ∠d$
$\quad\quad\quad + ∠e + ∠f$
의 크기를 구하시오.

17 내각의 크기의 합이 2340°인 정다각형의 한 외각의 크기는?

① 24°　　② 30°　　③ 36°

④ 42°　　⑤ 48°

18 한 내각의 크기가 한 외각의 크기의 4배인 정다각형의 꼭짓점의 개수는?

① 6개　　② 8개　　③ 10개

④ 12개　　⑤ 14개

19 다음 중 한 내각의 크기가 140°인 정다각형에 대한 설명으로 옳지 않은 것은?

① 정구각형이다.

② 한 꼭짓점에서 그을 수 있는 대각선의 개수는 6개이다.

③ 대각선의 개수는 27개이다.

④ 내각의 크기의 합은 1440°이다.

⑤ 한 내각의 크기와 한 외각의 크기의 비는 7 : 2이다.

20 오른쪽 그림의 정오각형 ABCDE에서 ∠x의 크기를 구하려고 한다. 다음을 구하시오.

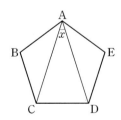

(1) ∠BAC의 크기

(2) ∠x의 크기

따라 해보자

예제 1

오른쪽 그림의 △ABC에서 점 D는 ∠B의 이등분선과 ∠C의 외각의 이등분선의 교점이다. ∠A=80°일 때, ∠x의 크기를 구하시오.

풀이 과정

1단계 △ABC에서 식 세우기

∠ABD=∠DBC=∠a,

∠ACD=∠DCE=∠b라고 하면

△ABC에서 $2\angle b=80°+2\angle a$이므로

$\angle b=40°+\angle a$ ··· ㉠

2단계 △DBC에서 식 세우기

△DBC에서 $\angle b=\angle x+\angle a$ ··· ㉡

3단계 ∠x의 크기 구하기

㉠, ㉡에서 $\angle x=40°$

답 **40°**

유제 1

오른쪽 그림의 △ABC에서 점 D는 ∠B의 이등분선과 ∠C의 외각의 이등분선의 교점이다. ∠D=25°일 때, ∠x의 크기를 구하시오.

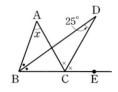

풀이 과정

1단계 △ABC에서 식 세우기

2단계 △DBC에서 식 세우기

3단계 ∠x의 크기 구하기

답

예제 2

한 내각의 크기가 144°인 정다각형의 내각의 크기의 합을 구하시오.

풀이 과정

1단계 한 내각의 크기가 144°인 정다각형 구하기

한 내각의 크기가 144°인 정다각형을 정n각형이라고 하면

$\dfrac{180°\times(n-2)}{n}=144°$, $180°\times n-360°=144°\times n$

$36°\times n=360°$ ∴ $n=10$, 즉 정십각형

다른 풀이

한 외각의 크기가 $180°-144°=36°$이므로

$\dfrac{360°}{n}=36°$ ∴ $n=10$, 즉 정십각형

2단계 정다각형의 내각의 크기의 합 구하기

따라서 정십각형의 내각의 크기의 합은

$144°\times10=1440°$

답 **1440°**

유제 2

한 외각의 크기가 18°인 정다각형의 내각의 크기의 합을 구하시오.

풀이 과정

1단계 한 외각의 크기가 18°인 정다각형 구하기

2단계 정다각형의 내각의 크기의 합 구하기

답

연습해 보자

1 다음 그림에서 $\overline{AB}=\overline{BC}=\overline{CD}$이고 $\angle DCE=66°$일 때, $\angle a$의 크기를 구하시오.

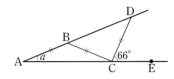

풀이 과정

답

3 한 꼭짓점에서 그을 수 있는 대각선의 개수가 15개인 정다각형의 한 내각의 크기를 구하시오.

풀이 과정

답

2 오른쪽 그림의 사각형 ABCD에서 점 I는 $\angle B$의 이등분선과 $\angle C$의 이등분선의 교점이다. $\angle A+\angle D=150°$일 때, $\angle BIC$의 크기를 구하시오.

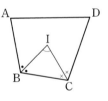

풀이 과정

답

4 오른쪽 그림은 한 변의 길이가 같은 정육각형과 정팔각형의 한 변을 붙여 놓은 것이다. 이때 $\angle x$의 크기를 구하시오.

풀이 과정

답

● 정답과 해설 35쪽

경복궁 담장에 새겨진 정다각형

경복궁은 현재 남아 있는 다섯 개의 조선 시대 궁궐 중 맨 처음 지어진 것으로, 조선 왕조의 중심지로서의 역할을 해낸 곳이다. 태조가 한양을 도읍으로 정한 후 궁궐을 짓기 시작하여 바로 다음 해인 1395년에 완성하였으며, '경복(景福)'이라는 이름은 '큰 복을 누리라'는 뜻으로 정도전이 지은 것이라고 한다.

경복궁 안에는 왕족들의 생활 공간, 행정 업무를 보는 정무 시설, 궁의 휴식 공간인 후원 등이 조성되어 있으며, 이외에도 다음과 같은 건물들이 모여 있다.

- 근정전: 조선 왕실을 상징하는 건물이자 국가의 공식 행사나 조회 등을 할 때 사용한 건물
- 사정전: 임금이 평상시에 머물면서 정사를 돌보던 건물
- 강녕전: 임금이 일상을 보내는 거처였으며, 침실로 사용한 건물

광화문부터 흥례문을 지나 근정전, 사정전, 강녕전, 교태전을 잇는 중심부는 경복궁의 핵심 공간이며, 각 건축물들은 대칭적으로 배치되어 질서 정연한 모습을 보여준다. 또 이 중심부를 제외한 나머지 부분의 건축물들은 비대칭적으로 배치되어 변화와 통일의 아름다움도 함께 갖추고 있다.

경복궁에는 아름다운 무늬를 가진 담장들이 많은데, 특히 왕비가 거처했던 교태전에서는 정사각형 또는 정육각형 모양으로 채워진 담장을 볼 수 있다.

기출문제는 이렇게!

 다음 보기의 정다각형 중 서로 합동인 것을 겹치지 않게 변끼리 붙였을 때 평면을 빈틈없이 채울 수 있는 것을 모두 고르시오.

| 보기 |
| ㄱ. 정삼각형　　ㄴ. 정사각형　　ㄷ. 정오각형　　ㄹ. 정육각형　　ㅁ. 정팔각형 |

다각형

다각형의 내각과 외각

한 내각과 그 외각의 크기의 합은 180°이다.

정다각형

① 모든 변의 길이가 같다.
② 모든 내각의 크기가 같다.

n각형의 대각선의 개수

$$\frac{n(n-3)}{2} 개$$

삼각형의 내각과 외각

- (삼각형의 세 내각의 크기의 합) = 180°
- (한 외각의 크기) = (그와 이웃하지 않는 두 내각의 크기의 합)

n각형의 내각과 외각

- (n각형의 내각의 크기의 합) = 180° × (n-2)
- (n각형의 외각의 크기의 합) = 360°

구호 시작!

외각의 크기의 합은 항상 360°!

정n각형의 한 내각과 한 외각

- (정n각형의 한 내각의 크기) = $\dfrac{180° × (n-2)}{n}$
- (정n각형의 한 외각의 크기) = $\dfrac{360°}{n}$

4 원과 부채꼴

준비 **학습**

초3~4 **원**

• 반지름: 원의 중심과 원 위의 한 점을 이은 선분
• 지름: 원 위의 두 점을 이은 선분 중에서 원의 중심을 지나는 선분

1 오른쪽 그림의 원에 대하여 다음 ☐ 안에 알맞은 것을 쓰시오.

(1) 점 ㅇ은 원의 ☐☐☐이고, 선분 ㄱㄴ은 원의 ☐☐☐이다.

(2) 선분 ㄷㄹ의 길이가 $10\,\mathrm{cm}$일 때, 원의 반지름은 ☐☐ cm 이다.

초5~6 **원의 둘레와 넓이**

• 원주: 원의 둘레
• 원주율: 원의 지름에 대한 원주의 비율 ($=3.1415\cdots$)
• (원주)=(지름)×(원주율)
• (원의 넓이)
　=(반지름)×(반지름)×(원주율)

2 오른쪽 그림의 원에서 다음을 구하시오.

(단, 원주율은 3.14로 계산한다.)

(1) 원주

(2) 원의 넓이

○1 원과 부채꼴

• 정답과 해설 36쪽

1 원과 부채꼴

(1) **원 O**: 평면 위의 한 점 O에서 일정한 거리에 있는 모든 점으로 이루어진 도형

(2) **호 AB**: 원 위의 두 점 A, B를 양 끝 점으로 하는 원의 일부분 [기호] $\widehat{AB}$

(3) **할선**: 원 위의 두 점을 지나는 직선

(4) **현 CD**: 원 위의 두 점 C, D를 이은 선분

(5) **부채꼴 AOB**: 원 O에서 호 AB와 두 반지름 OA, OB로 이루어진 도형

(6) **중심각**: 부채꼴 AOB에서 두 반지름 OA, OB가 이루는 각, 즉 ∠AOB를 호 AB에 대한 중심각 또는 부채꼴 AOB의 중심각이라고 한다.

(7) **활꼴**: 원 O에서 현 CD와 호 CD로 이루어진 도형

[참고] • 보통 $\widehat{AB}$는 길이가 짧은 쪽의 호를 나타내고, 길이가 긴 쪽의 호는 그 호 위에 한 점 P를 잡아 $\widehat{APB}$와 같이 나타낸다.
• 원의 중심을 지나는 현은 그 원의 지름이고, 원의 지름은 그 원에서 길이가 가장 긴 현이다.
• 반원은 활꼴인 동시에 부채꼴이다.

용어
• **호**(弧 활)
• **현**(弦 시위)   시위(현)   활(호)

필수 문제 1

원과 부채꼴에 대한 용어의 이해

오른쪽 그림의 원 O 위에 다음을 나타내시오.

(1) 호 AB   (2) 현 CD

(3) $\overline{OB}$, $\overline{OC}$, $\widehat{BC}$로 이루어진 부채꼴

(4) $\overline{AD}$, $\widehat{AD}$로 이루어진 활꼴

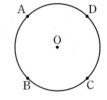

1-1 다음 보기 중 오른쪽 그림의 원 O에 대한 설명으로 옳은 것을 모두 고르시오.

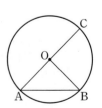

| 보기 |

ㄱ. ∠AOB에 대한 호는 $\widehat{AB}$이다.

ㄴ. $\widehat{BC}$에 대한 중심각은 ∠BAC이다.

ㄷ. $\overline{AB}$와 $\widehat{AB}$로 둘러싸인 도형은 부채꼴이다.

ㄹ. 원 O에서 길이가 가장 긴 현은 원 O의 지름이다.

ㅁ. $\widehat{AB}$와 두 반지름 OA, OB로 둘러싸인 도형은 활꼴이다.

1-2 한 원에서 부채꼴과 활꼴이 같을 때, 이 부채꼴의 중심각의 크기를 구하시오.

2 부채꼴의 중심각의 크기와 호의 길이, 넓이 사이의 관계

한 원 또는 합동인 두 원에서

(1) 중심각의 크기가 같은 두 부채꼴의 호의 길이는 같다.
중심각의 크기가 같은 두 부채꼴의 넓이는 같다.

(2) 부채꼴의 호의 길이는 중심각의 크기에 정비례한다.
부채꼴의 넓이는 중심각의 크기에 정비례한다.

중심각의 크기가 2배, 3배, 4배, …가 되면
부채꼴의 호의 길이와 넓이도 각각
2배, 3배, 4배, …가 된다. ➡ 정비례한다.

필수 문제 2

부채꼴의 중심각의 크기와
호의 길이, 넓이

▶ (중심각의 크기의 비)
=(호의 길이의 비)
=(부채꼴의 넓이의 비)

다음 그림의 원 O에서 x의 값을 구하시오.

(1)

(2)

2-1 다음 그림의 원 O에서 x의 값을 구하시오.

(1)

(2)

6조각으로
똑같이 자르면
한 조각의 중심각의
크기는 60°네!

2-2 오른쪽 그림의 원 O에서 $\overset{\frown}{AB} : \overset{\frown}{BC} : \overset{\frown}{CA} = 3 : 4 : 5$일 때,
∠AOC의 크기를 구하시오.

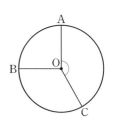

3 중심각의 크기와 현의 길이 사이의 관계

한 원 또는 합동인 두 원에서

(1) 중심각의 크기가 같은 두 현의 길이는 같다.

(2) 현의 길이는 중심각의 크기에 정비례하지 않는다.

주의 오른쪽 그림에서 중심각의 크기가 2배가 될 때, 현의 길이는 2배가 되지 않는다.
➡ ∠AOC=2∠AOB일 때, $\overline{AC} \neq 2\overline{AB}$

$\overline{AC} < \overline{AB} + \overline{BC} = 2\overline{AB}$

개념 확인 다음은 원 O에서 중심각의 크기가 같은 두 현의 길이는 같음을 설명하는 과정이다.
□ 안에 알맞은 것을 쓰시오.

△AOB와 △COD에서

$\overline{OA}=\overline{OB}=\overline{OC}=\overline{OD}$ (원의 □) ··· ㉠

∠AOB=□ ··· ㉡

㉠, ㉡에서 △AOB□△COD (□ 합동)

∴ $\overline{AB}=$ □

필수 문제 **3**

중심각의 크기와 현의 길이

다음 그림의 원 O에서 x의 값을 구하시오.

(1)

(2)

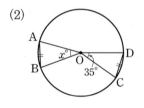

3-1 오른쪽 그림의 원 O에서 $\overline{AB}=\overline{CD}=\overline{DE}$이고 ∠AOB=45°일 때, ∠COE의 크기를 구하시오.

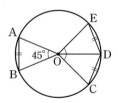

3-2 다음 보기 중 한 원 또는 합동인 두 원에 대한 설명으로 옳은 것을 모두 고르시오.

┤ 보기 ├

ㄱ. 크기가 같은 중심각에 대한 현의 길이는 같다.

ㄴ. 호의 길이는 중심각의 크기에 정비례한다.

ㄷ. 부채꼴의 넓이는 중심각의 크기에 정비례한다.

ㄹ. 현의 길이는 중심각의 크기에 정비례한다.

STEP 1 쏙쏙 개념 익히기

1 다음 중 오른쪽 그림의 원 O의 각 부분을 나타내는 용어로 옳지 <u>않은</u> 것은?

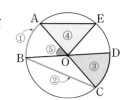

① 호 AB
② 현 BC
③ $\overline{OC}$, $\overline{OD}$, $\widehat{CD}$로 이루어진 부채꼴
④ $\overline{AE}$, $\widehat{AE}$로 이루어진 활꼴
⑤ 호 AB에 대한 중심각

2 반지름의 길이가 5 cm인 원에서 길이가 가장 긴 현의 길이를 구하시오.

3 오른쪽 그림의 원 O에서 $x+y$의 값을 구하시오.

4 오른쪽 그림과 같이 $\overline{BC}$를 지름으로 하는 원 O에서 $\angle AOB=30°$, $\angle COD=90°$이고 부채꼴 COD의 넓이가 27 cm^2일 때, 부채꼴 AOB의 넓이를 구하시오.

5 오른쪽 그림에서 $\overline{AC}$는 원 O의 지름이고 $\widehat{AB} : \widehat{BC}=5 : 4$일 때, $\angle BOC$의 크기를 구하시오.

STEP 1 쏙쏙 개념 익히기

6 오른쪽 그림과 같이 반지름의 길이가 8 cm인 원 O에서 $\overarc{AC}=\overarc{BC}$이고 $\overline{AC}=7$ cm일 때, 색칠한 부분의 둘레의 길이를 구하시오.

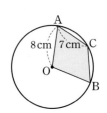

7 오른쪽 그림의 원 O에서 $\angle AOB=60°$, $\angle COD=30°$일 때, 다음 중 옳지 **않은** 것을 모두 고르면? (정답 2개)

① $\overarc{AB}=2\overarc{CD}$

② $\overline{AB}=2\overline{CD}$

③ (원 O의 둘레의 길이)$=6\overarc{AB}$

④ ($\triangle$OAB의 넓이)$=2\times$($\triangle$ODC의 넓이)

⑤ (부채꼴 COD의 넓이)$=\dfrac{1}{2}\times$(부채꼴 AOB의 넓이)

● 평행선, 이등변삼각형의 성질을 이용하는 문제
• 평행선에서 동위각, 엇각의 크기는 각각 같다.
• 이등변삼각형의 두 각의 크기는 서로 같다.

8 오른쪽 그림의 원 O에서 $\overline{AO}\parallel\overline{BC}$이고 $\overarc{BC}=3\overarc{AB}$일 때, $\angle x$의 크기를 구하시오.

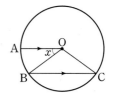

9 오른쪽 그림의 원 O에서 $\overline{OC}\parallel\overline{AB}$이고 $\overarc{AB}:\overarc{BC}=2:1$일 때, $\angle x$의 크기는?

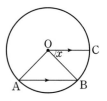

① 30°   ② 35°   ③ 40°

④ 45°   ⑤ 50°

2

부채꼴의 호의 길이와 넓이

● 정답과 해설 37쪽

1 원주율

원의 지름의 길이에 대한 <u>원의 둘레의 길이</u>의 비의 값을 원주율이
라고 한다. 원주율은 기호로 π와 같이 나타내고, '파이'라고 읽는다.

┌→ 원주

$$(\text{원주율}) = \frac{(\text{원의 둘레의 길이})}{(\text{원의 지름의 길이})} = \pi$$

참고 • 원주율(π)은 원의 크기에 관계없이 항상 일정하고, 그 값은 3.141592…와
　　　같이 불규칙하게 한없이 계속되는 소수이다.
　　• 원주율은 특정한 값으로 주어지지 않는 한 π를 사용하여 나타낸다.

2 원의 둘레의 길이와 넓이

반지름의 길이가 r인 원의 둘레의 길이를 l, 넓이를 S라고 하면

(1) $l = 2 \times (\text{반지름의 길이}) \times (\text{원주율})$

　　$= 2 \times r \times \pi = 2\pi r$

(2) $S = (\text{반지름의 길이}) \times (\text{반지름의 길이}) \times (\text{원주율})$

　　$= r \times r \times \pi = \pi r^2$

$l = 2\pi r, \ S = \pi r^2$

> **용어**
> • l　length(길이)의 머리글자
> • S　square(넓이)의 머리글자

필수 문제　1

원의 둘레의 길이와 넓이

▶(2) 색칠한 부분의 넓이는 전
체 도형의 넓이에서 색칠
하지 않은 부분의 넓이를
뺀 것과 같다.

다음 그림에서 색칠한 부분의 둘레의 길이와 넓이를 차례로 구하시오.

(1)

(2)

1-1 다음 그림에서 색칠한 부분의 둘레의 길이와 넓이를 차례로 구하시오.

(1)

(2)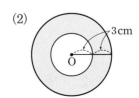

3 부채꼴의 호의 길이와 넓이

반지름의 길이가 r, 중심각의 크기가 $x°$인 부채꼴의 호의 길이를 l, 넓이를 S라고 하면

(1) 부채꼴의 호의 길이는 중심각의 크기에 정비례하므로

(원의 둘레의 길이) : (부채꼴의 호의 길이)$=360° : x°$

$2\pi r : l = 360° : x°$

$$\therefore l = 2\pi r \times \frac{x}{360}$$

└→ 반지름의 길이가 r인 원의 둘레의 길이

(2) 부채꼴의 넓이는 중심각의 크기에 정비례하므로

(원의 넓이) : (부채꼴의 넓이)$=360° : x°$

$\pi r^2 : S = 360° : x°$

$$\therefore S = \pi r^2 \times \frac{x}{360}$$

└→ 반지름의 길이가 r인 원의 넓이

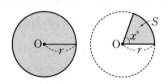

개념 확인

반지름의 길이가 4 cm이고 중심각의 크기가 45°인 부채꼴에 대하여 다음 □ 안에 알맞은 것을 쓰시오.

(1) (부채꼴의 호의 길이)$=2\pi \times \boxed{} \times \dfrac{\boxed{}}{360} = \boxed{}$ (cm)

(2) (부채꼴의 넓이)$=\pi \times \boxed{}^2 \times \dfrac{\boxed{}}{360} = \boxed{}$ (cm²)

필수 문제 2

부채꼴의 호의 길이와 넓이

다음 그림과 같은 부채꼴의 호의 길이와 넓이를 차례로 구하시오.

(1)

150°
6 cm

(2)
9 cm
240°

2-1 반지름의 길이가 12 cm이고 중심각의 크기가 30°인 부채꼴의 호의 길이와 넓이를 차례로 구하시오.

▸색칠한 부분의 넓이는 전체 넓이에서 색칠하지 않은 부분의 넓이를 뺀 것과 같다.

2-2 다음 그림에서 색칠한 부분의 둘레의 길이와 넓이를 차례로 구하시오.

(1)

60°
4 cm 4 cm

(2)

6 cm
6 cm

4 호의 길이를 알 때, 부채꼴의 넓이

반지름의 길이가 r, 호의 길이가 l인 부채꼴의 넓이를 S라고 하면

$$S = \frac{1}{2}rl \longleftarrow$$ 중심각의 크기가 주어지지 않은 부채꼴의 넓이를 구할 때 사용한다.

참고 중심각의 크기를 $x°$라고 하면

$l = 2\pi r \times \dfrac{x}{360}$ 에서 $\dfrac{x}{360} = \dfrac{l}{2\pi r}$

$\therefore S = \pi r^2 \times \dfrac{x}{360} = \pi r^2 \times \dfrac{l}{2\pi r} = \dfrac{1}{2}rl$

개념 확인 오른쪽 그림과 같이 반지름의 길이가 $6\,\text{cm}$, 호의 길이가 $2\pi\,\text{cm}$ 인 부채꼴에 대하여 다음 ☐ 안에 알맞은 것을 쓰시오.

> (부채꼴의 넓이)$= \dfrac{1}{2} \times 6 \times \boxed{} = \boxed{}\,(\text{cm}^2)$

필수 문제 ❸

호의 길이를 알 때,
부채꼴의 넓이

다음 그림과 같은 부채꼴의 넓이를 구하시오.

(1)

(2)

3-1 다음 그림과 같은 부채꼴의 넓이를 구하시오.

(1)

(2)

3-2 반지름의 길이가 $6\,\text{cm}$이고 넓이가 $15\pi\,\text{cm}^2$인 부채꼴의 호의 길이를 구하시오.

색칠한 부분의 넓이 구하기

주어진 도형에서 색칠한 부분의 넓이를 한 번에 구할 수 없을 때는 보통 전체의 넓이에서 색칠하지 않은 부분의 넓이를 빼어서 구한다. 이때 우리가 알고 있는 도형의 넓이 공식을 이용할 수 있도록 주어진 도형을 적당히 나누거나 이동하는 과정이 필요하다.

(1) 전체의 넓이에서 색칠하지 않은 부분의 넓이를 빼어서 색칠한 부분의 넓이를 구한다.

(2) 주어진 도형에 적당한 보조선을 그어서 색칠한 부분의 넓이를 구한다.

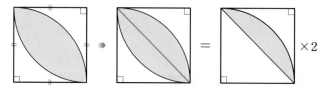

(3) 주어진 도형에 적당한 보조선을 그은 후, 도형의 일부분을 적당히 이동하여 간단한 모양으로 만들어서 색칠한 부분의 넓이를 구한다.

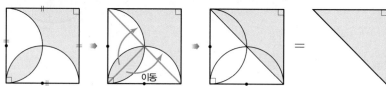

(4) 주어진 도형을 몇 개의 도형으로 나누어 넓이를 구한 후, 각각의 넓이를 더하거나 빼어서 색칠한 부분의 넓이를 구한다.

STEP 1 쏙쏙 개념 익히기

1 다음을 구하시오.

(1) 둘레의 길이가 14π cm인 원의 반지름의 길이

(2) 둘레의 길이가 6π cm인 원의 넓이

2 다음 그림에서 색칠한 부분의 둘레의 길이와 넓이를 차례로 구하시오.

(1)

(2)

3 반지름의 길이가 5 cm이고 중심각의 크기가 $120°$인 부채꼴의 호의 길이와 넓이를 차례로 구하시오.

4 오른쪽 그림과 같이 반지름의 길이가 24 cm이고 호의 길이가 10π cm인 부채꼴의 중심각의 크기는?

① $55°$ ② $60°$ ③ $75°$
④ $80°$ ⑤ $90°$

5 반지름의 길이가 6 cm이고 호의 길이가 10π cm인 부채꼴의 넓이를 구하시오.

STEP 1 쏙쏙 개념 익히기

6 오른쪽 그림과 같이 호의 길이가 15π cm이고 넓이가 90π cm²인 부채꼴에 대하여 다음을 구하시오.

(1) 부채꼴의 반지름의 길이

(2) 부채꼴의 중심각의 크기

7 다음 그림에서 색칠한 부분의 넓이를 구하시오.

(1)

(2)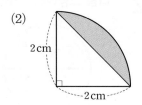

8 오른쪽 그림과 같이 한 변의 길이가 6 cm인 정사각형에서 색칠한 부분의 둘레의 길이와 넓이를 차례로 구하시오.

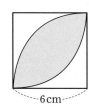

● 색칠한 부분의 넓이 구하기
도형의 일부분을 넓이가 같은 부분으로 적당히 이동하여 간단한 모양의 도형으로 만든다.

9 오른쪽 그림과 같이 한 변의 길이가 16 cm인 정사각형에서 색칠한 부분의 넓이를 구하시오.

10 오른쪽 그림과 같이 한 변의 길이가 30 cm인 정사각형에서 색칠한 부분의 넓이를 구하시오.

STEP

2 탄탄 단원 다지기

1 다음 중 옳은 것을 모두 고르면? (정답 2개)

① 반원은 활꼴이 아니다.

② 원 위의 두 점을 이은 선분을 지름이라고 한다.

③ 평면 위의 한 점으로부터 일정한 거리에 있는 점들로 이루어진 도형을 원이라고 한다.

④ 반지름의 길이가 3 cm인 원에서 가장 긴 현의 길이는 9 cm이다.

⑤ 부채꼴은 두 반지름과 호로 이루어진 도형이다.

2 오른쪽 그림의 원 O에서 반지름의 길이와 현 AB의 길이가 같을 때, 호 AB에 대한 중심각의 크기를 구하시오.

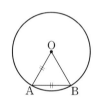

3 오른쪽 그림과 같이 $\overline{AB}$를 지름으로 하는 원 O에서 $\widehat{AD}=9$ cm, $\angle AOD=40°$, $\angle BOC=20°$일 때, $\widehat{CD}$의 길이를 구하시오.

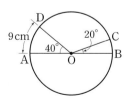

4 오른쪽 그림의 원 O에서 $\overline{AO}\,/\!/\,\overline{BC}$이고 $\widehat{AB}=10$ cm 일 때, $\widehat{BC}$의 길이는?

① 14 cm   ② 15 cm

③ 16 cm   ④ 17 cm

⑤ 18 cm

5 오른쪽 그림과 같이 원 O 의 지름 AB의 연장선과 현 CD의 연장선의 교점을 P라 고 하자. $\overline{OD}=\overline{DP}$이고 $\angle OPD=25°$, $\widehat{BD}=6$ cm 일 때, $\widehat{AC}$의 길이는?

① 9 cm   ② 12 cm   ③ 15 cm

④ 18 cm   ⑤ 21 cm

6 오른쪽 그림의 원 O에서 x의 값을 구하시오.

7 오른쪽 그림의 원 O에서 $\angle AOB : \angle BOC : \angle COA$ $=6:5:7$이고 원 O의 넓이가 144π cm^{2}일 때, 부채꼴 AOB의 넓이를 구하시오.

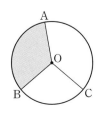

8 오른쪽 그림과 같이 지름이 $\overline{AB}$인 원 O에서 $\overline{AC}\,/\!/\,\overline{OD}$이고 $\overline{CD}=10\,cm$일 때, $\overline{BD}$의 길이는?

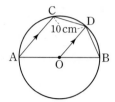

① 6 cm ② 7 cm

③ 8 cm ④ 9 cm

⑤ 10 cm

9 한 원 또는 합동인 두 원에서 다음 중 옳지 <u>않은</u> 것을 모두 고르면? (정답 2개)

① 부채꼴의 넓이는 현의 길이에 정비례한다.

② 넓이가 같은 두 부채꼴은 중심각의 크기가 같다.

③ 크기가 같은 중심각에 대한 호의 길이는 같지만 현의 길이는 다르다.

④ 부채꼴의 호의 길이는 중심각의 크기에 정비례한다.

⑤ 현의 길이는 중심각의 크기에 정비례하지 않는다.

10 오른쪽 그림에서 색칠한 부분의 둘레의 길이와 넓이를 차례로 구하시오.

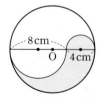

11 오른쪽 그림과 같이 반지름의 길이가 8 cm이고 넓이가 $\dfrac{64}{3}\pi\,cm^2$인 부채꼴의 중심각의 크기는?

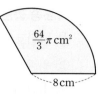

① 100° ② 108° ③ 115°

④ 120° ⑤ 135°

12 반지름의 길이가 9 cm이고 넓이가 $27\pi\,cm^2$인 부채꼴의 둘레의 길이는?

① 3π cm ② 6π cm

③ 12π cm ④ $(3\pi+9)$ cm

⑤ $(6\pi+18)$ cm

13 오른쪽 그림과 같이 한 변의 길이가 20 cm인 정오각형에서 색칠한 부분의 둘레의 길이는?

① $(10\pi+40)$ cm

② $(10\pi+60)$ cm

③ $(12\pi+40)$ cm

④ $(12\pi+60)$ cm

⑤ $(14\pi+40)$ cm

14 오른쪽 그림에서 색칠한 부분
의 넓이는?

① $4\pi\,\text{cm}^2$ ② $8\pi\,\text{cm}^2$

③ $12\pi\,\text{cm}^2$ ④ $16\pi\,\text{cm}^2$

⑤ $20\pi\,\text{cm}^2$

15 오른쪽 그림과 같이 한 변의 길이
가 20 cm인 정사각형에서 색칠한
부분의 넓이를 구하시오.

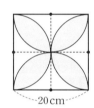

16 오른쪽 그림은 정사각형
ABCD에서 두 점 B, C를
중심으로 하는 부채꼴을 각
각 그린 것이다. 이때 색칠한
부분의 넓이를 구하시오.

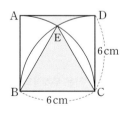

17 오른쪽 그림과 같은 부채꼴에
서 색칠한 부분의 둘레의 길이
와 넓이를 차례로 구하시오.

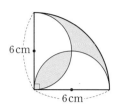

18 오른쪽 그림은 지름의 길이가
12 cm인 반원을 점 A를 중심
으로 45°만큼 회전시킨 것이
다. 이때 색칠한 부분의 넓이
를 구하시오.

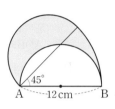

19 오른쪽 그림은 직각삼각
형 ABC를 점 B를 중심
으로 점 C가 변 AB의
연장선 위의 점 D에 오도
록 회전시킨 것이다.

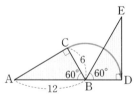

$\overline{\text{AB}}=12$, $\overline{\text{BC}}=6$, $\angle\text{ABC}=60°$일 때, 점 A가 움
직인 거리는?

① 8π ② 10π ③ 12π

④ 14π ⑤ 16π

쓱쓱 서술형 완성하기

유제를 따라 풀어 보고, 실전 문제로 연습해 보세요.

따라 해보자

예제 1 오른쪽 그림의 원 O에서
$\widehat{AB} : \widehat{BC} : \widehat{CA} = 2 : 6 : 7$
일 때, ∠AOB의 크기를 구하시오.

유제 1 오른쪽 그림의 원 O에서
$\widehat{AB} : \widehat{BC} : \widehat{CA} = 2 : 3 : 4$
일 때, ∠AOC의 크기를 구하시오.

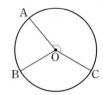

풀이 과정

[1단계] ∠AOB : ∠BOC : ∠COA를 가장 간단한 자연수의 비로 나타내기

호의 길이는 중심각의 크기에 정비례하고
$\widehat{AB} : \widehat{BC} : \widehat{CA} = 2 : 6 : 7$이므로
∠AOB : ∠BOC : ∠COA = 2 : 6 : 7

[2단계] ∠AOB의 크기 구하기

$\angle AOB = 360° \times \dfrac{2}{2+6+7} = 360° \times \dfrac{2}{15} = 48°$

답 **48°**

풀이 과정

[1단계] ∠AOB : ∠BOC : ∠COA를 가장 간단한 자연수의 비로 나타내기

[2단계] ∠AOC의 크기 구하기

답

예제 2 오른쪽 그림에서 색칠한 부분의 둘레의 길이를 구하시오.

유제 2 오른쪽 그림에서 색칠한 부분의 둘레의 길이를 구하시오.

풀이 과정

[1단계] 큰 부채꼴의 호의 길이 구하기

$(큰\ 부채꼴의\ 호의\ 길이) = 2\pi \times (6+6) \times \dfrac{120}{360} = 8\pi\ (cm)$

[2단계] 작은 부채꼴의 호의 길이 구하기

$(작은\ 부채꼴의\ 호의\ 길이) = 2\pi \times 6 \times \dfrac{120}{360} = 4\pi\ (cm)$

[3단계] 색칠한 부분의 둘레의 길이 구하기

$(색칠한\ 부분의\ 둘레의\ 길이) = 8\pi + 4\pi + 6 \times 2$
$\qquad\qquad\qquad\qquad\qquad = 12\pi + 12\ (cm)$

답 $(12\pi + 12)\ cm$

풀이 과정

[1단계] 큰 부채꼴의 호의 길이 구하기

[2단계] 작은 부채꼴의 호의 길이 구하기

[3단계] 색칠한 부분의 둘레의 길이 구하기

답

연습해 보자

1 오른쪽 그림의 반원 O에서
$\overline{AC} /\!/ \overline{OD}$이고
$\angle BOD = 20°$, $\widehat{BD} = 4\,\mathrm{cm}$
일 때, $\widehat{AC}$의 길이를 구하시오.

풀이 과정

답

2 중심각의 크기가 $60°$이고 호의 길이가 $3\pi\,\mathrm{cm}$인 부채꼴의 넓이를 구하시오.

풀이 과정

답

3 오른쪽 그림은 직각삼각형
ABC의 각 변을 지름으로
하는 세 반원을 그린 것이
다. 이때 색칠한 부분의 넓
이를 구하시오.

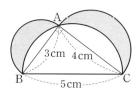

풀이 과정

답

4 다음 그림과 같이 가로, 세로의 길이가 각각 $10\,\mathrm{m}$, $8\,\mathrm{m}$인 직사각형 모양의 울타리의 A 지점에 길이가 $12\,\mathrm{m}$인 끈으로 강아지를 묶어 놓았을 때, 강아지가 울타리 밖에서 최대한 움직일 수 있는 영역의 넓이를 구하시오. (단, 끈의 매듭의 길이와 강아지의 크기는 생각하지 않는다.)

풀이 과정

답

원반던지기 속의 수학

병사가 강을 건널 때 무게를 줄이기 위해 방패를 강 건너편으로 던진 것에서 유래된 원반던지기는 원반을 한 손에 쥐고 몸을 회전시켜 얻은 원심력을 이용하여 가장 멀리 던진 거리로 순위를 매기는 경기이다.

고대 올림픽에서부터 인기가 많았던 원반던지기는 1896년에 열린 제1회 근대 올림픽 이후로 지금까지도 꾸준히 정식 종목으로 채택되어 왔으며, 올림픽 포스터에 등장할 만큼 대중에게 잘 알려진 스포츠이기도 하다.

원반던지기 선수들은 지름 $2.5\,\text{m}$의 원 안에서 몸을 최대한 비틀어 회전하면서 원반을 던진다. 이때 던진 원반이 중심각의 크기가 $34.92°$인 부채꼴 모양의 필드 안에 떨어져야 기록으로 인정받을 수 있고, 원반이 지면에 닿기 전 선수가 앞 선을 밟거나 넘어가면 실격된다.

구 모양의 공과 같은 물체는 $45°$ 정도의 각도로 공중에 던질 때 공기의 저항을 가장 적게 받아 멀리 날아갈 수 있지만, 원반은 가운데 부분이 두껍고 가장자리로 갈수록 얇아지는 타원형이므로 $30°$~$35°$ 정도의 각도로 공중에 던져야 공기의 저항을 적게 받고 멀리 날아갈 수 있다고 한다.

기출문제는 이렇게!

Q 원반던지기 경기를 하기 위해 운동장에 오른쪽 그림과 같은 부채꼴 모양의 경기장을 그렸다. 이때 색칠한 부분의 넓이를 구하시오.

원과 부채꼴

원

호 AB

할선

현 CD

원의 둘레의 길이와 넓이

• 원의 둘레의 길이
$\ell = 2\pi r$

• 원의 넓이
$S = \pi r^2$

난 원주율 '파이'라고 해!

부채꼴

A B
부채꼴
O 중심각
C D
활꼴

중심각의 크기와 부채꼴 사이의 관계

한 원 또는 합동인 두 원에서

• 부채꼴의 호의 길이와 넓이는 각각 중심각의 크기에 정비례한다.

• 현의 길이는 중심각의 크기에 정비례하지 않는다.

부채꼴의 호의 길이와 넓이

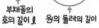

부채꼴의 호의 길이 ℓ 원의 둘레의 길이 $\times \frac{x}{360}$

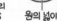

부채꼴의 넓이 S 원의 넓이 $\times \frac{x}{360}$

$$\ell = 2\pi r \times \frac{x}{360}$$

$$S = \pi r^2 \times \frac{x}{360}$$

호의 길이를 알 때, 부채꼴의 넓이

S

$$S = \frac{1}{2}r\ell$$

5

다면체와 회전체

이전에 배운 내용	이번에 배울 내용	이후에 배울 내용

이전에 배운 내용

초5~6
• 직육면체와 정육면체
• 각기둥과 각뿔
• 원기둥, 원뿔, 구

이번에 배울 내용

⌒1 다면체
⌒2 정다면체
⌒3 회전체

이후에 배울 내용

중2
• 도형의 닮음
중3
• 삼각비

준비 **학습**

초5~6 **각기둥과 각뿔**
• 각기둥: 위와 아래의 면이 서로 평행하고 합동이 다각형으로 이루어진 입체도형
• 각뿔: 밑면이 다각형이고 옆면이 모두 삼각형인 입체도형

1 다음 각기둥과 각뿔의 밑면과 옆면의 모양을 각각 말하시오.

(1) 　　　　(2)

초5~6 **원기둥, 원뿔, 구**
• 원기둥: 위와 아래의 면이 서로 평행하고 합동인 원으로 이루어진 입체도형
• 원뿔: 밑면이 원이고 옆면이 굽은 면인 뿔 모양의 입체도형
• 구: 공 모양의 입체도형

2 오른쪽 그림과 같은 원뿔에서 다음을 구하시오.

(1) 모선의 길이

(2) 높이

다면체

• 정답과 해설 42쪽

1 다면체

다각형인 면으로만 둘러싸인 입체도형을 **다면체**라 하고, 면의 개수가 4개,
5개, 6개, …인 다면체를 각각 사면체, 오면체, 육면체, …라고 한다.

(1) 면: 다면체를 둘러싸고 있는 다각형

(2) 모서리: 다각형의 변

(3) 꼭짓점: 다각형의 꼭짓점

참고 다음 그림과 같이 다각형이 아닌 원이나 곡면으로 둘러싸인 입체도형은 다면체가 아니다.

보충

다각형과 다면체의 비교

다각형	다면체
여러 개의 선분으로 둘러싸인 평면도형	다각형인 면으로만 둘러싸인 입체도형

필수 문제 ▸ **1**

다면체의 이해

다음 보기 중 다면체를 모두 고르시오.

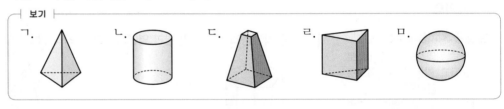

1-1 다음 중 오른쪽 그림의 다면체에 대한 설명으로 옳지 <u>않은</u> 것은?

① 오면체이다.

② 면의 개수는 5개이다.

③ 꼭짓점의 개수는 6개이다.

④ 모서리의 개수는 8개이다.

⑤ 꼭짓점 A에 모인 면의 개수는 3개이다.

1-2 오른쪽 그림의 다면체는 몇 면체인지 말하시오.

• 정답과 해설 42쪽

2 다면체의 종류

(1) **각기둥**: 두 밑면은 서로 평행하고 합동인 다각형이며, 옆면은 모두 직사각형인 다면체

(2) **각뿔**: 밑면은 다각형이고, 옆면은 모두 삼각형인 다면체

(3) **각뿔대**: 각뿔을 밑면에 평행한 평면으로 잘라서 생기는 두
   다면체 중 각뿔이 아닌 쪽의 도형

> 참고 각뿔대에서 서로 평행한 두 면을 밑면이라 하고, 두 밑면에 수직인 선
> 분의 길이를 각뿔대의 높이라고 한다. 이때 각뿔대의 옆면은 모두 사
> 다리꼴이다.

다면체	n각기둥	n각뿔	n각뿔대
겨냥도	삼각기둥 사각기둥 …	삼각뿔 사각뿔 …	삼각뿔대 사각뿔대 …
밑면의 개수	2개	1개	2개
밑면의 모양	n각형	n각형	n각형
옆면의 모양	직사각형	삼각형	사다리꼴
면의 개수 ➡ 몇 면체?	$(n+2)$개 ➡ $(n+2)$면체	$(n+1)$개 ➡ $(n+1)$면체	$(n+2)$개 ➡ $(n+2)$면체

└─ (면의 개수)=(옆면의 개수)+(밑면의 개수)

개념 확인 다음 표의 빈칸을 알맞게 채우시오.

겨냥도			
이름			
옆면의 모양			
꼭짓점의 개수			
모서리의 개수			
면의 개수			

> **보충**
> 다면체의 꼭짓점, 모서리, 면의 개수
>
> | 다면체 | n각기둥 | n각뿔 | n각뿔대 |
> |---|---|---|---|
> | 꼭짓점 | $2n$ | $n+1$ | $2n$ |
> | 모서리 | $3n$ | $2n$ | $3n$ |
> | 면 | $n+2$ | $n+1$ | $n+2$ |

필수 문제 2

다면체의 종류

다음 다면체 중 면의 개수가 가장 많은 것은?

① 삼각뿔대   ② 오각기둥   ③ 직육면체
④ 칠각뿔   ⑤ 오각뿔대

2-1 다음 다면체 중 면의 개수와 꼭짓점의 개수가 같은 것은?

① 사각뿔대   ② 육각기둥   ③ 육각뿔
④ 팔각뿔대   ⑤ 구각기둥

쏙쏙 개념 익히기

1 다음 보기의 입체도형 중 다면체의 개수를 구하시오.

보기
ㄱ. 직육면체   ㄴ. 삼각뿔대   ㄷ. 원뿔   ㄹ. 팔각기둥
ㅁ. 원기둥   ㅂ. 구   ㅅ. 사각뿔   ㅇ. 정육면체

2 다음 중 육면체를 모두 고르면? (정답 2개)

① 사각기둥   ② 오각기둥   ③ 오각뿔

④ 육각뿔   ⑤ 육각뿔대

3 다음 중 다면체와 그 옆면의 모양을 짝 지은 것으로 옳지 <u>않은</u> 것은?

① 삼각기둥 – 직사각형   ② 사각뿔 – 삼각형   ③ 삼각뿔대 – 사다리꼴

④ 정육면체 – 정사각형   ⑤ 오각뿔 – 오각형

● 조건을 모두 만족시키는
입체도형 구하기
옆면의 모양, 밑면의 모양
등 입체도형의 성질을 이
용하여 그 종류를 결정한
다.

4 다음 조건을 모두 만족시키는 입체도형을 구하려고 한다. 물음에 답하시오.

조건
㈎ 두 밑면은 서로 평행하다.
㈏ 옆면의 모양은 직사각형이 아닌 사다리꼴이다.
㈐ 팔면체이다.

(1) 조건 ㈎, ㈏에서 이 입체도형은 각기둥, 각뿔, 각뿔대 중 어느 것인지 말하시오.

(2) 주어진 조건을 모두 만족시키는 입체도형의 이름을 말하시오.

한번더✕

5 다음 조건을 모두 만족시키는 다면체는?

조건
㈎ 두 밑면은 서로 평행하다.   ㈏ 옆면의 모양은 직사각형이다.
㈐ 꼭짓점의 개수는 14개이다.

① 육각기둥   ② 칠각기둥   ③ 칠각뿔대

④ 팔각기둥   ⑤ 팔각뿔대

정다면체

2 정다면체

● 정답과 해설 42쪽

1 정다면체

다음 조건을 모두 만족시키는 다면체를 **정다면체**라고 한다.

(1) 모든 면이 합동인 정다각형이다.

(2) 각 꼭짓점에 모인 면의 개수가 같다.

> 두 조건 중 어느 하나만 만족시키는 다면체는 정다면체가 아니다.

2 정다면체의 종류

정사면체, 정육면체, 정팔면체, 정십이면체, 정이십면체의 다섯 가지뿐이다. ← 103쪽 〈개념 플러스〉 참고

정다면체	정사면체	정육면체	정팔면체	정십이면체	정이십면체
겨냥도					
면의 모양	정삼각형	정사각형	정삼각형	정오각형	정삼각형
한 꼭짓점에 모인 면의 개수	3개	3개	4개	3개	5개
꼭짓점의 개수	4개	8개	6개	20개	12개
모서리의 개수	6개	12개	12개	30개	30개
면의 개수	4개	6개	8개	12개	20개

필수 문제 ① 1
정다면체의 이해

다음 조건을 만족시키는 정다면체를 오른쪽 보기에서 모두 고르시오.

> **보기**
> ㄱ. 정사면체　　ㄴ. 정육면체
> ㄷ. 정팔면체　　ㄹ. 정십이면체
> ㅁ. 정이십면체

(1) 면의 모양이 정삼각형인 정다면체

(2) 면의 모양이 정오각형인 정다면체

(3) 한 꼭짓점에 모인 면의 개수가 3개인 정다면체

(4) 한 꼭짓점에 모인 면의 개수가 4개인 정다면체

1-1 다음 조건을 모두 만족시키는 다면체의 이름을 말하시오.

> **조건**
> ㈎ 모든 면이 합동인 정삼각형이다.
> ㈏ 각 꼭짓점에 모인 면의 개수는 4개이다.

1-2 정육면체의 면의 개수를 a개, 정팔면체의 모서리의 개수를 b개, 정이십면체의 꼭짓점의 개수를 c개라고 할 때, $a+b+c$의 값을 구하시오.

3 정다면체의 전개도

(1)
정사면체

(2)
정육면체

(3)
정팔면체

(4)
정십이면체

(5)
정이십면체

참고 정다면체의 전개도를 이용하여 직접 정다면체를 만들어 본다. (➡ 교재 뒷부분 참조)

개념 확인 다음 그림과 같은 전개도로 정다면체를 만들 때, □ 안에 알맞은 것을 쓰시오.

(1) 전개도로 만들어지는 정다면체의 이름은 [   ]이다.

(2) 점 A와 겹치는 꼭짓점은 점 E, 점 □이고, $\overline{AB}$와 겹치는 모서리는
  [   ]이다.

필수 문제 2

정다면체의 전개도

▶주어진 전개도의 면의 개수로부터 어떤 정다면체가 만들어지는지 알 수 있다.

오른쪽 그림과 같은 전개도로 만들어지는 정다면체에 대하여
다음 물음에 답하시오.

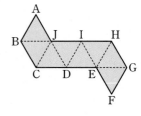

(1) 이 정다면체의 이름을 말하시오.

(2) 점 A와 겹치는 꼭짓점을 구하시오.

(3) $\overline{CD}$와 겹치는 모서리를 구하시오.

(4) $\overline{BJ}$와 평행한 모서리를 구하시오.

2-1 오른쪽 그림과 같은 전개도로 만들어지는 정다면체에 대하여
다음 물음에 답하시오.

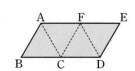

(1) 이 정다면체의 이름을 말하시오.

(2) $\overline{AB}$와 꼬인 위치에 있는 모서리를 구하시오.

정다면체가 다섯 가지뿐인 이유

징다면체는 입체도형이므로
① 한 꼭짓점에 3개 이상의 면이 모여야 하고,
② 한 꼭짓점에 모인 각의 크기의 합은 360°보다 작아야 한다.

이때 정다면체가 되는 경우를 면의 모양과 한 꼭짓점에 모인 면의 개수에 따라 살펴보자.

(1) **면의 모양이 정삼각형인 경우**

3개가 모인 경우	4개가 모인 경우	5개가 모인 경우
정사면체	정팔면체	정이십면체

⇨ 한 꼭짓점에 6개 이상의 정삼각형이 모이면 그 꼭짓점에 모인 각의 크기의 합이 360°이거나 360°보다 크게 되어 정다면체를 만들 수 없다.

(2) **면의 모양이 정사각형인 경우**

3개가 모인 경우
정육면체

⇨ 한 꼭짓점에 4개 이상의 정사각형이 모이면 그 꼭짓점에 모인 각의 크기의 합이 360°이거나 360°보다 크게 되어 정다면체를 만들 수 없다.

(3) **면의 모양이 정오각형인 경우**

3기기 모인 경우
정십이면체

⇨ 한 꼭짓점에 4개 이상의 정오각형이 모이면 그 꼭짓점에 모인 각의 크기의 합이 360°보다 크게 되어 정다면체를 만들 수 없다.

(4) **면의 모양이 정육각형, 정칠각형, 정팔각형, …인 경우**
면의 모양이 정육각형, 정칠각형, 정팔각형, …이면 한 꼭짓점에 모인 면의 개수가 3개일 때, 그 꼭짓점에 모인 각의 크기의 합이 360°이거나 360°보다 크게 되어 정다면체를 만들 수 없다.

따라서 정다면체의 종류는 정사면체, 정육면체, 정팔면체, 정십이면체, 정이십면체의 다섯 가지뿐이다.

STEP 1 쏙쏙 개념 익히기

1 다음 중 정다면체에 대한 아래 표의 ①~⑤에 들어갈 것으로 옳지 <u>않은</u> 것은?

정다면체	정사면체	정육면체	정팔면체	정십이면체	①
면의 모양	정삼각형	②	정삼각형	③	정삼각형
한 꼭짓점에 모인 면의 개수	④	3개	4개	⑤	5개

① 정이십면체   ② 정사각형   ③ 정삼각형
④ 3개   ⑤ 3개

2 다음 중 정다면체에 대한 설명으로 옳지 <u>않은</u> 것을 모두 고르면? (정답 2개)

① 모든 면이 합동인 정다각형이다.
② 정다면체의 종류는 다섯 가지뿐이다.
③ 정사면체의 꼭짓점의 개수는 6개이다.
④ 정사면체, 정팔면체, 정이십면체는 면의 모양이 모두 같다.
⑤ 한 꼭짓점에 모인 면의 개수가 3개인 정다면체는 정육면체뿐이다.

3 오른쪽 그림은 각 면이 모두 합동인 정삼각형으로 이루어진 입체도형이다.
이 입체도형이 정다면체가 아닌 이유를 설명하시오.

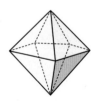

4 다음 중 오른쪽 그림과 같은 전개도로 만들어지는 정다면체에
대한 설명으로 옳은 것은?

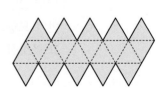

① 이 정다면체의 이름은 정십이면체이다.
② 모든 면의 모양은 평행사변형이다.
③ 꼭짓점의 개수는 20개이다.
④ 모서리의 개수는 30개이다.
⑤ 한 꼭짓점에 모인 면의 개수는 4개이다.

3 회전체

● 정답과 해설 43쪽

1 회전체

(1) **회전체**: 평면도형을 한 직선 l을 축으로 하여 1회전 시킬 때 생기는 입체도형
   ① **회전축**: 회전시킬 때 축이 되는 직선 l
   ② **모선**: 회전하여 옆면을 만드는 선분
(2) **원뿔대**: 원뿔을 밑면에 평행한 평면으로 잘라서 생기는 두 입체도형 중 원뿔이 아닌 쪽의 도형
(3) **회전체의 종류**: 원기둥, 원뿔, 원뿔대, 구 등이 있다.

회전체	원기둥	원뿔	원뿔대	구
겨냥도				
회전시킨 평면도형	직사각형	직각삼각형	사다리꼴	반원

참고 구의 옆면을 만드는 것은 곡선이므로 구에서는 모선을 생각하지 않는다.

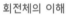

필수 문제 1

회전체의 이해

다음 보기 중 회전체를 모두 고르시오.

┌ 보기 ┐
ㄱ. (원기둥)   ㄴ. (사각뿔)   ㄷ. (원뿔대)   ㄹ. (삼각기둥)   ㅁ. (구)

1-1 다음 보기 중 회전체를 모두 고르시오.

┌ 보기 ┐
ㄱ. 삼각기둥   ㄴ. 원기둥   ㄷ. 사각뿔   ㄹ. 정육면체
ㅁ. 원뿔   ㅂ. 오각뿔대   ㅅ. 정십이면체   ㅇ. 구

▶ 회전체를 그리는 방법
❶ 회전축을 대칭축으로 하는
   선대칭도형을 그린다.
❷ ❶의 도형을 회전축을 중심
   으로 1회전 시킬 때 생기는
   회전체의 겨냥도를 그린다.

1-2 다음 평면도형을 직선 l을 회전축으로 하여 1회전 시킬 때 생기는 회전체를 그리시오.

(1)

(2)

(3)

2 회전체의 성질

(1) 회전체를 회전축에 수직인 평면으로 자르면 그 단면의 경계는 항상 원이다.
(2) 회전체를 회전축을 포함하는 평면으로 자르면 그 단면은
   ① 모두 합동이고,
   ② 회전축에 대하여 선대칭도형이다. ← 한 직선을 기준으로 반으로 접었을 때 완전히 겹쳐지는 도형을 선대칭도형이라고 한다.

회전체	원기둥	원뿔	원뿔대	구
회전축에 수직인 평면으로 자른 단면	원	원	원	원
회전축을 포함하는 평면으로 자른 단면	직사각형	이등변삼각형	사다리꼴	원

개념 확인 다음 중 회전체에 대한 설명으로 옳은 것은 ○표, 옳지 않은 것은 ×표를 ( ) 안에 쓰시오.

(1) 회전체를 회전축을 포함하는 평면으로 자를 때 생기는 단면의 경계는 항상 원이다. ( )
(2) 회전체를 회전축을 포함하는 평면으로 자를 때 생기는 단면은 선대칭도형이다. ( )
(3) 회전체를 회전축에 수직인 평면으로 자를 때 생기는 단면은 모두 합동인 원이다. ( )

필수 문제 2

회전체를 평면으로 자를 때 생기는 단면의 모양

다음 중 회전체와 그 회전체를 회전축을 포함하는 평면으로 자를 때 생기는 단면의 모양을 짝 지은 것으로 옳지 않은 것은?

① 원기둥 – 직사각형
② 구 – 원
③ 원뿔 – 직각삼각형
④ 반구 – 반원
⑤ 원뿔대 – 사다리꼴

2-1 오른쪽 그림은 어떤 회전체를 회전축에 수직인 평면으로 자른 단면과 회전축을 포함하는 평면으로 자른 단면을 차례로 나타낸 것이다. 이 회전체의 이름을 말하시오.

2-2 다음 회전체 중 회전축을 포함하는 평면으로 자르거나 회전축에 수직인 평면으로 자를 때 생기는 단면의 모양이 같은 것은?

① 원기둥
② 원뿔
③ 반구
④ 구
⑤ 원뿔대

3 회전체의 전개도

회전체	원기둥	원뿔	원뿔대
겨냥도	모선	모선	모선
전개도	모선	모선	모선
	(밑면인 원의 둘레의 길이) =(옆면인 직사각형의 가로의 길이)	(밑면인 원의 둘레의 길이) =(옆면인 부채꼴의 호의 길이)	밑면인 두 원의 둘레의 길이는 각각 전개도의 옆면에서 곡선으로 된 두 부분의 길이와 같다.

[참고] 구는 전개도를 그릴 수 없다.

개념 확인 다음 그림과 같은 회전체의 전개도에서 a, b의 값을 각각 구하시오.

(1)

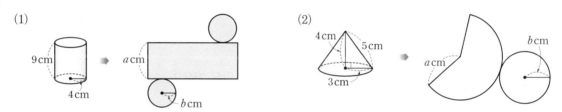

(2)

필수 문제 3
회전체의 전개도

▶원기둥, 원뿔, 원뿔대의 전개도
• 원기둥

(○)　(×)

• 원뿔

(○)　(×)

• 원뿔대

(○)　(×)

오른쪽 그림은 원뿔대와 그 전개도이다.
이때 a, b, c의 값을 각각 구하시오.

3-1 오른쪽 그림과 같은 원뿔의 전개도에서 옆면인 부채꼴의 호의
길이를 구하시오.

쏙쏙 개념 익히기

1 다음 중 회전체가 <u>아닌</u> 것을 모두 고르면? (정답 2개)

① 원뿔　　　② 원기둥　　　③ 삼각뿔대　　　④ 정육면체　　　⑤ 구

2 오른쪽 그림의 △ABC에서 변 AB를 회전축으로 하여 1회전 시킬 때 생기는 회전체는?

① 　　② 　　③

④ 　　⑤

3 다음 중 회전체에 대한 설명으로 옳지 <u>않은</u> 것은?

① 구를 평면으로 자른 단면은 항상 원이다.
② 원기둥을 회전축에 수직인 평면으로 자른 단면은 원이다.
③ 원뿔대를 회전축에 수직인 평면으로 자른 단면은 모두 합동이다.
④ 원뿔을 회전축을 포함하는 평면으로 자른 단면은 이등변삼각형이다.
⑤ 구를 평면으로 자른 단면의 넓이는 구의 중심을 지나도록 잘랐을 때 가장 크다.

4 오른쪽 그림과 같은 평면도형을 직선 l을 회전축으로 하여 1회전 시킬 때 생기는 회전체를 회전축을 포함하는 평면으로 잘랐다. 이때 생기는 단면의 넓이를 구하시오.

5 오른쪽 그림과 같은 전개도로 만들어지는 원기둥에서 밑면인 원의 반지름의 길이를 구하시오.

탄탄 단원 다지기

1 다음 중 입체도형과 그 다면체의 이름을 짝 지은 것으로 옳지 <u>않은</u> 것은?

① 사각뿔대 – 육면체
② 칠각기둥 – 구면체
③ 구각뿔 – 십일면체
④ 팔각기둥 – 십면체
⑤ 십각뿔대 – 십이면체

2 사각기둥의 모서리의 개수를 a개, 오각뿔의 꼭짓점의 개수를 b개, 육각뿔대의 면의 개수를 c개라고 할 때, $a+b-c$의 값을 구하시오.

3 다음 중 다면체와 그 옆면의 모양을 바르게 짝 지은 것은?

① 사각뿔 – 사각형
② 삼각뿔대 – 삼각형
③ 육각기둥 – 직사각형
④ 오각기둥 – 오각형
⑤ 사각뿔대 – 직사각형

4 다음 보기 중 다면체에 대한 설명으로 옳은 것을 모두 고른 것은?

| 보기 |

ㄱ. 육각기둥은 팔면체이다.
ㄴ. 팔각뿔의 모서리의 개수는 9개이다.
ㄷ. 면의 개수가 가장 적은 다면체는 사면체이다.
ㄹ. 각뿔의 면의 개수와 꼭짓점의 개수는 같다.
ㅁ. 각뿔대의 두 밑면은 서로 평행하고 합동이다.

① ㄱ, ㄴ   ② ㄱ, ㅁ   ③ ㄴ, ㄹ
④ ㄱ, ㄷ, ㄹ   ⑤ ㄷ, ㄹ, ㅁ

5 다음 조건을 모두 만족시키는 다면체의 이름을 말하시오.

| 조건 |

㈎ 밑면이 1개이다.
㈏ 옆면의 모양은 삼각형이다.
㈐ 모서리의 개수는 20개이다.

6 다음 정다면체 중 면의 모양이 정삼각형이 <u>아닌</u> 것을 모두 고르면? (정답 2개)

① 정사면체   ② 정육면체   ③ 정팔면체
④ 정십이면체   ⑤ 정이십면체

7 다음 조건을 모두 만족시키는 다면체의 이름을 말하시오.

조건
(가) 각 꼭짓점에 모인 면의 개수가 같다.
(나) 모든 면이 합동인 정삼각형이다.
(다) 모서리의 개수는 30개이다.

8 다음 중 정다면체에 대한 설명으로 옳지 <u>않은</u> 것을 모두 고르면? (정답 2개)

① 각 면이 모두 합동인 정다각형이다.
② 정다면체의 면의 모양은 정삼각형, 정사각형, 정육각형뿐이다.
③ 면의 모양이 정오각형인 정다면체는 정십이면체이다.
④ 정팔면체의 모서리의 개수는 10개이다.
⑤ 한 꼭짓점에 모인 면의 개수가 5개인 정다면체는 정이십면체이다.

9 오른쪽 그림과 같은 전개도로 만들어지는 정팔면체에 대하여 다음 중 $\overline{AJ}$와 꼬인 위치에 있는 모서리가 <u>아닌</u> 것은?

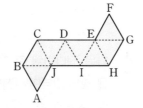

① $\overline{BC}$ ② $\overline{CD}$ ③ $\overline{DE}$
④ $\overline{EG}$ ⑤ $\overline{HE}$

10 다음 중 오른쪽 그림과 같은 전개도로 만들어지는 정다면체에 대한 설명으로 옳지 <u>않은</u> 것은?

① 평행한 면이 존재한다.
② 꼭짓점의 개수는 20개이다.
③ 정팔면체와 모서리의 개수가 같다.
④ 한 꼭짓점에 모인 면의 개수는 3개이다.
⑤ 정다면체 중에서 꼭짓점의 개수가 가장 많다.

11 다음 조건에 맞는 입체도형을 보기에서 모두 고른 것 중 옳지 <u>않은</u> 것은?

보기
ㄱ. 오각기둥   ㄴ. 원뿔대   ㄷ. 사각뿔
ㄹ. 원뿔   ㅁ. 구   ㅂ. 삼각뿔대
ㅅ. 정사면체   ㅇ. 정육면체   ㅈ. 팔각뿔

① 다면체: ㄱ, ㄷ, ㅂ, ㅅ, ㅇ, ㅈ
② 회전체: ㄴ, ㄹ, ㅁ
③ 옆면의 모양이 직사각형인 입체도형: ㄱ, ㅂ, ㅇ
④ 두 밑면이 평행한 입체도형: ㄱ, ㄴ, ㅂ, ㅇ
⑤ 각 면이 모두 합동이고, 각 꼭짓점에 모인 면의 개수가 같은 다면체: ㅅ, ㅇ

12 다음 중 주어진 평면도형을 직선 l을 회전축으로 하여 1회전 시킬 때 생기는 입체도형으로 옳지 <u>않은</u> 것은?

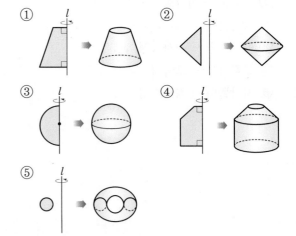

13 원뿔대를 회전축에 수직인 평면으로 자를 때 생기는 단면의 모양은?

① 사다리꼴   ② 부채꼴   ③ 직사각형
④ 원   ⑤ 이등변삼각형

14 다음 중 오른쪽 그림과 같은 원뿔을 자른 단면의 모양이 될 수 <u>없는</u> 것은?

①   ②
③   ④   ⑤

15 오른쪽 그림과 같은 평면도형을 직선 l을 회전축으로 하여 1회전 시킬 때 생기는 회전체를 회전축에 수직인 평면으로 잘랐다. 이때 자른 단면 중 넓이가 가장 작은 단면의 넓이를 구하시오.

16 오른쪽 그림과 같이 $\overline{AB}=\overline{AC}$인 이등변삼각형 ABC를 변 BC를 회전축으로 하여 1회전 시켰다. 이때 생기는 회전체를 회전축을 포함하는 평면으로 자른 단면의 모양은?

① 직사각형   ② 정사각형   ③ 마름모
④ 원   ⑤ 이등변삼각형

17 오른쪽 그림과 같은 전개도로 만들어지는 원뿔대의 두 밑면 중 큰 원의 반지름의 길이를 구하시오.

18 다음 중 회전체에 대한 설명으로 옳지 <u>않은</u> 것을 모두 고르면? (정답 2개)

① 회전체를 회전축에 수직인 어느 평면으로 잘라도 그 단면은 항상 합동이다.
② 회전체를 회전축에 수직인 평면으로 자른 단면의 경계는 항상 원이다.
③ 직각삼각형의 한 변을 회전축으로 하여 1회전 시키면 항상 원뿔이 된다.
④ 원뿔과 원기둥에서 회전하면서 옆면을 만드는 선분을 모선이라고 한다.
⑤ 구의 회전축은 무수히 많다.

◆ 유제를 따라 풀어 보고, 실전 문제로 연습해 보세요.

따라 해보자

예제 1
면의 개수가 10개인 각뿔대의 모서리의 개수를 a개, 꼭짓점의 개수를 b개라고 할 때, $a-b$의 값을 구하시오.

풀이 과정

[1단계] **각뿔대 구하기**

면의 개수가 10개인 각뿔대를 n각뿔대라고 하면
$n+2=10$ $\therefore$ $n=8$, 즉 팔각뿔대

[2단계] a, b**의 값 구하기**

팔각뿔대의 모서리의 개수는 $8\times3=24$(개)이고,
꼭짓점의 개수는 $8\times2=16$(개)이므로
$a=24$, $b=16$

[3단계] $a-b$**의 값 구하기**

$a-b=24-16=8$

답 **8**

유제 1
꼭짓점의 개수가 24개인 각기둥의 면의 개수를 a개, 모서리의 개수를 b개라고 할 때, $a+b$의 값을 구하시오.

풀이 과정

[1단계] **각기둥 구하기**

[2단계] a, b**의 값 구하기**

[3단계] $a+b$**의 값 구하기**

답

예제 2
오른쪽 그림과 같은 전개도로 만든 원뿔의 밑면의 넓이를 구하시오.

풀이 과정

[1단계] **밑면인 원의 반지름의 길이 구하기**

밑면인 원의 반지름의 길이를 r cm라고 하면
(부채꼴의 호의 길이)$=$(밑면인 원의 둘레의 길이)이므로
$2\pi\times6\times\dfrac{120}{360}=2\pi r$

$4\pi=2\pi r$ $\therefore$ $r=2$
따라서 밑면인 원의 반지름의 길이는 2 cm이다.

[2단계] **밑면인 원의 넓이 구하기**

전개도로 만든 원뿔의 밑면인 원의 넓이는
$\pi\times2^2=4\pi\,(\mathrm{cm}^2)$

답 $4\pi\,\mathbf{cm}^2$

유제 2
오른쪽 그림과 같은 전개도로 만든 원뿔의 밑면의 넓이를 구하시오.

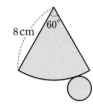

풀이 과정

[1단계] **밑면인 원의 반지름의 길이 구하기**

[2단계] **밑면인 원의 넓이 구하기**

답

연습해 보자

1 다음 조건을 모두 만족시키는 다면체는 몇 면체인지 구하시오.

조건
㈎ 밑면의 대각선의 개수는 5개이다.
㈏ 밑면의 개수는 1개이다.
㈐ 옆면의 모양은 삼각형이다.

풀이 과정

답

2 한 꼭짓점에 모인 면의 개수가 4개인 정다면체의 꼭짓점의 개수를 x개, 면의 모양이 정오각형인 정다면체의 모서리의 개수를 y개라고 할 때, $x+y$의 값을 구하시오.

풀이 과정

답

3 오른쪽 그림과 같은 직사각형을 직선 l을 회전축으로 하여 1회전 시킬 때 생기는 회전체를 회전축에 수직인 평면으로 잘랐다. 이때 생기는 단면의 모양을 그리고, 그 단면의 넓이를 구하시오.

풀이 과정

답

4 오른쪽 그림과 같은 원뿔대 모양의 종이컵의 전개도에서 옆면을 만드는 데 사용된 종이의 둘레의 길이를 구하시오.

풀이 과정

답

플라톤의 도형 "정다면체"

"정다면체는 우주의 삼라만상을 지탱하는 근원적인 힘이다."

위의 말은 고대 그리스의 철학자인 플라톤이 한 말로, 그는 정다면체를 가장 아름답고 가치 있는 도형으로 생각하여 우주를 구성하는 물, 불, 흙, 공기의 네 가지 원소와 우주가 정다면체 꼴이라고 주장하였다.

플라톤은 가장 가볍고 날카로운 원소인 '불'은 불처럼 타오르는 듯한 '정사면체'에, 가장 견고하고 안정된 원소인 '흙'은 흙처럼 안정감 있는 '정육면체'에 비유하였고, 또 자유롭게 움직이는 불안정성을 가진 원소인 '공기'는 입으로 바람을 불어 쉽게 돌릴 수 있는 '정팔면체'에, 가장 활동적이고 유동적인 원소인 '물'은 물처럼 쉽게 구를 수 있는 '정이십면체'에 비유하였다. 마지막으로 네 가지의 원소를 모두 포함하고 12개의 별자리를 가지고 있는 '우주'는 구에 가깝고 12개의 면을 가지고 있는 '정십이면체'에 비유하였다.

기출문제는 이렇게!

 정다면체의 각 면의 한가운데에 있는 점을 연결하면 새로운 정다면체가 만들어진다. 오른쪽 그림과 같은 정팔면체의 각 면의 한가운데에 있는 점을 연결할 때 만들어지는 정다면체의 이름을 말하시오.

마인드 MAP

다면체

모든 면이
다각형이니까
다면체구나!

"각뿔을 잘라서
각뿔대를 만들자!"

두 밑면은
평행, 합동

옆면은
직사각형

사각기둥

옆면은
삼각형

밑면 1개

사각뿔

두 밑면은
평행하지만
합동이 아님

옆면은
사다리꼴

사각뿔대

정다면체

① 모든 면이 합동인 정다각형이다.
② 각 꼭짓점에 모인 면의 개수가 같다.

"정다면체는
5가지뿐!"

정사면체

정육면체

정팔면체

정십이면체

정이십면체

회전체

원기둥

원뿔

구

직사각형을
회전시키면 원기둥

직각삼각형을
회전시키면 원뿔

반원을
회전시키면 구

→ 회전체를 회전축에 수직인 평면으로 자른 단면의 경계: 원
회전체를 회전축을 포함하는 평면으로 자른 단면: 선대칭도형

6 입체도형의 겉넓이와 부피

이전에 배운 내용

초5~6
• 직육면체의 겉넓이와 부피

이번에 배울 내용

⌒1 기둥의 겉넓이와 부피

⌒2 뿔의 겉넓이와 부피

⌒3 구의 겉넓이와 부피

이후에 배울 내용

중2
• 피타고라스 정리

준비 **학습**

초5~6 **직육면체의 겉넓이**

[방법1] 합동인 면이 3쌍임을 이용하기
⇨ (한 꼭짓점에서 만나는 세 면의 넓이의 합)×2

[방법2] 밑면과 옆면으로 나누기
⇨ (한 밑면의 넓이)×2
  ＋(옆면 전체의 넓이)

1 오른쪽 그림과 같은 전개도로 만들어지는 직육면체의 겉넓이를 구하시오.

초5~6 **직육면체의 부피**
⇨ (가로)×(세로)×(높이)

2 오른쪽 그림과 같은 정육면체의 부피를 구하시오.

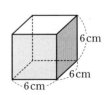

1 기둥의 겉넓이와 부피

• 정답과 해설 47쪽

1 기둥의 겉넓이

기둥의 겉넓이는 전개도를 이용하여 다음과 같이 구한다.

(기둥의 겉넓이)=(밑넓이)×**2**+(옆넓이)

└→ 기둥의 밑면은 2개이다.

> 참고 밑면인 원의 반지름의 길이가 r이고, 높이가 h인 원기둥의 겉넓이를 S라고 하면
> $$S=\pi r^2 \times 2 + 2\pi r \times h = 2\pi r^2 + 2\pi rh$$

개념 확인 오른쪽 그림과 같은 원기둥과 그 전개도에 대하여 다음을 구하시오.

(1) ㉠, ㉡, ㉢에 알맞은 값
(2) 원기둥의 밑넓이
(3) 원기둥의 옆넓이
(4) 원기둥의 겉넓이

> 용어
> 입체도형에서
> • 밑넓이: 한 밑면의 넓이
> • 옆넓이: 옆면 전체의 넓이

필수 문제 **1**

기둥의 겉넓이 구하기

다음 그림과 같은 기둥의 겉넓이를 구하시오.

(1)

(2)

◆ 여러 가지 다각형의 넓이

 ⇨ $\frac{1}{2}ah$

 ⇨ $\frac{1}{2}ab$

 ⇨ $\frac{1}{2}(a+b)h$

 ⇨ ah

1-1 다음 그림과 같은 기둥의 겉넓이를 구하시오.

(1)

(2)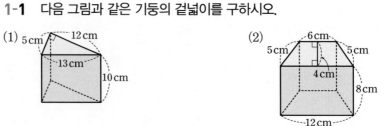

2 기둥의 부피

기둥의 밑넓이를 S, 높이를 h, 부피를 V라고 하면

(기둥의 부피)=(밑넓이)×(높이)

$$\therefore V = Sh$$

참고 밑면인 원의 반지름의 길이가 r이고, 높이가 h인 원기둥의 부피를 V라고 하면

$$V = Sh = \pi r^2 \times h = \pi r^2 h$$

개념 확인   오른쪽 그림과 같은 원기둥에서 다음을 구하시오.

(1) 밑넓이

(2) 높이

(3) 부피

용어
- h height(높이)의 첫 글자
- S square(넓이)의 첫 글자
- V volume(부피)의 첫 글자

필수 문제   **2**

기둥의 부피 구하기

다음 그림과 같은 기둥의 부피를 구하시오.

(1)

(2)

(3)

▶(구멍이 뚫린 원기둥의 부피)
=(큰 원기둥의 부피)
  −(작은 원기둥의 부피)

2-1   오른쪽 그림과 같이 구멍이 뚫린 원기둥의 부피를 구하시오.

STEP 1 쏙쏙 개념 익히기

1 오른쪽 그림과 같은 전개도로 만들어지는 삼각기둥의 겉넓이를 구하시오.

2 겉넓이가 $96 \, cm^2$인 정육면체의 한 모서리의 길이를 구하시오.

3 오른쪽 그림은 밑면의 반지름의 길이가 $4 \, cm$, 높이가 $10 \, cm$인 원기둥을 회전축을 포함하는 평면으로 잘라서 만든 입체도형이다. 이 입체도형의 겉넓이를 구하시오.

4 오른쪽 그림과 같이 밑넓이가 $20 \, cm^2$, 높이가 $9 \, cm$인 육각기둥의 부피를 구하시오.

5 오른쪽 그림과 같은 사각형을 밑면으로 하는 사각기둥의 부피가 $64 \, cm^3$일 때, 이 사각기둥의 높이는?

① $2 \, cm$ ② $3 \, cm$ ③ $4 \, cm$
④ $5 \, cm$ ⑤ $6 \, cm$

6 오른쪽 그림과 같이 구멍이 뚫린 입체도형의 부피를 구하시오.

2 뿔의 겉넓이와 부피

● 정답과 해설 48쪽

1 뿔의 겉넓이

뿔의 겉넓이는 전개도를 이용하여 다음과 같이 구한다.

(뿔의 겉넓이)＝(밑넓이)＋(옆넓이)

참고 밑면인 원의 반지름의 길이가 r이고, 모선의 길이가 l인 원뿔의 겉넓이를 S라고 하면

$$S = \pi r^2 + \frac{1}{2} \times l \times 2\pi r = \pi r^2 + \pi r l$$

2 뿔대의 겉넓이

(뿔대의 겉넓이)＝(두 밑면의 넓이의 합)＋(옆넓이)

개념 확인

오른쪽 그림과 같은 원뿔과 그 전개도에서 다음을 구하시오.

(1) ㉠, ㉡, ㉢에 알맞은 값
(2) 원뿔의 밑넓이
(3) 원뿔의 옆넓이
(4) 원뿔의 겉넓이

필수 문제 ❶

뿔의 겉넓이 구하기

다음 그림과 같은 뿔의 겉넓이를 구하시오. (단, ⑴에서 옆면은 모두 합동이다.)

(1)

(2)

1-1 다음 그림과 같은 뿔의 겉넓이를 구하시오. (단, ⑴에서 옆면은 모두 합동이다.)

(1)

(2)

▶ (원뿔대의 옆넓이)
  =(큰 부채꼴의 넓이)
   −(작은 부채꼴의 넓이)

오른쪽 그림과 같은 원뿔대의 겉넓이를 구하려고 한다. 다음을 구하시오.

(1) 작은 밑면의 넓이

(2) 큰 밑면의 넓이

(3) 옆넓이

(4) 겉넓이

2-1 오른쪽 그림과 같이 두 밑면은 모두 정사각형이고, 옆면은 모두 합동인 사각뿔대의 겉넓이는?

① $64\,\mathrm{cm}^2$ ② $75\,\mathrm{cm}^2$ ③ $80\,\mathrm{cm}^2$

④ $85\,\mathrm{cm}^2$ ⑤ $94\,\mathrm{cm}^2$

● 정답과 해설 48쪽

3 뿔의 부피

뿔의 밑넓이를 S, 높이를 h, 부피를 V라고 하면

(뿔의 부피)$=\dfrac{1}{3}\times$(기둥의 부피)

$=\dfrac{1}{3}\times$(밑넓이)$\times$(높이)

$\therefore V=\dfrac{1}{3}Sh$

뿔 모양의 그릇에 물을 담아 밑면이 합동이고 높이가 같은 기둥 모양의 그릇에 옮겨 부으면 기둥 모양의 그릇을 세 번만에 채울 수 있다.
즉, 뿔의 부피는 기둥의 부피의 $\dfrac{1}{3}$임을 알 수 있다.

참고 밑면인 원의 반지름의 길이가 r이고, 높이가 h인 원뿔의 부피를 V라고 하면

$V=\dfrac{1}{3}\times\pi r^2\times h=\dfrac{1}{3}\pi r^2 h$

4 뿔대의 부피

(뿔대의 부피)=(큰 뿔의 부피)−(작은 뿔의 부피)

필수 문제 **3**

뿔의 부피 구하기

▶ (뿔의 부피)
$= \dfrac{1}{3} \times (밑넓이) \times (높이)$

다음 그림과 같은 뿔의 부피를 구하시오.

(1)

(2)

3-1 오른쪽 그림과 같은 사각뿔의 부피가 $112\,\mathrm{cm}^3$일 때, h의 값을 구하시오.

3-2 높이가 $12\,\mathrm{cm}$이고 부피가 $36\pi\,\mathrm{cm}^3$인 원뿔의 밑면인 원의 반지름의 길이를 구하시오.

필수 문제 **4**

뿔대의 부피 구하기

▶ • 각뿔대의 부피

• 원뿔대의 부피

오른쪽 그림과 같이 두 밑면이 모두 정사각형인 사각뿔대의 부피를 구하려고 한다. 다음을 구하시오.

(1) 큰 사각뿔의 부피

(2) 작은 사각뿔의 부피

(3) 사각뿔대의 부피

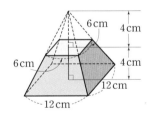

4-1 오른쪽 그림과 같은 원뿔대의 부피를 구하시오.

STEP 1 쏙쏙 개념 익히기

1 오른쪽 그림과 같이 밑면은 정사각형이고, 옆면은 모두 합동인 사각뿔의 겉넓이를 구하시오.

2 오른쪽 그림과 같은 전개도로 만들어지는 원뿔에서 다음을 구하시오.

(1) 옆면인 부채꼴의 호의 길이

(2) 밑면인 원의 반지름의 길이

(3) 원뿔의 겉넓이

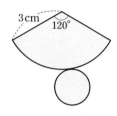

3 오른쪽 그림은 한 모서리의 길이가 $6\,\text{cm}$인 정육면체에서 세 꼭짓점을 지나는 삼각뿔을 잘라 내고 남은 입체도형이다. 다음을 구하시오.

(1) 처음 정육면체의 부피

(2) 잘라 낸 삼각뿔의 부피

(3) 남은 입체도형의 부피

4 오른쪽 그림과 같은 평면도형을 직선 l을 회전축으로 하여 1회전 시킬 때 생기는 입체도형의 겉넓이와 부피를 차례로 구하시오.

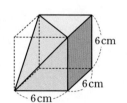

● 원뿔 모양의 빈 그릇에 물을 채우는 데 걸리는 시간
(그릇의 부피)
÷(시간당 채우는 물의 부피)

5 오른쪽 그림과 같은 원뿔 모양의 빈 그릇에 1초에 $3\pi\,\text{cm}^3$씩 물을 넣으면 몇 초 후에 처음으로 물이 가득 차겠는가? (단, 그릇의 두께는 생각하지 않는다.)

① 40초 후   ② 50초 후   ③ 60초 후
④ 70초 후   ⑤ 80초 후

3 구의 겉넓이와 부피

정답과 해설 49쪽

1 구의 겉넓이

반지름의 길이가 r인 구의 겉넓이를 S라고 하면

(구의 겉넓이)$=4\times$(반지름의 길이가 r인 원의 넓이)

$\qquad\qquad\quad=4\times\pi r^2$

$\therefore S=4\pi r^2$

구 모양의 오렌지 1개를 구의 중심을 지나도록 자른 후 그 오렌지를 종이에 대고 원 4개를 그린다.

오렌지 껍질을 잘라 원을 채우면 오렌지 1개의 껍질로 원 4개를 채울 수 있다. 즉, 구의 겉넓이는 반지름의 길이가 같은 원의 넓이의 4배임을 알 수 있다.

개념 확인 다음은 구와 끈을 이용하여 구의 겉넓이를 알아보는 과정이다. ☐ 안에 알맞은 것을 쓰시오.

오른쪽 그림과 같이 반지름의 길이가 r인 구의 겉면을 끈으로 감은 후 그 끈을 풀어 평면 위에 원 모양으로 만들면 그 원의 반지름의 길이는 $2r$가 된다. 즉, 반지름의 길이가 r인 구의 겉넓이는 반지름의 길이가 $2r$인 원의 넓이와 같다.

$\therefore$ (구의 겉넓이)$=\pi\times($ ☐ $)^2=$ ☐ πr^2

필수 문제 **1**

구의 겉넓이 구하기

▶ 반지름의 길이가 r인

• (구의 겉넓이)$=4\pi r^2$

• (반구의 겉넓이)

$=\dfrac{1}{2}\times4\pi r^2+\underset{\underset{\text{잘린 단면인 원의 넓이}}{\uparrow}}{\pi r^2}=3\pi r^2$

다음 그림과 같은 입체도형의 겉넓이를 구하시오.

(1)

2 cm

(2)

10 cm

1-1 오른쪽 그림은 반지름의 길이가 4 cm인 구의 $\dfrac{1}{4}$을 잘라 내고 남은 입체도형이다. 이 입체도형의 겉넓이를 구하시오.

4 cm

4 cm

2 구의 부피

반지름의 길이가 r인 구의 부피를
V라고 하면

$$(\text{구의 부피}) = \frac{2}{3} \times (\text{원기둥의 부피})$$

$$= \frac{2}{3} \times (\text{밑넓이}) \times (\text{높이})$$

$$= \frac{2}{3} \times \pi r^2 \times 2r$$

$$\therefore V = \frac{4}{3} \pi r^3$$

구가 꼭 맞게 들어가는 원기둥 모양의 그릇에 물을 가득 채우고, 구를 물속에 완전히 잠기도록 넣었다가 빼면 남아 있는 물의 높이는 원기둥의 높이의 $\frac{1}{3}$이 된다. 즉, 구의 부피는 넘쳐 흐른 물의 부피와 같으므로 구의 부피가 원기둥의 부피의 $\frac{2}{3}$임을 알 수 있다.

개념 확인

오른쪽 그림과 같이 밑면인 원의 반지름의 길이가 3 cm이고, 높이가 6 cm인 원기둥 안에 구가 꼭 맞게 들어 있을 때, 다음을 구하시오. (단, 부피의 비는 가장 간단한 자연수의 비로 나타내시오.)

(1) 원기둥의 부피
(2) 구의 부피
(3) 원기둥과 구의 부피의 비

> **보충**
>
>
>
> 아르키메데스는 원기둥 안에 꼭 맞게 들어 있는 원뿔, 구에 대하여 원뿔, 구, 원기둥 사이의 부피의 비가 항상 다음과 같음을 알아냈다.
> (원뿔의 부피) : (원기둥의 부피)=1 : 3
> (구의 부피) : (원기둥의 부피)=2 : 3
> ➡ (원뿔) : (구) : (원기둥)=1 : 2 : 3

필수 문제 ▌**2**

구의 부피 구하기

▶반지름의 길이가 r인

• $(\text{구의 부피}) = \frac{4}{3} \pi r^3$

• $(\text{반구의 부피}) = \frac{1}{2} \times \frac{4}{3} \pi r^3$

$$= \frac{2}{3} \pi r^3$$

다음 그림과 같은 입체도형의 부피를 구하시오.

(1)
2 cm

(2)
12 cm

2-1 오른쪽 그림과 같은 입체도형의 부피를 구하시오.

4 cm
5 cm
3 cm

STEP 1 쏙쏙 개념 익히기

1 겉넓이가 144π cm²인 구의 반지름의 길이를 구하시오.

2 오른쪽 그림과 같은 입체도형의 겉넓이를 구하시오.

3 오른쪽 그림과 같은 입체도형의 겉넓이를 구하시오.

4 오른쪽 그림은 반지름의 길이가 4 cm인 구의 $\dfrac{1}{8}$을 잘라 내고 남은 입체도형이다. 이 입체도형의 부피를 구하시오.

5 오른쪽 그림과 같은 평면도형을 직선 l을 회전축으로 하여 1회전 시킬 때 생기는 입체도형의 부피를 구하시오.

입체도형 한눈에 정리하기

입체도형		회전시킨 평면도형	겨냥도	전개도	겉넓이	부피
다면체	각기둥				(밑넓이)×2 +(옆넓이)	(밑넓이)×(높이)
	각뿔				(밑넓이)+(옆넓이)	$\frac{1}{3}$×(밑넓이)×(높이)
	각뿔대				(두 밑면의 넓이의 합) +(옆넓이)	(큰 각뿔의 부피) −(작은 각뿔의 부피)
회전체	원기둥	직사각형			$2\pi r^2+2\pi rh$	$\pi r^2 h$
	원뿔	직각삼각형			$\pi r^2+\pi rl$	$\frac{1}{3}\pi r^2 h$
	원뿔대	사다리꼴			(두 밑면의 넓이의 합) +(옆넓이)	(큰 원뿔의 부피) −(작은 원뿔의 부피)
	구	반원			$4\pi r^2$	$\frac{4}{3}\pi r^3$

탄탄 단원 다지기

 중요

1 오른쪽 그림과 같은 삼각기둥의 겉넓이가 60 cm²일 때, 이 삼각 기둥의 높이는?

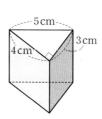

① 2 cm   ② 3 cm

③ 4 cm   ④ 5 cm

⑤ 6 cm

2 오른쪽 그림과 같이 밑면이 부 채꼴인 기둥의 겉넓이를 구하시 오.

3 오른쪽 그림과 같은 전개도 로 만들어지는 원기둥의 부 피를 구하시오.

4 오른쪽 그림은 사각뿔과 사각기 둥을 붙여서 만든 입체도형이다. 이 입체도형의 겉넓이를 구하시 오. (단, 사각뿔의 옆면은 모두 합동이다.)

5 오른쪽 그림과 같은 입체도형 의 겉넓이는?

① 20π cm²

② 24π cm²

③ 30π cm²

④ 36π cm²

⑤ 44π cm²

6 오른쪽 그림과 같이 밑면인 원의 반지름의 길이가 3 cm인 원뿔을 꼭짓점 O를 중심으로 6바퀴 굴렸 더니 원래의 자리로 돌아왔다. 이 원뿔의 겉넓이를 구하시오.

7 오른쪽 그림과 같이 두 밑면 은 모두 정사각형이고, 옆면 은 모두 합동인 사각뿔대의 겉넓이를 구하시오.

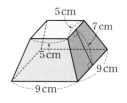

8 직육면체 모양의 그릇에 물을 가득 채운 후 오른쪽 그림과 같이 그릇을 기울였더니 남아 있는 물의 부피가 $63\,\text{cm}^3$이었다. 이때 x의 값은? (단, 그릇의 두께는 생각하지 않는다.)

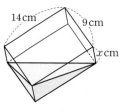

① 1   ② 2   ③ 3

④ 4   ⑤ 5

9 오른쪽 그림과 같이 한 변의 길이가 $24\,\text{cm}$인 정사각형 모양의 색종이를 점선을 따라 접었을 때 만들어지는 삼각뿔의 부피를 구하시오.

10 오른쪽 그림은 한 모서리의 길이가 $4\,\text{cm}$인 정육면체를 세 꼭짓점 B, F, C를 지나는 평면으로 잘라 내고 남은 입체도형이다. 이때 잘라 낸 입체도형과 남은 입체도형의 부피의 비는?

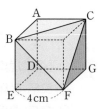

① 1 : 2   ② 1 : 3   ③ 1 : 4

④ 1 : 5   ⑤ 1 : 6

11 오른쪽 그림과 같은 원뿔대의 부피를 구하시오.

12 오른쪽 그림과 같은 평면도형을 직선 l을 회전축으로 하여 1회전시킬 때 생기는 입체도형의 부피는?

① $142\pi\,\text{cm}^3$ ② $150\pi\,\text{cm}^3$

③ $158\pi\,\text{cm}^3$ ④ $160\pi\,\text{cm}^3$

⑤ $164\pi\,\text{cm}^3$

13 오른쪽 그림과 같은 직각삼각형 ABC에서 $\overline{AC}$를 회전축으로 하여 1회전 시킬 때 생기는 입체도형의 부피와 $\overline{BC}$를 회전축으로 하여 1회전 시킬 때 생기는 입체도형의 부피의 비는?

① 1 : 2   ② 1 : 3   ③ 2 : 3

④ 3 : 4   ⑤ 4 : 5

14 반지름의 길이가 $7\,\text{cm}$인 구를 반으로 잘랐을 때 생기는 반구의 겉넓이는?

① $98\pi\,\text{cm}^2$ ② $126\pi\,\text{cm}^2$ ③ $147\pi\,\text{cm}^2$

④ $168\pi\,\text{cm}^2$ ⑤ $196\pi\,\text{cm}^2$

15 지름의 길이가 7 cm인 야구공의 겉면은 다음 그림과 같이 서로 합동인 두 조각의 가죽으로 이루어져 있다. 이때 가죽 한 조각의 넓이를 구하시오.

16 오른쪽 그림과 같이 반지름의 길이가 6 cm인 반구 위에 반지름의 길이가 3 cm인 반구를 중심이 일치하도록 포개어 놓았을 때, 이 입체도형의 부피를 구하시오.

17 다음 그림과 같이 반지름의 길이가 각각 r, $3r$인 두 구 A, B의 부피의 비는?

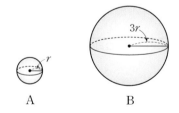

① 1 : 4   ② 1 : 8   ③ 1 : 9
④ 1 : 27   ⑤ 1 : 64

18 다음 그림과 같은 원뿔 모양의 그릇에 담긴 물의 부피가 반지름의 길이가 8 cm인 구의 부피와 같다고 할 때, 원뿔 모양의 그릇에 담긴 물의 높이는?
(단, 그릇의 두께는 생각하지 않는다.)

① 24 cm   ② 28 cm   ③ 32 cm
④ 36 cm   ⑤ 40 cm

19 오른쪽 그림과 같이 반지름의 길이가 2 cm인 구가 원기둥 안에 꼭 맞게 들어 있다. 이때 구와 원기둥의 부피의 비를 가장 간단한 자연수의 비로 나타내시오.

20 오른쪽 그림과 같이 부피가 162π cm³인 원기둥 모양의 통 안에 구 3개가 꼭 맞게 들어 있다. 이 통에서 구 3개를 제외한 빈 공간의 부피는?
(단, 통의 두께는 생각하지 않는다.)

① 18π cm³   ② 24π cm³
③ 36π cm³   ④ 48π cm³
⑤ 54π cm³

🌀 유제를 따라 풀어 보고, 실전 문제로 연습해 보세요.

따라 해보자

예제 1 오른쪽 그림과 같이 구멍이 뚫린 사각기둥의 부피를 구하시오.

풀이 과정

[1단계] 큰 사각기둥의 부피 구하기

(큰 사각기둥의 부피)$=(6 \times 6) \times 7 = 252 (\mathrm{cm}^3)$

[2단계] 작은 사각기둥의 부피 구하기

(작은 사각기둥의 부피)$=(2 \times 2) \times 7 = 28 (\mathrm{cm}^3)$

[3단계] 구멍이 뚫린 사각기둥의 부피 구하기

(구멍이 뚫린 사각기둥의 부피)
$=$(큰 사각기둥의 부피)$-$(작은 사각기둥의 부피)
$=252 - 28 = 224 (\mathrm{cm}^3)$

답 224 cm³

유제 1 오른쪽 그림과 같이 구멍이 뚫린 원기둥의 부피를 구하시오.

풀이 과정

[1단계] 큰 원기둥의 부피 구하기

[2단계] 작은 원기둥의 부피 구하기

[3단계] 구멍이 뚫린 원기둥의 부피 구하기

답

예제 2 오른쪽 그림과 같은 평면도형을 직선 l을 회전축으로 하여 1회전 시킬 때 생기는 입체도형의 겉넓이를 구하시오.

풀이 과정

[1단계] 입체도형의 겨냥도 그리기

주어진 평면도형을 직선 l을 회전축으로 하여 1회전 시킬 때 생기는 입체도형은 오른쪽 그림과 같다.

[2단계] 입체도형의 겉넓이 구하기

(겉넓이)$=\dfrac{1}{2} \times (4\pi \times 3^2) + \dfrac{1}{2} \times 5 \times (2\pi \times 3)$
$=18\pi + 15\pi = 33\pi (\mathrm{cm}^2)$

답 33π cm²

유제 2 오른쪽 그림과 같은 평면도형을 직선 l을 회전축으로 하여 1회전 시킬 때 생기는 입체도형의 겉넓이를 구하시오.

풀이 과정

[1단계] 입체도형의 겨냥도 그리기

[2단계] 입체도형의 겉넓이 구하기

답

● 정답과 해설 52쪽

1 오른쪽 그림은 큰 직육면체에서 작은 직육면체를 잘라 내고 남은 입체도형이다. 이 입체도형의 겉넓이를 구하시오.

풀이 과정

답

2 오른쪽 그림과 같은 원뿔의 겉넓이가 $36\pi \text{ cm}^2$일 때, 이 원뿔의 전개도에서 부채꼴의 중심각의 크기를 구하시오.

풀이 과정

답

3 오른쪽 그림과 같은 입체도형의 부피를 구하시오.

풀이 과정

답

4 오른쪽 그림과 같이 아랫부분이 원기둥 모양인 병에 물의 높이가 12 cm가 되도록 물을 넣은 후, 이 병을 거꾸로 하여 물의 수면이 병의 밑면과 평행이 되도록 세웠더니 물이 없는 부분의 높이가 10 cm가 되었다. 이 병에 물을 가득 채웠을 때, 물의 부피를 구하시오. (단, 병의 두께는 생각하지 않는다.)

풀이 과정

답

● 정답과 해설 53쪽

음료수 캔의 모양의 비밀

음료수 캔의 모양을 삼각기둥, 육각기둥 등과 같이 여러 가지 모양으로 만들지 않고 원기둥 모양으로 만드는 이유는 무엇일까?

원기둥 모양의 캔은 옆면이 곡면이기 때문에 손에 쥐기 편리하고, 다른 기둥 모양의 캔에 비해 내부의 압력을 잘 견딜 수 있다. 또한 같은 양의 재료로 기둥 모양의 캔을 만들 때 원기둥 모양의 캔이 가장 많은 음료수를 담을 수 있어서 경제적이다.

다음 그림과 같이 둘레의 길이가 12 cm인 각 도형을 밑면으로 하고 높이가 같은 기둥 모양의 음료수 캔으로 생각해 보자.

[정삼각형] [정사각형] [정육각형] [원]

각 기둥 모양의 캔의 옆넓이는 모두 같으므로 밑넓이가 최대가 되면 캔의 부피, 즉 캔에 담을 수 있는 음료수의 양도 최대가 된다. 이때 둘레의 길이가 같은 평면도형 중 넓이가 가장 큰 것은 원이므로 원기둥 모양의 캔이 가장 많은 음료수를 담을 수 있다.

기출문제는 이렇게!

Q 오른쪽 그림과 같이 같은 양의 음료수를 담을 수 있는 원기둥 모양의 A, B 두 캔이 있다. 두 캔 모두 같은 재료를 사용하여 만든다고 할 때, A, B 두 캔 중 어느 캔이 더 경제적인지 말하시오.

(단, 캔의 두께는 생각하지 않는다.)

A   B

마인드 MAP

입체도형의 겉넓이와 부피

기둥

각기둥

옆면
밑면 2개

- (겉넓이)=(밑넓이)×2+(옆넓이)
- (부피)=(밑넓이)×(높이)

원기둥

밑면 r 길이가 같아!
$2\pi r$
옆면 h
밑면

- (겉넓이)=$2\pi r^2 + 2\pi rh$
- (부피)=$\pi r^2 h$

뿔

부피가 $\frac{1}{3}$배

각뿔

옆면
밑면 1개

- (겉넓이)=(밑넓이)+(옆넓이)
- (부피)=$\frac{1}{3}$×(기둥의 부피)
  =$\frac{1}{3}$×(밑넓이)×(높이)

원뿔

옆면 ℓ
$2\pi r$
밑면 r 길이가 같아!

- (겉넓이)=$\pi r^2 + \pi r\ell$
- (부피)=$\frac{1}{3}$×(기둥의 부피)
  =$\frac{1}{3}\pi r^2 h$

뿔대

- (겉넓이)=(두 밑면의 넓이의 합)+(옆넓이)
- (부피)=(큰 뿔의 부피)−(작은 뿔의 부피)

구

- (겉넓이)=$4\pi r^2$
- (부피)=$\frac{4}{3}\pi r^3$

반지름의 길이가 r인
원의 넓이의 4배!

7 자료의 정리와 해석

IV
통계

이전에 배운 내용

초3~4
• 막대그래프, 꺾은선그래프

초5~6
• 비와 비율
• 비율 그래프

이번에 배울 내용

⌒1 줄기와 잎 그림, 도수분포표

⌒2 히스토그램과 도수분포다각형

⌒3 상대도수와 그 그래프

이후에 배울 내용

중2
• 확률

중3
• 대푯값과 산포도
• 상관관계

준비 학습

초3~4 막대그래프

조사한 자료의 양을 막대의 길이로 표현하여 나타낸 그래프

1 오른쪽 막대그래프는 민아네 반 학생들을 대상으로 가장 좋아하는 색을 조사하여 나타낸 것이다. 다음을 구하시오.

가장 좋아하는 색

(1) 가장 많은 학생이 좋아하는 색

(2) 반 전체 학생 수

초5~6 원그래프

전체에 대한 각 부분의 비율을 원 모양에 나타낸 그래프

참고 300의 40 %

➡ $300 \times \dfrac{40}{100} = 120$

2 오른쪽 원그래프는 어느 학교 학생 60명의 혈액형을 조사하여 나타낸 것이다. 각 혈액형에 해당하는 학생 수를 구하시오.

A형:　　　　　　　　　　B형:

O형:　　　　　　　　　　AB형:

1 줄기와 잎 그림, 도수분포표

● 정답과 해설 54쪽

1 줄기와 잎 그림

(1) **변량**: 나이, 점수 등과 같은 자료를 수량으로 나타낸 것

(2) **줄기와 잎 그림**: 자료의 분포 상태를 파악하기 위해 변량을 줄기와 잎으로 구분하여 나타낸 그림

2 줄기와 잎 그림을 그리는 방법

❶ 변량을 자릿수를 기준으로 줄기와 잎으로 구분한다.

❷ 세로선을 긋고, 세로선의 왼쪽에 줄기를 작은 수부터 세로로 나열한다.

❸ 세로선의 오른쪽에 각 줄기에 해당하는 잎을 가로로 일정하게 띄어서 나열한다. 이때 중복되는 변량의 잎은 중복된 횟수만큼 나열한다.

❹ 줄기 a와 잎 b를 그림 위에 $a\,|\,b$로 나타내고 그 뜻을 설명한다.

주의 줄기는 중복되는 수를 한 번만 쓰고, 잎은 중복되는 수를 모두 쓴다.

〈자료〉

변량 (단위: kg)

| ㉖ | 24 | 34 | 27 | 39 |
| 28 | 30 | 42 | 26 | 37 |

↓

〈줄기와 잎 그림〉

세로선→ (2 | 4는 24 kg)

줄기	잎
2	4 6 6 7 8
3	0 4 7 9
4	2

십의 자리의 숫자   일의 자리의 숫자

개념 확인 오른쪽 줄기와 잎 그림은 다미네 반 학생 9명의 줄넘기 기록을 조사하여 나타낸 것이다. 다음 물음에 답하시오.

(1) 줄기 5에 해당하는 잎을 모두 구하시오.
➡ 2, ☐, ☐

(2) 잎이 가장 많은 줄기를 구하시오.

줄넘기 기록

(3 | 5는 35회)

줄기	잎
3	5 8
4	1 3 3 6
5	2 4 7

필수 문제 1

줄기와 잎 그림 그리기

▶변량이 1.5와 같은 소수일 때, 줄기와 잎은 보통 다음과 같이 구분한다.
• 줄기: 일의 자리의 숫자
• 잎: 소수점 아래 첫째 자리의 숫자
📘 1.5 ⇨ 1 | 5

다음 자료는 찬혁이네 반 학생 12명의 가방 무게를 조사하여 나타낸 것이다. 이 자료에 대한 줄기와 잎 그림을 완성하고, 물음에 답하시오.

(단위: kg)

2.4	3.4	3.6
1.8	4.9	3.3
2.7	3.4	3.2
4.0	1.5	2.6

⇨

가방 무게

(1 | 5는 1.5 kg)

줄기	잎
1	5 8

(1) 줄기 2에 해당하는 잎을 모두 구하시오.

(2) 잎이 가장 많은 줄기를 구하시오.

1-1 다음 자료는 설하네 반 학생 20명의 1분당 맥박 수를 조사하여 나타낸 것이다. 이 자료에 대한 줄기와 잎 그림을 완성하고, 물음에 답하시오.

(단위: 회)

83	76	68	80	69
73	84	71	91	82
68	72	79	67	90
74	69	69	73	79

⇨

1분당 맥박 수

(6|7은 67회)

줄기	잎
6	7

(1) 줄기 8에 해당하는 잎을 모두 구하시오.

(2) 잎이 가장 적은 줄기를 구하시오.

(3) 맥박 수가 가장 높은 학생과 가장 낮은 학생의 맥박 수를 차례로 구하시오.

필수 **문제** 2

줄기와 잎 그림의 분석

▶줄기와 잎 그림에서
(변량의 개수)
=(전체 잎의 개수)

오른쪽 줄기와 잎 그림은 태웅이네 반 학생들의 키를 조사하여 나타낸 것이다. 다음 물음에 답하시오.

(1) 반 전체 학생 수를 구하시오.

(2) 키가 큰 쪽에서 3번째인 학생의 키를 구하시오.

(3) 키가 150 cm 미만인 학생 수를 구하시오.

학생들의 키

(14|2는 142 cm)

줄기	잎
14	2 5 7 9
15	0 3 4 5 6 6 8 9
16	1 2 3 3 4 6
17	1 3

2-1 오른쪽 줄기와 잎 그림은 어느 스포츠 센터의 수영반 회원들의 나이를 조사하여 나타낸 것이다. 다음 물음에 답하시오.

(1) 전체 회원 수를 구하시오.

(2) 나이가 적은 쪽에서 5번째인 회원의 나이를 구하시오.

(3) 나이가 50세 이상인 회원 수를 구하시오.

(4) 나이가 50세 이상인 회원은 전체의 몇 %인지 구하시오.

회원들의 나이

(2|3은 23세)

줄기	잎
2	3 5 8 9
3	1 3 5 7 8 9
4	0 2 3 3 4 6 7 8
5	0 1 4 7 8
6	2

▶백분율: 기준량을 100으로 할 때 비교하는 양의 비율

3 도수분포표

(1) **계급**: 변량을 일정한 간격으로 나눈 구간

계급의 크기: 변량을 나눈 구간의 너비 ← 계급의 양 끝 값의 차

[참고] 계급값: 각 계급의 가운데 값 ← $\dfrac{(계급의 \ 양 \ 끝 \ 값의 \ 합)}{2}$

(2) **도수**: 각 계급에 속하는 변량의 개수

(3) **도수분포표**: 자료를 정리하여 계급과 도수로 나타낸 표

[참고] 도수분포표는 변량의 개수가 많은 자료의 분포 상태를 파악할 때 편리하지만, 각 계급에 속하는 변량의 정확한 값은 알 수 없다.

[주의] 계급, 계급의 크기, 도수는 항상 단위를 포함하여 쓴다.

〈자료〉

(단위: kg)

| 26 | 24 | 34 | 27 | 39 |
| 28 | 30 | 42 | 26 | 37 |

↓

〈도수분포표〉

무게(kg)	상자 수(개)
$20^{이상} \sim 25^{미만}$	1
25 ~ 30	4
30 ~ 35	2
35 ~ 40	2
40 ~ 45	1
합계	10

계급 / 도수

4 도수분포표를 만드는 방법

❶ 주어진 자료에서 가장 작은 변량과 가장 큰 변량을 찾는다.

❷ ❶에서 찾은 두 변량이 속하는 구간을 일정한 간격으로 나누어 계급을 정한다. ← 계급의 크기가 모두 같게 한다.

❸ 각 계급에 속하는 변량의 개수를 세어 각 계급의 도수와 그 합을 구한다.

[참고] 계급의 개수가 너무 많거나 너무 적으면 자료의 분포 상태를 파악하기 어려우므로 계급의 개수를 적절히 정해야 한다. ← 보통 5~15개 정도로 한다.

개념 확인 다음 자료는 혁이네 반 학생들이 1년 동안 읽은 책의 수를 조사하여 나타낸 것이다. 이 자료에 대한 도수분포표를 완성하시오.

[용어]

• **도수** (度 횟수, 數 수)
  횟수를 기록한 숫자

• **도수분포표**
  도수의 분포 상태를 나타낸 표

변량의 개수를 셀 때는 /, //, ///, ////, ／／／ 또는 一, 丁, 干, 下, 正으로 나타내면 편리하다.

(단위: 권)

9	11	5	17	10
11	24	21	12	19
10	18	7	22	18

➡

책의 수(권)		학생 수(명)
$5^{이상} \sim 10^{미만}$	///	3
합계		

필수 문제 ③

도수분포표 만들기

▶ 계급이 a 이상 b 미만일 때
  (계급의 크기)$=b-a$

▶ 도수분포표에서
  (변량의 개수)=(도수의 총합)

다음 자료는 민수네 반 학생 20명의 가슴둘레를 조사하여 나타낸 것이다. 이 자료에 대한 도수분포표를 완성하고, 물음에 답하시오.

(단위: cm)

62	75	79	76	69
70	72	65	74	78
73	66	72	67	73
74	60	68	71	69

⇨

가슴둘레(cm)	학생 수(명)
$60^{이상} \sim 65^{미만}$	
합계	

(1) 계급의 개수를 구하시오.

(2) 계급의 크기를 구하시오.

(3) 가슴둘레가 65 cm인 민수가 속하는 계급의 도수를 구하시오.

3-1 다음 자료는 어느 환경 보호 활동에 참가한 자원 봉사자 18명의 나이를 조사하여 나타낸 것이다. 물음에 답하시오.

(단위: 세)

32	45	16	23	31	18	28	36	19
46	35	21	34	43	39	37	28	20

(1) 위의 자료를 10세에서 시작하고 계급의 크기가 10세인 도수분포표로 나타내시오.

(2) 도수가 가장 큰 계급을 구하시오.

(3) 나이가 21세인 참가자가 속하는 계급의 도수를 구하시오.

나이(세)	참가자 수(명)
합계	

필수 문제 4

도수분포표의 분석

▶ 많은(적은) 쪽에서 ★번째인 변량이 속하는 계급 구하기
가장 많은(적은) 계급에서부터 차례로 도수를 더한 값이 처음으로 ★과 같거나 ★보다 커질 때의 계급이다.

오른쪽 도수분포표는 40개 식품의 100 g당 열량을 조사하여 나타낸 것이다. 다음 물음에 답하시오.

(1) A의 값을 구하시오.

(2) 열량이 500 kcal 이상 700 kcal 미만인 식품 수를 구하시오.

(3) 열량이 높은 쪽에서 8번째인 식품이 속하는 계급을 구하시오.

열량(kcal)	식품 수(개)
100이상 ~ 200미만	4
200 ~ 300	7
300 ~ 400	A
400 ~ 500	10
500 ~ 600	8
600 ~ 700	2
합계	40

4-1 오른쪽 도수분포표는 어느 반 학생들의 하루 동안의 컴퓨터 사용 시간을 조사하여 나타낸 것이다. 다음 보기 중 옳은 것을 모두 고르시오.

사용 시간(분)	학생 수(명)
0이상 ~ 20미만	1
20 ~ 40	3
40 ~ 60	10
60 ~ 80	14
80 ~ 100	5
100 ~ 120	2
합계	

┤ 보기 ├

ㄱ. 계급의 크기는 10분이다.

ㄴ. 반 전체 학생 수는 35명이다.

ㄷ. 컴퓨터 사용 시간이 긴 쪽에서 7번째인 학생이 속하는 계급은 60분 이상 80분 미만이다.

ㄹ. 컴퓨터 사용 시간이 80분 이상인 학생은 전체의 20 %이다.

▶ 도수분포표에서의 백분율

(백분율)

$= \dfrac{(해당\ 계급의\ 도수)}{(도수의\ 총합)}$

$\times 100(\%)$

STEP
1 **쏙쏙 개념 익히기**

1 오른쪽 줄기와 잎 그림은 호진이네 반 학생들의 수학 수행평가 점수를 조사하여 나타낸 것이다. 다음 보기 중 옳지 <u>않</u>은 것을 모두 고르시오.

수학 수행평가 점수
(0|6은 6점)

줄기		잎					
0	6	7	9				
1	0	2	5	6	9		
2	0	0	3	4	6	7	
3	0	2	2	3	5	7	8
4	0	1	2	6			

┤ 보기 ├

ㄱ. 학생 수가 가장 많은 점수대는 30점대이다.

ㄴ. 반 전체 학생 수는 25명이다.

ㄷ. 점수가 10점 미만인 학생은 전체의 15 %이다.

ㄹ. 점수가 높은 쪽에서 6번째인 학생의 점수는 37점이다.

ㅁ. 호진이의 점수가 33점일 때, 호진이보다 점수가 높은 학생 수는 3명이다.

2 오른쪽 도수분포표는 유진이네 반 학생 20명의 일주일 동안의 독서 시간을 조사하여 나타낸 것이다. 다음 물음에 답하시오.

독서 시간(분)	학생 수(명)
0^{이상}~ 30^{미만}	2
30 ~ 60	4
60 ~ 90	6
90 ~120	5
120 ~150	3
합계	20

(1) 계급의 크기를 a분, 계급의 개수를 b개라고 할 때, $a-b$의 값을 구하시오.

(2) 독서 시간이 적은 쪽에서 6번째인 학생이 속하는 계급을 구하시오.

(3) 독서 시간이 90분 이상인 학생은 전체의 몇 %인지 구하시오.

3 오른쪽 도수분포표는 어느 등산 동호회 회원들이 1년 동안 등산한 횟수를 조사하여 나타낸 것이다. 다음 보기 중 옳지 <u>않</u>은 것을 모두 고르시오.

등산 횟수(회)	회원 수(명)
5^{이상}~10^{미만}	5
10 ~15	
15 ~20	4
20 ~25	3
25 ~30	1
합계	20

┤ 보기 ├

ㄱ. 도수가 가장 큰 계급은 10회 이상 15회 미만이다.

ㄴ. 등산 횟수가 가장 많은 회원의 등산 횟수는 29회이다.

ㄷ. 등산 횟수가 많은 쪽에서 4번째인 회원이 속하는 계급은 20회 이상 25회 미만이다.

ㄹ. 등산 횟수가 15회 미만인 회원은 전체의 55 %이다.

~2 히스토그램과 도수분포다각형

● 정답과 해설 55쪽

1 히스토그램

(1) **히스토그램**: 가로축에 계급을, 세로축에 도수를 표시하여
도수분포표를 직사각형 모양으로 나타낸 그래프

(2) **히스토그램을 그리는 방법**
  ❶ 가로축에 각 계급의 양 끝 값을 차례로 표시한다.
  ❷ 세로축에 도수를 차례로 표시한다.
  ❸ 각 계급의 크기를 가로로 하고, 도수를 세로로 하는
     직사각형을 차례로 그린다.

〈히스토그램〉

2 히스토그램의 특징

(1) 자료의 전체적인 분포 상태를 한눈에 쉽게 알아볼 수 있다.

(2) (모든 직사각형의 넓이의 합)＝{(계급의 크기)×(각 계급의 도수)의 총합}
      ＝(계급의 크기)×(도수의 총합)

(3) 직사각형의 가로의 길이는 일정하므로 각 직사각형의 넓이는 각 계급의 도수에 정비례한다.

개념 확인 다음 도수분포표는 지연이네 반 학생들이 가지고 있는 펜의 수를 조사하여 나
타낸 것이다. 이 도수분포표를 히스토그램으로 나타내시오.

용어

히스토그램 (histogram)
역사를 뜻하는 history와 그림을
뜻하는 접미어 −gram의 합성어
이다.

펜의 수(개)	학생 수(명)
0^{이상}~ 5^{미만}	1
5 ~10	4
10 ~15	6
15 ~20	3
합계	14

필수 문제 1

히스토그램

▸직사각형의 넓이는 단위를 쓰
  지 않는다.

오른쪽 히스토그램은 민정이네 반 학생들의 영어 말하기 대회
점수를 조사하여 나타낸 것이다. 다음을 구하시오.

(1) 계급의 크기

(2) 점수가 12점 이상 16점 미만인 학생 수

(3) 모든 직사각형의 넓이의 합

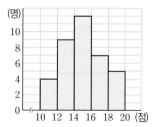

▸히스토그램에서
  (계급의 개수)
  ＝(직사각형의 개수)

1-1 오른쪽 히스토그램은 준서네 반 학생들이 1년 동안 성
장한 키를 조사하여 나타낸 것이다. 다음을 구하시오.

(1) 계급의 개수   (2) 반 전체 학생 수

(3) 모든 직사각형의 넓이의 합

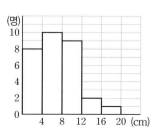

3 도수분포다각형

(1) **도수분포다각형**: 히스토그램에서 각 직사각형의 윗변의 중앙에 점을 찍어 선분으로 연결한 그래프

(2) **도수분포다각형을 그리는 방법**

❶ 히스토그램에서 각 직사각형의 윗변의 중앙에 점을 찍는다.
└→ 계급의 개수를 셀 때는 포함하지 않는다.

❷ 히스토그램의 양 끝에 도수가 0인 계급이 있는 것으로 생각하고 그 중앙에 점을 찍는다.

❸ ❶, ❷에서 찍은 점을 선분으로 연결한다.

참고 도수분포다각형에서 점의 좌표는 (계급값, 도수)이므로 히스토그램을 그리지 않고 바로 점을 찍어 그릴 수도 있다.

〈도수분포다각형〉

색칠한 두 부분의 넓이는 같다.

4 도수분포다각형의 특징

(1) 자료의 전체적인 분포 상태를 한눈에 쉽게 알아볼 수 있다.

(2) (도수분포다각형과 가로축으로 둘러싸인 도형의 넓이)
= (히스토그램의 모든 직사각형의 넓이의 합) = (계급의 크기) × (도수의 총합)

(3) 두 개 이상의 자료의 분포를 함께 나타낼 수 있어 그 특징을 비교할 때 히스토그램보다 편리하다.

개념 확인 오른쪽 도수분포표는 하니네 반 학생들이 등교하는 데 걸리는 시간을 조사하여 나타낸 것이다. 이 도수분포표를 히스토그램과 도수분포다각형으로 나타내시오.

걸리는 시간(분)	학생 수(명)
5^{이상} ~ 10^{미만}	3
10 ~ 15	6
15 ~ 20	4
20 ~ 25	2
합계	15

➡

필수 문제 2

도수분포다각형

오른쪽 도수분포다각형은 지혜네 반 학생들이 가지고 있는 인형의 수를 조사하여 나타낸 것이다. 다음 물음에 답하시오.

(1) 도수가 가장 큰 계급을 구하시오.

(2) 인형의 수가 8개 이상인 학생은 전체의 몇 %인지 구하시오.

2-1 오른쪽 도수분포다각형은 어느 반 학생들의 턱걸이 횟수를 조사하여 나타낸 것이다. 다음 물음에 답하시오.

(1) 턱걸이 횟수가 많은 쪽에서 7번째인 학생이 속하는 계급을 구하시오.

(2) 도수분포다각형과 가로축으로 둘러싸인 도형의 넓이를 구하시오.

STEP 1 쏙쏙 개념 익히기

1 오른쪽 히스토그램은 어느 반 학생 50명의 던지기 기록을 조사하여 나타낸 것이다. 다음 물음에 답하시오.

(1) 계급의 개수를 구하시오.

(2) 던지기 기록이 26 m인 학생이 속하는 계급의 도수를 구하시오.

(3) 던지기 기록이 30 m 미만인 학생은 전체의 몇 %인지 구하시오.

(4) 10번째로 멀리 던진 학생이 속하는 계급을 구하시오.

2 오른쪽 히스토그램은 혜인이네 반 학생들의 발 길이를 조사하여 나타낸 것이다. 도수가 가장 큰 계급의 직사각형의 넓이와 도수가 가장 작은 계급의 직사각형의 넓이의 합을 구하시오.

3 오른쪽 도수분포다각형은 의건이네 반 학생들의 수학 성적을 조사하여 나타낸 것이다. 다음 물음에 답하시오.

(1) 다음 중 도수분포다각형에서 알 수 없는 것은?
　① 계급의 크기
　② 반 전체 학생 수
　③ 성적이 5번째로 좋은 학생의 점수
　④ 성적이 72점인 학생이 속하는 계급
　⑤ 성적이 60점 미만인 학생 수

(2) 수학 성적이 80점 이상 90점 미만인 학생은 전체의 몇 %인지 구하시오.

(3) 도수분포다각형과 가로축으로 둘러싸인 도형의 넓이를 구하시오.

STEP 1 쏙쏙 개념 익히기

4 오른쪽 도수분포다각형은 어느 중학교 1학년 1반과 2반 학생들의 오래 매달리기 기록을 조사하여 함께 나타낸 것이다. 다음 보기 중 옳은 것을 모두 고르시오.

┌─ 보기 ──────────────────────────
ㄱ. 1반 학생 수가 2반 학생 수보다 많다.
ㄴ. 기록이 가장 좋은 학생은 1반에 있다.
ㄷ. 기록이 16초 이상 17초 미만인 학생은 1반보다 2반이
   더 많다.
ㄹ. 2반이 1반보다 기록이 대체적으로 더 좋은 편이다.
└──────────────────────────────

● 찢어진 히스토그램 또는
도수분포다각형
도수의 총합을 이용하여
찢어진 부분에 속하는 계
급의 도수를 구한다.

5 오른쪽 히스토그램은 어느 반 학생 25명의 작년 독서량을 조사하여 나타낸 것인데 일부가 찢어져 보이지 않는다. 독서량이 8권 이상 12권 미만인 학생은 전체의 몇 %인지 구하려고 할 때, 다음 물음에 답하시오.

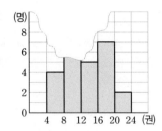

(1) 독서량이 8권 이상 12권 미만인 학생 수를 구하시오.

(2) 독서량이 8권 이상 12권 미만인 학생은 전체의 몇 %인지 구하시오.

한 번 더

6 오른쪽 도수분포다각형은 어느 중학교 학생 40명의 통학 시간을 조사하여 나타낸 것인데 일부가 찢어져 보이지 않는다. 통학 시간이 30분 이상 35분 미만인 학생은 전체의 몇 %인지 구하시오.

상대도수와 그 그래프

• 정답과 해설 57쪽

1 상대도수

(1) 상대도수: 도수분포표에서 전체 도수에 대한 각 계급의 도수의 비율

➡ (어떤 계급의 상대도수)$=\dfrac{(\text{그 계급의 도수})}{(\text{도수의 총합})}$ ← 보통 소수로 나타낸다.

(2) 상대도수의 분포표: 각 계급의 상대도수를 나타낸 표

2 상대도수의 특징

(1) 상대도수의 총합은 항상 1이고,
상대도수는 0 이상이고 1 이하의 수이다.

(2) 각 계급의 상대도수는 그 계급의 도수에 정비례한다.

(3) 도수의 총합이 다른 두 집단의 분포를 비교할 때 편리하다.

〈상대도수의 분포표〉

수학 점수(점)	학생 수(명)	상대도수
60^{이상}~ 70^{미만}	②	$\frac{2}{8}=0.25$
70 ~ 80	2	$\frac{2}{8}=0.25$
80 ~ 90	3	$\frac{3}{8}=0.375$
90 ~100	1	$\frac{1}{8}=0.125$
합계	⑧	1

용어

상대 (相 서로, 對 대하다) **도수**
전체에 대한 상대적 크기를 나타낸 도수

개념 확인 오른쪽 상대도수의 분포표는 어느 중학교 학생 20명이 여름 방학 동안 읽은 책의 수를 조사하여 나타낸 것이다. ☐ 안에 알맞은 수를 쓰시오.

책의 수(권)	학생 수(명)	상대도수
0^{이상}~ 2^{미만}	3	$\frac{3}{20}=0.15$
2 ~ 4	5	$\frac{\square}{20}=\square$
4 ~ 6	10	☐
6 ~ 8	2	☐
합계	20	☐

필수 문제 ①

상대도수의 분포표

▸ •(어떤 계급의 상대도수)
$=\dfrac{(\text{그 계급의 도수})}{(\text{도수의 총합})}$

•(어떤 계급의 도수)
$=$(도수의 총합)
$\times$(그 계급의 상대도수)

•(도수의 총합)
$=\dfrac{(\text{그 계급의 도수})}{(\text{어떤 계급의 상대도수})}$

오른쪽 상대도수의 분포표는 현우네 반 학생 40명의 한 달 용돈을 조사하여 나타낸 것이다. 다음 물음에 답하시오.

(1) A, B, C, D, E의 값을 각각 구하시오.

(2) 용돈이 적은 쪽에서 10번째인 학생이 속하는 계급의 상대도수를 구하시오.

용돈(만 원)	학생 수(명)	상대도수
1^{이상}~ 2^{미만}	4	A
2 ~ 3	6	0.15
3 ~ 4	B	0.3
4 ~ 5	C	0.25
5 ~ 6	8	D
합계	40	E

▸(어떤 도수가 차지하는 백분율)
$=$(그 계급의 상대도수)$\times100$

1-1 오른쪽 상대도수의 분포표는 우영이네 중학교 1학년 학생 400명의 키를 조사하여 나타낸 것이다. 다음 물음에 답하시오.

(1) A, B, C, D, E의 값을 각각 구하시오.

(2) 키가 155 cm 미만인 학생은 전체의 몇 %인지 구하시오.

키(cm)	학생 수(명)	상대도수
145^{이상}~ 150^{미만}	60	A
150 ~ 155	B	0.25
155 ~ 160	120	C
160 ~ 165	D	0.2
165 ~ 170	40	0.1
합계	400	E

3 상대도수의 분포를 나타낸 그래프

(1) 상대도수의 분포를 나타낸 그래프

상대도수의 분포표를 히스토그램이나 도수분포다각형 모양으로 나타낸 그래프

(2) 상대도수의 그래프를 그리는 방법

❶ 가로축에 각 계급의 양 끝 값을 차례로 표시한다.

❷ 세로축에 상대도수를 차례로 표시한다.

❸ 히스토그램이나 도수분포다각형 모양으로 그린다.

〈상대도수의 분포를 나타낸 그래프〉

[참고] 상대도수는 여러 개의 자료를 비교할 때 많이 이용하므로 상대도수의 그래프는 보통 도수분포다각형 모양으로 나타낸다.

➡ (상대도수의 그래프와 가로축으로 둘러싸인 도형의 넓이)

　＝(계급의 크기)×(상대도수의 총합)＝(계급의 크기)
　　　　　　　　　　　　＝1

개념 확인　다음 상대도수의 분포표는 예린이네 반 학생들이 한 학기 동안 봉사 활동을 한 시간을 조사하여 나타낸 것이다. 이 표를 도수분포다각형 모양의 그래프로 나타내시오.

봉사 활동 시간(시간)	상대도수
$5^{이상} \sim 10^{미만}$	0.1
10　～15	0.4
15　～20	0.25
20　～25	0.2
25　～30	0.05
합계	1

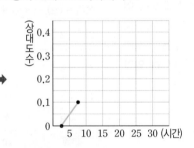

필수 문제 ❷

상대도수의 분포를 나타낸 그래프

오른쪽 그래프는 어느 전시회에 입장한 관람객 40명의 나이에 대한 상대도수의 분포를 나타낸 것이다. 다음 물음에 답하시오.

(1) 도수가 가장 작은 계급을 구하시오.

(2) 나이가 20세 이상 24세 미만인 계급의 도수를 구하시오.

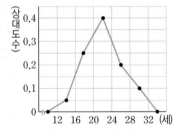

2-1　오른쪽 그래프는 어느 극장에서 1년 동안 상영한 영화 80편의 상영 시간에 대한 상대도수의 분포를 나타낸 것이다. 다음 물음에 답하시오.

(1) 도수가 가장 큰 계급의 상대도수를 구하시오.

(2) 상영 시간이 110분 미만인 영화의 수를 구하시오.

4 도수의 총합이 다른 두 집단의 분포 비교

도수의 총합이 다른 두 집단의 분포 상태를 비교할 때는

(1) 각 계급의 도수를 그대로 비교하는 것보다 상대도수를 구하여 비교하는 것이 적합하다.

(2) 두 자료에 대한 상대도수의 분포를 그래프로 함께 나타내면 한눈에 쉽게 비교할 수 있다.

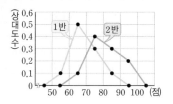

> **예** 두 반의 영어 성적에 대한 상대도수의 분포를 함께 나타낸 오른쪽 그래프에서
> ① 영어 성적이 60점 이상 70점 미만인 계급의 상대도수는 1반이 2반보다 크다.
> ➡ 영어 성적이 60점 이상 70점 미만인 학생의 비율은 1반이 2반보다 높다.
> ② 2반에 대한 그래프가 1반에 대한 그래프보다 전체적으로 오른쪽으로 치우쳐 있다.
> ➡ 영어 성적은 대체적으로 2반이 1반보다 더 좋다.

개념 확인

오른쪽 상대도수의 분포표는 어느 학교 1학년 여학생 40명과 남학생 25명의 앉은키를 조사하여 함께 나타낸 것이다. 다음 물음에 답하시오.

(1) 상대도수의 분포표를 완성하시오.

(2) 앉은키가 75 cm 이상 80 cm 미만인 학생의 비율은 여학생과 남학생 중 어느 쪽이 더 낮은지 구하시오.

앉은키(cm)	여학생		남학생	
	학생 수 (명)	상대 도수	학생 수 (명)	상대 도수
$75^{이상} \sim 80^{미만}$	6	0.15	4	
80 ~ 85	8			0.2
85 ~ 90		0.4	7	
90 ~ 95	10			0.36
합계	40	1	25	

필수 문제 ③

도수의 총합이 다른 두 집단의 분포 비교

오른쪽 그래프는 어느 진로 체험에 참가한 A 중학교 학생 100명과 B 중학교 학생 200명의 만족도에 대한 상대도수의 분포를 함께 나타낸 것이다. 다음 물음에 답하시오.

(1) 만족도가 50점 이상 60점 미만인 계급에서 두 중학교의 학생 수의 차를 구하시오.

(2) 두 중학교 중 만족도가 60점 미만인 학생의 비율이 더 높은 학교는 어느 곳인지 말하시오.

(3) 두 중학교 중 만족도가 대체적으로 더 높은 학교는 어느 곳인지 말하시오.

3-1 오른쪽 그래프는 A 정류장과 B 정류장에서 사람들이 버스를 기다리는 시간에 대한 상대도수의 분포를 함께 나타낸 것이다. 다음 물음에 답하시오.

(1) B 정류장보다 A 정류장의 상대도수가 더 큰 계급은 모두 몇 개인지 구하시오.

(2) 두 정류장 중 버스를 기다리는 시간이 대체적으로 더 적은 정류장은 어느 곳인지 말하시오.

1 다음 중 상대도수에 대한 설명으로 옳은 것은 ○표, 옳지 <u>않은</u> 것은 ×표를 ( ) 안에 쓰시오.

(1) 어떤 계급의 상대도수는 그 계급의 도수를 도수의 총합으로 나눈 값이다. ( )

(2) 상대도수의 총합은 1보다 작다. ( )

(3) 각 계급의 상대도수는 그 계급의 도수에 정비례한다. ( )

(4) 상대도수의 분포를 나타낸 도수분포다각형 모양의 그래프와 가로축으로 둘러싸인 도형의 넓이는 1이다. ( )

2 오른쪽 히스토그램은 여진이네 반 학생들의 한문 성적을 조사하여 나타낸 것이다. 한문 성적이 85점인 학생이 속하는 계급의 상대도수를 구하시오.

3 승욱이네 반 학생들의 시력을 조사하여 나타낸 도수분포표에서 도수가 8명인 계급의 상대도수가 0.2이었을 때, 승욱이네 반 전체 학생 수를 구하시오.

4 오른쪽 상대도수의 분포표는 어느 과일 가게에서 파는 토마토 40개의 무게를 조사하여 나타낸 것이다. 다음 물음에 답하시오.

(1) 무게가 60 g 이상 80 g 미만인 토마토는 전체의 몇 %인지 구하시오.

(2) 무게가 50 g 이상 60 g 미만인 토마토의 개수를 구하시오.

토마토 무게(g)	상대도수
40^{이상}~ 50^{미만}	0.1
50 ~ 60	
60 ~ 70	0.3
70 ~ 80	0.25
80 ~ 90	0.2
합계	1

5 오른쪽 상대도수의 분포표는 어느 연극 동호회 회원들의 하루 동안의 TV 시청 시간을 조사하여 나타낸 것이다. 다음 물음에 답하시오.

(1) 전체 회원 수를 구하시오.

(2) A, B, C, D, E의 값을 각각 구하시오.

시청 시간(분)	회원 수(명)	상대도수
10^{이상}~ 20^{미만}	7	0.14
20 ~ 30	A	0.4
30 ~ 40	10	B
40 ~ 50	C	D
50 ~ 60	5	0.1
합계		E

6 오른쪽 그래프는 어느 콘서트장에 입장한 관객 200명의 입장 대기 시간에 대한 상대도수의 분포를 나타낸 것이다. 다음을 구하시오.

(1) 입장 대기 시간이 50분 이상인 관객 수

(2) 입장 대기 시간이 40번째로 적은 관객이 속하는 계급의 상대도수

7 오른쪽 그래프는 어느 중학교 1학년 학생들의 몸무게에 대한 상대도수의 분포를 나타낸 것인데 일부가 찢어져 보이지 않는다. 몸무게가 45 kg 이상 50 kg 미만인 학생 수가 70명일 때, 다음을 구하시오.

(1) 전체 학생 수

(2) 몸무게가 50 kg 이상 55 kg 미만인 계급의 상대도수

(3) 몸무게가 50 kg 이상 55 kg 미만인 학생 수

8 오른쪽 도수분포표는 어느 중학교 남학생과 여학생의 국어 성적을 조사하여 함께 나타낸 것이다. 남학생과 여학생 중 국어 성적이 80점 이상 90점 미만인 학생의 비율은 어느 쪽이 더 높은지 말하시오.

국어 성적(점)	학생 수(명)	
	남학생	여학생
50이상~ 60미만	11	5
60 ~ 70	22	15
70 ~ 80	34	16
80 ~ 90	15	8
90 ~100	18	6
합계	100	50

9 오른쪽 그래프는 어느 중학교 1학년 학생 200명과 2학년 학생 150명의 하루 동안의 음악 감상 시간에 대한 상대도수의 분포를 함께 나타낸 것이다. 다음 보기 중 옳은 것을 모두 고르시오.

보기

ㄱ. 음악 감상 시간이 90분 이상 120분 미만인 학생은 1학년이 더 많다.

ㄴ. 1학년이 2학년보다 음악 감상 시간이 더 긴 편이다.

ㄷ. 1학년과 2학년에 대한 각각의 그래프와 가로축으로 둘러싸인 부분의 넓이는 서로 같다.

1 아래 줄기와 잎 그림은 은정이네 반 학생들이 1분 동안 실시한 팔굽혀펴기 기록을 조사하여 나타낸 것이다. 다음 중 옳은 것은?

팔굽혀펴기 기록

(0|4는 4회)

줄기	잎
0	4 5 6 7 8 9
1	0 1 2 3 4 6 6 8
2	1 1 2 5 7 9 9
3	3 3 4 6 8
4	2 5

① 잎이 가장 많은 줄기는 2이다.

② 반 전체 학생 수는 27명이다.

③ 팔굽혀펴기 기록이 24회인 학생이 있다.

④ 팔굽혀펴기 기록이 30회 이상인 학생은 7명이다.

⑤ 팔굽혀펴기 기록이 적은 쪽에서 10번째인 학생의 기록은 12회이다.

2 다음 줄기와 잎 그림은 어느 반 남학생과 여학생의 휴대 전화에 등록된 친구 수를 조사하여 함께 나타낸 것이다. 물음에 답하시오.

휴대 전화에 등록된 친구 수

(2|3은 23명)

잎(남학생)	줄기	잎(여학생)
8 6 5	2	3 9
8 7 7 5 5 1	3	0 5 6
9 5 3 2	4	0 1 1 2 4 5
1 0	5	1 2 2 3

(1) 휴대 전화에 등록된 친구 수가 많은 쪽에서 7번째인 학생은 남학생인지 여학생인지 말하시오.

(2) 휴대 전화에 등록된 친구 수가 43명인 학생은 이 반에서 등록된 친구 수가 많은 편인지 적은 편인지 말하시오.

3 오른쪽 도수분포표는 동우네 반 학생 30명이 어떤 과제를 수행하기 위해 인터넷을 사용한 시간을 조사하여 나타낸 것이다. 다음 물음에 답하시오.

사용 시간(분)	학생 수(명)
30^{이상}~ 50^{미만}	3
50 ~ 70	7
70 ~ 90	11
90 ~110	
110 ~130	1
합계	30

(1) 도수가 두 번째로 큰 계급을 구하시오.

(2) 인터넷을 사용한 시간이 90분 이상인 학생은 전체의 몇 %인지 구하시오.

4 오른쪽 도수분포표는 유나네 반 학생들의 줄넘기 기록을 조사하여 나타낸 것이다. 줄넘기 기록이 80회 이상 100회 미만인 학생이 전체의 35 %일 때, $A-B$의 값을 구하시오.

줄넘기 기록(회)	학생 수(명)
40^{이상}~ 60^{미만}	6
60 ~ 80	8
80 ~100	A
100 ~120	B
120 ~140	2
합계	40

5 오른쪽 도수분포표는 어느 반 학생들의 일주일 동안의 통화 시간을 조사하여 나타낸 것이다. 통화 시간이 40분 이상인 학생 수가 40분 미만인 학생 수의 2배일 때, 통화 시간이 40분 미만인 학생 수를 구하시오.

통화 시간(분)	학생 수(명)
0^{이상}~ 20^{미만}	4
20 ~ 40	
40 ~ 60	
60 ~ 80	7
80 ~100	3
합계	27

6 오른쪽 히스토그램은 현주네 반 학생들의 키를 조사하여 나타낸 것이다. 다음 중 옳지 <u>않</u>은 것은?

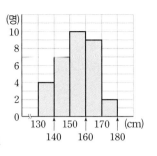

① 계급의 크기는 10 cm 이다.

② 반 전체 학생 수는 32명이다.

③ 도수가 7명 이하인 계급의 개수는 3개이다.

④ 키가 12번째로 작은 학생이 속하는 계급은 150 cm 이상 160 cm 미만이다.

⑤ 모든 직사각형의 넓이의 합은 300이다.

7 오른쪽 히스토그램은 승민이네 반 학생들의 멀리뛰기 기록을 조사하여 나타낸 것인데 일부가 찢어져 보이지 않는다. 기록이 190 cm 미만인 학생이 전체의 28 %일 때, 다음 물음에 답하시오.

(1) 반 전체 학생 수를 구하시오.

(2) 기록이 210 cm 미만인 학생 수와 210 cm 이상인 학생 수의 비가 4 : 1일 때, 190 cm 이상 200 cm 미만인 계급의 도수를 구하시오.

8 오른쪽 도수분포다각형은 은수네 반 학생들이 자유투를 13회 던져 성공한 횟수를 조사하여 나타낸 것이다. 다음 보기 중 옳지 <u>않</u>은 것을 모두 고르시오.

┤ 보기 ├

ㄱ. 반 전체 학생 수는 32명이다.

ㄴ. 계급의 크기는 2회이고, 계급의 개수는 7개이다.

ㄷ. 자유투 성공 횟수가 7회 미만인 학생은 7명이다.

ㄹ. 자유투 성공 횟수가 많은 쪽에서 10번째인 학생이 속하는 계급은 7회 이상 9회 미만이다.

9 다음 보기 중 옳은 것을 모두 고른 것은?

┤ 보기 ├

ㄱ. 줄기와 잎 그림에서는 실제 변량의 정확한 값을 알 수 없다.

ㄴ. 도수분포표에서 계급의 개수가 많을수록 자료의 분포 상태를 알기 쉽다.

ㄷ. 히스토그램에서 각 직사각형의 가로의 길이는 일정하다.

ㄹ. 도수분포다각형과 가로축으로 둘러싸인 도형의 넓이는 히스토그램의 모든 직사각형의 넓이의 합과 같다.

ㅁ. 도수의 총합이 다른 두 집단을 비교할 때, 같은 계급에서 도수가 큰 쪽의 상대도수가 더 크다.

① ㄱ, ㄴ ② ㄱ, ㅁ ③ ㄷ, ㄹ
④ ㄹ, ㅁ ⑤ ㄴ, ㄷ, ㅁ

10 오른쪽 도수분포다각형은 어느 극장에서 1년 동안 공연한 연극들의 공연 시간을 조사하여 나타낸 것이다. 이때 도수가 가장 큰 계급의 상대도수를 구하시오.

11 다음 중 변량의 개수가 다른 두 자료의 분포를 비교할 때 가장 편리한 것은?

① 줄기와 잎 그림　　② 도수분포표
③ 히스토그램　　④ 도수분포다각형
⑤ 상대도수의 분포표

12 40마리의 유기견을 보호하고 있는 어느 유기견 보호 센터에서 유기견의 나이가 4세 이상 6세 미만인 계급의 상대도수가 0.15일 때, 나이가 4세 이상 6세 미만인 유기견의 수를 구하시오.

13 아래 상대도수의 분포표는 민환이네 반 학생들의 공던지기 기록을 조사하여 나타낸 것인데 일부가 찢어져 보이지 않는다. 다음을 구하시오.

던지기 기록(m)	학생 수(명)	상대도수
$0^{이상} \sim 10^{미만}$	2	0.05
10 ~20	12	
20 ~30		
30 ~40		
40 ~50		
합계		

(1) 반 전체 학생 수

(2) 기록이 10 m인 학생이 속하는 계급의 상대도수

14 오른쪽 그래프는 어느 동물원에 있는 동물 80마리의 나이에 대한 상대도수의 분포를 나타낸 것이다. 나이가 많은 쪽에서 16번째인 동물이 속하는 계급의 상대도수는?

① 0.05　　② 0.15　　③ 0.2
④ 0.25　　⑤ 0.3

15 오른쪽 그래프는 이정이네 반 학생들의 앉은키에 대한 상대도수의 분포를 나타낸 것인데 일부가 찢어져 보이지 않는다. 앉은키가 70 cm 이상 75 cm 미만인 학생 수가 4명일 때, 앉은키가 80 cm 이상 85 cm 미만인 학생 수를 구하시오.

16 다음 상대도수의 분포표는 A 제품과 B 제품의 구매 고객의 나이를 조사하여 함께 나타낸 것이다. A 제품을 구매한 고객은 1800명, B 제품을 구매한 고객은 2200명일 때, 물음에 답하시오.

나이(세)	상대도수	
	A 제품	B 제품
10이상 ~ 20미만	0.09	0.16
20 ~ 30	0.18	0.17
30 ~ 40	0.22	0.18
40 ~ 50	0.31	0.26
50 ~ 60	0.2	0.23
합계	1	1

(1) A, B 두 제품 중 20대 고객들이 더 많이 구매한 제품을 구하시오.

(2) A, B 두 제품의 구매 고객 수가 같은 계급을 구하시오.

17 도수의 총합의 비가 1 : 2인 두 집단에서 어떤 계급의 도수의 비가 5 : 4일 때, 이 계급의 상대도수의 비를 가장 간단한 자연수의 비로 나타내시오.

18 아래 그래프는 어느 중학교 1학년과 2학년 학생들의 일주일 동안의 독서 시간에 대한 상대도수의 분포를 함께 나타낸 것이다. 다음 보기 중 옳은 것을 모두 고르시오.

┤ 보기 ├

ㄱ. 1학년이 2학년보다 독서 시간이 더 긴 편이다.

ㄴ. 2학년의 상대도수가 1학년의 상대도수보다 높은 계급은 5시간 이상 6시간 미만, 6시간 이상 7시간 미만이다.

ㄷ. 1학년과 2학년의 전체 학생 수가 각각 100명, 125명일 때, 독서 시간이 4시간 이상 5시간 미만인 학생은 1학년보다 2학년이 더 많다.

ㄹ. 2학년에서 독서 시간이 5시간 이상인 학생은 2학년 전체의 26 %이다.

🖉 유제를 따라 풀어 보고, 실전 문제로 연습해 보세요.

예제 1 오른쪽 히스토그램은 일 권이네 반 학생 30명이 한 달 동안 실험실을 이용한 횟수를 조사하여 나타낸 것인데 일부가 찢어져 보이지 않는다. 이용 횟수가 16회 이상 20회 미만인 학생이 전체의 30%일 때, 이용 횟수가 12회 이상 16회 미만인 학생 수를 구하시오.

풀이 과정

1단계 이용 횟수가 16회 이상 20회 미만인 학생 수 구하기

이용 횟수가 16회 이상 20회 미만인 학생 수는 전체의 30%

이므로 $30 \times \dfrac{30}{100} = 9$(명)

2단계 이용 횟수가 12회 이상 16회 미만인 학생 수 구하기

이용 횟수가 12회 이상 16회 미만인 학생 수는

$30 - (4 + 5 + 9 + 2) = 10$(명)

답 **10명**

따라 해보자

유제 1 오른쪽 히스토그램은 어느 도시의 하루 중 최고 기온을 40일 동안 조사하여 나타낸 것인데 일부가 찢어져 보이지 않는다. 기온이 20℃ 이상 22℃ 미만인 날수가 전체의 20%일 때, 기온이 22℃ 이상 24℃ 미만인 날수는 며칠인지 구하시오.

풀이 과정

1단계 기온이 20℃ 이상 22℃ 미만인 날수 구하기

2단계 기온이 22℃ 이상 24℃ 미만인 날수 구하기

답

예제 2 오른쪽 그래프는 은지네 반 학생들의 통학 시간에 대한 상대도수의 분포를 나타낸 것이다. 상대도수가 가장 큰 계급의 도수가 15명일 때, 통학 시간이 30분 미만인 학생 수를 구하시오.

풀이 과정

1단계 전체 학생 수 구하기

상대도수가 가장 큰 계급은 30분 이상 40분 미만이므로

(전체 학생 수)$= \dfrac{15}{0.3} = 50$(명)

2단계 통학 시간이 30분 미만인 학생 수 구하기

통학 시간이 30분 미만인 계급의 상대도수의 합은

$0.1 + 0.14 = 0.24$이므로

구하는 학생 수는 $50 \times 0.24 = 12$(명)

답 **12명**

유제 2 오른쪽 그래프는 어느 반 학생들의 던지기 기록에 대한 상대도수의 분포를 나타낸 것이다. 기록이 10 m 이상 15 m 미만인 학생이 2명일 때, 기록이 30 m 이상인 학생 수를 구하시오.

풀이 과정

1단계 전체 학생 수 구하기

2단계 기록이 30 m 이상인 학생 수 구하기

답

연습해 보자

1 다음 줄기와 잎 그림은 영서네 반 학생들의 몸무게를 조사하여 나타낸 것이다. 전체 학생 수와 몸무게가 가벼운 쪽에서 5번째인 학생의 몸무게를 차례로 구하시오.

몸무게

(4 | 1은 41 kg)

줄기	잎
4	1 3 5 6 7 9
5	0 1 4 5 5 6 8
6	1 2 5 7 9
7	0 2 3 3

풀이 과정

답

2 오른쪽 히스토그램은 독서반 학생들이 지난 학기 동안 읽은 책의 수를 조사하여 나타낸 것이다. 읽은 책의 수가 상위 30 % 이내에 속하려면 몇 권 이상의 책을 읽어야 하는지 구하시오.

풀이 과정

답

3 다음 상대도수의 분포표는 은석이네 학교 학생들의 1분당 칠 수 있는 한글 타자 수를 조사하여 나타낸 것이다. 1분당 한글 타자 수가 300타 이상인 학생은 전체의 몇 %인지 구하시오.

한글 타자 수(타)	학생 수(명)	상대도수
150^{이상}~ 200^{미만}	5	0.1
200 ~ 250		0.24
250 ~ 300	18	
300 ~ 350	11	
350 ~ 400		0.08
합계		1

풀이 과정

답

4 오른쪽 그래프는 성범이가 가입한 테니스 동호회와 볼링 동호회 회원들의 나이에 대한 상대도수의 분포를 함께 나타낸 것이다. 20대 회원 수가 테니스 동호회는 120명, 볼링 동호회는 80명일 때, 다음 물음에 답하시오.

(1) 두 동호회 중 전체 회원 수가 더 많은 동호회는 어느 곳인지 말하시오.

(2) 두 동호회 중 회원들의 연령대가 대체적으로 더 높은 동호회는 어느 곳인지 말하시오.

풀이 과정

(1)

(2)

답 (1)   (2)

생활 속 수학

초미세 먼지의 위험성!

먼지는 입자의 크기에 따라 총먼지, 지름이 $10\,\mu m$ 이하인 미세 먼지, 지름이 $2.5\,\mu m$ 이하인 초미세 먼지로 나뉘는데, 초미세 먼지는 머리카락의 약 $\frac{1}{20} \sim \frac{1}{30}$에 불과할 정도로 작다.

이 미세 먼지와 초미세 먼지는 자동차나 화석 연료에서 발생하며 각종 호흡기 질환을 일으키는 직접적인 원인이 된다.

특히 초미세 먼지는 미세 먼지보다 훨씬 작기 때문에 기도에서 걸러지지 못하고 대부분 폐포까지 침투하므로 입자가 큰 먼지와 달리 단기간만 노출되어도 인체에 영향을 미친다.

기상청과 환경부에서는 초미세 먼지 농도에 따라 다음과 같이 등급을 나누어 미세 먼지 예보를 하고 있는데, 초미세 먼지 농도가 나쁨, 매우 나쁨인 경우에는 장시간 또는 무리한 실외 활동을 피하는 것이 좋다.

0~15	16~35	36~75	76~
좋음	보통	나쁨	매우 나쁨

(단위: $\mu g/m^3$)

기출문제는 이렇게!

 오른쪽 그래프는 어느 날 같은 시각에 우리나라 지역 200곳에서 초미세 먼지 농도에 대한 상대도수의 분포를 나타낸 것인데 일부가 찢어져 보이지 않는다. 초미세 먼지 농도가 $60\,\mu g/m^3$ 이상 $70\,\mu g/m^3$ 미만인 지역의 수를 구하시오.

마인드 MAP

자료의 정리와 해석

1반의 수학 성적　(단위: 점)

변량
| 51 | 60 | 62 | 89 | 66 |
| 74 | 53 | 54 | 62 | 75 |

줄기와 잎 그림

수학 성적　(5|1은 51점)

줄기	잎
5	1　3　4
6	0　2　2　6
7	4　5
8	9

↑ 십의 자리　　↑ 일의 자리

도수분포표

수학 성적(점)	학생 수(명)
50이상 ~ 60미만	3
60　 ~ 70	4
70　 ~ 80	2
80　 ~ 90	1
합계	10

계급　도수

그래프 →

히스토그램

도수분포다각형

/ 자료의 분포 상태를 \
알아보기 쉬워!

상대도수와 그 그래프

- (어떤 계급의 상대도수) = $\dfrac{(\text{그 계급의 도수})}{(\text{도수의 총합})}$
- 상대도수의 총합은 항상 1이다.
- 도수의 총합이 다른 두 자료의 분포 상태를 비교할 때 이용한다. →

2반의 성적이
대체적으로 좋아!

정다면체의 전개도

❶ 정사면체

❷ 정육면체

❸ 정팔면체

응봉+문개ㄴ

❸ 정팔면체

❹ 정십이면체

❺ 정이십면체

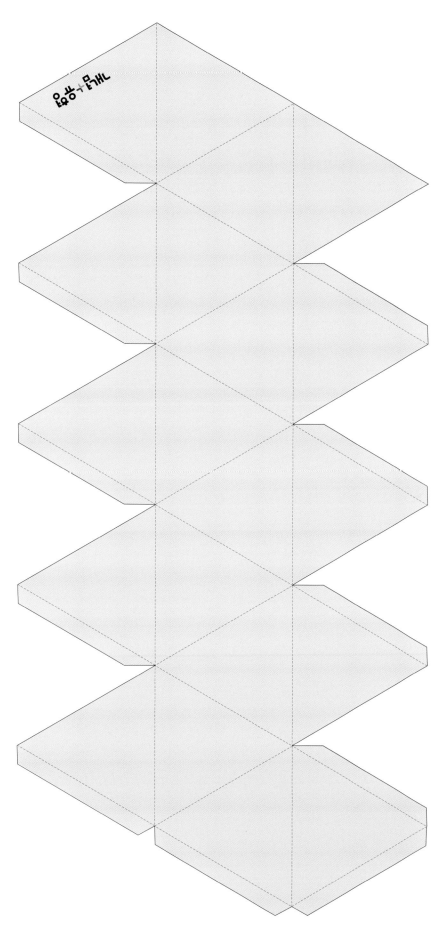

응용＋만개L

VISANG 수학 시리즈와 함께라면

야, 너두 수학 할수있어

기초	교과서 **개념잡기**	교과서 개념을 꼼꼼하게 기초 문제로 쉽고, 빠르게 공부하고 싶다면!	하 90% / 10%
연산	**개념+연산**	연산 문제 중심으로 기본기를 확실하게 다지고 싶다면!	하 80% / 20%
기본	**개념+유형** 라이트	선행 학습을 하거나 기초부터 탄탄히 하고 싶다면!	하 60% / 40%
실력	**개념+유형** 파워	다양한 문제 유형을 익혀 내신 만점에 도전하고 싶다면!	하 20% / 10% / 70%
응용	**개념+유형** 탑	상 수준의 문제들로 문제 해결력을 높이고 싶다면!	40% / 최상 10% / 50%
유형	**만렙**	출제율 높은 다양한 유형의 문제를 풀고 싶다면!	하 10% / 20% / 70%
최상위	**최고득점 수학**	다양한 심화 문제로 최상위권으로 도약하고 싶다면!	35% / 최상 15% / 50%
시험 대비	내공의 **힘**	단기간에 내신을 완벽하게 대비하고 싶다면!	하 20% / 10% / 70%
	수학만 기출문제집	적중률 높은 문제로 시험을 완벽하게 대비하고 싶다면!	하 10% / 10% / 80%

✛ 개념·플러스·유형·시리즈 개념과 유형이 하나로! 가장 효과적인 수학 공부 방법을 제시합니다.

visang

http://book.visang.com/
발간 이후에 발견되는 오류 비상교재 누리집 〉 학습자료실 〉 중등교재 〉 정오표
본 교재의 정답 비상교재 누리집 〉 학습자료실 〉 중등교재 〉 정답·해설

개념+유형

PLUS

유형편

실력향상

POWER

교과서
채택률 1 위
15개정 교육과정

visang

ABOVE IMAGINATION

우리는 남다른 상상과 혁신으로
교육 문화의 새로운 전형을 만들어
모든 이의 행복한 경험과 성장에 기여한다

개념+유형

유형편

실력향상 POWER

중등 수학

1·2

Q&A

어떻게 만들어졌나요?

전국 250여 개 학교의 기출문제들을 모두 모아 유형별로 분석하여 정리하였답니다.
기출문제를 유형별로 정리하였기 때문에 문제를 통해 핵심을 알 수 있어요!

언제 활용할까요?

개념편 진도를 나간 후 한 번 더 정리하고 싶을 때! 유형편 라이트를 공부한 후 다양한 실전 문제를 접하고 싶을 때!
시험 기간에 공부한 내용을 확인하고 싶을 때! 어떤 문제가 시험에 자주 출제되는지 궁금할 때!

왜 유형편 파워를 보아야 하나요?

전국의 기출문제들을 분석·정리하여 쉬운 문제부터 까다로운 문제까지 다양한 유형으로 구성하였으므로
수학 성적을 올리고자 하는 친구라면 누구나 꼭 갖고 있어야 할 교재입니다.
이 한 권을 내 것으로 만든다면 내신 만점~. 자신감 UP~!!

유형편 파워 의 구성

• 문제 풀이의 비법을 담은
　내용 정리

• 틀리기 쉬운 유형과
　까다로운 유형

• 난이도와 출제율을 반영한 단원 마무리 문제

• 자주 출제되는
　서술형 문제

차례 ··· # CONTENTS

1 기본 도형

1 기본 도형

⭐ 중요

유형 1 점, 선, 면

개념편 8쪽

(1) 교점: 선과 선 또는 선과 면이 만나서 생기는 점

(2) 교선: 면과 면이 만나서 생기는 선

참고 평면으로만 둘러싸인 입체도형에서
• 교점은 꼭짓점과 같다.
• 교선은 모서리와 같다.

보기 다多모아~

1 다음 중 옳지 <u>않은</u> 것을 모두 고르면?

① 점이 움직인 자리는 선이 된다.
② 평면도형은 한 평면 위에 있는 도형을 말하고, 입체도형은 한 평면 위에 있지 않은 도형을 말한다.
③ 도형을 구성하는 기본 요소는 점, 선, 면이다.
④ 선과 선이 만나는 경우에만 교점이 생긴다.
⑤ 면과 면이 만나면 교선이 생긴다.
⑥ 입체도형에서 교점의 개수는 모서리의 개수와 같다.

2 오른쪽 그림의 직육면체에서 교점의 개수와 교선의 개수를 바르게 짝 지은 것은?

① 교점 – 4개, 교선 – 8개
② 교점 – 4개, 교선 – 12개
③ 교점 – 8개, 교선 – 8개
④ 교점 – 8개, 교선 – 12개
⑤ 교점 – 12개, 교선 – 8개

3 오른쪽 그림의 오각기둥에서 교점의 개수를 a개, 교선의 개수를 b개라고 할 때, $a+b$의 값은?

① 19   ② 21
③ 23   ④ 25
⑤ 27

유형 2 직선, 반직선, 선분

개념편 9쪽

직선 AB	반직선 AB	선분 AB
$\overleftrightarrow{AB}$	$\overrightarrow{AB}$	$\overline{AB}$

참고 오른쪽 그림에서
• $\overrightarrow{AB}=\overrightarrow{BA}=\overrightarrow{BC}=\overrightarrow{AC}$
• $\overrightarrow{AB}\neq\overrightarrow{BA}$
• $\overline{AB}=\overline{BA}$

4 아래 그림과 같이 직선 l 위에 네 점 A, B, C, D가 있을 때, 다음 중 $\overrightarrow{AC}$와 같은 것은?

```
     A   B   C   D      l
```

① $\overline{AC}$ ② $\overrightarrow{BC}$ ③ $\overrightarrow{AB}$
④ $\overrightarrow{CA}$ ⑤ $\overleftarrow{CA}$

5 오른쪽 그림과 같이 직선 l 위에 세 점 A, B, C가 있을 때, 다음 중 옳지 <u>않은</u> 것은?

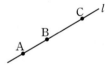

① $\overleftrightarrow{AB}=\overleftrightarrow{BA}$ ② $\overrightarrow{BA}=\overrightarrow{BC}$ ③ $\overrightarrow{CB}=\overrightarrow{CA}$
④ $\overrightarrow{AB}=\overrightarrow{BC}$ ⑤ $\overleftrightarrow{BC}=l$

6 다음 보기 중 옳은 것을 모두 고르시오.

┌ 보기 ├
ㄱ. 한 점을 지나는 직선은 무수히 많다.
ㄴ. 서로 다른 두 점을 지나는 직선은 하나뿐이다.
ㄷ. 시작점이 같은 두 반직선은 같은 반직선이다.
ㄹ. 서로 다른 두 점 A, B에 대하여 $\overrightarrow{AB}=\overrightarrow{BA}$, $\overrightarrow{AB}=\overrightarrow{BA}$, $\overline{AB}=\overline{BA}$이다.

유형 3 | 직선, 반직선, 선분의 개수
틀리기 쉬운

개념편 9쪽

두 점 A, B를 이어서 만들 수 있는 서로 다른 직선, 반직선, 선분의 개수는 다음과 같다.

(1) 직선의 개수 ➡ $\overleftrightarrow{AB}$의 1개

(2) 반직선의 개수 ➡ $\overrightarrow{AB}$, $\overrightarrow{BA}$의 2개 ← (반직선의 개수) = (직선의 개수) × 2

(3) 선분의 개수 ➡ $\overline{AB}$의 1개 ← (선분의 개수) = (직선의 개수)

7 오른쪽 그림과 같이 어느 세 점도 한 직선 위에 있지 않은 네 점 A, B, C, D가 있다. 이 중 두 점을 이어서 만들 수 있는 서로 다른 직선, 반직선의 개수를 차례로 구하시오.

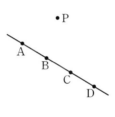

8 오른쪽 그림과 같이 5개의 점 A, B, C, D, P가 있다. 이 중 두 점을 이어서 만들 수 있는 서로 다른 반직선, 선분의 개수를 차례로 구하시오.
서술형

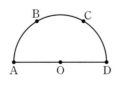

> 풀이 과정

> 답

세 점 A, O, D가 한 직선 위에 있음에 주의하자.

까다로운 기출문제

9 오른쪽 그림과 같이 반원 위에 5개의 점 A, B, C, D, O가 있다. 이 중 두 점을 이어서 만들 수 있는 서로 다른 직선, 반직선의 개수를 각각 a개, b개라고 할 때, $a+b$의 값을 구하시오.

유형 4 | 선분의 중점
개념편 10쪽

점 M이 $\overline{AB}$의 중점이면

(1) $\overline{AM} = \overline{MB} = \dfrac{1}{2}\overline{AB}$

(2) $\overline{AB} = 2\overline{AM} = 2\overline{MB}$

10 아래 그림에서 점 B는 $\overline{AC}$의 중점이고 점 C는 $\overline{BD}$의 중점일 때, 다음 중 옳지 않은 것은?

① $\overline{AB} = \overline{BC} = \overline{CD}$ ② $\overline{AB} = \dfrac{1}{2}\overline{AC}$

③ $\overline{AD} = 3\overline{AB}$ ④ $\overline{BD} = 2\overline{AB}$

⑤ $\overline{CD} = \dfrac{1}{3}\overline{AC}$

11 아래 그림에서 점 C는 $\overline{AD}$의 중점이고 점 B는 $\overline{AC}$의 중점일 때, 다음 중 ㈎~㈐에 알맞은 수를 바르게 짝지은 것은?

$$\overline{AC} = \boxed{㈎}\,\overline{AB},\quad \overline{AD} = \boxed{㈏}\,\overline{AB},\quad \overline{BC} = \boxed{㈐}\,\overline{AD}$$

① ㈎ 4   ② ㈏ 3   ③ ㈏ 4

④ ㈐ $\dfrac{1}{3}$ ⑤ ㈐ $\dfrac{1}{2}$

12 아래 그림에서 점 M은 $\overline{AB}$의 중점이고 점 N은 $\overline{MB}$의 중점일 때, 다음 보기 중 옳은 것을 모두 고르시오.

> 보기
> ㄱ. $\overline{AM} = 3\overline{MN}$ ㄴ. $\overline{MN} = \dfrac{1}{4}\overline{AB}$
> ㄷ. $\overline{NB} = 2\overline{MB}$ ㄹ. $\overline{AB} = 3\overline{MB}$
> ㅁ. $\overline{AB} = \dfrac{4}{3}\overline{AN}$

유형 5 두 점 사이의 거리   개념편 10쪽

두 점 M, N이 각각 $\overline{AB}$, $\overline{BC}$의
중점이면

$$\overline{MN}=\overline{MB}+\overline{BN}=\frac{1}{2}\overline{AB}+\frac{1}{2}\overline{BC}$$
$$=\frac{1}{2}(\overline{AB}+\overline{BC})=\frac{1}{2}\overline{AC}$$

13 다음 그림에서 점 M은 $\overline{BC}$의 중점이고 $\overline{AC}=22$ cm,
$\overline{AB}=8$ cm일 때, $\overline{AM}$의 길이는?

① 14 cm   ② 15 cm   ③ 16 cm
④ 17 cm   ⑤ 18 cm

14 다음 그림에서 두 점 M, N은 각각 $\overline{AC}$, $\overline{BC}$의 중점
이고 $\overline{MN}=11$ cm일 때, $\overline{AB}$의 길이는?

① 20 cm   ② 21 cm   ③ 22 cm
④ 23 cm   ⑤ 24 cm

15 다음 그림에서 두 점 M, N은 각각 $\overline{AB}$, $\overline{MB}$의 중점
이고 $\overline{AB}=20$ cm일 때, $\overline{AN}$의 길이는?

① 12 cm   ② 13 cm   ③ 14 cm
④ 15 cm   ⑤ 16 cm

16 다음 그림에서 점 M은 $\overline{AB}$의 중점이고
$\overline{AB} : \overline{BC}=4 : 3$, $\overline{MB}=6$ cm일 때, $\overline{AC}$의 길이를
구하시오.

17 다음 그림에서 $\overline{AC}=2\overline{CD}$, $\overline{AB}=2\overline{BC}$이고
$\overline{AD}=18$ cm일 때, $\overline{BC}$의 길이를 구하시오.

조건을 모두 만족시키는 네 점 A, B, C, D를
한 직선 위에 그려 보자.

까다로운 기출문제

18 다음 조건을 모두 만족시키는 $\overline{BC}$의 길이를 구하시오.

┌ **조건** ┐
(가) 네 점 A, B, C, D가 차례로 한 직선 위에 있다.
(나) $3\overline{AB}=\overline{BD}$, $\overline{BC}=\frac{1}{3}\overline{CD}$
(다) $\overline{AD}=32$ cm
└──────────────────────────┘

유형 **6** 각

개념편 12쪽

(1) 각 AOB: 두 반직선 OA, OB로
이루어진 도형

기호 ∠AOB, ∠BOA,
∠O, ∠a

(2) 각의 분류

0°<(예각)<90° (직각)=90° 90°<(둔각)<180° (평각)=180°

19 다음 중 각을 예각, 직각, 둔각, 평각으로 바르게 구분한 것은?

① 80° − 둔각   ② 110° − 예각

③ 90° − 직각   ④ 160° − 평각

⑤ 180° − 둔각

20 오른쪽 그림에서 예각인 것을 다음 보기에서 모두 고르시오.

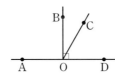

보기
ㄱ. ∠AOB   ㄴ. ∠BOC
ㄷ. ∠COD   ㄹ. ∠AOC

유형 **7** 평각, 직각을 이용하여 각의 크기 구하기

개념편 12쪽

(평각)=180°, (직각)=90°임을 이용하여 각의 크기를 구한다.

➡ ∠x+∠y=180°   ➡ ∠x+∠y=90°

21 오른쪽 그림에서 x의 값은?

① 10   ② 20

③ 30   ④ 40

⑤ 50

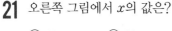

22 오른쪽 그림에서 x의 값은?

① 15   ② 18

③ 21   ④ 24

⑤ 27

23 오른쪽 그림에서 ∠BOC의 크기는?

① 30°   ② 35°

③ 40°   ④ 45°

⑤ 50°

24 오른쪽 그림에서
∠AOC=90°, ∠BOD=90°,
∠DOE=70°일 때, ∠x, ∠y
의 크기를 각각 구하시오.

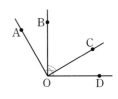

∠AOB, ∠COD의 크기를 각각 ∠BOC를
사용하여 나타내 보자.

까다로운 기출문제

25
서술형

오른쪽 그림에서
∠AOC=90°, ∠BOD=90°,
∠AOB+∠COD=60°일 때,
∠BOC의 크기를 구하시오.

풀이 과정

답

유형 8 각의 크기의 비가 주어질 때, 각의 크기 구하기

개념편 12쪽

$\angle x + \angle y + \angle z = 180°$이고

$\angle x : \angle y : \angle z = a : b : c$이면

→ $\angle x = 180° \times \dfrac{a}{a+b+c}$

  $\angle y = 180° \times \dfrac{b}{a+b+c}$

  $\angle z = 180° \times \dfrac{c}{a+b+c}$

26 오른쪽 그림에서

$\angle x : \angle y : \angle z = 5 : 3 : 2$

일 때, $\angle y$의 크기는?

① 36°   ② 42°   ③ 48°

④ 54°   ⑤ 60°

27 오른쪽 그림에서

$\angle BOC = 90°$,

$\angle AOB : \angle COD = 1 : 5$일

때, $\angle COD$의 크기를 구하시

오.

주어진 비를 이용하여 $\angle a : \angle b : \angle c$를 구해 보자.

까다로운 기출문제

28 오른쪽 그림에서

$\angle a : \angle b = 2 : 3$,

$\angle a : \angle c = 1 : 2$일 때,

$\angle b$의 크기는?

① 40°   ② 50°   ③ 60°

④ 70°   ⑤ 80°

유형 9 각의 크기 사이의 조건이 주어질 때, 각의 크기 구하기

틀리기 쉬운

개념편 12쪽

오른쪽 그림에서 $\angle BOC = \angle x$일 때

(1) $\angle AOB = 2\angle BOC$이면

  $\angle AOB = 2\angle x$

(2) $\angle BOD = 4\angle BOC$이면

  $\angle COD = 3\angle x$ ← $\angle BOD = 4\angle x$

29 오른쪽 그림에서

$\angle AOB = 2\angle BOC$,

$\angle DOE = 2\angle COD$일 때,

$\angle BOD$의 크기는?

① 30°   ② 45°   ③ 50°

④ 55°   ⑤ 60°

30 오른쪽 그림에서

$\angle AOB = \angle BOC$,

$\angle BOC = \dfrac{1}{4}\angle BOD$이고

$\angle DOE = 40°$일 때, $\angle COD$의 크기는?

① 60°   ② 72°   ③ 84°

④ 86°   ⑤ 90°

31 오른쪽 그림에서

$\angle AOB = 90°$이고

$\angle AOC = 4\angle BOC$,

$\angle COE = 3\angle COD$일 때,

$\angle BOD$의 크기를 구하시오.

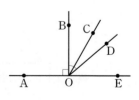

유형 **10** 맞꼭지각과 그 성질 개념편 **13**쪽

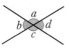

(1) **교각**: 두 직선이 한 점에서 만날 때 생기는 네 개의 각

(2) **맞꼭지각**: 두 직선의 교각 중에서 서로 마주 보는 각 → 총 2쌍

(3) **맞꼭지각의 성질**: 맞꼭지각의 크기는 서로 같다.
  ➡ $\angle a = \angle c$, $\angle b = \angle d$

32 오른쪽 그림에서 x의 값을 구하시오.

33 오른쪽 그림에서 $x+y$의 값은?

① 40 ② 45 ③ 50
④ 55 ⑤ 60

34 오른쪽 그림에서 $\angle a : \angle b = 2 : 1$일 때, $\angle c$의 크기는?

① 95° ② 100° ③ 110°
④ 115° ⑤ 120°

35 서술형 오른쪽 그림에서 $\angle x$의 크기를 구하시오.

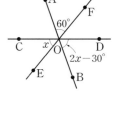

풀이 과정

답

36 오른쪽 그림에서 $\angle COE$의 크기를 구하시오.

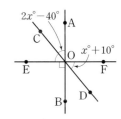

37 오른쪽 그림과 같이 네 직선이 한 점에서 만날 때 생기는 맞꼭지각은 모두 몇 쌍인지 구하시오.

⇒ ∠a+∠b=∠c

38 오른쪽 그림에서 ∠x의 크기는?

① 30° ② 40°
③ 45° ④ 50°
⑤ 55°

39 오른쪽 그림에서 ∠x−∠y의 크기는?

① 40° ② 50°
③ 60° ④ 70°
⑤ 80°

40 오른쪽 그림에서 x−y의 값을 구하시오.

41 서술형 오른쪽 그림에서 ∠x+∠y의 크기를 구하시오.

풀이 과정

답

(1) $\overleftrightarrow{AB}$와 $\overleftrightarrow{PQ}$가 직교한다.
⇒ $\overleftrightarrow{AB}$와 $\overleftrightarrow{PQ}$의 교각이 직각이다.
기호 $\overleftrightarrow{AB}⊥\overleftrightarrow{PQ}$

(2) 선분 AB의 수직이등분선
⇒ $\overleftrightarrow{PQ}$

(3) 점 P에서 직선 l에 내린 수선의 발 ⇒ 점 H

(4) 점 P와 직선 l 사이의 거리 ⇒ $\overline{PH}$의 길이

보기 다多모아~

42 오른쪽 그림에서 두 직선 AB와 CD가 직교하고 $\overline{CO}=\overline{DO}$일 때, 다음 중 옳지 <u>않은</u> 것을 모두 고르면?

① ∠AOC=90°이다.
② $\overleftrightarrow{AB}$와 $\overleftrightarrow{CD}$는 서로 수직이다.
③ $\overline{AO}$는 $\overline{BO}$의 수선이다.
④ 직선 AB는 선분 CD의 수직이등분선이다.
⑤ 점 C와 직선 AB 사이의 거리는 $\overline{CA}$의 길이와 같다.
⑥ 점 D에서 직선 AB에 내린 수선의 발은 점 C이다.

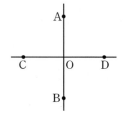

43 오른쪽 그림에서 다음을 구하시오.

(1) 점 C에서 $\overline{AB}$에 내린 수선의 발

(2) 점 A와 $\overline{CD}$ 사이의 거리

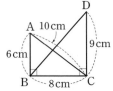

44 오른쪽 그림에서 $\overleftrightarrow{PQ}$는 $\overline{AB}$의 수직이등분선이다. $\overline{AB}=14\,cm$, $\overline{BP}=8\,cm$, $\overline{BQ}=10\,cm$일 때, 점 B와 $\overleftrightarrow{PQ}$ 사이의 거리는?

① 6 cm ② 7 cm ③ 8 cm
④ 10 cm ⑤ 14 cm

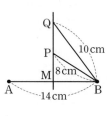

유형13 점과 직선, 점과 평면의 위치 관계 · 개념편 16쪽

(1) 점과 직선의 위치 관계

① 점 A가 직선 l 위에 있다.

② 점 B가 직선 l 위에 있지 않다.

(2) 점과 평면의 위치 관계

① 점 A가 평면 P 위에 있다.

② 점 B가 평면 P 위에 있지 않다.

주의 점이 직선 위에 있다.

➡ 직선이 점을 지난다. (O)

　점이 직선보다 위쪽에 있다. (×)

45 다음 보기 중 오른쪽 그림에 대한 설명으로 옳은 것을 모두 고르시오.

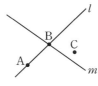

┤ 보기 ├

ㄱ. 점 A는 직선 l 위에 있지 않다.

ㄴ. 점 C는 직선 m 위에 있다.

ㄷ. 점 B는 두 직선 l과 m의 교점이다.

ㄹ. 직선 m은 점 A를 지나지 않는다.

46 다음 중 오른쪽 그림에 대한 설명으로 옳지 않은 것은?

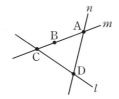

① 점 A는 직선 l 밖에 있다.

② 점 C는 직선 n 위에 있다.

③ 직선 l은 점 D를 지난다.

④ 직선 m은 점 D를 지나지 않는다.

⑤ 두 점 C, D는 같은 직선 위에 있다.

47 오른쪽 그림의 사각뿔에서 모서리 AB 위에 있지 않은 꼭짓점의 개수를 a개, 면 ABC 위에 있지 않은 꼭짓점의 개수를 b개라고 할 때, $a+b$의 값을 구하시오.

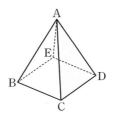

유형14 평면에서 두 직선의 위치 관계 · 개념편 17쪽

(1) 한 점에서 만난다.

(2) 일치한다.

(3) 평행하다. ─ 만나지 않는다.

기호 $l \ // \ m$

48 다음 중 한 평면 위에 있는 두 직선 l, m의 위치 관계가 아닌 것은?

① 한 점에서 만난다. ② 평행하다.

③ 수직이다. ④ 일치한다.

⑤ 만나지도 않고 평행하지도 않는다.

49 다음 중 오른쪽 그림의 사다리꼴에 대한 설명으로 옳지 않은 것을 모두 고르면? (정답 2개)

① $\overleftrightarrow{AB}$는 점 B를 지난다.

② 점 A는 $\overleftrightarrow{BC}$ 위에 있다.

③ $\overleftrightarrow{AB}$와 $\overleftrightarrow{BC}$는 만난다.

④ $\overleftrightarrow{AD}$와 $\overleftrightarrow{CD}$는 평행하다.

⑤ $\overleftrightarrow{AD}$와 $\overleftrightarrow{BC}$는 만나지 않는다.

50 서술형 오른쪽 그림과 같은 정팔각형의 각 변을 연장한 직선 중에서 $\overleftrightarrow{AH}$와 평행한 직선의 개수를 a개, 한 점에서 만나는 직선의 개수를 b개라고 할 때, $b-a$의 값을 구하시오.

풀이 과정

답

유형15 공간에서 두 직선의 위치 관계 개념편 18쪽

(1) 한 점에서 만난다. ┐
(2) 일치한다. ┤ 만난다.
(3) 평행하다. ┐
(4) 꼬인 위치에 있다. ┤ 만나지 않는다.

참고 꼬인 위치에 있는 두 직선은 만나지도 않고 평행하지도 않
으므로 한 평면 위에 있지 않다.

51 다음 중 오른쪽 그림의 직육면체
에서 두 모서리의 위치 관계가 나
머지 넷과 다른 하나는?

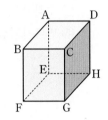

① $\overline{AE}$와 $\overline{GH}$
② $\overline{DH}$와 $\overline{EF}$
③ $\overline{BF}$와 $\overline{EH}$
④ $\overline{AD}$와 $\overline{CG}$
⑤ $\overline{AB}$와 $\overline{CD}$

52 다음 중 오른쪽 그림의 삼각기둥에
대한 설명으로 옳은 것을 모두 고
르면? (정답 2개)

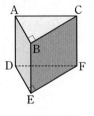

① 모서리 AB와 모서리 BE는 만
나지 않는다.
② 모서리 BC와 모서리 DF는 한 점에서 만난다.
③ 모서리 DE와 모서리 EF는 수직이다.
④ 모서리 AC와 모서리 DE는 평행하다.
⑤ 모서리 BC와 모서리 EF는 평행하다.

53 오른쪽 그림의 직육면체에서
$\overline{AC}$와 수직으로 만나는 모서
리를 모두 구하시오.

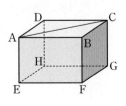

54 다음 중 오른쪽 그림의 삼각뿔에
서 모서리 BC와 꼬인 위치에 있
는 모서리는?

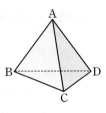

① $\overline{AB}$ ② $\overline{AC}$
③ $\overline{AD}$ ④ $\overline{BD}$
⑤ $\overline{CD}$

55 오른쪽 그림의 사각뿔에서 $\overline{AC}$와
만나는 모서리의 개수를 a개, 꼬
인 위치에 있는 모서리의 개수를
b개라고 할 때, $a-b$의 값을 구하
시오.

풀이 과정

답

56 다음 중 오른쪽 그림과 같이 밑면이
정육각형인 육각기둥에서 $\overleftrightarrow{FE}$와 꼬인
위치에 있는 직선이 아닌 것은?

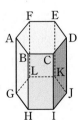

① $\overleftrightarrow{AG}$ ② $\overleftrightarrow{DJ}$
③ $\overleftrightarrow{GH}$ ④ $\overleftrightarrow{HI}$
⑤ $\overleftrightarrow{JK}$

57 오른쪽 그림의 직육면체에서
$\overline{AG}$와 만나지도 않고 평행하지
도 않은 모서리를 모두 구하시
오.

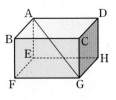

유형16 공간에서 직선과 평면의 위치 관계 개념편 19쪽

(1) 공간에서 직선과 평면의 위치 관계
  ① 한 점에서   ② 포함된다.   ③ 평행하다.
    만난다.

(2) 직선과 평면의 수직
  직선 *l*과 평면 *P*의 교점 H를 지나는 평면
  P 위의 모든 직선이 직선 *l*과 수직이면
  ➡ $l \perp P$

58 다음 중 직선과 평면의 위치 관계가 될 수 <u>없는</u> 것은?

  ① 꼬인 위치에 있다.   ② 평행하다.
  ③ 한 점에서 만난다.   ④ 수직이다.
  ⑤ 직선이 평면에 포함된다.

59 오른쪽 그림의 삼각기둥에서 다음을 모두 구하시오.

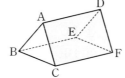

  (1) $\overline{AB}$와 한 점에서 만나는 면

  (2) 점 B와 면 DEF 사이의 거리와 길이가 같은 모서리

60 오른쪽 그림과 같이 밑면이 사다리꼴인 사각기둥에서 $\overline{AD}$와 평행한 면의 개수를 *a*개, 면 EFGH와 수직인 모서리의 개수를 *b*개라고 할 때, $a+b$의 값은?

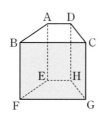

  ① 2   ② 4   ③ 6
  ④ 8   ⑤ 10

유형17 공간에서 두 평면의 위치 관계 개념편 20쪽

(1) 공간에서 두 평면의 위치 관계
  ① 한 직선에서   ② 일치한다.   ③ 평행하다.
    만난다.

(2) 두 평면의 수직
  평면 *P*가 평면 *Q*와 수직인 직선 *l*을
  포함하면
  ➡ $P \perp Q$

61 다음 중 오른쪽 그림의 직육면체에서 면 BFHD와 수직인 면은?

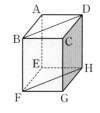

  ① 면 ABFE   ② 면 BFGC
  ③ 면 CGHD   ④ 면 AEHD
  ⑤ 면 EFGH

62 다음 보기 중 오른쪽 그림의 삼각기둥에 대한 설명으로 옳은 것을 모두 고르시오.

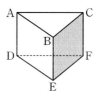

> ┤ 보기 ├
>
> ㄱ. 면 ABC와 면 ADFC의 교선은 모서리 AC이다.
> ㄴ. 모서리 AC와 모서리 EF는 꼬인 위치에 있다.
> ㄷ. 면 ABC와 면 DEF는 평행하다.
> ㄹ. 면 BEFC와 한 직선에서 만나는 면은 2개이다.

63 다음 중 오른쪽 그림의 직육면체에 대한 설명으로 옳지 <u>않은</u> 것은?

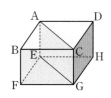

  ① $\overline{BC}$와 평행한 면은 2개이다.
  ② 면 AEGC와 평행한 모서리는 2개이다.
  ③ 면 ABCD와 면 AEGC는 수직이다.
  ④ $\overline{AC}$와 꼬인 위치에 있는 모서리는 6개이다.
  ⑤ 면 AEHD와 면 BFGC 사이의 거리는 $\overline{AC}$의 길이와 같다.

유형18 일부를 잘라 낸 입체도형에서의 위치 관계

개념편 18~20쪽

일부를 잘라 낸 입체도형에서 위치 관계를 파악할 때는 모서리를 직선으로 연장하고 면을 평면으로 확장하여 생각한다.

까다로운 유형19 전개도가 주어진 입체도형에서의 위치 관계

개념편 18~20쪽

주어진 전개도를 접어서 만든 입체도형을 그린 후 겹치는 꼭짓점에 유의하여 위치 관계를 생각한다.

64 오른쪽 그림은 직육면체를 네 꼭짓점 A, B, E, F를 지나는 평면으로 잘라 내고 남은 입체도형이다. 다음 보기 중 옳은 것을 모두 고르시오.

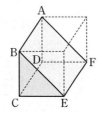

┤ 보기 ├

ㄱ. 모서리 BE와 모서리 DF는 평행하다.
ㄴ. 모서리 BC와 수직인 모서리는 2개이다.
ㄷ. 모서리 CE를 포함하는 면은 2개이다.
ㄹ. 면 ADF와 면 ABEF는 수직이다.

67 오른쪽 그림의 전개도를 접어서 정육면체를 만들 때, 다음 중 모서리 CD와 평행한 면을 모두 고르면? (정답 2개)

① 면 MNKL ② 면 EFGH
③ 면 ABCN ④ 면 KDEJ
⑤ 면 JEHI

65 오른쪽 그림은 정육면체를 $\overline{AB}=\overline{DC}$가 되도록 잘라 내고 남은 입체도형이다. 각 모서리를 직선으로 연장하고 각 면을 평면으로 확장하여 생각할 때, 다음을 모두 구하시오.

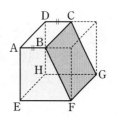

(1) $\overleftrightarrow{BF}$와 꼬인 위치에 있는 직선

(2) $\overleftrightarrow{AD}$와 평행한 면

68 오른쪽 그림의 전개도를 접어서 삼각뿔을 만들 때, 다음 중 모서리 AB와 꼬인 위치에 있는 모서리는?

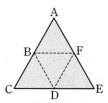

① $\overline{BC}$ ② $\overline{BD}$
③ $\overline{DE}$ ④ $\overline{DF}$
⑤ $\overline{EF}$

66 오른쪽 그림은 정육면체를 세 꼭짓점 B, C, F를 지나는 평면으로 잘라 내고 남은 입체도형이다. 다음 중 옳은 것을 모두 고르면? (정답 2개)

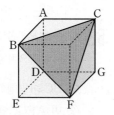

① $\overline{AB}$와 꼬인 위치에 있는 모서리는 3개이다.
② $\overline{EF}$를 포함하는 면은 3개이다.
③ 면 ABED와 평행한 면은 1개이다.
④ 면 CFG와 수직인 모서리는 3개이다.
⑤ 면 DEFG와 수직인 모서리는 2개이다.

69 오른쪽 그림의 전개도를 접어서 입체도형을 만들 때, 다음 중 옳은 것을 모두 고르면? (정답 2개)

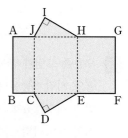

① 모서리 AH와 모서리 DI는 평행하다.
② 모서리 BC와 면 GDEH는 평행하다.
③ 모서리 IH와 면 ABCJ는 수직이다.
④ 모서리 AB와 모서리 CE는 꼬인 위치에 있다.
⑤ 면 CFGJ와 면 IDEH는 평행하다.

유형20 여러 가지 위치 관계   개념편 18~20쪽

공간에서 여러 가지 위치 관계를 조사할 때는 직육면체를 그려 확인하면 편리하다.

70 공간에서 서로 다른 두 직선 l, m과 두 직선을 포함하지 않는 평면 P에 대하여 $l \perp P$, $l \perp m$일 때, 직선 m과 평면 P의 위치 관계는?

① 포함된다. 　　② 한 점에서 만난다.

③ 평행하다. 　　④ 꼬인 위치에 있다.

⑤ 수직이다.

71 다음 중 공간에서 위치 관계에 대한 설명으로 옳지 <u>않은</u> 것을 모두 고르면? (정답 2개)

① 한 직선에 평행한 서로 다른 두 직선은 평행하다.

② 한 직선에 수직인 서로 다른 두 평면은 평행하다.

③ 한 직선에 평행한 서로 다른 두 평면은 수직이다.

④ 한 평면에 수직인 서로 다른 두 직선은 평행하다.

⑤ 한 평면에 평행한 서로 다른 두 직선은 수직이다.

보기 다**多**모아~

72 다음 중 공간에서 서로 다른 세 직선 l, m, n과 서로 다른 세 평면 P, Q, R에 대한 설명으로 옳은 것을 모두 고르면?

① $l /\!/ m$, $l /\!/ n$이면 $m \perp n$이다.

② $l \perp n$, $m \perp n$이면 $l /\!/ m$이다.

③ $l /\!/ P$, $l /\!/ Q$이면 $P /\!/ Q$이다.

④ $l \perp P$, $P /\!/ Q$이면 $l \perp Q$이다.

⑤ $l \perp P$, $l \perp Q$이면 $P /\!/ Q$이다.

⑥ $P /\!/ Q$, $P /\!/ R$이면 $Q /\!/ R$이다.

⑦ $l /\!/ P$, $m /\!/ P$이면 $l /\!/ m$이다.

⑧ $P \perp Q$, $P \perp R$이면 $Q \perp R$이다.

유형21 동위각과 엇각   개념편 24쪽

서로 다른 두 직선 l, m이 다른 한 직선 n과 만날 때

(1) **동위각**: 같은 위치에 있는 각

(2) **엇각**: 엇갈린 위치에 있는 각

73 오른쪽 그림에서 $\angle x$의 엇각의 크기를 구하시오.

74 오른쪽 그림과 같이 세 직선이 만날 때, 다음 중 옳지 <u>않은</u> 것은?

① $\angle a$의 엇각의 크기는 $120°$이다.

② $\angle b$의 동위각의 크기는 $60°$이다.

③ $\angle c$의 동위각의 크기는 $120°$이다.

④ $\angle d$의 엇각의 크기는 $60°$이다.

⑤ $\angle e$의 동위각의 크기는 $100°$이다.

75 오른쪽 그림에서 $\angle x$의 모든 동위각의 크기의 합은?

① $125°$ 　　② $145°$

③ $215°$ 　　④ $235°$

⑤ $250°$

유형22 평행선의 성질
개념편 25쪽

서로 다른 두 직선이 다른 한 직선과 만날 때
(1) 두 직선이 평행하면 동위각의 크기는 서로 같다.
(2) 두 직선이 평행하면 엇각의 크기는 서로 같다.

76 오른쪽 그림에서 $l /\!/ m$일 때,
∠a와 크기가 같은 각을 모두
구하시오.

77 오른쪽 그림에서 $l /\!/ m$일
때, ∠a+∠b의 크기를
구하시오.

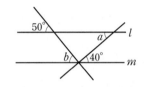

78 오른쪽 그림에서 $l /\!/ m$일 때,
∠a+∠b의 크기를 구하시오.

79 오른쪽 그림에서 $l /\!/ m$일 때,
∠x의 크기는?

① 15° ② 20°
③ 25° ④ 30°
⑤ 35°

한 걸음 더 연습
유형 22

80 오른쪽 그림에서 $l /\!/ m$일 때,
다음 중 옳은 것은?

① ∠a=60°
② ∠b=50°
③ ∠c=55°
④ ∠d=135°
⑤ ∠e=40°

81 오른쪽 그림에서 $l /\!/ m$일 때,
∠x의 크기는?

① 25° ② 30°
③ 35° ④ 40°
⑤ 45°

82 오른쪽 그림에서
$l /\!/ m$, $k /\!/ n$일 때,
∠x의 크기는?

① 65° ② 70°
③ 75° ④ 80°
⑤ 85°

83 오른쪽 그림에서 $l /\!/ m$, $k /\!/ n$일
때, ∠x+∠y의 크기는?

① 120° ② 125°
③ 130° ④ 190°
⑤ 195°

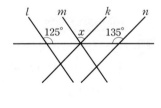

유형23 평행선이 되기 위한 조건   개념편 26쪽

서로 다른 두 직선이 다른 한 직선과 만날 때

(1) 동위각의 크기가 같으면 두 직선은 평행하다.

(2) 엇각의 크기가 같으면 두 직선은 평행하다.

84 다음 중 두 직선 l, m이 평행한 것은?

①

②

③

④

⑤

85 오른쪽 그림에서 평행한 두 직선을 모두 고르면?

(정답 2개)

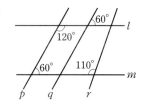

① l과 m ② l과 p

③ p와 q ④ p와 r

⑤ q와 r

86 다음 중 오른쪽 그림에 대한 설명으로 옳지 <u>않은</u> 것은?

① $l /\!/ m$이면 $\angle b = 60°$이다.

② $\angle b = \angle f$이면 $l /\!/ m$이다.

③ $l /\!/ m$이면 $\angle c = \angle e$이다.

④ $\angle c = 100°$이면 $l /\!/ m$이다.

⑤ $\angle a = 120°$이면 $l /\!/ m$이다.

유형24 평행선에서 보조선을 1개 긋는 경우   개념편 25쪽

평행선 사이에 꺾인 점이 있으면 꺾인 점을 지나면서 주어진 직선에 평행한 직선을 그은 후 평행선의 성질을 이용한다.

$l /\!/ m$이면 $\angle x = \angle a + \angle b$

87 오른쪽 그림에서 $l /\!/ m$일 때, $\angle x$의 크기를 구하시오.

88 오른쪽 그림에서 $l /\!/ m$일 때, x의 값을 구하시오.

서술형

풀이 과정

답

89 오른쪽 그림에서 $l /\!/ m$일 때, x의 값을 구하시오.

90 오른쪽 그림에서 $l /\!/ m$일 때, $\angle x$의 크기는?

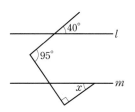

① $30°$ ② $35°$

③ $40°$ ④ $45°$

⑤ $50°$

유형25 평행선에서 보조선을 2개 긋는 경우 **개념편 25쪽**

$l \,/\!/\, m$이면 $\angle x = \angle a + \angle b - \angle c$

91 오른쪽 그림에서 $l \,/\!/\, m$일 때, $\angle x$의 크기는?

① 60° ② 70°
③ 80° ④ 90°
⑤ 100°

92 오른쪽 그림에서 $l \,/\!/\, m$일 때, $\angle x$의 크기를 구하시오.

93 오른쪽 그림에서 $l \,/\!/\, m$일 때, $\angle x - \angle y$의 크기는?

① 5° ② 10°
③ 15° ④ 20°
⑤ 25°

94 오른쪽 그림에서 $l \,/\!/\, m$일 때, $\angle x + \angle y$의 크기는?

① 195° ② 205°
③ 215° ④ 225°
⑤ 235°

한 걸음 더 연습 유형 24~25

95 오른쪽 그림에서 $l \,/\!/\, m$이고 $\angle ABC = 3\angle CBD$일 때, $\angle CBD$의 크기는?

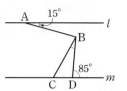

① 20° ② 25°
③ 30° ④ 35°
⑤ 40°

96 오른쪽 그림에서 $l \,/\!/\, m$일 때, $\angle x$의 크기를 구하시오.

97 오른쪽 그림에서 $l \,/\!/\, m$일 때, $\angle a_1 + \angle a_2 + \angle a_3 + \angle a_4$의 크기를 구하시오.

> $\angle DAC = \angle a$, $\angle CBE = \angle b$로 놓고 다른 각의 크기를 구해 보자.

까다로운 기출문제

98 오른쪽 그림에서 $l \,/\!/\, m$이고 $\angle BAC = \dfrac{2}{3}\angle BAD$, $\angle ABC = \dfrac{2}{3}\angle ABE$일 때, $\angle ACB$의 크기를 구하시오.

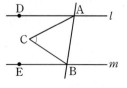

유형26 종이를 접었을 때, 각의 크기 구하기   개념편 25쪽

직사각형 모양의 종이를 접으면
(1) 접은 각의 크기가 같다.
(2) 엇각의 크기가 같다.

99 오른쪽 그림과 같이 직사각형 모양의 종이를 접었을 때, ∠x의 크기를 구하시오.

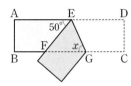

100 오른쪽 그림은 평행사변형 ABCD를 대각선 BD를 접는 선으로 하여 접은 것이다. 점 P는 $\overline{BA}$와 $\overline{DC'}$의 연장선의 교점이고 ∠BDC=50°일 때, ∠BPD의 크기를 구하시오.

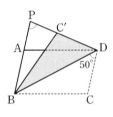

101 오른쪽 그림과 같이 직사각형 모양의 종이를 접었을 때, ∠x, ∠y의 크기를 각각 구하면?

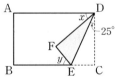

① ∠x=40°, ∠y=40°
② ∠x=40°, ∠y=45°
③ ∠x=40°, ∠y=50°
④ ∠x=50°, ∠y=40°
⑤ ∠x=50°, ∠y=50°

톡톡 튀는 문제

102 다음 그림과 같이 두 직선 도로 위에 8개의 가게 A~H가 있다. 이때 주어진 조건을 이용하여 정우가 자주 가는 단골 가게를 고르시오.

─ 조건 ─
(가) 정우의 단골 가게는 $\overrightarrow{BC}$ 위에 있다.
(나) $\overline{AC}$, $\overline{AD}$, $\overline{BE}$의 중점에는 각각 가게 B, C, D가 있다.
(다) 정우의 단골 가게에서 가게 E까지의 거리는 정우의 단골 가게에서 가게 A까지의 거리의 6배이다.

103 오른쪽 그림에서 ∠a+∠b+∠c+∠d +∠e+∠f+∠g 의 크기를 구하시오.

꼭 나오는 **기본 문제**

1 오른쪽 그림의 삼각뿔에서 교점의 개수를 x개, 교선의 개수를 y개라고 할 때, $x+y$의 값을 구하시오.

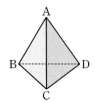

2 아래 그림과 같이 직선 l 위에 네 점 A, B, C, D가 있을 때, 다음 중 옳지 <u>않은</u> 것은?

① $\overleftrightarrow{AC}=\overleftrightarrow{AB}$ ② $\overleftrightarrow{AB}=\overleftrightarrow{BA}$

③ $\overrightarrow{AB}=\overrightarrow{BD}$ ④ $\overline{BC}=\overline{CB}$

⑤ $\overrightarrow{CA}=\overrightarrow{AC}$

3 다음 그림에서 두 점 M, N은 각각 $\overline{AB}$, $\overline{BC}$의 중점이고 $\overline{AC}=14\,cm$일 때, $\overline{MN}$의 길이를 구하시오.

풀이 과정

답

4 오른쪽 그림에서 ∠COD의 크기는?

① $20°$ ② $45°$

③ $60°$ ④ $70°$

⑤ $85°$

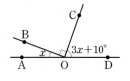

5 오른쪽 그림에서 ∠x의 크기는?

① $35°$ ② $45°$

③ $55°$ ④ $65°$

⑤ $75°$

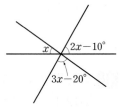

6 오른쪽 그림에서 두 직선 AB와 EF가 서로 수직이고 ∠AOC$=30°$일 때, 다음 중 옳지 <u>않은</u> 것은?

① ∠BOD$=30°$

② ∠DOF$=60°$

③ ∠DOE$=120°$

④ ∠AOD$=$∠COF

⑤ ∠COF$=$∠DOE

7 오른쪽 그림의 사다리꼴 ABCD에서 점 C와 선분 AB 사이의 거리를 x cm, 점 D와 선분 BC 사이의 거리를 y cm라고 할 때, $x+y$의 값은?

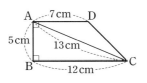

① 12　　　② 17　　　③ 18

④ 24　　　⑤ 25

8 다음 중 오른쪽 그림의 직육면체에 대한 설명으로 옳지 <u>않은</u> 것은?

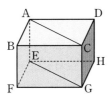

① 선분 AC와 모서리 CG는 수직이다.

② 모서리 CG와 면 ABCD는 수직이다.

③ 면 ABCD와 선분 EG는 만난다.

④ 모서리 BC와 모서리 DH는 꼬인 위치에 있다.

⑤ 면 ABCD와 면 EFGH는 평행하다.

9 다음 중 옳지 <u>않은</u> 것을 모두 고르면? (정답 2개)

① 평면에서 만나지 않는 서로 다른 두 직선은 평행하다.

② 평면에서 한 직선에 수직인 서로 다른 두 직선은 평행하다.

③ 공간에서 직선과 평면이 만나지 않으면 평행하다.

④ 공간에서 만나지 않는 서로 다른 두 직선은 꼬인 위치에 있다.

⑤ 공간에서 한 직선에 평행한 서로 다른 두 평면은 평행하다.

10 다음 중 오른쪽 그림에 대한 설명으로 옳지 <u>않은</u> 것은?

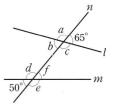

① ∠a의 동위각은 ∠d이다.

② ∠d의 엇각은 ∠c이다.

③ ∠f의 크기는 65°이다.

④ ∠b의 엇각의 크기는 50°이다.

⑤ ∠c의 동위각의 크기는 130°이다.

11 오른쪽 그림에서 $l /\!/ m$일 때, ∠x의 크기를 구하시오.

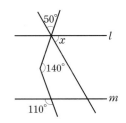

12 오른쪽 그림에서 $l /\!/ m$일 때, ∠x의 크기는?

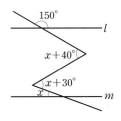

① 10°　　　② 15°

③ 20°　　　④ 25°

⑤ 30°

LEVEL 2 · 자주 나오는 **실력 문제**

13 오른쪽 그림과 같이 반원 위에 5개의 점 A, B, C, D, E가 있다. 이 중 두 점을 이어서 만들 수 있는 서로 다른 직선, 반직선의 개수를 각각 a개, b개라고 할 때, $a+b$의 값을 구하시오.

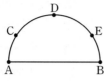

14 다음 그림과 같이 평각을 6등분 할 때, 예각의 개수는?

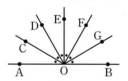

① 6개　　② 9개　　③ 11개
④ 12개　　⑤ 15개

15 오른쪽 그림에서 $\angle AOD = 3\angle COD$이고, $\angle DOB = 3\angle DOE$일 때, $\angle COE$의 크기를 구하시오.

서술형

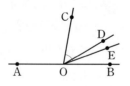

풀이 과정

답

16 오른쪽 그림과 같이 시계가 5시 40분을 가리킬 때, 시침과 분침이 이루는 각 중 작은 쪽의 각의 크기는?

① 68°　　② 70°
③ 72°　　④ 74°
⑤ 76°

17 오른쪽 그림은 직육면체를 두 모서리의 중점과 한 꼭짓점을 지나는 평면으로 잘라 낸 입체도형이다. 모서리 DE와 꼬인 위치에 있는 모서리의 개수를 a개, 면 ABED와 평행한 모서리의 개수를 b개, 면 ADGC와 수직으로 만나는 모서리의 개수를 c개라고 할 때, $a+b+c$의 값을 구하시오.

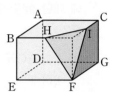

18 오른쪽 그림의 전개도를 접어서 만든 정육면체에서 $\overline{NB}$와 $\overline{JF}$의 위치 관계는?

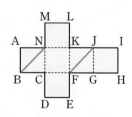

① 한 점에서 만난다.
② 평행하다.
③ 한 평면 위에 있다.
④ 꼬인 위치에 있다.
⑤ 일치한다.

19 오른쪽 그림에서 삼각형 ABC 는 정삼각형이고 $l /\!/ m$일 때, $\angle x$, $\angle y$의 크기를 각각 구하시오.

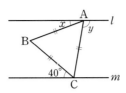

20 오른쪽 그림에서 $l /\!/ m$일 때, $\angle a + \angle b + \angle c + \angle d$의 크기는?

① 137°　② 141°
③ 145°　④ 149°
⑤ 153°

21 오른쪽 그림과 같이 폭이 일정한 종이테이프를 접었을 때, $\angle y - \angle x$의 크기는?

① 10°　② 15°
③ 20°　④ 25°
⑤ 30°

22 한 직선 위에 7개의 점이 같은 간격으로 떨어져 있고, 두 점 A, B의 위치가 다음 그림과 같다. 이때 아래 조건을 모두 만족시키는 나머지 5개의 점 C, D, E, F, G를 직선 위에 각각 나타내시오.

조건
(가) 점 A는 선분 BC를 삼등분하는 점 중 하나이다.
(나) 점 A는 선분 EF를 삼등분하는 점 중 하나이다.
(다) 두 점 E, G는 선분 BD를 삼등분하는 점이다.

23 오른쪽 그림에서 $l /\!/ m$이고 $\angle PAB = \angle BAD$, $\angle DCB = \angle BCQ$, $\angle ADC = 120°$일 때, $\angle x$의 크기는?

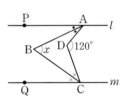

① 30°　② 45°　③ 60°
④ 75°　⑤ 90°

24 다음 그림과 같이 직사각형 모양의 종이를 접었을 때, $\angle DEF$의 크기를 구하시오.

2 작도와 합동

2 작도와 합동

유형 1　작도 / 길이가 같은 선분의 작도　개념편 38쪽

(1) **작도**: 눈금 없는 자와 컴퍼스만을 사용하여 도형을 그리는 것
  ① 눈금 없는 자: 두 점을 지나는 선분을 그리거나 선분을 연장할 때 사용
  ② 컴퍼스: 원을 그리거나 주어진 선분의 길이를 재어서 다른 곳으로 옮길 때 사용
(2) $\overline{AB}$와 길이가 같은 $\overline{CD}$의 작도

1 다음 중 작도에 대한 설명으로 옳지 <u>않은</u> 것은?

① 눈금 있는 자는 사용하지 않는다.
② 두 점을 연결하는 선분을 그릴 때는 눈금 없는 자를 사용한다.
③ 주어진 각의 크기를 측정할 때는 각도기를 사용한다.
④ 컴퍼스를 사용하여 주어진 선분의 길이를 다른 직선 위로 옮길 수 있다.
⑤ 선분을 연장할 때는 눈금 없는 자를 사용한다.

2 다음 그림에서 ㉠~㉣은 선분 AB의 연장선 위에 $\overline{AD}=3\overline{AB}$가 되도록 선분 AD를 작도하는 과정을 나타낸 것이다. 작도 순서를 바르게 나열하시오.

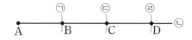

3 다음은 선분 AB의 길이를 한 변으로 하는 정삼각형을 작도하는 과정이다. 작도 순서를 바르게 나열하시오.

> ㉠ $\overline{AC}$, $\overline{BC}$를 긋는다.
> ㉡ 두 점 A, B를 중심으로 반지름의 길이가 $\overline{AB}$인 원을 각각 그려 두 원의 교점을 C라고 한다.
> ㉢ $\overline{AB}$의 길이를 잰다.

유형 2　크기가 같은 각의 작도　개념편 39쪽

∠XOY와 크기가 같은 ∠DPC의 작도

→ $\overline{OA}=\overline{OB}=\overline{PC}=\overline{PD}$, $\overline{AB}=\overline{CD}$

4 다음 그림은 ∠XOY와 크기가 같고 $\overrightarrow{PQ}$를 한 변으로 하는 각을 작도한 것이다. 작도 순서를 바르게 나열한 것은?

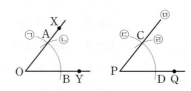

① ㉠ → ㉡ → ㉢ → ㉣ → ㉤
② ㉠ → ㉢ → ㉡ → ㉣ → ㉤
③ ㉠ → ㉢ → ㉣ → ㉤ → ㉡
④ ㉡ → ㉣ → ㉢ → ㉤ → ㉤
⑤ ㉢ → ㉠ → ㉣ → ㉡ → ㉤

5 아래 그림은 ∠XOY와 크기가 같고 $\overrightarrow{PQ}$를 한 변으로 하는 각을 작도한 것이다. 다음 중 옳지 <u>않은</u> 것은?

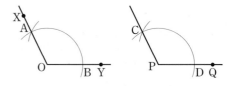

① $\overline{OA}=\overline{OB}$
② $\overline{OB}=\overline{PC}$
③ $\overline{AB}=\overline{CD}$
④ $\overline{OA}=\overline{AB}$
⑤ ∠AOB = ∠CPD

유형 3 평행선의 작도 개념편 39쪽

직선 *l*과 평행한 $\overrightarrow{PD}$의 작도

$\Rightarrow \overline{PC}=\overline{PD}=\overline{QA}=\overline{QB}$, $\overline{AB}=\overline{CD}$

[참고] 크기가 같은 각의 작도를 이용하여 동위각(엇각)의 크기가 같도록 다른 한 직선을 작도한다.

6 오른쪽 그림에서 ㉠~�은 직선 *l* 밖의 한 점 P를 지나고 직선 *l*과 평행한 직선을 작도하는 과정을 나타낸 것이다. 작도 순서를 바르게 나열하시오.

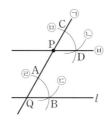

7 오른쪽 그림은 직선 *l* 밖의 한 점 P를 지나고 직선 *l*과 평행한 직선 *m*을 작도한 것이다. 다음 중 옳지 않은 것은?

① $\overline{AB}=\overline{PQ}$ ② $\overline{BC}=\overline{QR}$
③ $\overline{PR}=\overline{QR}$ ④ $\overleftrightarrow{AC}\,/\!/\,\overleftrightarrow{PR}$
⑤ ∠BAC=∠QPR

8 오른쪽 그림은 직선 *l* 밖의 한 점 P를 지나고 직선 *l*과 평행한 직선을 작도한 것이다. 다음 중 이 작도에서 이용한 성질은?

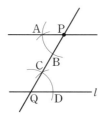

① 한 직선에 수직인 서로 다른 두 직선은 평행하다.
② 맞꼭지각의 크기는 서로 같다.
③ 두 직선 사이의 거리가 일정하면 두 직선은 평행하다.
④ 서로 다른 두 직선이 다른 한 직선과 만날 때, 동위각의 크기가 같으면 두 직선은 평행하다.
⑤ 서로 다른 두 직선이 다른 한 직선과 만날 때, 엇각의 크기가 같으면 두 직선은 평행하다.

유형 4 삼각형의 세 변의 길이 사이의 관계 개념편 41쪽

삼각형에서 한 변의 길이는 나머지 두 변의 길이의 합보다 작다.
➡ (가장 긴 변의 길이)<(나머지 두 변의 길이의 합)

9 다음 중 삼각형의 세 변의 길이가 될 수 없는 것은?

① 5 cm, 5 cm, 7 cm
② 5 cm, 6 cm, 7 cm
③ 5 cm, 6 cm, 8 cm
④ 5 cm, 8 cm, 13 cm
⑤ 5 cm, 10 cm, 13 cm

10 삼각형의 세 변의 길이가 x, $x-2$, $x+3$일 때, 다음 중 x의 값이 될 수 없는 것은?

① 5 ② 6 ③ 7
④ 8 ⑤ 9

11 [서술형] 길이가 3 cm, 4 cm, 6 cm, 7 cm인 4개의 선분 중 3개의 선분을 골라서 만들 수 있는 서로 다른 삼각형의 개수를 구하시오.

풀이 과정

답

 가장 긴 변의 길이가 *a*일 때와 11일 때로 나누어 생각하자.

[까다로운] 기출문제

12 삼각형의 세 변의 길이가 5, 11, *a*일 때, *a*의 값이 될 수 있는 자연수의 개수는?

① 7개 ② 8개 ③ 9개
④ 10개 ⑤ 11개

유형 5 삼각형의 작도 개념편 42쪽

다음의 각 경우에 삼각형을 하나로 작도할 수 있다.
(1) 세 변의 길이가 주어질 때
(2) 두 변의 길이와 그 끼인각의 크기가 주어질 때
(3) 한 변의 길이와 그 양 끝 각의 크기가 주어질 때

13 다음은 세 변의 길이가 주어질 때 삼각형을 작도하는 과정이다. ㈎~㈐에 알맞은 것을 구하시오.

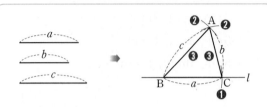

❶ 직선 l 위에 점 B를 잡고, 길이가 a인 선분이 그려지도록 점 ㈎ 를 잡는다.

❷ 점 B를 중심으로 반지름의 길이가 ㈏ 인 원과 점 C를 중심으로 반지름의 길이가 ㈐ 인 원을 각각 그려 두 원의 교점을 A라고 한다.

❸ ㈑ , $\overline{CA}$를 그으면 △ABC가 된다.

14 오른쪽 그림과 같이 $\overline{BC}$의 길이와 ∠B, ∠C의 크기가 주어졌을 때, 다음 보기 중 △ABC의 작도 순서로 옳은 것을 모두 고르시오.

┌ 보기 ┐
ㄱ. $\overline{BC} \to ∠B \to ∠C$ ㄴ. $∠C \to ∠B \to \overline{BC}$
ㄷ. $∠B \to \overline{BC} \to ∠C$ ㄹ. $∠B \to ∠C \to \overline{BC}$

15 다음 그림에서 ㉠~㉤은 두 변의 길이와 그 끼인각의 크기가 주어질 때 삼각형을 작도하는 과정을 나타낸 것이다. □ 안에 알맞은 것을 쓰시오.

작도 순서: ㉤ → □ → □ → ㉡ → □ → □

유형 6 삼각형이 하나로 정해지는 경우 개념편 43쪽

다음의 각 경우에 삼각형이 하나로 정해진다.
(1) 세 변의 길이가 주어질 때
└→ (가장 긴 변의 길이)<(나머지 두 변의 길이의 합)임을 확인한다.
(2) 두 변의 길이와 그 끼인각의 크기가 주어질 때
└→ 주어진 각이 두 변 사이의 끼인각인지 확인한다.
(3) 한 변의 길이와 그 양 끝 각의 크기가 주어질 때
└→ 양 끝 각이 아닌 두 각의 크기가 주어지면 삼각형의 세 각의 크기의 합이 180°임을 이용하여 양 끝 각의 크기를 확인한다.

참고 삼각형이 하나로 정해지지 않는 경우
(1) (가장 긴 변의 길이)≥(나머지 두 변의 길이의 합)일 때
(2) 두 변의 길이와 그 끼인각이 아닌 다른 한 각의 크기가 주어질 때
(3) 세 각의 크기가 주어질 때
(4) 주어진 두 각의 크기의 합이 180° 이상일 때

16 다음 중 △ABC가 하나로 정해지는 것은?
① $\overline{AB}=5\,cm$, $\overline{AC}=7\,cm$, ∠C=50°
② $\overline{AB}=10\,cm$, $\overline{BC}=3\,cm$, $\overline{CA}=5\,cm$
③ $\overline{AB}=10\,cm$, ∠A=50°, ∠B=70°
④ ∠A=80°, $\overline{AB}=6\,cm$, $\overline{BC}=4\,cm$
⑤ ∠A=70°, ∠B=45°, ∠C=65°

17 다음 중 △ABC가 하나로 정해지지 <u>않는</u> 것을 모두 고르면? (정답 2개)
① $\overline{AB}=5\,cm$, $\overline{BC}=12\,cm$, $\overline{CA}=7\,cm$
② $\overline{AB}=6\,cm$, $\overline{BC}=7\,cm$, ∠B=80°
③ $\overline{AB}=3\,cm$, ∠A=30°, ∠B=70°
④ $\overline{AC}=8\,cm$, ∠A=50°, ∠B=85°
⑤ $\overline{BC}=9\,cm$, ∠B=60°, ∠C=120°

18 △ABC에서 $\overline{AB}=9\,cm$, $\overline{BC}=5\,cm$일 때, 다음 보기 중 △ABC가 하나로 정해지기 위해 필요한 나머지 한 조건이 될 수 있는 것을 모두 고르시오.

┌ 보기 ┐
ㄱ. ∠A=30°   ㄴ. ∠B=50°
ㄷ. $\overline{CA}=8\,cm$ ㄹ. $\overline{CA}=14\,cm$

유형 7 │ 합동인 도형의 성질   개념편 46쪽

다음 그림에서 △ABC≡△DEF일 때

(1) 대응변의 길이는 서로 같다.
➡ $\overline{AB}=\overline{DE}$, $\overline{BC}=\overline{EF}$, $\overline{CA}=\overline{FD}$

(2) 대응각의 크기는 서로 같다.
➡ $\angle A=\angle D$, $\angle B=\angle E$, $\angle C=\angle F$

보기 다 ⊗ 모아~

19 다음 중 두 도형이 항상 합동이라고 할 수 <u>없는</u> 것을 모두 고르면?

① 한 변의 길이가 같은 두 정삼각형
② 한 변의 길이가 같은 두 마름모
③ 반지름의 길이가 같은 두 원
④ 둘레의 길이가 같은 두 정사각형
⑤ 둘레의 길이가 같은 두 삼각형
⑥ 넓이가 같은 두 직사각형
⑦ 넓이가 같은 두 정사각형

20 오른쪽 그림에서 사각형 ABCD와 사각형 EFGH가 서로 합동일 때, $x+y$의 값을 구하시오.

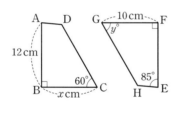

21 오른쪽 그림에서 △ABC≡△FED일 때, 다음 중 옳지 <u>않은</u> 것을 모두 고르면?

(정답 2개)

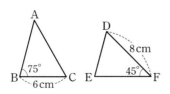

① $\overline{AC}=8\,\text{cm}$ ② $\overline{DE}=6\,\text{cm}$ ③ $\overline{AB}=7\,\text{cm}$
④ $\angle C=65°$ ⑤ $\angle E=75°$

유형 8 │ 합동인 삼각형 찾기   개념편 47쪽

다음의 각 경우에 두 삼각형은 서로 합동이다.

(1) 대응하는 세 변의 길이가 각각 같을 때 ➡ SSS 합동
(2) 대응하는 두 변의 길이가 각각 같고, 그 끼인각의 크기가 같을 때 ➡ SAS 합동
(3) 대응하는 한 변의 길이가 같고, 그 양 끝 각의 크기가 각각 같을 때 ➡ ASA 합동

22 다음 중 오른쪽 보기의 삼각형과 합동인 것은?

23 다음 보기 중 서로 합동인 삼각형끼리 바르게 짝 지은 것을 모두 고르면? (정답 2개)

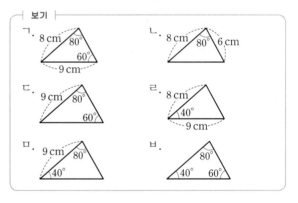

① ㄱ과 ㄴ   ② ㄱ과 ㄹ   ③ ㄴ과 ㄹ
④ ㄷ과 ㅁ   ⑤ ㅁ과 ㅂ

24 다음 중 △ABC≡△DEF라고 할 수 <u>없는</u> 것은?

① $\overline{AB}=\overline{DE}$, $\overline{AC}=\overline{DF}$, $\angle A=\angle D$
② $\overline{AB}=\overline{DE}$, $\angle A=\angle D$, $\angle B=\angle E$
③ $\overline{AB}=\overline{DE}$, $\overline{BC}=\overline{EF}$, $\overline{AC}=\overline{DF}$
④ $\overline{BC}=\overline{EF}$, $\overline{AC}=\overline{DF}$, $\angle A=\angle D$
⑤ $\overline{BC}=\overline{EF}$, $\overline{AC}=\overline{DF}$, $\angle C=\angle F$

유형 9 두 삼각형이 합동이 되기 위해 필요한 조건

개념편 **47쪽**

(1) 대응하는 두 변의 길이가 각각 같을 때
→ 나머지 한 변의 길이 또는 그 끼인각의 크기가 같아야 한다.

(2) 대응하는 한 변의 길이와 그 양 끝 각 중 한 각의 크기가 같을 때
→ 그 각을 끼고 있는 변의 길이 또는 다른 한 각의 크기가 같아야 한다.

(3) 대응하는 두 각의 크기가 각각 같을 때
→ 대응하는 한 변의 길이가 같아야 한다.

25 오른쪽 그림의 △ABC 와 △DEF에서 $\overline{BC}=\overline{EF}$, ∠B=∠E 일 때, 다음 보기 중 △ABC≡△DEF가 되기 위해 필요한 나머지 한 조건이 될 수 있는 것을 모두 고르시오.

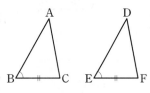

┤ 보기 ├

ㄱ. $\overline{AB}=\overline{DF}$ ㄴ. $\overline{AB}=\overline{DE}$

ㄷ. $\overline{AC}=\overline{DF}$ ㄹ. ∠A=∠D

ㅁ. ∠A=∠F   ㅂ. ∠C=∠F

26 오른쪽 그림의 △ABC 와 △DEF에서 $\overline{AB}=\overline{DE}$일 때, 다음 중 △ABC≡△DEF가 되기 위해 필요한 나머지 두 조건이 아닌 것은?

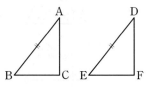

① $\overline{BC}=\overline{EF}$, $\overline{AC}=\overline{DF}$

② $\overline{BC}=\overline{EF}$, ∠B=∠E

③ $\overline{AC}=\overline{DF}$, ∠A=∠D

④ $\overline{AC}=\overline{DF}$, ∠C=∠F

⑤ ∠B=∠E, ∠C=∠F

유형 10 삼각형의 합동 조건

개념편 **47쪽**

주어진 조건을 이용하여 두 삼각형이 서로 합동이 되는 세 가지 조건을 찾아본다.

27 다음은 ∠XOY와 크기가 같고 $\overrightarrow{PQ}$를 한 변으로 하는 각을 작도했을 때 △AOB≡△CPD임을 설명하는 과정이다. ㈎~㈐에 알맞은 것을 구하시오.

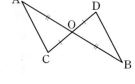

△AOB와 △CPD에서

$\overline{OA}=$ ㈎ ,

$\overline{OB}=$ ㈏ ,

$\overline{AB}=$ ㈐

∴ △AOB≡△CPD (㈑ 합동)

28 오른쪽 그림에서 점 O는 $\overline{AB}$와 $\overline{CD}$의 중점이다. 다음 보기 중 △ACO≡△BDO임을 설명할 때 이용되는 조건을 모두 고르시오.

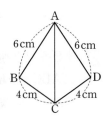

┤ 보기 ├

ㄱ. $\overline{AO}=\overline{BO}$ ㄴ. $\overline{AC}=\overline{BD}$

ㄷ. $\overline{CO}=\overline{DO}$ ㄹ. ∠AOC=∠BOD

ㅁ. ∠OAC=∠OBD   ㅂ. ∠OCA=∠ODB

29 오른쪽 그림의 사각형 ABCD에서 합동인 두 삼각형을 찾아 기호로 나타내고, 합동 조건을 말하시오.

30 오른쪽 그림에서 $\overline{OA}=\overline{OB}$, $\overline{AC}=\overline{BD}$이고 ∠O=55°, ∠C=25°, $\overline{AD}=7\,cm$일 때, $\overline{BC}$의 길이와 ∠DAO의 크기를 차례로 구하시오.

서술형

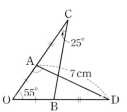

풀이 과정

답

31 오른쪽 그림에서 △ABC는 $\overline{AB}=\overline{AC}$인 이등변삼각형이고 $\overline{BD}\perp\overline{AC}$, $\overline{CE}\perp\overline{AB}$일 때, 다음 중 옳지 <u>않은</u> 것은?

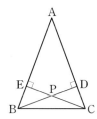

① $\overline{AE}=\overline{AD}$ ② $\overline{BC}=\overline{CE}$

③ $\overline{BD}=\overline{CE}$ ④ $\overline{BP}=\overline{CP}$

⑤ $\overline{BE}=\overline{CD}$

32 오른쪽 그림의 △ABC에서 $\overline{BC}$의 중점을 M, 두 점 B, C에서 $\overline{AM}$ 또는 그 연장선에 내린 수선의 발을 각각 D, E라고 할 때, 합동인 두 삼각형을 찾아 기호로 나타내고, 합동 조건을 말하시오.

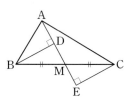

까다로운
유형11   **삼각형의 합동의 활용**   개념편 47쪽

(1) 정삼각형이 주어진 경우 ➡ 세 변의 길이가 모두 같고, 세 각의 크기가 모두 60°임을 이용한다.

(2) 정사각형이 주어진 경우 ➡ 네 변의 길이가 모두 같고, 네 각의 크기가 모두 90°임을 이용한다.

33 오른쪽 그림에서 △ABC는 정삼각형이고 $\overline{AD}=\overline{BE}=\overline{CF}$일 때, 다음 중 옳지 <u>않은</u> 것은?

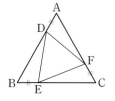

① $\overline{BD}=\overline{CE}$

② $\overline{DE}=\overline{EC}$

③ $\overline{FD}=\overline{EF}$

④ ∠DEF=60°

⑤ ∠ADF=∠BED

34 오른쪽 그림에서 사각형 ABCG와 사각형 FCDE가 정사각형이고 점 F는 $\overline{CG}$ 위의 점일 때, 다음 중 옳지 <u>않은</u> 것은?

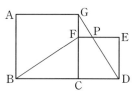

① $\overline{BF}=\overline{GD}$

② $\overline{GF}=\overline{FP}$

③ ∠BFC=∠GDC

④ ∠FBC=∠PDE

⑤ △BCF≡△GCD

35 오른쪽 그림에서 사각형 ABCD 가 정사각형이고 △EBC가 정삼 각형이면 △EAB와 △EDC는 서로 합동이다. 이때 이용된 합 동 조건을 말하시오.

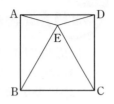

36 오른쪽 그림에서 △ABC, △AED는 정삼각형이고 $\overline{AC}=6\,cm$, $\overline{BD}=3\,cm$일 때, $\overline{BE}$의 길이를 구하시오.

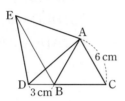

△BCE와 합동인 삼각형을 찾아보자.

37
서술형 오른쪽 그림에서 △ABC 와 △ECD는 정삼각형이 다. 점 C는 $\overline{BD}$ 위의 점이 고 점 P는 $\overline{AD}$와 $\overline{BE}$의 교 점일 때, ∠APB의 크기를 구하시오.

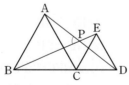

[풀이 과정]

[답]

톡톡 튀는 문제

38 컴퍼스를 사용하여 다음 수직선 위에 −3에 대응하는 점을 나타내시오.

1   2

39 세 변의 길이가 자연수이고 둘레의 길이가 17 cm인 서로 다른 이등변삼각형의 개수는?

① 4개   ② 5개   ③ 6개

④ 7개   ⑤ 8개

★ 중요

 꼭 나오는 기본 문제

1 다음 중 작도에서 눈금 없는 자의 용도로 옳은 것을 모두 고르면? (정답 2개)

① 두 점을 연결하여 선분을 그린다.
② 원을 그린다.
③ 선분을 연장한다.
④ 선분의 길이를 잰다.
⑤ 선분의 길이를 옮긴다.

2 아래 그림은 ∠XOY와 크기가 같고 $\overrightarrow{PQ}$를 한 변으로 하는 각을 작도한 것이다. 다음 중 옳지 <u>않은</u> 것을 모두 고르면? (정답 2개)

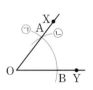

① 작도 순서는 ㉠ → ㉡ → ㉢ → ㉣ → ㉤이다.
② ∠AOB=∠CPD
③ $\overline{AB}=\overline{CD}$
④ $\overline{OA}=\overline{PD}$
⑤ $\overline{PC}=\overline{CD}$

3 오른쪽 그림은 직선 l 밖의 한 점 P를 지나고 직선 l과 평행한 직선을 작도한 것이다. 다음 중 옳지 <u>않은</u> 것은?

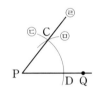

① $\overline{PA}=\overline{PB}$
② $\overline{AB}=\overline{PB}$
③ ∠APB=∠DQC
④ 작도 순서는 ㉣ → ㉠ → ㉤ → ㉡ → ㉥ → ㉢이다.
⑤ '서로 다른 두 직선이 다른 한 직선과 만날 때, 엇각의 크기가 같으면 두 직선은 평행하다.'는 성질을 이용한 것이다.

4 삼각형의 두 변의 길이가 $3\,cm$, $8\,cm$일 때, 다음 중 나머지 한 변의 길이가 될 수 있는 것을 모두 고르면? (정답 2개)

① $5\,cm$ ② $6\,cm$ ③ $7\,cm$
④ $11\,cm$ ⑤ $12\,cm$

5 △ABC에서 $\overline{AB}$의 길이가 주어졌을 때, 다음 중 △ABC를 작도하기 위해 필요한 나머지 조건으로 알맞은 것을 모두 고르면? (정답 2개)

① $\overline{AC}$의 길이와 ∠A의 크기
② $\overline{AC}$의 길이와 ∠B의 크기
③ $\overline{AC}$의 길이와 ∠C의 크기
④ $\overline{BC}$의 길이와 ∠A의 크기
⑤ ∠A의 크기와 ∠B의 크기

6 다음 중 △ABC가 하나로 정해지는 것을 모두 고르면? (정답 2개)

① $\overline{AB}=3\,cm$, $\overline{BC}=8\,cm$, $\overline{CA}=4\,cm$
② $\overline{AB}=5\,cm$, $\overline{BC}=6\,cm$, ∠B=30°
③ $\overline{AB}=8\,cm$, $\overline{CA}=7\,cm$, ∠B=40°
④ $\overline{AC}=6\,cm$, ∠B=45°, ∠C=75°
⑤ ∠A=45°, ∠B=45°, ∠C=90°

7 다음 그림에서 △ABC≡△DEF일 때, $\overline{AC}$의 길이와 ∠B의 크기를 차례로 나열한 것은?

① 6 cm, 48°   ② 6 cm, 60°   ③ 6 cm, 72°
④ 7 cm, 60°   ⑤ 7 cm, 72°

8 다음 보기 중 합동인 두 삼각형과 그 합동 조건을 바르게 짝 지은 것은?

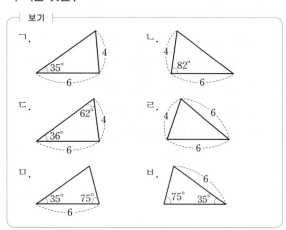

① ㄱ과 ㄴ, SAS 합동   ② ㄱ과 ㅂ, ASA 합동
③ ㄴ과 ㄷ, SAS 합동   ④ ㄷ과 ㄹ, SSS 합동
⑤ ㅁ과 ㅂ, ASA 합동

9 오른쪽 그림의 사각형 ABCD에서 $\overline{AB}=\overline{CD}$, ∠BAC=∠DCA일 때, 합동인 두 삼각형을 찾아 기호로 나타내고, 합동 조건을 말하시오.

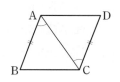

10 길이가 2 cm, 4 cm, 5 cm, 6 cm, 8 cm인 5개의 선분 중 3개의 선분을 골라서 만들 수 있는 서로 다른 삼각형의 개수는?

① 2개   ② 3개   ③ 4개
④ 5개   ⑤ 6개

11 오른쪽 그림에서 ∠BAC=∠BDE이고 $\overline{BA}=\overline{BD}$일 때, 다음 중 옳은 것을 모두 고르면? (정답 2개)

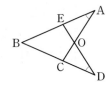

① $\overline{AC}=\overline{DE}$ ② $\overline{AE}=\overline{OD}$
③ $\overline{BE}=\overline{CD}$ ④ ∠ACB=∠DEB
⑤ ∠AOE=∠ODC

12 서술형 오른쪽 그림은 두 섬 A, B 사이의 거리를 구하기 위해 측정한 값을 나타낸 것이다. 점 C가 $\overline{AD}$와 $\overline{BE}$의 교점일 때, 두 섬 A, B 사이의 거리를 구하시오.

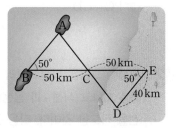

풀이 과정

답

13 오른쪽 그림의 사각형 ABCD에서 점 O는 두 대각선의 교점이고 $\overline{AO}=\overline{DO}$, $\overline{BO}=\overline{CO}$일 때, 합동인 두 삼각형은 모두 몇 쌍인지 구하시오.

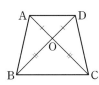

14 오른쪽 그림에서 △ABC와 △ECD는 정삼각형이다. 점 C는 $\overline{BD}$ 위의 점이고 점 P는 $\overline{AD}$와 $\overline{BE}$의 교점일 때, 다음 중 옳지 않은 것은?

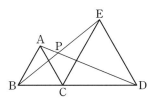

① $\overline{AC}=\overline{PE}$ ② $\overline{AD}=\overline{BE}$

③ ∠ACD＝∠BCE   ④ ∠CAD＝∠CBE

⑤ △ACD≡△BCE

15 오른쪽 그림에서 사각형 ABCD는 정사각형이고 $\overline{BE}=\overline{CF}$일 때, ∠APF의 크기를 구하시오.

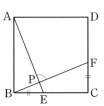

● 정답과 해설 19쪽

할수있어!
LEVEL 3 **만점을 위한 도전 문제**

16 오른쪽 그림과 같이 $\overline{AB}=\overline{AC}$인 직각이등변삼각형 ABC의 꼭짓점 B, C에서 점 A를 지나는 직선 l에 내린 수선의 발을 각각 D, E라고 하자. $\overline{BD}=9\,cm$, $\overline{CE}=3\,cm$일 때, $\overline{DE}$의 길이를 구하시오.

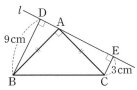

17 오른쪽 그림에서 사각형 ADEB와 사각형 ACFG는 삼각형 ABC의 두 변 AB와 AC를 각각 한 변으로 하는 정사각형이다. $\overline{DC}$와 $\overline{BG}$의 교점을 P라고 할 때, ∠BPC의 크기를 구하시오.

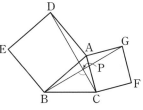

18 오른쪽 그림과 같이 한 변의 길이가 4 cm인 정사각형 모양의 두 색종이가 있다. 한 색종이의 두 대각선의 교점 E에 다른 색종이의 한 꼭짓점이 오도록 놓았을 때, 두 색종이가 겹쳐 있는 부분의 넓이를 구하시오.

3 다각형

3 다각형

⭐ 중요

유형 1 다각형
개념편 58쪽

(1) 다각형: 3개 이상의 선분으로 둘러싸인 평면도형
(2) 다각형의 한 꼭짓점에서 내각과 외각의 크기의 합은 180°이다.

변 / 꼭짓점 / 내각 / 외각

1 다음 보기 중 다각형이 <u>아닌</u> 것을 모두 고르시오.

┤ 보기 ├
ㄱ. 삼각형　　　　ㄴ. 원
ㄷ. 평행사변형　　ㄹ. 정육면체
ㅁ. 구　　　　　　ㅂ. 정십각형
ㅅ. 직사각형　　　ㅇ. 오각뿔

보기 다 🌀 모아~

2 다음 중 다각형에 대한 설명으로 옳지 <u>않은</u> 것을 모두 고르면?

① 꼭짓점의 개수가 7개인 다각형은 칠각형이다.
② 선분과 곡선으로 둘러싸인 평면도형은 다각형이다.
③ 십이각형의 변의 개수는 12개이다.
④ 다각형을 이루는 각 선분을 모서리라고 한다.
⑤ 다각형의 한 꼭짓점에서 한 변과 그 변에 이웃하는 변의 연장선이 이루는 각을 외각이라고 한다.
⑥ 한 다각형에서 꼭짓점의 개수와 변의 개수는 항상 같다.
⑦ 다각형의 한 꼭짓점에서 내각과 외각의 크기의 합은 360°이다.

3 오른쪽 그림의 오각형 ABCDE에서 ∠x, ∠y의 크기를 각각 구하시오.

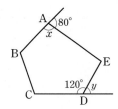

유형 2 정다각형
개념편 58쪽

정다각형: 모든 변의 길이가 같고 모든 내각의 크기가 같은 다각형
① 변의 길이가 모두 같다고 해서 정다각형인 것은 아니다.
　예 마름모
② 내각의 크기가 모두 같다고 해서 정다각형인 것은 아니다.
　예 직사각형

4 다음 중 옳은 것을 모두 고르면? (정답 2개)

① 세 변의 길이가 같은 삼각형은 정삼각형이다.
② 정다각형은 내각의 크기와 외각의 크기가 같다.
③ 정다각형은 모든 외각의 크기가 같다.
④ 모든 내각의 크기가 같은 다각형은 정다각형이다.
⑤ 사각형에서 변의 길이가 모두 같으면 내각의 크기도 모두 같다.

5 다음 중 정육각형에 대한 설명으로 옳지 <u>않은</u> 것은?

① 모든 변의 길이가 같다.
② 모든 외각의 크기가 같다.
③ 모든 내각의 크기가 같다.
④ 변의 개수와 꼭짓점의 개수가 같다.
⑤ 모든 대각선의 길이가 같다.

6 다음 조건을 모두 만족시키는 다각형의 이름을 말하시오.

┤ 조건 ├
(가) 10개의 선분으로 둘러싸여 있다.
(나) 모든 변의 길이가 같고, 모든 내각의 크기가 같다.

유형 3 한 꼭짓점에서 그을 수 있는 대각선의 개수
개념편 59쪽

(1) n각형의 한 꼭짓점에서 그을 수 있는 대각선의 개수 ➡ $(n-3)$개

(2) n각형의 한 꼭짓점에서 대각선을 모두 그었을 때 만들어지는 삼각형의 개수
➡ $(n-2)$개

참고 n각형의 내부의 한 점에서 각 꼭짓점에 선분을 모두 그었을 때 만들어지는 삼각형의 개수
➡ n개

7 십사각형의 한 꼭짓점에서 그을 수 있는 대각선의 개수를 a개라 하고, 이때 만들어지는 삼각형의 개수를 b개라고 할 때, $a+b$의 값을 구하시오.

8 한 꼭짓점에서 그을 수 있는 대각선의 개수가 8개인 다각형의 변의 개수는?

① 9개 　　② 10개 　　③ 11개
④ 12개 　　⑤ 13개

9 어떤 다각형의 내부의 한 점에서 각 꼭짓점에 선분을 모두 그었을 때 만들어지는 삼각형의 개수가 10개이다. 이 다각형의 한 꼭짓점에서 그을 수 있는 대각선의 개수는?

① 7개 　　② 8개 　　③ 9개
④ 10개 　　⑤ 11개

유형 4 다각형의 대각선의 개수
개념편 59쪽

n각형의 대각선의 개수는

꼭짓점의 개수 ┐　　┌ 한 꼭짓점에서 그을 수 있는 대각선의 개수

$$\frac{n(n-3)}{2}개$$

└ 한 대각선을 2번씩 중복하여 세었으므로 2로 나눈다.

10 팔각형의 한 꼭짓점에서 그을 수 있는 대각선의 개수가 a개, 팔각형의 대각선의 개수가 b개일 때, $b-a$의 값을 구하시오.

11 한 꼭짓점에서 그을 수 있는 대각선의 개수가 9개인 다각형의 대각선의 개수를 구하시오.
서술형

풀이 과정

답

12 어떤 다각형의 한 꼭짓점에서 대각선을 모두 그었을 때, 그 대각선의 개수와 이때 생기는 삼각형의 개수의 합이 21개이다. 이 다각형의 대각선의 개수를 구하시오.

13 다음 조건을 모두 만족시키는 다각형은?

> ─ 조건 ─
>
> (가) 모든 변의 길이는 같다.
>
> (나) 모든 내각의 크기는 같다.
>
> (다) 대각선의 개수는 90개이다.

① 십이각형　　② 정십이각형　　③ 십삼각형

④ 십오각형　　⑤ 정십오각형

14 대각선의 개수가 44개인 다각형의 한 꼭짓점에서 그을 수 있는 대각선의 개수는?

① 6개　　　　② 7개　　　　③ 8개

④ 9개　　　　⑤ 10개

15 오른쪽 그림과 같이 원 모양의 도로 위에 여섯 개의 도시 A~F가 있다. 이웃한 도시 사이에는 자전거 도로를 만들고, 이웃하지 않은 도시 사이에는 차도를 만들려고 할 때, 다음을 구하시오.

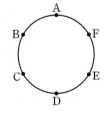

(1) 만들어지는 자전거 도로의 개수

(2) 만들어지는 차도의 개수

유형 5 **삼각형의 세 내각의 크기의 합**　　개념편 61쪽

삼각형의 세 내각의 크기의 합은 180°이다.

➡ $\angle a + \angle b + \angle c = 180°$

16 오른쪽 그림에서 x의 값은?

① 15　　　② 20

③ 25　　　④ 30

⑤ 35

17 오른쪽 그림에서 $\overleftrightarrow{DE} \parallel \overline{BC}$일 때, $\angle x$의 크기를 구하시오.

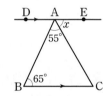

18 오른쪽 그림의 △ABC에서 $\angle BAD = \angle DAC$일 때, $\angle x$의 크기를 구하시오.

서술형

풀이 과정

답

19 오른쪽 그림과 같이 ∠B=90°인 직각삼각형 ABC에서 ∠x의 크기는?

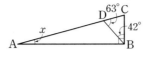

① 10° ② 15° ③ 20°
④ 25° ⑤ 30°

20 삼각형의 세 내각의 크기의 비가 1 : 3 : 5일 때, 가장 큰 내각의 크기는?

① 20° ② 40° ③ 60°
④ 80° ⑤ 100°

21 오른쪽 그림의 △ABC에서 4∠B=3∠C이고 ∠A=61°일 때, ∠B의 크기는?

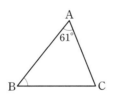

① 49° ② 50°
③ 51° ④ 52°
⑤ 53°

유형 6 **삼각형의 내각과 외각 사이의 관계** 개념편 62쪽

삼각형의 한 외각의 크기는 그와 이웃하지 않는 두 내각의 크기의 합과 같다.

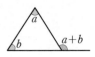

22 오른쪽 그림에서 ∠x의 크기는?

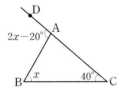

① 100° ② 110°
③ 120° ④ 130°
⑤ 140°

23 오른쪽 그림에서 ∠BAD의 크기를 구하시오.

풀이 과정

답

24 오른쪽 그림에서 ∠x의 크기는?

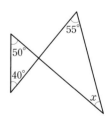

① 30° ② 35°
③ 40° ④ 45°
⑤ 50°

25 오른쪽 그림에서 ∠x의 크기는?

① 40° ② 45°
③ 50° ④ 55°
⑤ 60°

유형 **7** **삼각형의 내각의 크기의 합의 활용** 　개념편 61쪽

∠x의 크기는 다음을 이용하여 구한다.

(1) △ABC에서
∠a+(∠b+ •)+(×+∠c)
=180°

(2) △DBC에서
∠x+ • +×=180°

26 오른쪽 그림에서 ∠x+∠y의 크기를 구하시오.

29 오른쪽 그림에서 ∠x의 크기를 구하시오.

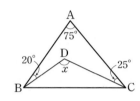

27 오른쪽 그림에서 ∠x의 크기는?

① 20° ② 25°
③ 30° ④ 35°
⑤ 40°

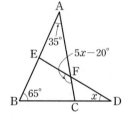

30 오른쪽 그림에서 ∠x의 크기를 구하시오.

31 오른쪽 그림의 △ABC에서 ∠B의 이등분선과 ∠C의 이등분선의 교점을 D라고 하자. ∠A=100° 일 때, ∠x의 크기를 구하시오.

28 오른쪽 그림에서 ∠ABD=∠DBC일 때, ∠x의 크기는?

① 110° ② 120°
③ 130° ④ 140°
⑤ 150°

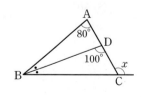

32 오른쪽 그림의 △ABC에서 ∠B의 이등분선과 ∠C의 이등분선의 교점을 D라고 하자. ∠BDC=120°일 때, ∠x의 크기를 구하시오.

유형 8 삼각형의 한 내각과 한 외각의 이등분선이 이루는 각
개념편 62쪽

△ABC에서
$2\angle b = \angle A + 2\angle a$
$\therefore \angle b = \dfrac{1}{2}\angle A + \angle a$ ··· ㉠
△DBC에서
$\angle b = \angle x + \angle a$ ··· ㉡
㉠, ㉡에서 $\angle x = \dfrac{1}{2}\angle A$

33 오른쪽 그림의 △ABC에서 ∠B의 이등분선과 ∠C의 외각의 이등분선의 교점을 D라고 하자. ∠A=64°일 때, ∠x의 크기는?

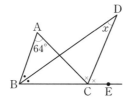

① 32°　　② 34°　　③ 36°
④ 38°　　⑤ 40°

34 오른쪽 그림의 △ABC에서 ∠B의 이등분선과 ∠C의 외각의 이등분선의 교점을 D라고 하자. ∠D=15°일 때, ∠x의 크기를 구하시오.

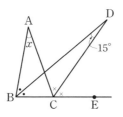

35 오른쪽 그림에서 ∠ABD=∠DBE=∠EBC, ∠ACD=∠DCE=∠ECP 이고 ∠D=40°일 때, ∠x+∠y의 크기를 구하시오.

유형 9 이등변삼각형의 성질을 이용하여 각의 크기 구하기
개념편 62쪽

이등변삼각형의 두 각의 크기는 같다는 성질과 삼각형의 내각과 외각 사이의 관계를 이용하여 각의 크기를 구한다.

 ➡ ➡ ➡

36 오른쪽 그림의 △ABC에서 $\overline{AD}=\overline{BD}=\overline{BC}$이고 ∠A=40°일 때, ∠x의 크기를 구하시오.

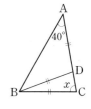

37 오른쪽 그림의 △ABC에서 $\overline{AD}=\overline{BD}=\overline{BC}$이고 ∠C=72°일 때, ∠x의 크기는?

① 12°　　② 24°
③ 36°　　④ 42°
⑤ 50°

38 오른쪽 그림에서 $\overline{BC}=\overline{AC}=\overline{AD}$이고 ∠EBD=32°일 때, ∠x의 크기를 구하시오.

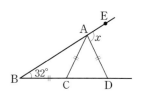

39 오른쪽 그림에서 $\overline{AB}=\overline{AC}=\overline{CD}$이고 ∠DCE=90°일 때, ∠x의 크기를 구하시오.

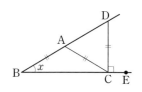

유형10 별 모양의 도형에서 각의 크기 구하기

개념편 61~62쪽

└─ 삼각형의 내각과 외각 ─┘
사이의 관계

$\therefore \angle a + \angle b + \angle c + \angle d + \angle e = 180°$

40 오른쪽 그림에서 ∠x의 크기는?

① 35°   ② 40°
③ 45°   ④ 50°
⑤ 55°

41 오른쪽 그림에서 ∠A=35°, ∠B=40°, ∠C=40°, ∠D=35° 일 때, ∠E의 크기는?

① 30°   ② 35°
③ 40°   ④ 45°
⑤ 50°

42 오른쪽 그림에서 ∠x+∠y의 크기를 구하시오.

서술형

[풀이 과정]

[답]

유형11 다각형의 내각의 크기의 합

개념편 64쪽

(1) n각형의 한 꼭짓점에서 대각선을 모두 그었을 때 만들어지는 삼각형의 개수
➡ ($n-2$)개
(2) n각형의 내각의 크기의 합
➡ $180° \times (n-2)$

43 팔각형의 한 꼭짓점에서 대각선을 모두 그으면 a개의 삼각형이 만들어지므로 팔각형의 내각의 크기의 합은 $b°$이다. 이때 $a+b$의 값을 구하시오.

44 한 꼭짓점에서 그을 수 있는 대각선의 개수가 7개인 다각형의 내각의 크기의 합을 구하시오.

45 내각의 크기의 합이 1620°인 다각형의 대각선의 개수는?

① 27개   ② 35개   ③ 44개
④ 54개   ⑤ 65개

유형12 다각형에서 내각의 크기 구하기   개념편 64쪽

❶ n각형의 내각의 크기의 합을 구한다.
   ➡ $180° \times (n-2)$

❷ ❶을 이용하여 크기가 주어지지 않은 내각의 크기를 구한다.

46 오른쪽 그림에서 $\angle x$의 크기는?

① 60°   ② 65°
③ 70°   ④ 75°
⑤ 80°

47 오른쪽 그림에서 $\angle x$의 크기는?

① 70°   ② 75°
③ 80°   ④ 85°
⑤ 90°

48 오른쪽 그림에서 $\angle x$의 크기를 구하시오.

49 오른쪽 그림에서 $\angle x$의 크기는?

① 100°   ② 105°
③ 110°   ④ 115°
⑤ 120°

50 서술형 오른쪽 그림의 사각형 ABCD에서 점 P는 $\angle$C의 이등분선과 $\angle$D의 이등분선의 교점이다. 이때 $\angle$CPD의 크기를 구하시오.

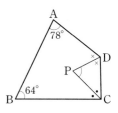

풀이 과정

답

보조선을 그어서 오각형을 만들어 보자.

까다로운 기출문제

51 오른쪽 그림에서 $\angle x$의 크기를 구하시오.

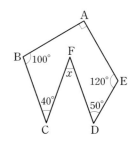

틀리기 쉬운
유형13 다각형의 내각의 크기의 합의 활용 　개념편 64쪽

오른쪽 그림에서 　→맞꼭지각의 크기는 서로 같다.
$\angle e + \angle f = \angle g + \angle h$ 이므로
$\angle a + \angle b + \angle c + \angle d + \underline{\angle e + \angle f}$
$= \angle a + \angle b + \angle c + \angle d + \underline{\angle g + \angle h}$
$=$ (사각형의 내각의 크기의 합)
$= 360°$

보조선 긋기

유형14 다각형의 외각의 크기의 합 　개념편 65쪽

다각형의 외각의 크기의 합은 항상 360°이다.

$180° × 3 - 180°$
$= 360°$　　　$180° × 4 - 360°$
$= 360°$　　　$180° × 5 - 540°$
$= 360°$

52 오른쪽 그림에서
　　$\angle a + \angle b + \angle c + \angle d + \angle e$
　　　　$+ \angle f + \angle g + \angle h$
의 크기를 구하시오.

55 오른쪽 그림에서 $\angle x$의 크기는?

① $40°$　　② $45°$
③ $48°$　　④ $52°$
⑤ $56°$

53 오른쪽 그림에서 $\angle x$의 크기는?

① $25°$　　② $30°$
③ $35°$　　④ $40°$
⑤ $45°$

56 오른쪽 그림에서 $\angle x$의 크기를 구하시오.

57 오른쪽 그림에서 $\angle x$의 크기를 구하시오.

서술형

풀이 과정

답

54 오른쪽 그림에서
　　$\angle a + \angle b + \angle c + \angle d + \angle e$의
크기는?

① $480°$　　② $485°$
③ $490°$　　④ $495°$
⑤ $500°$

58 내각의 크기와 외각의 크기의 총합이 $900°$인 다각형의 이름을 말하시오.

59 오른쪽 그림에서
$\angle x + \angle y + \angle z + \angle p + \angle q$의 크기는?

① 220° ② 250°
③ 290° ④ 310°
⑤ 430°

60 오른쪽 그림에서
$\angle a + \angle b + \angle c + \angle d + \angle e + \angle f$
의 크기를 구하시오.

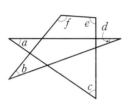

61 다음 그림에서 $\angle a + \angle b + \angle c + \angle d + \angle e + \angle f$의 크기를 구하시오.

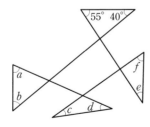

유형15 정다각형의 한 내각과 한 외각의 크기 개념편 66쪽

(1) (정n각형의 한 내각의 크기)
$$= \frac{(\text{내각의 크기의 합})}{n} = \frac{180° \times (n-2)}{n}$$
(2) (정n각형의 한 외각의 크기)
$$= \frac{(\text{외각의 크기의 합})}{n} = \frac{360°}{n}$$

62 정십각형의 한 내각의 크기를 $\angle x$, 정구각형의 한 외각의 크기를 $\angle y$라고 할 때, $\angle x + \angle y$의 크기는?

① 184° ② 186° ③ 188°
④ 190° ⑤ 192°

63 한 꼭짓점에서 그을 수 있는 대각선의 개수가 5개인 정다각형의 한 내각의 크기는?

① 120° ② 125° ③ 130°
④ 135° ⑤ 140°

64 다음 보기 중 옳은 것을 모두 고르시오.

> **보기**
> ㄱ. 정오각형의 한 내각의 크기는 한 외각의 크기보다 36°만큼 크다.
> ㄴ. 정육각형의 내각의 크기의 합은 360°이다.
> ㄷ. 정다각형의 변의 개수가 많을수록 한 외각의 크기는 작아진다.
> ㄹ. 정삼각형의 한 내각의 크기와 정육각형의 한 외각의 크기는 같다.

65 한 내각의 크기가 156°인 정다각형의 대각선의 개수는?

① 44개 ② 54개 ③ 65개
④ 77개 ⑤ 90개

66 한 외각의 크기가 45°인 정다각형의 내각의 크기의 합은?

① 1080° ② 1260° ③ 1440°
④ 1620° ⑤ 1800°

67 한 내각의 크기와 한 외각의 크기의 비가 5 : 1인 정다각형의 이름을 말하시오.

풀이 과정

답

68 한 내각의 크기가 한 외각의 크기보다 140°만큼 큰 정다각형의 내각의 크기의 합을 구하시오.

정다각형의 모든 변의 길이는 같으므로 두 변과 대각선으로 이루어진 삼각형은 이등변삼각형이다.

69 오른쪽 그림의 정오각형에서 ∠x의 크기를 구하려고 할 때, 다음을 구하시오.

(1) ∠BCA의 크기

(2) ∠x의 크기

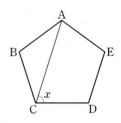

70 오른쪽 그림의 정오각형에서 ∠x의 크기를 구하시오.

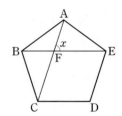

71 오른쪽 그림의 정육각형에서 ∠x+∠y의 크기를 구하시오.

개념편 66쪽

한 변의 길이가 같은 정오각형과 정육각형에서 ∠x의 크기는 다음과 같이 구한다.

방법1 내각 이용

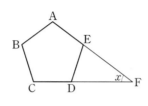

∠x=360°−(108°+120°)
=132°

방법2 외각 이용

∠x=72°+60°=132°

72 오른쪽 그림과 같이 정오각형의 변 AE의 연장선과 변 CD의 연장선의 교점을 F라고 할 때, ∠x의 크기를 구하시오.

73 오른쪽 그림은 한 변의 길이가 같은 정육각형과 정팔각형을 서로 붙여 놓은 것이다. 이때 ∠a+∠b의 크기를 구하시오.

74 오른쪽 그림과 같이 정오각형 ABCDE의 내부에 한 변의 길이가 같은 정삼각형 CDF와 정사각형 AGHE를 그렸을 때, ∠x의 크기를 구하시오.

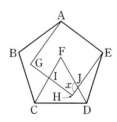

톡톡 튀는 문제

75 어떤 다각형의 한 꼭짓점에서 한 개의 대각선을 그었더니 삼각형과 육각형으로 나누어졌다. 이 다각형의 대각선의 개수는?

① 5개　② 9개　③ 14개
④ 20개　⑤ 27개

76 오른쪽 그림과 같이 서로 합동인 삼각형 모양의 색종이를 계속 이어 붙였더니 처음의 삼각형과 겹치지 않고 만났다. 이때 사용한 색종이의 개수는?

① 16개　② 18개　③ 20개
④ 22개　⑤ 24개

✿ 중요

꼭 나오는 기본 문제

1 오른쪽 그림의 사각형 ABCD에서 ∠A의 외각의 크기와 ∠D의 크기의 합을 구하시오.

2 구각형의 한 꼭짓점에서 그을 수 있는 대각선의 개수를 a개, 구각형의 대각선의 개수를 b개라고 할 때, $b-a$ 의 값은?

① 18   ② 19   ③ 20
④ 21   ⑤ 22

3 오른쪽 그림에서 ∠x의 크기는?

① 15°   ② 20°
③ 30°   ④ 40°
⑤ 45°

4 오른쪽 그림에서 ∠x의 크기 를 구하시오.

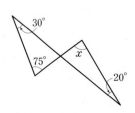

5 오른쪽 그림에서 ∠x의 크기 는?

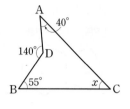

① 40°   ② 45°
③ 50°   ④ 55°
⑤ 60°

6 오른쪽 그림의 △ABC에서 ∠B의 이등분선과 ∠C의 이 등분선의 교점을 D라고 하자. ∠BDC=130°일 때, ∠x의 크기는?

① 60°   ② 65°   ③ 70°
④ 75°   ⑤ 80°

7 오른쪽 그림에서 $\overline{AB}=\overline{BC}=\overline{CD}$이고 ∠A=38°일 때, ∠$x$의 크 기를 구하시오.

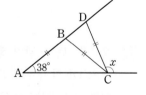

풀이 과정

답

8 오른쪽 그림에서 $\angle x + \angle y$의 크기는?

① $65°$ ② $70°$
③ $75°$ ④ $80°$
⑤ $85°$

9 오른쪽 그림에서 $\angle a$의 크기를 구하시오.

10 오른쪽 그림에서 $\angle a + \angle b$의 크기는?

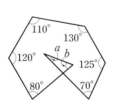

① $80°$ ② $85°$
③ $90°$ ④ $95°$
⑤ $100°$

11 오른쪽 그림에서 $\angle x$의 크기는?

① $110°$ ② $115°$
③ $120°$ ④ $125°$
⑤ $130°$

12 한 꼭짓점에서 대각선을 모두 그었을 때 만들어지는 삼각형의 개수가 7개인 정다각형의 한 내각의 크기는?

① $135°$ ② $140°$ ③ $144°$
④ $150°$ ⑤ $156°$

13 서술형 내각의 크기의 합이 $2520°$인 정다각형의 한 외각의 크기를 구하시오.

풀이 과정

답

14 한 내각의 크기와 한 외각의 크기의 비가 $13 : 2$인 정다각형의 이름을 말하시오.

15 한 변의 길이가 같은 정삼각형, 정사각형, 정오각형을 오른쪽 그림과 같이 서로 붙여 놓았을 때, $\angle x$의 크기를 구하시오.

자주 나오는 **실력 문제**

16 오른쪽 그림과 같이 원탁에 8명의 학생이 앉아 있다. 양옆에 앉은 학생을 제외한 모든 학생들과 서로 한 번씩 악수를 할 때, 악수를 하는 학생은 모두 몇 쌍인지 구하시오.

17 대각선의 개수가 65개인 다각형의 한 꼭짓점에서 대각선을 모두 그었을 때 만들어지는 삼각형의 개수는?

① 9개   ② 10개   ③ 11개

④ 12개   ⑤ 13개

18 오른쪽 그림의 △ABC에서 ∠BAD=∠DAC일 때, ∠x의 크기를 구하시오.

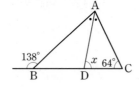

19 서술형 오른쪽 그림의 △ABC에서 ∠B의 이등분선과 ∠C의 외각의 이등분선의 교점을 D라고 하자. ∠A=50°일 때, ∠x의 크기를 구하시오.

풀이 과정

답

20 오른쪽 그림에서 ∠PAB=∠PAD, ∠PBA=∠PBC일 때, ∠APB의 크기를 구하시오.

21 내각의 크기와 외각의 크기의 총합이 2700°인 다각형의 한 꼭짓점에서 그을 수 있는 대각선의 개수는?

① 9개   ② 10개   ③ 11개

④ 12개   ⑤ 13개

22 다음 중 다각형에 대한 설명으로 옳지 <u>않은</u> 것을 모두 고르면? (정답 2개)

① 칠각형의 내각의 크기의 합은 900°이다.
② 한 내각의 크기가 160°인 정다각형의 대각선의 개수는 150개이다.
③ 한 외각의 크기가 40°인 정다각형의 내각의 크기의 합은 1260°이다.
④ 내각의 크기와 외각의 크기의 총합이 1440°인 다각형은 팔각형이다.
⑤ 한 내각의 크기와 한 외각의 크기의 비가 9 : 1인 정다각형은 정십이각형이다.

23 오른쪽 그림은 한 변의 길이가 같은 정오각형과 정팔각형을 서로 붙여 놓은 것이다. 이때 $\angle x$의 크기는?

① 118°　　② 122°　　③ 126°
④ 128°　　⑤ 132°

24 오른쪽 그림과 같이 서로 평행한 두 직선 l, m 사이에 정오각형이 있을 때, $\angle x$의 크기를 구하시오.

25 오른쪽 그림의 △ABC에서 ∠B와 ∠C의 외각의 이등분선의 교점을 F라고 하자. ∠F=40°일 때, $\angle x$의 크기는?

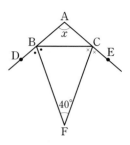

① 90°　　② 95°
③ 100°　　④ 105°
⑤ 110°

26 오른쪽 그림에서
$$\angle a + \angle b + \angle c + \angle d \\ + \angle e + \angle f + \angle g$$
의 크기를 구하시오.

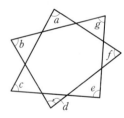

27 오른쪽 그림에서
$$\angle a + \angle b + \angle c + \angle d \\ + \angle e + \angle f$$
의 크기를 구하시오.

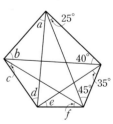

4 원과 부채꼴

4 원과 부채꼴

⭐ 중요

개념편 78쪽

유형 1 원과 부채꼴

참고 • 원의 중심을 지나는 현은 그 원의 지름이고, 원에서 지름은 길이가 가장 긴 현이다.
• 반원은 활꼴인 동시에 부채꼴이다.

1 다음 중 옳지 <u>않은</u> 것을 모두 고르면? (정답 2개)

① 원은 평면 위의 한 점에서 일정한 거리에 있는 모든 점으로 이루어진 도형이다.

② 원 위의 두 점을 연결한 선분은 호이다.

③ 한 원의 중심과 원 위의 한 점을 이은 선분은 원의 지름이다.

④ 부채꼴은 두 반지름과 호로 둘러싸여 있다.

⑤ 한 원에서 부채꼴과 활꼴이 같아지는 경우도 있다.

2 다음 중 오른쪽 그림과 같이 $\overline{BC}$를 지름으로 하는 원 O에 대한 설명으로 옳지 <u>않은</u> 것은?

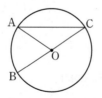

① $\overline{AC}$는 현이다.

② ∠AOB는 $\widehat{AB}$에 대한 중심각이다.

③ $\widehat{AC}$와 $\overline{AC}$로 이루어진 도형은 부채꼴이다.

④ $\overline{BC}$는 원 O의 현 중에서 길이가 가장 긴 현이다.

⑤ $\overline{OA}=\overline{OB}=\overline{OC}$이다.

3 다음 중 오른쪽 그림의 원 O에 대한 설명으로 옳지 <u>않은</u> 것은?

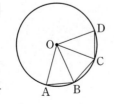

① ∠AOB에 대한 호는 $\widehat{AB}$이다.

② 부채꼴 BOC에 대한 중심각은 ∠BOC이다.

③ $\widehat{AC}$에 대한 중심각은 ∠AOC이다.

④ $\widehat{CD}$와 $\overline{OC}$, $\overline{OD}$로 둘러싸인 도형은 부채꼴이다.

⑤ ∠AOD=90°이면 부채꼴 AOD는 활꼴이 된다.

유형 2 중심각의 크기와 호의 길이

개념편 79쪽

한 원 또는 합동인 두 원에서 호의 길이는 중심각의 크기에 정비례한다.

➡ 비례식을 세워 호의 길이 또는 중심각의 크기를 구한다.

4 오른쪽 그림의 원 O에서 x의 값은?

① $\dfrac{3}{7}$ ② $\dfrac{3}{2}$

③ $\dfrac{7}{3}$ ④ $\dfrac{8}{3}$

⑤ 3

5 오른쪽 그림의 원 O에서 x, y의 값은?

① $x=\dfrac{15}{2}$, $y=60$

② $x=\dfrac{15}{2}$, $y=75$

③ $x=12$, $y=60$

④ $x=12$, $y=75$

⑤ $x=12$, $y=80$

6 오른쪽 그림의 원 O에서 x의 값은?

① 10 ② 15

③ 20 ④ 25

⑤ 30

유형 3 중심각의 크기와 호의 길이 – 호의 길이의 비가 주어진 경우 개념편 79쪽

한 원에서 호의 길이는 중심각의 크기에 정비례하므로
$\widehat{AB} : \widehat{BC} : \widehat{CA} = a : b : c$이면

➡ $\angle AOB = 360° \times \dfrac{a}{a+b+c}$

$\angle BOC = 360° \times \dfrac{b}{a+b+c}$

$\angle COA = 360° \times \dfrac{c}{a+b+c}$

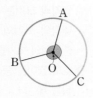

7 오른쪽 그림의 반원 O에서 $\widehat{AC} = 4\widehat{BC}$일 때, $\angle BOC$의 크기는?

① 30° ② 36° ③ 40°
④ 45° ⑤ 50°

8 오른쪽 그림의 원 O에서 $\widehat{AB} : \widehat{BC} : \widehat{CA} = 3 : 4 : 5$일 때, $\angle AOB$의 크기는?

① 90° ② 100°
③ 120° ④ 150°
⑤ 180°

9 서술형 오른쪽 그림의 반원 O에서 $\widehat{BC}$의 길이가 $\widehat{AC}$의 길이의 5배일 때, $\angle OBC$의 크기를 구하시오.

풀이 과정

답

유형 4 평행선의 성질을 이용하여 호의 길이 구하기 개념편 79쪽

한 원에서 반지름의 길이가 같음을 이용하여 이등변삼각형을 찾으면 다음의 성질을 이용할 수 있다.
(1) 이등변삼각형의 두 각의 크기는 같다.
(2) 평행선에서 엇각의 크기는 같다.

10 오른쪽 그림의 원 O에서 $\overline{AB} \parallel \overline{CD}$이고 $\angle AOB = 140°$일 때, $\widehat{AB}$의 길이는 $\widehat{AC}$의 길이의 몇 배인지 구하시오.

11 오른쪽 그림의 반원 O에서 $\overline{AB} \parallel \overline{CD}$이고 $\angle BOD = 30°$, $\widehat{BD} = 4\,cm$일 때, $\widehat{AB}$의 길이를 구하시오.

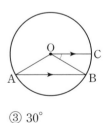

12 오른쪽 그림의 원 O에서 $\overline{OC} \parallel \overline{AB}$이고 $\widehat{AB} : \widehat{BC} = 4 : 1$일 때, $\angle BOC$의 크기는?

① 20° ② 25° ③ 30°
④ 35° ⑤ 40°

유형 5 보조선을 그어 호의 길이 구하기   개념편 **79쪽**

오른쪽 그림의 반원 O에서
$\overline{AD} /\!/ \overline{OC}$이면
❶ 보조선 OD를 긋는다.
❷ 평행선의 성질과 이등변삼각형의
   성질을 이용하여 ∠AOD의 크기를 구한다.
❸ 호의 길이는 중심각의 크기에 정비례함을 이용하여 비례
   식을 세운다.

유형 6 삼각형의 외각의 성질을 이용하여 호의 길이
    구하기   개념편 **79쪽**

❶ 이등변삼각형의 성질과 삼각형에서 한
   외각의 크기는 그와 이웃하지 않는 두
   내각의 크기의 합과 같음을 이용하여
   중심각의 크기를 구한다.
❷ 호의 길이는 중심각의 크기에 정비례함을 이용하여 비례
   식을 세운다.

13 오른쪽 그림의 반원 O에서
$\overline{AD} /\!/ \overline{OC}$이고
∠BOC=36°, $\widehat{BC}$=8cm
일 때, $\widehat{AD}$의 길이는?

① 24cm   ② 26cm   ③ 28cm
④ 30cm   ⑤ 32cm

16 오른쪽 그림의 원 O에서 점
P는 지름 BA의 연장선과
$\overline{DC}$의 연장선의 교점이고
∠P=30°, $\overline{CP}=\overline{CO}$,
$\widehat{BD}$=12cm일 때, $\widehat{AC}$의
길이는?

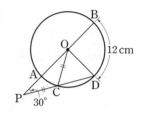

① 2cm   ② 3cm   ③ 4cm
④ 5cm   ⑤ 6cm

14 오른쪽 그림에서 $\overline{AB}$는 원 O의
지름이고 $\overline{AD} /\!/ \overline{OC}$이다.
∠BOC=40°, $\widehat{AD}$=10cm일
때, $\widehat{CD}$의 길이는?

① 2cm   ② 3cm
③ 4cm   ④ 5cm
⑤ 6cm

> ∠BOD=∠x로 놓고 ∠AOC의 크기를 구해 보자.

까다로운 기출문제

17 오른쪽 그림의 원 O에서 점
E는 지름 AB의 연장선과
$\overline{CD}$의 연장선의 교점이고
$\overline{DO}=\overline{DE}$, $\widehat{BD}$=2cm일 때,
$\widehat{AC}$의 길이는?

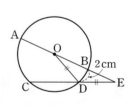

① 6cm   ② 7cm   ③ 9cm
④ 10cm   ⑤ 12cm

15 오른쪽 그림에서 $\overline{AB}$, $\overline{CD}$는
원 O의 지름이고 $\overline{AE} /\!/ \overline{CD}$
이다. ∠BOD=30°,
$\widehat{AC}$=7cm일 때, $\widehat{AE}$의 길
이를 구하시오.

유형 7 중심각의 크기와 부채꼴의 넓이, 현의 길이

개념편 79~80쪽

한 원 또는 합동인 두 원에서
(1) 부채꼴의 넓이는 중심각의 크기에 정비례한다.
(2) 현의 길이는 중심각의 크기에 정비례하지 않는다.

참고 중심각의 크기가 같은 두 현의 길이는 서로 같다.

[18~20] 중심각의 크기와 부채꼴의 넓이

18 오른쪽 그림의 원 O에서 x의 값을 구하시오.

19 오른쪽 그림의 원 O에서 x의 값은?

① 10   ② 20

③ 30   ④ 40

⑤ 50

20 오른쪽 그림의 원 O에서
∠AOB : ∠BOC : ∠COA
＝4 : 6 : 5이고 원 O의 넓이가
$90\,cm^2$일 때, 부채꼴 COA의 넓이를 구하시오.

[21~22] 중심각의 크기와 현의 길이

21 오른쪽 그림의 원 O에서
$\overline{AB}=\overline{CD}=\overline{DE}=\overline{EF}$이고
∠COF＝108°일 때, ∠AOB
의 크기를 구하시오.

22 오른쪽 그림과 같이 $\overline{AB}$를 지름으로 하는 원 O에서
$\overline{CO}\,/\!/\,\overline{DB}$이고 $\overline{CD}=6\,cm$일 때, $\overline{AC}$의 길이를 구하시오.

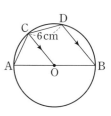

유형 8 중심각의 크기에 정비례하는 것

개념편 79~80쪽

한 원 또는 합동인 두 원에서
(1) 중심각의 크기에 정비례하는 것
➡ 호의 길이, 부채꼴의 넓이
(2) 중심각의 크기에 정비례하지 않는 것
➡ 현의 길이, 현과 두 반지름으로 이루어진 삼각형의 넓이,
활꼴의 넓이

23 오른쪽 그림의 원 O에서
∠AOB＝∠COE＝∠DOE일 때,
다음 보기 중 옳은 것을 모두 고르시오.

┌ 보기 ┐

ㄱ. $\overline{AB}=\overline{CE}=\overline{DE}$

ㄴ. $\overline{AB}=\dfrac{1}{2}\overline{CD}$

ㄷ. $\overparen{AB}=\dfrac{1}{2}\overparen{CD}$

ㄹ. (△COD의 넓이)＝2×(△AOB의 넓이)

24 오른쪽 그림의 원 O에서
∠AOB＝60°, ∠COD＝120°일
때, 다음 중 옳은 것은?

① $\overparen{AB}=2\overparen{CD}$

② $\overline{CD}=2\overline{AB}$

③ ∠BAO＝60°

④ ∠CDO＝∠BOA

⑤ (부채꼴 COD의 넓이)＞2×(부채꼴 AOB의 넓이)

유형 9 원의 둘레의 길이와 넓이 구하기 개념편 83쪽

반지름의 길이가 r인 원 O의 둘레의 길이를 l, 넓이를 S라고 하면

(1) $l = 2\pi r$

(2) $S = \pi r^2$

유형 10 부채꼴의 호의 길이와 넓이 구하기 개념편 84쪽

반지름의 길이가 r, 중심각의 크기가 $x°$인 부채꼴의 호의 길이를 l, 넓이를 S라고 하면

(1) $l = 2\pi r \times \dfrac{x}{360}$

(2) $S = \pi r^2 \times \dfrac{x}{360}$

25 오른쪽 그림과 같은 반원에서 색칠한 부분의 둘레의 길이를 구하시오.

29 오른쪽 그림과 같은 부채꼴의 둘레의 길이와 넓이를 차례로 구하시오.

26 오른쪽 그림에서 색칠한 부분의 넓이는?

① $20\pi \, \mathrm{cm}^2$　② $40\pi \, \mathrm{cm}^2$

③ $60\pi \, \mathrm{cm}^2$　④ $80\pi \, \mathrm{cm}^2$

⑤ $100\pi \, \mathrm{cm}^2$

30 오른쪽 그림과 같은 반원에서 색칠한 부분의 둘레의 길이와 넓이를 차례로 구하시오.

27 오른쪽 그림에서 색칠한 부분의 넓이는?

① $36\pi \, \mathrm{cm}^2$　② $40\pi \, \mathrm{cm}^2$

③ $42\pi \, \mathrm{cm}^2$　④ $46\pi \, \mathrm{cm}^2$

⑤ $48\pi \, \mathrm{cm}^2$

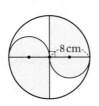

31 서술형 오른쪽 그림과 같이 한 변의 길이가 6 cm인 정육각형에서 색칠한 부분의 넓이를 구하시오.

풀이 과정

답

28 오른쪽 그림은 지름의 길이가 12 cm인 원이다. $\overline{AD}$는 원의 지름이고 $\overline{AB} = \overline{BC} = \overline{CD}$일 때, 색칠한 부분의 둘레의 길이와 넓이를 차례로 구하시오.

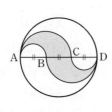

유형11 호의 길이를 알 때, 부채꼴의 넓이 구하기

개념편 85쪽

반지름의 길이가 r, 호의 길이가 l인 부채꼴의 넓이를 S라고 하면

$S = \dfrac{1}{2} rl$ ← 중심각의 크기가 주어지지 않은 부채꼴의 넓이를 구할 때 사용한다.

32 오른쪽 그림과 같은 부채꼴의 넓이는?

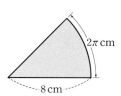

① $8\pi \, cm^2$　② $16\pi \, cm^2$
③ $20\pi \, cm^2$　④ $24\pi \, cm^2$
⑤ $40\pi \, cm^2$

33 오른쪽 그림과 같이 호의 길이가 $5\pi \, cm$이고 넓이가 $10\pi \, cm^2$인 부채꼴의 중심각의 크기를 구하시오.

34 오른쪽 그림과 같은 원 O에서 색칠한 부분의 넓이는?

① $18\pi \, cm^2$　② $24\pi \, cm^2$
③ $32\pi \, cm^2$　④ $36\pi \, cm^2$
⑤ $48\pi \, cm^2$

유형12 색칠한 부분의 둘레의 길이 구하기

개념편 84쪽

색칠한 부분의 둘레의 길이를 구할 때는 원의 둘레의 길이와 부채꼴의 호의 길이를 구하는 공식을 이용한다.

35 오른쪽 그림과 같은 부채꼴에서 색칠한 부분의 둘레의 길이를 구하시오.

36 오른쪽 그림과 같이 한 변의 길이가 8 cm인 정사각형에서 색칠한 부분의 둘레의 길이를 구하시오.

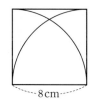

두 원의 중심 O, O'과 두 원의 교점을 각각 연결하는 보조선을 그어 보자.

까다로운 기출문제

37 오른쪽 그림과 같이 반지름의 길이가 9 cm이고 합동인 두 원 O, O'이 서로의 중심을 지날 때, 색칠한 부분의 둘레의 길이를 구하시오.

유형13 색칠한 부분의 넓이 구하기 (1)   개념편 84쪽

색칠한 부분의 넓이를 구할 때는 전체의 넓이에서 색칠하지 않은 부분의 넓이를 뺀다.

유형14 색칠한 부분의 넓이 구하기 (2)   개념편 84쪽

도형의 일부분을 적당히 이동하여 간단한 모양으로 만든 후 색칠한 부분의 넓이를 구한다.

38 오른쪽 그림에서 색칠한 부분의 넓이를 구하시오.

39 오른쪽 그림에서 색칠한 부분의 넓이를 구하시오.

40 오른쪽 그림과 같이 한 변의 길이가 4 cm인 정사각형에서 색칠한 부분의 넓이를 구하시오.

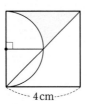

41 오른쪽 그림과 같이 한 변의 길이가 10 cm인 정사각형에서 색칠한 부분의 둘레의 길이와 넓이를 차례로 구하시오.

서술형

[풀이 과정]

[답]

42 오른쪽 그림에서 색칠한 부분의 넓이를 구하시오.

43 오른쪽 그림에서 색칠한 부분의 넓이를 구하시오.

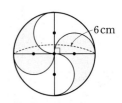

44 오른쪽 그림에서 색칠한 부분의 넓이를 구하시오.

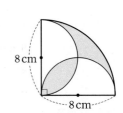

보조선을 그어 넓이가 같은 부분을 찾아보자.

까다로운 기출문제

45 오른쪽 그림에서 색칠한 부분의 넓이를 구하시오.

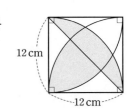

틀리기 쉬운

유형 **15** 색칠한 부분의 넓이 구하기 (3)   개념편 84쪽

색칠한 부분의 넓이를 구할 때, 주어진 도형을 몇 개의 도형으로 나누어 넓이를 구한 후 각각의 넓이를 더하거나 뺀다.

(1)

(2)

46 오른쪽 그림은 직각삼각형 ABC의 각 변을 지름으로 하는 세 반원을 그린 것이다. 이때 색칠한 부분의 넓이는?

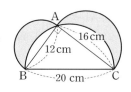

① 96 cm^2

② $96\pi \text{ cm}^2$

③ $(48\pi + 96) \text{ cm}^2$

④ $(96\pi + 48) \text{ cm}^2$

⑤ $(96\pi + 116) \text{ cm}^2$

47 오른쪽 그림은 지름의 길이가 6 cm인 반원을 점 A를 중심으로 30°만큼 회전시킨 것이다. 이때 색칠한 부분의 넓이는?

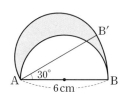

① $2\pi \text{ cm}^2$ ② $3\pi \text{ cm}^2$ ③ $6\pi \text{ cm}^2$

④ $12\pi \text{ cm}^2$ ⑤ $15\pi \text{ cm}^2$

유형 **16** 색칠한 부분의 넓이가 같은 경우   개념편 84쪽

색칠한 두 부분의 넓이가 같으면 직사각형의 넓이와 사분원의 넓이가 같음을 이용한다.

색칠한 두 부분의 넓이가 같다. ➡ (직사각형의 넓이) = (사분원의 넓이)

48 오른쪽 그림과 같은 직사각형 ABCD와 부채꼴 ABE에서 색칠한 두 부분의 넓이가 같고 $\overline{AB} = 8 \text{ cm}$일 때, x의 값을 구하시오.

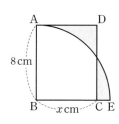

49 오른쪽 그림과 같은 반원 O와 부채꼴 ABC에서 색칠한 두 부분의 넓이가 같을 때, ∠ABC의 크기를 구하시오.

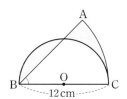

주어진 조건을 이용하여 넓이가 같은 두 도형을 찾아보자.

까다로운 **기출문제**

50 오른쪽 그림에서 색칠한 부분의 넓이와 직사각형 ABCD의 넓이가 같을 때, 색칠한 부분의 넓이를 구하시오.

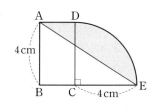

유형17 도형을 회전시킬 때, 점이 움직인 거리 구하기
개념편 84쪽

도형을 한 꼭짓점을 중심으로 회전시킬 때, 도형 위의 점이 움직인 거리는 부채꼴의 호의 길이와 같음을 이용한다.

51
서술형

오른쪽 그림은 삼각자 ABC 를 점 B를 중심으로 점 C가 변 AB의 연장선 위의 점 D 에 오도록 회전시킨 것이다. ∠ABC=60°, $\overline{AB}$=15 cm 일 때, 점 A가 움직인 거리를 구하시오.

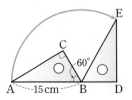

풀이 과정

답

까다로운 유형18 끈의 길이 구하기
개념편 84쪽

끈의 최소 길이를 구할 때는 곡선 부분과 직선 부분으로 나누어 생각한다.

➡ (끈 전체의 길이)=(곡선 부분의 합)+(직선 부분의 합)

53
편의점에서 음료수 4개를 오른쪽 그림과 같이 끈으로 묶어서 팔려고 한다. 음료수 한 개의 지름의 길이 가 12 cm일 때, 필요한 끈의 최소 길이는? (단, 끈의 두께와 매듭의 길이는 생각하지 않는다.)

① $(12\pi+24)$ cm   ② $(12\pi+36)$ cm
③ $(12\pi+48)$ cm   ④ $(18\pi+24)$ cm
⑤ $(18\pi+48)$ cm

점 A가 움직인 거리를 부채꼴의 호의 길이로 나타내자.

까다로운 기출문제

52
다음 그림은 가로의 길이가 4 cm, 세로의 길이가 3 cm, 대각선의 길이가 5 cm인 직사각형을 직선 l 위에서 점 A가 점 A′에 오도록 오른쪽으로 회전시킨 것이다. 이때 점 A가 움직인 거리를 구하시오.

54
오른쪽 그림은 밑면의 반지름의 길이가 5 cm인 원기둥 3개를 붙여서 끈으로 묶은 것을 위에서 본 것이다. 이때 사용한 끈의 최소 길이는? (단, 끈의 두께와 매듭의 길이는 생각하지 않는다.)

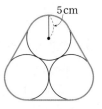

① $(5\pi+10)$ cm   ② $(5\pi+15)$ cm
③ $(5\pi+30)$ cm   ④ $(10\pi+15)$ cm
⑤ $(10\pi+30)$ cm

까다로운 유형19 움직인 자리의 넓이 구하기　　개념편 84쪽

(1) 원이 지나간 자리의 넓이 구하기

　❶ 원이 지나간 자리를 그려 본다.

　❷ 부채꼴 부분과 직사각형 부분으로 나누어 계산한다.

(2) 최대로 움직일 수 있는 영역의 넓이 구하기

　❶ 묶여 있는 지점을 원의 중심, 끈의 길이를 반지름으로 하는 원을 그린다.

　❷ 장애물의 모서리와 만나면 남은 끈의 길이를 반지름으로 하는 원을 그린다.

55 오른쪽 그림과 같이 반지름의 길이가 2 cm인 원을 한 변의 길이가 30 cm인 정삼각형의 둘레를 따라 한 바퀴 돌렸다. 이때 원이 지나간 자리의 넓이를 구하시오.

（강아지가 움직일 수 있는 영역을 정확히 그려 보자.）

56 다음 그림과 같이 한 변의 길이가 8 m인 정삼각형 모양의 울타리의 한 모퉁이에 길이가 6 m인 끈으로 강아지를 묶어 두었다. 이때 강아지가 울타리 밖에서 최대한 움직일 수 있는 영역의 넓이를 구하시오. (단, 끈의 매듭의 길이와 강아지의 크기는 생각하지 않는다.)

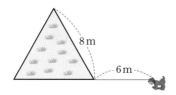

톡톡 튀는 문제

57 오른쪽 그림에서 원 O의 넓이는 60π cm²이고 부채꼴 AOB의 넓이는 14π cm²일 때, $\triangle$OCD에서 $\angle x + \angle y$의 크기를 구하시오.

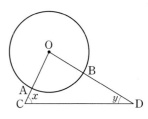

58 한 변의 길이가 모두 6 cm인 정사각형, 정오각형, 정육각형의 한 꼭짓점이 오른쪽 그림과 같이 반지름의 길이가 6 cm인 원의 중심과 일치할 때, 색칠한 부분의 넓이를 구하시오.

（단, 다각형은 겹쳐져 있지 않다.）

꼭 나오는 기본 문제

1 오른쪽 그림에서 $\overline{AC}$가 원 O의 지름일 때, 다음 중 옳지 <u>않은</u> 것은?

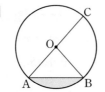

① $\overline{AB}$는 현이다.

② 색칠한 부분은 활꼴이다.

③ 원의 중심 O를 지나는 현이 길이가 가장 짧은 현이다.

④ $\overparen{AB}$에 대한 중심각은 $\angle AOB$이다.

⑤ $\angle AOC = 180°$일 때, $\overline{AC}$는 원 O의 지름이다.

2 오른쪽 그림의 원 O에서 $x + y$의 값은?

① 56　　② 62

③ 68　　④ 72

⑤ 76

3 오른쪽 그림과 같이 $\overline{AB}$를 지름으로 하는 원 O에서 $\overparen{AC} = 10\,cm$, $\overparen{BC} = 2\,cm$일 때, $\angle AOC$의 크기는?

① 120°　　② 130°

③ 140°　　④ 150°

⑤ 160°

4 오른쪽 그림의 원 O에서 $\overline{AB} /\!/ \overline{CD}$이고 $\angle AOB = 90°$일 때, $\overparen{AC} : \overparen{AB} : \overparen{BD}$는?

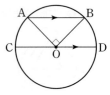

① 1 : 1 : 1

② 1 : 2 : 1

③ 2 : 1 : 1

④ 2 : 2 : 1

⑤ 2 : 3 : 2

5 오른쪽 그림의 원 O에서 $\overparen{AB} : \overparen{CD} = 3 : 2$이고 부채꼴 AOB의 넓이가 $4\,cm^2$일 때, 부채꼴 COD의 넓이를 구하시오.

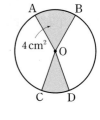

6 오른쪽 그림의 원 O에서 $\overparen{AB} = \overparen{BC}$이고 $\overline{AB} = 6\,cm$, $\overline{OA} = 7\,cm$일 때, 색칠한 부분의 둘레의 길이는?

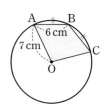

① 24 cm　　② 26 cm

③ 28 cm　　④ 30 cm

⑤ 32 cm

7 오른쪽 그림의 원 O에서
∠AOB=∠BOC일 때, 다음 중
옳지 <u>않은</u> 것은?

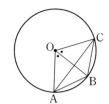

① $\overline{AB}=\overline{BC}$
② $\overset{\frown}{AB}=\overset{\frown}{BC}$
③ $\overset{\frown}{AC}=2\overset{\frown}{AB}$
④ $\triangle OAB\equiv\triangle OBC$
⑤ ($\triangle OAC$의 넓이)$=2\times$($\triangle OAB$의 넓이)

8 오른쪽 그림에서 색칠한 부분의 둘
레의 길이와 넓이를 차례로 구하시
오.

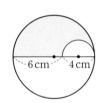

9 오른쪽 그림과 같은 부채꼴의 넓
이를 구하시오.

10 오른쪽 그림과 같은 부채꼴에
서 색칠한 부분의 둘레의 길이
와 넓이를 차례로 구하시오.

서술형

풀이 과정

답

11 오른쪽 그림과 같이 한 변의 길이가
4 cm인 정사각형에서 색칠한 부분의
넓이는?

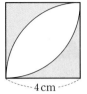

① $(8-2\pi)$ cm²
② $(16-4\pi)$ cm²
③ $(24-4\pi)$ cm²
④ $(32-8\pi)$ cm²
⑤ $(36-4\pi)$ cm²

12 오른쪽 그림에서 색칠한 부분의
넓이는?

① $(64-8\pi)$ cm²
② $(64-10\pi)$ cm²
③ $(64-12\pi)$ cm²
④ $(64-14\pi)$ cm²
⑤ $(64-16\pi)$ cm²

13 오른쪽 그림과 같이 한 변의 길이가
10 cm인 정사각형에서 색칠한 부분
의 넓이는?

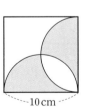

① 42 cm²   ② 48 cm²
③ 50 cm²   ④ 52 cm²
⑤ 56 cm²

자주 나오는 **실력 문제**

14 오른쪽 그림의 반원 O에서 $\overarc{AC} : \overarc{BC} = 2 : 3$일 때, 다음 보기 중 옳은 것을 모두 고르시오.

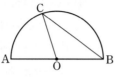

┌─ 보기 ├─
ㄱ. $\angle AOC : \angle BOC = 2 : 3$
ㄴ. $\angle AOC = 72°$
ㄷ. $\angle BCO = 32°$

15 오른쪽 그림의 반원 O에서 $\overline{AC} /\!/ \overline{OD}$이고 $\overarc{AC} = 3\overarc{BD}$일 때, $\angle x$의 크기를 구하시오.

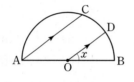

16 오른쪽 그림에서 점 E는 원 O의 지름 BA와 현 DC의 연장선의 교점이다. $\overline{CE} = \overline{CO}$이고 $\angle E = 30°$, $\overline{AB} = 20 \text{ cm}$일 때, 부채꼴 BOD의 넓이를 구하시오.

서술형

풀이 과정

답

17 오른쪽 그림과 같이 한 변의 길이가 12 cm인 정사각형 ABCD에서 색칠한 부분의 넓이는?

① $120\pi \text{ cm}^2$
② $144\pi \text{ cm}^2$
③ $(144 - 12\pi) \text{ cm}^2$
④ $(144 - 20\pi) \text{ cm}^2$
⑤ $(144 - 24\pi) \text{ cm}^2$

18 오른쪽 그림에서 색칠한 부분의 넓이를 구하시오.

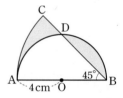

19 오른쪽 그림과 같은 직각삼각형 ABD와 부채꼴 ABC에서 색칠한 두 부분의 넓이가 같을 때, x의 값을 구하시오.

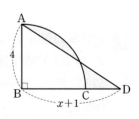

20 다음 그림과 같이 한 변의 길이가 6 cm인 정삼각형 ABC를 직선 *l* 위에서 점 A가 점 A″에 오도록 오른쪽으로 회전시킬 때, 점 A가 움직인 거리를 구하시오.

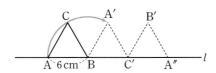

21 다음 그림과 같이 밑면의 반지름의 길이가 2 cm인 원기둥 4개를 A, B 두 방법으로 묶으려고 한다. 끈의 길이가 최소가 되도록 묶을 때, A, B 두 방법 중 어느 방법이 몇 cm 더 긴지 구하시오.
(단, 끈의 두께와 매듭의 길이는 생각하지 않는다.)

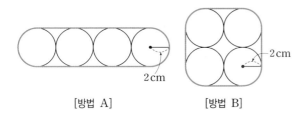

[방법 A] [방법 B]

22 오른쪽 그림과 같이 반지름의 길이가 3 cm인 원이 직사각형의 변을 따라 한 바퀴 돌았을 때, 원이 지나간 자리의 넓이를 구하시오.

23 오른쪽 그림은 한 변의 길이가 6 cm인 정육각형 ABCDEF에서 $\overline{EF}$, $\overline{DE}$, $\overline{CD}$를 연장하여 세 부채꼴 AFG, GEH, HDI를 그린 것이다. 이때 색칠한 부분의 넓이를 구하시오.

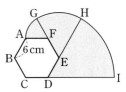

24 오른쪽 그림과 같이 반지름의 길이가 8 cm인 원 O의 내부에 반지름의 길이가 같은 4개의 원이 있을 때, 색칠한 부분의 넓이를 구하시오.

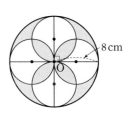

25 다음 그림과 같이 가로의 길이가 5 m, 세로의 길이가 3 m인 직사각형 모양의 울타리의 한 모퉁이에 길이가 6 m인 끈으로 염소를 묶어 두었다. 이때 염소가 울타리 밖에서 최대한 움직일 수 있는 영역의 넓이를 구하시오. (단, 끈의 매듭의 길이와 염소의 크기는 생각하지 않는다.)

5 다면체와 회전체

5 다면체와 회전체

⭐ 중요

개념편 98~99쪽

유형 1 | 다면체

(1) 다면체: 다각형인 면으로만 둘러싸인 입체도형
(2) 다면체의 종류: 각기둥, 각뿔, 각뿔대 등

> 참고 각뿔대: 각뿔을 밑면에 평행한 평면으로 잘라서 생기는
> 두 다면체 중 각뿔이 아닌 쪽의 도형

(3) 다면체의 이름

면의 개수에 따라 ➡ 오면체
밑면과 옆면의 모양에 따라 ➡ 사각뿔

유형 2 | 다면체의 꼭짓점, 모서리, 면의 개수 개념편 99쪽

다면체	n각기둥	n각뿔	n각뿔대
꼭짓점의 개수	$2n$개	$(n+1)$개	$2n$개
모서리의 개수	$3n$개	$2n$개	$3n$개
면의 개수	$(n+2)$개	$(n+1)$개	$(n+2)$개
몇 면체?	$(n+2)$면체	$(n+1)$면체	$(n+2)$면체

> 참고 • (다면체의 면의 개수)=(옆면의 개수)+(밑면의 개수)
> • 각뿔에서 (꼭짓점의 개수)=(면의 개수)이다.
> • 각기둥과 각뿔대는 꼭짓점, 모서리, 면의 개수가 각각 같다.

1 다음 입체도형 중 다면체인 것은?

2 다음 보기의 입체도형 중 다면체는 모두 몇 개인가?

> 보기
> ㄱ. 구 　　ㄴ. 오각뿔대 　　ㄷ. 직육면체
> ㄹ. 십이면체 　ㅁ. 육각뿔 　　ㅂ. 원기둥
> ㅅ. 원뿔 　　ㅇ. 사각기둥

① 3개 　　② 4개 　　③ 5개
④ 6개 　　⑤ 7개

3 오른쪽 그림의 입체도형은 몇 면체인가?

① 사면체 　　② 오면체
③ 육면체 　　④ 칠면체
⑤ 팔면체

4 다음 중 입체도형과 그 다면체의 이름을 짝 지은 것으로 옳지 <u>않은</u> 것은?

① 육각뿔대 – 팔면체 　② 오각기둥 – 칠면체
③ 십각뿔 – 십이면체 　④ 구각뿔 – 십면체
⑤ 구각뿔대 – 십일면체

5 다음 중 오른쪽 그림의 다면체와 면의 개수가 같은 것은?

① 칠각뿔 　　② 팔각뿔
③ 팔각뿔대 　④ 구각뿔
⑤ 구각기둥

6 다음 다면체 중 꼭짓점의 개수가 나머지 넷과 <u>다른</u> 하나는?

① 사각기둥 　② 정육면체 　③ 칠각뿔
④ 사각뿔대 　⑤ 사각뿔

7 다음 중 다면체와 그 모서리의 개수를 짝 지은 것으로 옳지 <u>않은</u> 것은?

① 삼각뿔 – 6개 　　　② 사각기둥 – 12개

③ 정사각뿔 – 8개　　　④ 삼각뿔대 – 10개

⑤ 오각뿔대 – 15개

8 다음 중 꼭짓점의 개수가 10개이고 면의 개수가 7개인 입체도형은?

① 사각뿔대　　② 구각뿔　　③ 오각기둥

④ 직육면체　　⑤ 십각뿔대

9 사각기둥의 면의 개수를 a개, 오각뿔의 모서리의 개수를 b개, 칠각뿔대의 꼭짓점의 개수를 c개라고 할 때, $a-b+c$의 값을 구하시오.

서술형

풀이 과정

답

10 모서리의 개수가 18개인 각뿔대의 면의 개수를 a개, 꼭짓점의 개수를 b개라고 할 때, $a+b$의 값을 구하시오.

유형 3　다면체의 옆면의 모양　　개념편 99쪽

다면체	각기둥	각뿔	각뿔대
옆면의 모양	직사각형	삼각형	사다리꼴

11 오른쪽 그림의 다면체에서 두 밑면이 서로 평행할 때, 다음 중 이 다면체의 이름과 그 옆면의 모양을 바르게 짝 지은 것은?

① 삼각뿔대 – 사다리꼴

② 오각기둥 – 직사각형

③ 오각뿔대 – 사다리꼴

④ 오각뿔대 – 오각형

⑤ 오각뿔 – 오각형

12 다음 중 다면체와 그 옆면의 모양을 바르게 짝 지은 것은?

① 삼각뿔 – 사다리꼴　　② 삼각뿔대 – 삼각형

③ 오각뿔 – 사각형　　　④ 오각기둥 – 직사각형

⑤ 육각기둥 – 육각형

13 다음 다면체 중 옆면의 모양이 사각형이 <u>아닌</u> 것은?

① 육각뿔대　　　　　② 팔각기둥

③ 사각뿔　　　　　　④ 정육면체

⑤ 칠각뿔대

14 다음 다면체 중 밑면의 모양과 옆면의 모양이 모두 삼각형인 것은?

① 삼각기둥　　② 삼각뿔　　③ 삼각뿔대

④ 사각기둥　　⑤ 사각뿔

유형 4 **다면체의 이해** 개념편 99쪽

(1) 각기둥: 두 밑면은 서로 평행하고 합동인 다각형이며, 옆면은 모두 직사각형인 다면체
(2) 각뿔: 밑면은 다각형이고, 옆면은 모두 삼각형인 다면체
(3) 각뿔대: 두 밑면은 서로 평행한 다각형이고, 옆면은 모두
└→ 합동은 아니다.
　사다리꼴인 다면체

15 다음 보기 중 팔각뿔대에 대한 설명으로 옳은 것을 모두 고르시오.

┤ 보기 ├
ㄱ. 두 밑면은 서로 평행하고 합동이다.
ㄴ. 옆면의 모양은 직사각형이 아닌 사다리꼴이다.
ㄷ. 모서리의 개수는 16개이다.
ㄹ. 팔각기둥과 꼭짓점의 개수가 같다.

보기 다 모아~

16 다음 중 다면체에 대한 설명으로 옳지 <u>않은</u> 것을 모두 고르면?

① n각뿔은 $(n+1)$면체이다.
② n각기둥은 $(n+2)$면체이다.
③ 각뿔의 옆면의 모양은 삼각형이다.
④ 각뿔대의 두 밑면은 서로 평행하다.
⑤ 각기둥의 옆면의 모양은 정삼각형이다.
⑥ 각뿔대의 옆면의 모양은 사다리꼴이다.
⑦ 사각기둥의 밑면의 모양은 항상 직사각형이다.
⑧ 육각뿔을 밑면에 평행한 평면으로 자른 단면의 모양은 삼각형이다.
⑨ 각기둥의 모서리의 개수는 밑면인 다각형의 꼭짓점의 개수의 3배이다.

17 다음 조건을 모두 만족시키는 입체도형은?

┤ 조건 ├
㈎ 칠면체이다.
㈏ 옆면의 모양은 직사각형이다.
㈐ 두 밑면은 서로 평행하고 합동이다.

① 오각뿔대　　② 오각기둥　　③ 육각뿔
④ 칠각뿔대　　⑤ 팔각기둥

유형 5 **정다면체** 개념편 101쪽

(1) 정다면체: 다음 조건을 모두 만족시키는 다면체
　① 모든 면이 합동인 정다각형이다.
　② 각 꼭짓점에 모인 면의 개수가 같다.
(2) 정다면체의 종류: 다음의 다섯 가지뿐이다.

정다면체	정사면체	정육면체	정팔면체	정십이면체	정이십면체
겨냥도					
면의 모양	정삼각형	정사각형	정삼각형	정오각형	정삼각형
한 꼭짓점에 모인 면의 개수	3개	3개	4개	3개	5개
꼭짓점의 개수	4개	8개	6개	20개	12개
모서리의 개수	6개	12개	12개	30개	30개
면의 개수	4개	6개	8개	12개	20개

18 다음 보기 중 정삼각형인 면으로만 이루어진 정다면체를 모두 고르시오.

┤ 보기 ├
ㄱ. 정사면체　　ㄴ. 정육면체　　ㄷ. 정팔면체
ㄹ. 정십이면체　　ㅁ. 정이십면체

19 오른쪽 그림은 각 면이 모두 합동인 정삼각형으로 이루어진 입체도형이다. 이 입체도형이 정다면체가 아닌 이유를 설명하시오.

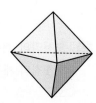

20 다음 조건을 모두 만족시키는 다면체의 이름을 말하시오.

┌ 조건 ┐
(가) 모든 면이 합동인 정삼각형이다.
(나) 각 꼭짓점에 모인 면의 개수는 5개이다.

21 꼭짓점의 개수가 가장 많은 정다면체의 모서리의 개수를 a개, 모서리의 개수가 가장 적은 정다면체의 꼭짓점의 개수를 b개라고 할 때, $a+b$의 값을 구하시오.

22 다음 중 정다면체에 대한 설명으로 옳지 <u>않은</u> 것은?

① 한 꼭짓점에 모인 면의 개수가 3개인 정다면체는 세 가지이다.
② 정사면체, 정팔면체, 정이십면체는 면의 모양이 모두 같다.
③ 정사면체의 모서리의 개수와 정팔면체의 꼭짓점의 개수는 같다.
④ 정육면체와 정팔면체의 모서리의 개수는 같다.
⑤ 정십이면체와 정이십면체의 꼭짓점의 개수는 같다.

까다로운 유형 6 정다면체의 활용 　　　**개념편 101쪽**

(1) 정다면체의 단면의 모양
정육면체를 한 평면으로 자를 때 생기는 단면의 모양은 다음의 네 가지가 있다.

삼각형　　사각형　　오각형　　육각형

(2) 정다면체의 각 면의 한가운데에 있는 점을 꼭짓점으로 하는 다면체는 정다면체이고, 이때 꼭짓점의 개수는 처음 정다면체의 면의 개수와 같다.

23 오른쪽 그림과 같은 정육면체를 세 꼭짓점 A, C, F를 지나는 평면으로 자를 때 생기는 단면의 모양은?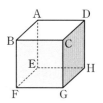

① 정삼각형
② 사다리꼴
③ 정사각형
④ 직사각형
⑤ 오각형

24 정이십면체의 각 면의 한가운데에 있는 점을 연결하여 만든 정다면체는?

① 정사면체　　② 정육면체　　③ 정팔면체
④ 정십이면체　　⑤ 정이십면체

25 다음 중 정육면체의 각 면의 한가운데에 있는 점을 연결하여 만든 정다면체에 대한 설명으로 옳지 <u>않은</u> 것은?

① 꼭짓점의 개수는 6개이다.
② 모서리의 개수는 12개이다.
③ 한 꼭짓점에 모인 면의 개수는 3개이다.
④ 칠각뿔과 면의 개수가 같다.
⑤ 모든 면이 합동인 정삼각형으로 이루어져 있다.

유형 7 정다면체의 전개도 　개념편 102쪽

정사면체 정육면체 정팔면체 정십이면체 정이십면체

26 오른쪽 그림과 같은 전개도로 정육면체를 만들었을 때, 점 B와 겹치는 꼭짓점을 모두 구하시오.

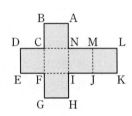

27 오른쪽 그림과 같은 전개도로 정팔면체를 만들었을 때, $\overline{AB}$와 겹치는 모서리와 평행한 모서리를 차례로 구하면?

① $\overline{HG}$, $\overline{FG}$　② $\overline{HG}$, $\overline{EI}$
③ $\overline{IF}$, $\overline{FG}$　④ $\overline{IH}$, $\overline{EH}$
⑤ $\overline{IH}$, $\overline{FG}$

28 오른쪽 그림과 같은 전개도로 정사면체를 만들었을 때, $\overline{AB}$와 꼬인 위치에 있는 모서리를 구하시오.

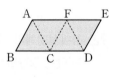

29 오른쪽 그림과 같은 전개도로 만들어지는 정다면체에 대한 설명으로 다음 중 옳지 않은 것은?

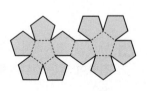

① 면의 개수는 12개이다.
② 면의 모양은 정오각형이다.
③ 꼭짓점의 개수는 20개이다.
④ 모서리의 개수는 30개이다.
⑤ 한 꼭짓점에 모인 면의 개수는 4개이다.

유형 8 회전체 　개념편 105쪽

(1) 회전체: 평면도형을 한 직선을 축으로 하여 1회전 시킬 때 생기는 입체도형 ➡ 원기둥, 원뿔, 원뿔대, 구 등
(2) 평면도형과 회전체

직사각형 원기둥　직각삼각형 원뿔

사다리꼴 원뿔대　반원 구

[30~31] 회전체

30 다음 중 회전체가 아닌 것은?

① ② ③
④ ⑤

31 다음 보기 중 다면체의 개수를 a개, 회전축을 갖는 입체도형의 개수를 b개라고 할 때, $a-b$의 값을 구하시오.

보기
ㄱ. 오각기둥　ㄴ. 원기둥　ㄷ. 사각뿔
ㄹ. 직육면체　ㅁ. 삼각뿔대　ㅂ. 구

32 다음 중 주어진 평면도형을 1회전 시킬 때 생기는 입체도형으로 옳지 <u>않은</u> 것은?

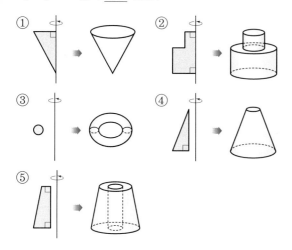

유형 9 회전체의 성질   개념편 106쪽

(1) 회전체를 회전축에 수직인 평면으로 자를 때 생기는 단면의 경계는 항상 원이다.

(2) 회전체를 회전축을 포함하는 평면으로 자를 때 생기는 단면은 모두 합동이고, 회전축에 대하여 선대칭도형이다.

35 다음 중 회전체와 그 회전체를 회전축을 포함하는 평면으로 자를 때 생기는 단면의 모양을 짝 지은 것으로 옳지 <u>않은</u> 것은?

① 원기둥 – 직사각형   ② 원뿔 – 이등변삼각형

③ 원뿔대 – 평행사변형   ④ 구 – 원

⑤ 반구 – 반원

33 오른쪽 그림의 회전체는 다음 중 어떤 평면도형을 1회전 시켜 만든 것인가?

36 원뿔을 회전축에 수직인 평면으로 자를 때 생기는 단면의 모양은?

① 직사각형   ② 부채꼴   ③ 원

④ 사다리꼴   ⑤ 이등변삼각형

37 다음 중 어떤 평면으로 잘라도 그 단면이 항상 원이 되는 회전체는?

① 구   ② 반구   ③ 원뿔

④ 원뿔대   ⑤ 원기둥

34 오른쪽 그림과 같은 사각형 ABCD를 한 변을 회전축으로 하여 1회전 시켜 원뿔대를 만들려고 할 때, 회전축이 될 수 있는 변을 구하시오.

38 다음 중 원기둥을 한 평면으로 자를 때 생기는 단면의 모양이 될 수 <u>없는</u> 것은?

[39~41] 단면의 넓이

39 오른쪽 그림과 같은 원뿔을 밑면에 수직인 평면으로 자를 때 생기는 단면 중 크기가 가장 큰 단면의 넓이를 구하시오.

40 오른쪽 그림과 같은 평면도형을 직선 l을 회전축으로 하여 1회전 시킬 때 생기는 회전체를 회전축을 포함하는 평면으로 자른 단면의 넓이를 구하시오.
(단, 회전체의 겨냥도를 그리시오.)

서술형

풀이 과정

답

41 오른쪽 그림과 같은 원기둥을 회전축에 수직인 평면으로 자를 때 생기는 단면의 넓이와 회전축을 포함하는 평면으로 자를 때 생기는 단면의 넓이가 서로 같다. 이 원기둥의 높이를 구하시오.

유형10 회전체의 전개도   개념편 107쪽

(1) 원기둥   (2) 원뿔   (3) 원뿔대

참고 구의 전개도는 그릴 수 없다.

42 오른쪽 그림과 같은 원기둥의 전개도에서 옆면이 되는 직사각형의 가로의 길이를 a cm, 세로의 길이를 b cm라고 할 때, ab의 값을 구하시오.

43 다음 그림은 원뿔대와 그 전개도이다. 이때 a, b, c의 값을 각각 구하시오.

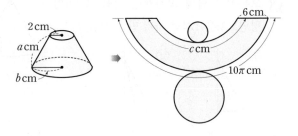

44 오른쪽 그림은 원뿔의 전개도이다. 다음을 구하시오.

(1) 부채꼴의 호의 길이

(2) 부채꼴의 중심각의 크기

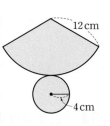

서술형

풀이 과정

(1)

(2)

답 (1)   (2)

• 정답과 해설 42쪽

유형 11 회전체의 이해　　개념편 105~107쪽

(1) 입체도형 ┬ 다면체: 각기둥, 각뿔, 각뿔대, 정다면체, …
　　　　　　 └ 회전체: 원기둥, 원뿔, 원뿔대, 구, …

(2) 회전체의 성질
　① 회전체를 회전축에 수직인 평면으로 자를 때 생기는 단면의 경계 ➡ 원
　② 회전체를 회전축을 포함하는 평면으로 자를 때 생기는 단면 ➡ 회전축을 대칭축으로 하는 선대칭도형

보기 다 多 모아~

45 다음 중 회전체에 대한 설명으로 옳지 않은 것을 모두 고르면?

① 구는 회전축이 무수히 많다.

② 회전체를 회전축을 포함하는 평면으로 자를 때 생기는 단면은 회전축에 대하여 선대칭도형이다.

③ 회전체를 회전축에 수직인 평면으로 자를 때 생기는 단면은 모두 합동이다.

④ 구를 회전축에 수직인 평면으로 자를 때, 구의 중심을 지나도록 잘라야 그 단면의 크기가 가장 크다.

⑤ 원기둥을 전개하였을 때, 옆면의 모양은 직사각형이다.

⑥ 원뿔을 밑면과 수직인 평면으로 자를 때 생기는 단면은 삼각형이다.

⑦ 원뿔대를 회전축을 포함하는 평면으로 자를 때 생기는 단면은 사다리꼴이다.

46 오른쪽 그림과 같은 직각삼각형을 직선 l을 회전축으로 하여 1회전 시킬 때 생기는 회전체에 대한 설명으로 다음 중 옳은 것은?

① 높이는 10 cm이다.

② 이 회전체는 원뿔대이다.

③ 밑면인 원의 둘레의 길이는 16π cm이다.

④ 전개도를 그리면 그 옆면의 모양은 이등변삼각형이다.

⑤ 회전축을 포함하는 평면으로 자를 때 생기는 단면의 넓이는 48 cm²이다.

톡톡 튀는 문제

47 다음 중 오른쪽 그림의 정육면체를 한 평면으로 자를 때 생기는 단면의 모양이 될 수 없는 것은?

① 정삼각형　　② 직각삼각형

③ 직사각형　　④ 오각형

⑤ 육각형

48 오른쪽 그림과 같이 원뿔의 밑면인 원 위의 한 점 A에서 출발하여 원뿔의 옆면을 따라 한 바퀴 돌아서 다시 점 A로 돌아오는 가장 짧은 선을 그렸다. 다음 중 이 원뿔의 옆면에 그린 선을 전개도 위에 바르게 나타낸 것은?

① ② ③ ④ ⑤

단원 마무리

꼭 나오는 기본 문제

1 다음 다면체 중 면의 개수가 나머지 넷과 <u>다른</u> 하나는?

① 육각기둥　② 육각뿔대　③ 정팔면체

④ 칠각뿔　⑤ 칠각뿔대

2 다음 다면체 중 면의 개수와 꼭짓점의 개수가 같은 것은?

① 삼각기둥　② 사각뿔대　③ 오각뿔

④ 정육면체　⑤ 팔각기둥

3 오른쪽 그림과 같은 입체도형의 꼭짓점의 개수를 v개, 모서리의 개수를 e개, 면의 개수를 f개라고 할 때, $v-e+f$의 값을 구하시오.

4 꼭짓점의 개수가 24개인 각뿔대의 면의 개수를 a개, 모서리의 개수를 b개라고 할 때, $b-a$의 값을 구하시오.

5 다음 보기의 입체도형 중 옆면의 모양이 삼각형인 다면체를 모두 고르시오.

보기

ㄱ. 사각기둥　ㄴ. 원기둥　ㄷ. 삼각뿔

ㄹ. 원뿔대　ㅁ. 원뿔　ㅂ. 사각뿔

ㅅ. 삼각뿔대　ㅇ. 구　ㅈ. 오각뿔대

6 다음 중 다면체에 대한 설명으로 옳은 것을 모두 고르면? (정답 2개)

① 각기둥의 옆면의 모양은 직사각형이고, 각뿔대의 옆면의 모양은 삼각형이다.

② 각뿔대의 두 밑면은 서로 평행하고 합동인 다각형이다.

③ 십각뿔의 면의 개수와 꼭짓점의 개수는 같다.

④ 삼각기둥과 오각뿔의 꼭짓점의 개수는 같다.

⑤ 각뿔대의 한 꼭짓점에 모인 면의 개수는 항상 4개이다.

7 다음 조건을 모두 만족시키는 다면체의 면의 개수를 구하시오.

서술형

조건

(가) 두 밑면은 서로 평행하다.

(나) 옆면의 모양은 직사각형이 아닌 사다리꼴이다.

(다) 꼭짓점의 개수는 12개이다.

풀이 과정

답

• 정답과 해설 42쪽

8 다음 중 정다면체의 한 면의 모양과 한 꼭짓점에 모인 면의 개수를 바르게 짝 지은 것은?

① 정사면체 – 정삼각형 – 4개
② 정육면체 – 정사각형 – 4개
③ 정팔면체 – 정삼각형 – 3개
④ 정십이면체 – 정오각형 – 4개
⑤ 정이십면체 – 정삼각형 – 5개

9 다음 표의 ①~⑤에 들어갈 것으로 옳지 않은 것은?

정다면체	정사면체	정육면체	정팔면체	정십이면체	정이십면체
면의 개수	①	6개	8개	12개	20개
모서리의 개수	6개	②	12개	③	30개
꼭짓점의 개수	4개	8개	④	20개	⑤

① 4개 ② 12개 ③ 30개
④ 6개 ⑤ 24개

10 다음 중 정육면체의 전개도가 될 수 없는 것은?

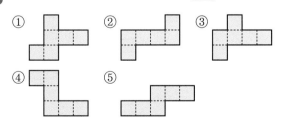

11 오른쪽 그림의 회전체는 다음 중 어떤 평면도형을 1회전 시켜 만든 것인가?

12 다음 중 원뿔을 한 평면으로 자를 때 생기는 단면의 모양이 될 수 없는 것은?

13 반지름의 길이가 3 cm인 구를 평면으로 자를 때 생기는 단면 중 그 크기가 가장 큰 단면의 넓이를 구하시오.

14 오른쪽 그림과 같은 전개도로 만들어지는 원뿔의 모선의 길이를 구하시오.

자주 나오는 실력 문제

15 대각선의 개수가 20개인 다각형을 밑면으로 하는 각기둥은 몇 면체인가?

① 칠면체   ② 팔면체   ③ 구면체

④ 십면체   ⑤ 십일면체

16 모서리의 개수와 면의 개수의 합이 22개인 각뿔의 밑면의 모양은?

① 육각형   ② 칠각형   ③ 팔각형

④ 구각형   ⑤ 십각형

17 서술형 다음 조건을 모두 만족시키는 입체도형의 모서리의 개수를 a개, 꼭짓점의 개수를 b개라고 할 때, $a+b$의 값을 구하시오.

| 조건 |
(가) 다면체이다.
(나) 한 꼭짓점에 모인 면의 개수는 3개이다.
(다) 모든 면이 합동인 정오각형이다.

풀이 과정

답

18 다음 중 정다면체와 그 정다면체의 각 면의 한가운데에 있는 점을 연결하여 만든 입체도형을 짝 지은 것으로 옳지 **않은** 것은?

① 정사면체 – 정사면체

② 정육면체 – 정팔면체

③ 정팔면체 – 정육면체

④ 정십이면체 – 정십이면체

⑤ 정이십면체 – 정십이면체

19 오른쪽 그림은 정육면체의 전개도이다. 마주 보는 두 면에 적힌 수의 합이 7일 때, $a+b-c$의 값은?

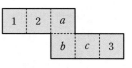

① 3   ② 4   ③ 5

④ 6   ⑤ 7

20 다음 중 오른쪽 그림과 같은 오각형의 어느 한 변을 회전축으로 하여 1회전 시킬 때 생기는 회전체가 **아닌** 것은?

①   ②   ③

④   ⑤

21 오른쪽 그림과 같은 원뿔대의 전개도를 그렸을 때, 옆면의 둘레의 길이를 구하시오.

22 오른쪽 그림과 같은 평면도형을 직선 *l*을 회전축으로 하여 1회전 시킬 때 생기는 회전체에 대하여 다음 물음에 답하시오.

서술형

(1) 회전체의 겨냥도를 그리고, 회전체를 회전축을 포함하는 평면으로 자를 때 생기는 단면의 넓이를 구하시오.

(2) 회전축에 수직인 평면으로 자를 때 생기는 단면 중 크기가 가장 큰 단면의 넓이를 구하시오.

풀이 과정

(1)

(2)

답 (1)   (2)

23 다음 중 회전체에 대한 설명으로 옳은 것은?

① 모든 회전체는 전개도를 그릴 수 있다.
② 원뿔을 밑면에 평행한 평면으로 자를 때 생기는 단면은 이등변삼각형이다.
③ 회전체를 회전축에 수직인 평면으로 자른 단면은 항상 합동인 원이다.
④ 구를 구의 중심이 지나지 않는 평면으로 자를 때 생기는 단면은 타원이다.
⑤ 회전축에 수직인 평면으로 자를 때 생기는 단면인 원의 중심은 단면과 회전축의 교점이다.

LEVEL 3 | 만점을 위한 **도전 문제**
할 수 있어!

24 오른쪽 그림은 정오각형 12개와 정육각형 20개로 이루어진 축구공 모양의 다면체이다. 이 다면체의 모서리의 개수와 꼭짓점의 개수를 차례로 구하면?

① 30개, 60개   ② 60개, 90개
③ 60개, 30개   ④ 90개, 60개
⑤ 90개, 90개

25 오른쪽 그림과 같은 전개도로 만든 정육면체를 세 점 A, B, C를 지나는 평면으로 잘랐을 때 생기는 단면에서 ∠ABC의 크기를 구하시오.

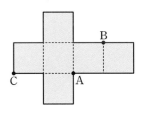

26 오른쪽 그림과 같이 반지름의 길이가 4 cm인 원을 직선 *l*을 회전축으로 하여 1회전 시켰다. 이때 생기는 회전체를 원의 중심 O를 지나면서 회전축에 수직인 평면으로 자른 단면의 넓이를 구하시오.

6 입체도형의 겉넓이와 부피

6 입체도형의 겉넓이와 부피

★ 중요

유형 1 각기둥의 겉넓이   개념편 118쪽

(각기둥의 겉넓이)=(밑넓이)×2+(옆넓이)

➡ (삼각기둥의 겉넓이)
$$=\frac{1}{2}ab×2+(a+b+c)×h$$
밑면인 삼각형의 둘레의 길이

1 오른쪽 그림과 같은 전개도로 만들어지는 삼각기둥의 겉넓이는?

① 660 cm² ② 750 cm²
③ 830 cm² ④ 900 cm²
⑤ 1000 cm²

2 오른쪽 그림과 같은 사각기둥의 겉넓이를 구하시오.
서술형

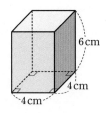

풀이 과정

답

3 오른쪽 그림과 같은 사각기둥의 겉넓이가 240 cm²일 때, h의 값은?

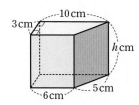

① 6 ② 7
③ 8 ④ 9
⑤ 10

유형 2 원기둥의 겉넓이   개념편 118쪽

(원기둥의 겉넓이)=(밑넓이)×2+(옆넓이)

➡ (원기둥의 겉넓이)
$$=\pi r^2×2+\underline{2\pi r×h}$$
밑면인 원의 둘레의 길이

4 오른쪽 그림과 같은 직사각형 ABCD를 직선 l을 회전축으로 하여 1회전시킬 때 생기는 입체도형의 겉넓이는?

① 12π cm² ② 14π cm²
③ 16π cm² ④ 20π cm²
⑤ 24π cm²

5 오른쪽 그림과 같은 전개도로 만들어지는 원기둥에 대하여 다음 물음에 답하시오.

(1) r의 값을 구하시오.

(2) 원기둥의 겉넓이를 구하시오.

6 오른쪽 그림과 같이 밑면이 반원인 기둥의 겉넓이를 구하시오.

7 오른쪽 그림과 같이 밑면이 부채꼴인 기둥의 겉넓이를 구하시오.

유형 3 각기둥의 부피 　　개념편 119쪽

(각기둥의 부피)=(밑넓이)×(높이)

 ➡ (삼각기둥의 부피)
=(밑면인 △의 넓이)×h

8 오른쪽 그림과 같은 삼각기둥의 부피를 구하시오.

9 오른쪽 그림과 같은 사각기둥의 부피는?

① 240 cm³　② 288 cm³
③ 320 cm³　④ 365 cm³
⑤ 400 cm³

10 밑면이 오른쪽 그림과 같은 육각형이고, 높이가 6 cm인 육각기둥의 부피는?

① 112 cm³　② 264 cm³
③ 288 cm³　④ 336 cm³
⑤ 396 cm³

 유형 4 원기둥의 부피 　　개념편 119쪽

(원기둥의 부피)=(밑넓이)×(높이)

 ➡ (원기둥의 부피)
=(밑면인 ○의 넓이)×h

11 오른쪽 그림과 같이 밑면이 부채꼴인 기둥의 부피를 구하시오.

12 오른쪽 그림과 같은 전개도로 만들어지는 원기둥의 부피는?

① 64π cm³
② 72π cm³
③ 80π cm³
④ 88π cm³
⑤ 96π cm³

13 오른쪽 그림과 같은 입체도형의 부피를 구하시오.

유형 5   구멍이 뚫린 기둥의 겉넓이와 부피
개념편 118~119쪽

(1) (구멍이 뚫린 기둥의 겉넓이)
　＝{(큰 기둥의 밑넓이)
　　　－(작은 기둥의 밑넓이)}×2
　＋(큰 기둥의 옆넓이)
　＋(작은 기둥의 옆넓이)
(2) (구멍이 뚫린 기둥의 부피)
　＝(큰 기둥의 부피)－(작은 기둥의 부피)

14 오른쪽 그림과 같이 구멍이 뚫린 기둥의 겉넓이와 부피를 차례로 구하면?

① 275 cm², 275 cm³
② 275 cm², 360 cm³
③ 330 cm², 275 cm³
④ 330 cm², 310 cm³
⑤ 330 cm², 320 cm³

15 오른쪽 그림과 같이 구멍이 뚫린 기둥의 겉넓이와 부피를 차례로 구하시오.

16 오른쪽 그림과 같은 직사각형을 직선 l을 회전축으로 하여 1회전 시킬 때 생기는 입체도형의 부피를 구하시오.

풀이 과정

답

유형 6   각뿔의 겉넓이
개념편 121쪽

(각뿔의 겉넓이)＝(밑넓이)＋(옆넓이)

➡ (정사각뿔의 겉넓이)＝$a^2＋\frac{1}{2}ah×4$

17 오른쪽 그림과 같은 전개도로 만들어지는 사각뿔의 겉넓이를 구하시오.

18 오른쪽 그림과 같이 밑면은 정사각형이고, 옆면은 모두 합동인 사각뿔의 겉넓이는?

① 50 cm²　② 65 cm²
③ 75 cm²　④ 85 cm²
⑤ 95 cm²

19 오른쪽 그림과 같이 밑면은 정사각형이고 옆면은 모두 합동인 사각뿔의 겉넓이가 192 cm²일 때, h의 값을 구하시오.

유형 **7** 원뿔의 겉넓이   개념편 121쪽

(원뿔의 겉넓이)=(밑넓이)+(옆넓이)

l → (원뿔의 모선의 길이)
= (옆면인 부채꼴의 반지름의 길이)

(옆면인 부채꼴의 호의 길이)
= (밑면인 원의 둘레의 길이)

➡ (원뿔의 겉넓이)$=\pi r^2+\dfrac{1}{2}\times l\times 2\pi r$

$\qquad\qquad\qquad = \pi r^2+\pi r l$ → (옆면인 부채꼴의 넓이)

$\qquad\qquad\qquad\qquad = \dfrac{1}{2}\times$ (부채꼴의 반지름의 길이)

$\qquad\qquad\qquad\qquad\quad \times$ (부채꼴의 호의 길이)

20 오른쪽 그림과 같은 직각삼각형을 직선 l 을 회전축으로 하여 1회전 시킬 때 생기는 입체도형의 겉넓이를 구하시오.

10 cm

4 cm

21 오른쪽 그림과 같은 원뿔의 겉넓이가 $33\pi\ \mathrm{cm}^2$일 때, 이 원뿔의 모선의 길이를 구하시오.

3 cm

22 다음 그림과 같은 입체도형의 겉넓이를 구하시오.

4 cm   10 cm   4 cm

9 cm

23 오른쪽 그림과 같은 전개도로 만들어지는 원뿔의 옆넓이가 $84\pi\ \mathrm{cm}^2$일 때, 이 원뿔의 겉넓이를 구하시오.

12 cm

24 모선의 길이가 밑면인 원의 반지름의 길이의 3배인 원뿔이 있다. 이 원뿔의 겉넓이가 $16\pi\ \mathrm{cm}^2$일 때, 밑면인 원의 반지름의 길이를 구하시오.

(원 O의 둘레의 길이)
= (원뿔의 밑면인 원의 둘레의 길이)×(굴린 횟수)

까다로운 기출문제

25 오른쪽 그림과 같이 밑면인 원의 반지름의 길이가 3 cm 인 원뿔을 꼭짓점 O를 중심으로 3바퀴를 굴렸더니 원래의 자리로 돌아왔다. 이 원뿔의 겉넓이를 구하시오.

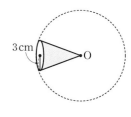

3 cm   O

유형 8 뿔대의 겉넓이
개념편 121~122쪽

(뿔대의 겉넓이)=(두 밑면의 넓이의 합)+(옆넓이)

(1) (각뿔대의 겉넓이)
　＝(두 밑면의 넓이의 합)+(옆면인 사다리꼴의 넓이의 합)

(2) (원뿔대의 겉넓이)=(두 밑면의 넓이의 합)+(옆넓이)
　　　　　　　　　　　　　　(큰 부채꼴의 넓이)
　　　　　　　　　　　　　　−(작은 부채꼴의 넓이)

26 오른쪽 그림과 같이 두 밑면은 모두 정사각형이고, 옆면은 모두 합동인 사각뿔대의 겉넓이는?

① $100\,cm^2$ 　② $108\,cm^2$ 　③ $124\,cm^2$

④ $144\,cm^2$ 　⑤ $158\,cm^2$

27 오른쪽 그림과 같은 원뿔대의 겉넓이를 구하시오.

28 오른쪽 그림과 같은 평면도형을 직선 l을 회전축으로 하여 1회전 시킬 때 생기는 입체도형의 겉넓이는?

① $56\pi\,cm^2$ 　② $60\pi\,cm^2$

③ $62\pi\,cm^2$ 　④ $68\pi\,cm^2$

⑤ $70\pi\,cm^2$

유형 9 각뿔의 부피
개념편 122~123쪽

(각뿔의 부피)=$\dfrac{1}{3}$×(각기둥의 부피)

➡ (사각뿔의 부피)
　＝$\dfrac{1}{3}$×(밑면인 ☐의 넓이)×h

29 오른쪽 그림과 같은 삼각뿔의 부피는?

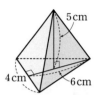

① $20\,cm^3$ 　② $40\,cm^3$

③ $60\,cm^3$ 　④ $90\,cm^3$

⑤ $120\,cm^3$

30 오른쪽 그림과 같이 한 변의 길이가 $5\,cm$인 정사각형을 밑면으로 하는 사각뿔의 부피가 $50\,cm^3$일 때, 이 사각뿔의 높이를 구하시오.

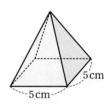

31 오른쪽 그림과 같이 한 변의 길이가 $12\,cm$인 정사각형 $ABCD$에서 $\overline{AB}$, $\overline{BC}$의 중점 E, F에 대하여 $\overline{DE}$, $\overline{EF}$, $\overline{DF}$를 각각 접는 선으로 하여 접었을 때 만들어지는 삼각뿔의 부피를 구하시오.

(원뿔의 부피)=$\frac{1}{3}$×(원기둥의 부피)

➡ (원뿔의 부피)
$=\frac{1}{3}$×(밑면인 ◯의 넓이)×h

32 오른쪽 그림과 같은 원뿔의 부피를 구하시오.

9cm
6cm

33 오른쪽 그림과 같은 입체도형의 부피를 구하시오.

34 오른쪽 그림과 같은 평면도형을 직선 l을 회전축으로 하여 1회전 시킬 때 생기는 입체도형의 부피를 구하시오.

12cm
5cm

(뿔대의 부피)=(큰 뿔의 부피)−(작은 뿔의 부피)

35 오른쪽 그림과 같은 사각뿔대의 부피를 구하시오.

36 오른쪽 그림과 같은 원뿔대의 부피를 구하시오.

37 오른쪽 그림의 사각뿔에서 위쪽 사각뿔과 아래쪽 사각뿔대의 부피의 비는?

① 1 : 3 ② 1 : 4
③ 1 : 7 ④ 2 : 3
⑤ 2 : 7

유형12 직육면체에서 잘라 낸 삼각뿔의 부피
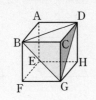

개념편 122~123쪽

(잘라 낸 삼각뿔 G−BCD의 부피)
$= \dfrac{1}{3} \times (\triangle BCD의 넓이) \times \overline{CG}$

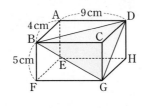

38 오른쪽 그림과 같이 직육면체를 세 꼭짓점 B, D, G를 지나는 평면으로 자를 때 생기는 삼각뿔 G−BCD의 부피는?

① 30 cm³　　② 36 cm³　　③ 54 cm³
④ 72 cm³　　⑤ 108 cm³

39 오른쪽 그림과 같은 정육면체를 세 꼭짓점 B, D, G를 지나는 평면으로 자를 때 생기는 삼각뿔 G−BCD의 부피가 $\dfrac{32}{3}$ cm³일 때, 정육면체의 한 모서리의 길이를 구하시오.

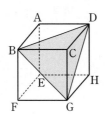

40 오른쪽 그림과 같이 한 모서리의 길이가 6 cm인 정육면체를 두 꼭짓점 B, G와 $\overline{CD}$의 중점 M을 지나는 평면으로 자를 때, 삼각뿔 G−BCM의 부피와 나머지 부분의 부피의 비를 가장 간단한 자연수의 비로 나타내시오.

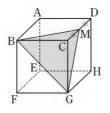

유형13 그릇에 담긴 물의 부피

개념편 122~123쪽

직육면체 모양의 그릇에 담긴 물의 부피는 그릇을 기울였을 때 생기는 삼각기둥 또는 삼각뿔의 부피와 같다.

(부피)=(밑넓이)×(높이)　　(부피)=$\dfrac{1}{3}$×(밑넓이)×(높이)

41 오른쪽 그림과 같이 직육면체 모양의 그릇에 물을 가득 채운 후 그릇을 기울여 물을 흘려 보냈다. 이때 남아 있는 물의 부피를 구하시오.

(단, 그릇의 두께는 생각하지 않는다.)

42 오른쪽 그림과 같이 직육면체 모양의 그릇을 기울여 물을 담 았을 때, 물의 부피가 400 cm³ 이었다. 이때 x의 값을 구하시 오. (단, 그릇의 두께는 생각하지 않는다.)

43 다음 그림과 같은 직육면체 모양의 두 그릇 ㈎, ㈏에 들어 있는 물의 양이 같을 때, x의 값을 구하시오.

(단, 그릇의 두께는 생각하지 않는다.)

㈎　　　　　　　　　　㈏

유형14 원뿔 모양의 그릇에 담긴 물의 양

개념편 122~123쪽

(1) 원뿔 모양의 빈 그릇에 물을 가득 채우는 데 걸리는 시간
　➡ (그릇의 부피)÷(시간당 채우는 물의 부피)

(2) 원뿔 모양의 그릇에 물을 채우고 남은 부분의 부피
　➡ (그릇의 부피)−(채워진 물의 부피)

44 오른쪽 그림과 같이 밑면인 원의 반지름의 길이가 9 cm, 높이가 15 cm인 원뿔 모양의 빈 그릇에 1분에 3π cm³씩 물을 넣을 때, 이 그릇에 물을 가득 채우는 데 걸리는 시간은? (단, 그릇의 두께는 생각하지 않는다.)

① 120분　　② 125분　　③ 130분
④ 132분　　⑤ 135분

45 오른쪽 그림과 같이 밑면인 원의 반지름의 길이가 6 cm, 높이가 10 cm인 원뿔 모양의 빈 그릇에 높이 5 cm까지 일정한 속력으로 물을 채우는 데 3분이 걸렸다고

한다. 그릇의 두께는 생각하지 않을 때, 다음 물음에 답하시오.

(1) 1분 동안 채워지는 물의 부피를 구하시오.

(2) 이 그릇에 물을 가득 채우려면 앞으로 몇 분 동안 물을 더 넣어야 하는지 구하시오.

풀이 과정

(1)

(2)

답 (1)　　　　　　　　(2)

유형15 구의 겉넓이

개념편 125쪽

반지름의 길이가 r인 구에서
　(겉넓이)=$4\pi r^2$

46 반지름의 길이가 2 cm인 반구의 겉넓이는?

① 4π cm²　　② 8π cm²　　③ 10π cm²
④ 12π cm²　　⑤ 16π cm²

47 오른쪽 그림은 반구와 원뿔을 붙여서 만든 입체도형이다. 이 입체도형의 겉넓이를 구하시오.

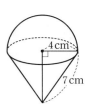

풀이 과정

답

48 오른쪽 그림은 반지름의 길이가 6 cm인 구의 $\frac{1}{4}$을 잘라 내고 남은 입체도형이다. 이 입체도형의 겉넓이를 구하시오.

유형16 구의 부피 개념편 126쪽

반지름의 길이가 r인 구에서

$$(부피)=\frac{4}{3}\pi r^3$$

49 오른쪽 그림과 같은 반구의 부피를 구하시오.

50 오른쪽 그림은 반구 2개와 원기둥을 붙여서 만든 입체도형이다. 이 입체도형의 부피를 구하시오.

서술형

풀이 과정

답

51 오른쪽 그림과 같이 구의 $\frac{1}{8}$을 잘라 낸 입체도형의 부피가 $\frac{28}{3}\pi\,cm^3$일 때, 구의 반지름의 길이를 구하시오.

52 겉넓이가 $64\pi\,cm^2$인 구의 부피는?

① $\frac{128}{3}\pi\,cm^3$ ② $\frac{196}{3}\pi\,cm^3$ ③ $\frac{200}{3}\pi\,cm^3$

④ $\frac{256}{3}\pi\,cm^3$ ⑤ $\frac{320}{3}\pi\,cm^3$

53 오른쪽 그림의 부채꼴 AOB에서 색칠한 부분을 선분 AO를 회전축으로 하여 1회전 시킬 때 생기는 입체도형의 부피는?

① $72\pi\,cm^3$ ② $108\pi\,cm^3$

③ $120\pi\,cm^3$ ④ $144\pi\,cm^3$

⑤ $288\pi\,cm^3$

54 반지름의 길이가 $8\,cm$인 구 모양의 쇠구슬을 녹여서 반지름의 길이가 $2\,cm$인 구 모양의 쇠구슬을 몇 개 만들 수 있는지 구하시오.

55 다음 그림에서 구의 부피가 원뿔의 부피의 $\frac{6}{5}$배일 때, 원뿔의 높이는?

① $8\,cm$ ② $10\,cm$ ③ $12\,cm$

④ $14\,cm$ ⑤ $16\,cm$

유형 17 원뿔, 구, 원기둥의 부피 사이의 관계

개념편 126쪽

오른쪽 그림과 같이 원기둥 안에 구와 원뿔이 꼭 맞게 들어 있을 때, 원뿔, 구, 원기둥 사이의 부피의 비는

(원뿔) : (구) : (원기둥)=1 : 2 : 3

56 오른쪽 그림과 같이 높이가 12 cm인 원기둥 안에 구와 원뿔이 꼭 맞게 들어 있다. 이때 원기둥, 구, 원뿔의 부피의 비를 가장 간단한 자연수의 비로 나타내시오.

57 오른쪽 그림과 같이 원기둥 안에 구와 원뿔이 꼭 맞게 들어 있다. 구의 부피가 36π cm³일 때, 원뿔과 원기둥의 부피를 차례로 구하면?

① 16π cm³, 24π cm³   ② 16π cm³, 54π cm³
③ 18π cm³, 54π cm³   ④ 24π cm³, 32π cm³
⑤ 32π cm³, 72π cm³

> (정육면체의 한 모서리의 길이)=(구의 지름)=(사각뿔의 높이) 임을 이용하여 정육면체, 구, 사각뿔의 부피를 각각 구해 보자.

까다로운 기출문제

58 오른쪽 그림과 같이 한 모서리의 길이가 20 cm인 정육면체 안에 구와 사각뿔이 꼭 맞게 들어 있다. 정육면체, 구, 사각뿔의 부피의 비가 $a : \pi : b$일 때, $a+b$의 값을 구하시오. (단, a, b는 자연수)

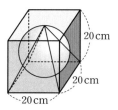

톡톡 튀는 문제

59 오른쪽 그림과 같이 한 모서리의 길이가 3 cm인 정육면체가 있다. 이 정육면체를 면 ABCD에 평행한 평면으로 4번 잘라 생긴 5개의 직육면체의 겉넓이의 합을 구하시오.

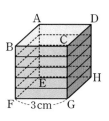

60 다음 그림은 어떤 입체도형을 위, 옆에서 본 모양이다. 이 입체도형의 부피를 구하시오.

[위]   [옆]

꼭 나오는 **기본 문제**

1 오른쪽 그림과 같은 사각기둥의 겉넓이를 구하시오.

2 오른쪽 그림과 같이 밑면인 원의 반지름의 길이가 2 cm인 원기둥을 평면으로 비스듬히 자른 입체도형의 부피는?

① $25\pi \, cm^3$ ② $28\pi \, cm^3$

③ $32\pi \, cm^3$ ④ $40\pi \, cm^3$

⑤ $54\pi \, cm^3$

3 오른쪽 그림과 같이 밑면이 부채꼴인 기둥의 부피가 $280\pi \, cm^3$일 때, 이 기둥의 높이는?

① 5 cm   ② 6 cm

③ 7 cm   ④ 8 cm

⑤ 9 cm

4 서술형 오른쪽 그림과 같은 직사각형을 직선 l을 회전축으로 하여 1회전 시킬 때 생기는 입체도형의 겉넓이를 구하시오.

[풀이 과정]

[답]

5 오른쪽 그림과 같이 원기둥에 사각기둥 모양의 구멍이 뚫린 입체도형의 부피를 구하시오.

6 오른쪽 그림과 같이 밑면은 정사각형이고 옆면은 모두 합동인 사각뿔의 겉넓이가 $120 \, cm^2$일 때, h의 값을 구하시오.

7 오른쪽 그림과 같은 전개도로 만들어지는 원뿔의 겉넓이를 구하시오.

8 오른쪽 그림과 같이 두 밑면은 모두 정사각형이고, 옆면은 모두 합동인 사각뿔대의 겉넓이는?

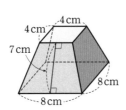

① 124 cm² ② 168 cm²
③ 180 cm² ④ 213 cm²
⑤ 248 cm²

9 밑면인 원의 반지름의 길이가 5 cm인 원뿔의 부피가 75π cm³일 때, 이 원뿔의 높이는?

① 3 cm ② 5 cm ③ 7 cm
④ 9 cm ⑤ 11 cm

10 오른쪽 그림은 직육면체의 일부를 잘라 낸 입체도형이다. 이 입체도형의 부피는?

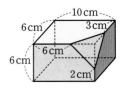

① 340 cm³ ② 348 cm³
③ 350 cm³ ④ 352 cm³
⑤ 360 cm³

11 다음 그림과 같은 직육면체 모양의 두 그릇에 들어 있는 물의 양이 같을 때, x의 값을 구하시오.
(단, 그릇의 두께는 생각하지 않는다.)

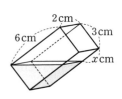

12 오른쪽 그림과 같은 평면도형을 직선 l을 회전축으로 하여 1회전 시킬 때 생기는 입체도형의 부피를 구하시오.

자주 나오는 실력 문제

13 오른쪽 그림은 직육면체에서 작은 직육면체를 잘라 낸 입체도형이다. 이 입체도형의 겉넓이를 구하시오.

14 오른쪽 그림과 같은 입체도형의 겉넓이는?

① $(64\pi + 27)\,\mathrm{cm}^2$
② $(66\pi + 48)\,\mathrm{cm}^2$
③ $(80\pi + 45)\,\mathrm{cm}^2$
④ $(88\pi + 32)\,\mathrm{cm}^2$
⑤ $(96\pi + 28)\,\mathrm{cm}^2$

15 오른쪽 그림과 같이 밑면인 원의 지름의 길이가 8 cm인 원뿔을 꼭짓점 O를 중심으로 하여 5바퀴를 굴렸더니 원래의 자리로 돌아왔다. 이 원뿔의 겉넓이를 구하시오.

16 오른쪽 그림과 같이 원뿔대와 원기둥을 붙여 만든 입체도형의 겉넓이는?

① $140\pi\,\mathrm{cm}^2$
② $141\pi\,\mathrm{cm}^2$
③ $142\pi\,\mathrm{cm}^2$
④ $143\pi\,\mathrm{cm}^2$
⑤ $144\pi\,\mathrm{cm}^2$

17 오른쪽 그림에서 색칠한 부분을 $\overline{\mathrm{AC}}$를 회전축으로 하여 1회전 시킬 때 생기는 입체도형의 부피는?

① $12\pi\,\mathrm{cm}^3$ ② $16\pi\,\mathrm{cm}^3$
③ $36\pi\,\mathrm{cm}^3$ ④ $48\pi\,\mathrm{cm}^3$
⑤ $96\pi\,\mathrm{cm}^3$

18 오른쪽 그림과 같이 원뿔 모양의 작은 컵과 원기둥 모양의 큰 컵이 있다. 작은 컵에 물을 가득 채운 후 큰 컵에 옮겨 담을 때, 큰 컵에 물을 가득 채우려면 작은 컵으로 몇 번을 부어야 하는지 구하시오.

(단, 컵의 두께는 생각하지 않는다.)

19 오른쪽 그림과 같은 정육면체에서 모서리 BC, CG, CD의 중점을 각각 P, Q, R라고 하자. 이때 면 PQR에 의해 나누어지는 두 입체도형에서 큰 입체도형의 부피는 작은 입체도형의 부피의 몇 배인가?

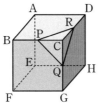

① 35배　　② 36배　　③ 45배
④ 47배　　⑤ 48배

20 오른쪽 그림과 같은 평면도형을 직선 *l*을 회전축으로 하여 1회전 시킬 때 생기는 입체도형의 부피를 구하시오.

[풀이 과정]

[답]

21 오른쪽 그림과 같이 원기둥 안에 구와 원뿔이 꼭 맞게 들어 있다. 원기둥의 겉넓이가 $96\pi \text{ cm}^2$일 때, 원뿔의 부피를 구하시오.

할 수 있어!
LEVEL **3**　　　만점을 위한 **도전 문제**

22 어느 향수 가게에서 다음 그림과 같이 원뿔 모양의 두 종류의 용기에 향수를 가득 담아 판매하고 있다. 향수의 가격은 향수의 부피에 정비례하고, 일반 용량의 향수는 20000원에 판매할 때, 대용량의 향수의 가격을 구하시오. (단, 향수병의 두께는 생각하지 않는다.)

[일반 용량]　　　[대용량]

23 다음 그림과 같이 물이 가득 차 있는 원기둥 모양의 그릇에 반지름의 길이가 5 cm인 구 모양의 쇠공 3개를 넣었다가 다시 꺼내었을 때, 원기둥 모양의 그릇에 남아 있는 물의 높이를 구하시오.

(단, 그릇의 두께는 생각하지 않는다.)

24 오른쪽 그림과 같이 부피가 $256\pi \text{ cm}^3$인 원기둥 모양의 통 안에 구 모양의 공 2개가 꼭 맞게 들어 있을 때, 공 2개의 겉넓이의 총합을 구하시오.

(단, 통의 두께는 생각하지 않는다.)

7 자료의
정리와 해석

7 자료의 정리와 해석

★ 중요

유형 1 줄기와 잎 그림   개념편 138~139쪽

〈자료〉
(단위: 점)

72	68
88	76
(84)	82

변량

➡

〈줄기와 잎 그림〉
(6|8은 68점)

줄기	잎
6	8
7	2 6
8	2 4 8

십의 자리의 숫자   일의 자리의 숫자

참고 (변량의 개수)=(전체 잎의 개수)

1 아래는 어느 야구반 학생들의 던지기 기록을 줄기와 잎 그림으로 나타낸 것이다. 다음 중 옳지 않은 것은?

던지기 기록
(단위: m)   (4|7은 47 m)

55	57	63
58	60	62
64	47	52
52	71	62
49	58	49

⇨

줄기	잎
4	7 9 9
5	2 2 5 7 x 8
6	0 2 2 3 4
7	1

① 변량의 십의 자리의 숫자는 줄기, 일의 자리의 숫자는 잎이다.

② x의 값은 8이다.

③ 줄기 6에 해당하는 잎의 개수는 5개이다.

④ 기록이 52 m인 학생 수는 4명이다.

⑤ 멀리 던진 쪽에서 3번째인 학생의 기록은 63 m이다.

2 오른쪽 줄기와 잎 그림은 승기네 모둠 학생들의 제기차기 기록을 조사하여 나타낸 것이다. 다음 보기 중 옳지 않은 것을 모두 고르시오.

제기차기 기록
(0|2는 2회)

줄기	잎
0	2 3 7 7
1	0 1 3 5 6 9
2	0 2 8
3	3 4

┤ 보기 ├

ㄱ. 잎이 가장 많은 줄기는 1이다.

ㄴ. 모둠 전체 학생 수는 15명이다.

ㄷ. 기록이 10회 미만인 학생 수는 5명이다.

ㄹ. 제기차기를 가장 많이 한 학생과 가장 적게 한 학생의 기록의 차는 2회이다.

[3~5] 다음 줄기와 잎 그림은 지선이네 반 학생들의 키를 조사하여 나타낸 것이다. 물음에 답하시오.

키
(14|4는 144 cm)

줄기	잎
14	4 8
15	1 3 4 6 8 9
16	1 2 3 4 5 6 7 8
17	0 1 2 7

3 지선이의 키가 158 cm일 때, 지선이보다 키가 작은 학생 수를 구하시오.

4 키가 큰 쪽에서 6번째인 학생과 키가 작은 쪽에서 6번째인 학생의 키의 차를 구하시오.

5 키가 160 cm 미만인 학생은 전체의 몇 %인지 구하시오.

[6~7] 다음 줄기와 잎 그림은 미진이네 반 남학생과 여학생의 수학 성적을 조사하여 함께 나타낸 것이다. 물음에 답하시오.

수학 성적
(7|1은 71점)

잎(남학생)	줄기	잎(여학생)
9 3 2 2	7	1 6 7
9 4 2	8	0 2 5 8 9
7 2	9	3 7 8

6 성적이 85점인 학생은 미진이네 반에서 성적이 높은 편인지 낮은 편인지 말하시오.

7 성적이 90점 이상인 학생은 반 전체의 몇 %인지 구하시오.

유형 2 도수분포표
개념편 140~141쪽

(1) 계급: 변량을 일정한 간격으로 나눈 구간

계급의 크기: 변량을 나눈 구간의 너비 → 계급의 양 끝 값의 차

(2) 도수: 각 계급에 속하는 변량의 개수

(3) 도수분포표: 자료를 정리하여 계급과 도수로 나타낸 표

주의 계급, 계급의 크기, 도수는 항상 단위를 포함하여 쓴다.

[8~10] 오른쪽 도수분포표는 어느 중학교 학생 50명의 몸무게를 조사하여 나타낸 것이다. 다음 물음에 답하시오.

몸무게(kg)	학생 수(명)
$35^{이상}$~$40^{미만}$	4
40 ~45	7
45 ~50	17
50 ~55	13
55 ~60	9
합계	50

8 계급의 크기와 계급의 개수를 차례로 구하시오.

9 도수가 가장 큰 계급을 구하시오.

10 몸무게가 50 kg 이상인 학생 수를 구하시오.

11 오른쪽 도수분포표는 어느 반 학생 30명의 점심 식사 시간을 조사하여 나타낸 것이다. 다음 중 옳지 **않은** 것은?

식사 시간(분)	학생 수(명)
$10^{이상}$~$15^{미만}$	1
15 ~20	6
20 ~25	9
25 ~30	7
30 ~35	A
35 ~40	2
합계	30

① $A=5$이다.

② 계급의 크기는 5분이다.

③ 계급의 개수는 6개이다.

④ 점심 식사 시간이 20분 미만인 학생 수는 7명이다.

⑤ 점심 식사 시간이 가장 짧은 학생의 점심 식사 시간은 10분이다.

유형 3 도수분포표에서 특정 계급의 백분율
개념편 140~141쪽

(1) (각 계급의 백분율)$=\dfrac{(그\ 계급의\ 도수)}{(도수의\ 총합)}\times100(\%)$

(2) (각 계급의 도수)$=(도수의\ 총합)\times\dfrac{(그\ 계급의\ 백분율)}{100}$

[12~13] 오른쪽 도수분포표는 어느 반 학생 25명의 한 달 동안의 봉사 활동 시간을 조사하여 나타낸 것이다. 다음 물음에 답하시오.

봉사 활동 시간(시간)	학생 수(명)
$0^{이상}$~ $4^{미만}$	4
4 ~ 8	6
8 ~12	8
12 ~16	5
16 ~20	2
합계	25

12 봉사 활동 시간이 8시간 이상 12시간 미만인 학생은 전체의 몇 %인지 구하시오.

13 봉사 활동 시간이 12시간 이상인 학생은 전체의 몇 %인가?

① 20 %   ② 22 %   ③ 24 %

④ 26 %   ⑤ 28 %

14 오른쪽 도수분포표는 수민이네 반 학생 40명의 체육 실기 점수를 조사하여 나타낸 것이다. 체육 실기 점수가 85점 미만인 학생이 전체의 55 %일 때, A의 값을 구하시오.

실기 점수(점)	학생 수(명)
$70^{이상}$~ $75^{미만}$	1
75 ~ 80	A
80 ~ 85	12
85 ~ 90	
90 ~ 95	6
95 ~100	1
합계	40

유형 **4** 히스토그램 개념편 143쪽

(1) 히스토그램: 가로축에 계급을, 세로 축에 도수를 표시하여 도수분포표를 직사각형 모양으로 나타낸 그래프

(2) 히스토그램의 특징
　① 자료의 전체적인 분포 상태를 한눈에 쉽게 알아볼 수 있다.
　② (모든 직사각형의 넓이의 합)
　　 ＝(계급의 크기)×(도수의 총합)
　③ 각 직사각형의 넓이는 각 계급의 도수에 정비례한다.

15 오른쪽 히스토그램은 영수네 반 학생들의 하루 동안의 라디오 청취 시간을 조사하여 나타낸 것이다. 다음 중 히스토그램에서 알 수 없는 것은?

① 계급의 크기
② 계급의 개수
③ 반 전체 학생 수
④ 라디오 청취 시간이 가장 적은 학생의 청취 시간
⑤ 영수네 반 학생들의 라디오 청취 시간의 분포 상태

16 서술형 오른쪽 히스토그램은 효진이네 반 학생들이 1년 동안 친척 집을 방문한 횟수를 조사하여 나타낸 것이다. 방문 횟수가 10회 이상인 학생은 전체의 몇 %인지 구하시오.

풀이 과정

답

보기 다 **多** 모아~

17 오른쪽 히스토그램은 어느 중학교 학생들의 하루 수면 시간을 조사하여 나타낸 것이다. 다음 중 옳지 않은 것을 모두 고르면?

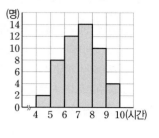

① 계급의 개수는 6개이다.
② 계급의 크기는 2명이다.
③ 전체 학생 수는 50명이다.
④ 수면 시간이 짧은 쪽에서 6번째인 학생이 속하는 계급은 5시간 이상 6시간 미만이다.
⑤ 도수가 두 번째로 큰 계급은 6시간 이상 7시간 미만이다.
⑥ 수면 시간이 7시간 미만인 학생은 전체의 40 %이다.
⑦ 모든 직사각형의 넓이의 합은 60이다.

[18~19] 오른쪽 히스토그램은 어느 반 학생들의 영어 성적을 조사하여 나타낸 것이다. 다음 물음에 답하시오.

18 성적이 60점 이상 70점 미만인 계급의 직사각형의 넓이는 80점 이상 90점 미만인 계급의 직사각형의 넓이의 몇 배인지 구하시오.

전체의 25 %에 속하는 학생 수를 먼저 구하자.

까다로운 **기출문제**

19 성적이 상위 25 % 이내에 속하려면 최소 몇 점을 받아야 하는가?

① 50점　　　② 60점　　　③ 70점
④ 80점　　　⑤ 90점

유형 5 찢어진 히스토그램 개념편 143쪽

도수의 총합 또는 두 계급의 도수의 비 또는 백분율을 이용하여 히스토그램에서 찢어진 부분의 계급에 속하는 도수를 구한다.

20 오른쪽 히스토그램은 민재네 반 학생 32명의 면담 시간을 조사하여 나타낸 것인데 일부가 찢어져 보이지 않는다. 면담 시간이 30분 이상 40분 미만인 학생 수는?

① 8명   ② 9명   ③ 10명
④ 11명   ⑤ 12명

21 다음 히스토그램은 연우네 반 학생들의 통학 시간을 조사하여 나타낸 것인데 일부가 찢어져 보이지 않는다. 통학 시간이 25분 이상 30분 미만인 학생 수와 통학 시간이 20분 이상인 학생 수의 비가 1 : 3일 때, 반 전체 학생 수는?

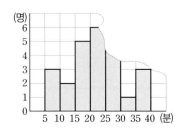

① 22명   ② 25명   ③ 28명
④ 30명   ⑤ 35명

22 오른쪽 히스토그램은 어느 반 학생들의 사회 성적을 조사하여 나타낸 것인데 일부가 찢어져 보이지 않는다. 사회 성적이 70점 미만인 학생이 전체의 30 %일 때, 사회 성적이 70점 이상 80점 미만인 학생 수는?

① 13명   ② 14명   ③ 15명
④ 16명   ⑤ 17명

23
서술형

다음 히스토그램은 어느 반 학생 40명의 앉은키를 조사하여 나타낸 것인데 일부가 찢어져 보이지 않는다. 앉은키가 85 cm 이상인 학생이 전체의 50 %일 때, 물음에 답하시오.

(1) 앉은키가 85 cm 이상 90 cm 미만인 학생 수를 구하시오.

(2) 앉은키가 80 cm 이상 85 cm 미만인 학생 수를 구하시오.

풀이 과정

(1)

(2)

답 (1)   (2)

유형 6 도수분포다각형 개념편 144쪽

(1) 도수분포다각형: 히스토그램에서 각 직사각형의 윗변의 중앙에 점을 찍어 선분으로 연결한 그래프

(2) 도수분포다각형의 특징
 ① 자료의 전체적인 분포 상태를 한눈에 쉽게 알아볼 수 있다.
 ② 두 개 이상의 자료의 분포를 함께 나타낼 수 있어 그 특징을 비교할 때 히스토그램보다 편리하다.

24 오른쪽 도수분포다각형은 수혁이네 반 학생들의 국어 성적을 조사하여 나타낸 것이다. 다음 중 옳은 것은?

① 계급의 개수는 6개이다.
② 반 전체 학생 수는 30명이다.
③ 성적이 80점 미만인 학생 수는 16명이다.
④ 도수가 가장 큰 계급은 80점 이상 90점 미만이다.
⑤ 성적이 90점인 학생이 속하는 계급의 도수는 7명이다.

[25~26] 오른쪽 도수분포다각형은 지호네 반 학생들이 1학기 동안 도서관을 이용한 횟수를 조사하여 나타낸 것이다. 다음 물음에 답하시오.

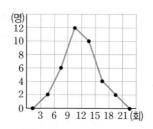

25 도서관을 많이 이용한 쪽에서 5번째인 학생이 속하는 계급을 구하시오.

26 도서관을 이용한 횟수가 6회 이상 12회 미만인 학생은 전체의 몇 %인가?
① 20 %   ② 30 %   ③ 40 %
④ 50 %   ⑤ 60 %

유형 7 도수분포다각형의 넓이 개념편 144쪽

색칠한 두 부분의 넓이는 같다.

(도수분포다각형과 가로축으로 둘러싸인 도형의 넓이)
=(히스토그램의 모든 직사각형의 넓이의 합)
=(계급의 크기)×(도수의 총합)

27 오른쪽 도수분포다각형은 어느 반 학생들이 지난 일주일 동안 수학 공부를 한 시간을 조사하여 나타낸 것이다. 색칠한 두 삼각형의 넓이를 각각 S_1, S_2라고 할 때, 다음 중 옳은 것은?

① $S_1 > S_2$ ② $S_1 < S_2$ ③ $S_1 = S_2$
④ $S_1 + S_2 = 2$ ⑤ $S_1 - S_2 = 1$

28 오른쪽 도수분포다각형은 형래네 반 학생들의 50 m 장애물달리기 기록을 조사하여 나타낸 것이다. 도수분포다각형과 가로축으로 둘러싸인 도형의 넓이를 구하시오.

29 오른쪽 도수분포다각형은 다혜네 반 학생들의 영어 수행평가 점수를 조사하여 나타낸 것이다. 도수분포다각형과 가로축으로 둘러싸인 도형의 넓이가 175일 때, $a+b+c+d+e+f$의 값을 구하시오.

유형 8 찢어진 도수분포다각형   개념편 144쪽

도수의 총합 또는 두 계급의 도수의 비 또는 백분율을 이용하여 도수분포다각형에서 찢어진 부분의 계급에 속하는 도수를 구한다.

[30~31] 오른쪽 도수분포다각형은 어느 반 학생 30명의 양팔을 벌린 길이를 조사하여 나타낸 것인데 일부가 찢어져 보이지 않는다. 다음 물음에 답하시오.

30 양팔을 벌린 길이가 160 cm 이상 170 cm 미만인 학생 수를 구하시오.

31 양팔을 벌린 길이가 160 cm 이상인 학생은 전체의 몇 %인지 구하시오.

32 오른쪽 도수분포다각형은 어느 반 학생들의 하루 동안의 자습 시간을 조사하여 나타낸 것인데 일부가 찢어져 보이지 않는다. 자습 시간이 80분 이상인 학생이 전체의 24 %일 때, 자습 시간이 40분 이상 60분 미만인 학생 수는?

① 7명   ② 8명   ③ 9명
④ 10명   ⑤ 11명

[33~34] 오른쪽 도수분포다각형은 희정이네 학교 학생 50명의 수학 성적을 조사하여 나타낸 것인데 일부가 찢어져 보이지 않는다. 다음 물음에 답하시오.

33 성적이 80점 이상 90점 미만인 계급의 도수는 60점 이상 70점 미만인 계급의 도수의 $\frac{1}{2}$배일 때, 성적이 80점 이상인 학생 수는?

① 4명   ② 5명   ③ 6명
④ 7명   ⑤ 8명

34 성적이 70점인 학생은 상위 몇 % 이내에 속하는지 구하시오.
서술형

풀이 과정

답

> 세로축의 눈금 한 칸을 미지수로 놓고 도수의 총합을 이용하자.

까다로운 기출문제

35 오른쪽 도수분포다각형은 어느 반 학생 34명의 키를 조사하여 나타낸 것인데 세로축이 찢어져 보이지 않는다. 이 그래프에서 도수가 가장 큰 계급에 속하는 학생은 몇 명인지 구하시오.

유형 9 두 도수분포다각형의 비교 _{개념편 144쪽}

다음 도수분포다각형은 반 전체 학생 수가 같은 A반, B반의 하루 공부 시간을 조사하여 함께 나타낸 것이다.

B반의 그래프가 A반의 그래프보다 전체적으로 오른쪽으로 치우쳐 있다.

➡ B반의 공부 시간이 대체적으로 더 많다.

36 오른쪽 도수분포다각형은 체육 대회에 참가한 어느 팀의 여학생과 남학생의 공 던지기 기록을 조사하여 함께 나타낸 것이다. 다음 중 옳지 않은 것은?

① 여학생 수와 남학생 수는 서로 같다.

② 기록이 30 m 이상 35 m 미만인 팀 전체 학생 수는 모두 12명이다.

③ 각각의 도수분포다각형과 가로축으로 둘러싸인 도형의 넓이는 서로 같다.

④ 기록이 가장 좋은 학생은 남학생 중에 있다.

⑤ 여학생이 남학생보다 기록이 더 좋은 편이다.

37 오른쪽 도수분포다각형은 어느 중학교 1학년 A 반과 B반 학생들의 미술 성적을 조사하여 함께 나타낸 것이다. 다음 중 옳은 것은?

① 미술 성적이 70점 이상 80점 미만인 학생은 B반이 A반보다 더 많다.

② 미술 성적이 가장 높은 학생은 B반 학생이다.

③ A반 학생 수가 B반 학생 수보다 많다.

④ B반이 A반보다 미술 성적이 더 높은 편이다.

⑤ A, B 두 반에서 미술 성적이 90점 이상 100점 미만인 학생은 전체의 14 %이다.

유형 10 _{틀리기 쉬운} 줄기와 잎 그림, 도수분포표, 히스토그램, 도수분포다각형의 이해 _{개념편 138~144쪽}

변량, 계급, 도수 등의 용어를 이해한다.

38 다음 보기 중 옳은 것을 모두 고르시오.

> **보기**
> ㄱ. 각 계급에 속하는 변량의 개수를 그 계급의 도수라고 한다.
> ㄴ. 계급의 크기는 전체 변량의 크기이다.
> ㄷ. 히스토그램에서 각 직사각형의 넓이는 각 계급의 도수에 정비례한다.
> ㄹ. 도수분포다각형에서 세로축은 계급을 나타낸다.

39 다음 중 옳은 것은?

① 줄기와 잎 그림에서 줄기와 잎에는 중복되는 수를 모두 쓴다.

② 도수분포표를 만들 때, 각 계급의 크기는 클수록 좋다.

③ 히스토그램의 각 직사각형의 넓이의 합과 도수분포다각형과 가로축으로 둘러싸인 도형의 넓이는 서로 같다.

④ 도수분포다각형에서 점의 개수는 계급의 개수와 같다.

⑤ 도수분포다각형은 각 계급의 끝 값에 도수를 대응시킨 점을 차례로 선분으로 연결하여 그린 그래프이다.

40 다음 보기 중 옳지 <u>않은</u> 것을 모두 고르시오.

> **보기**
> ㄱ. 줄기와 잎 그림에서는 실제 변량의 정확한 값을 알 수 있다.
> ㄴ. 자료를 수량으로 나타낸 것을 계급이라고 한다.
> ㄷ. 도수분포표를 만들 때, 계급의 개수는 많을수록 좋다.
> ㄹ. 히스토그램에서 각 직사각형의 가로의 길이는 계급의 크기와 같다.

유형11 상대도수

개념편 147쪽

(1) 상대도수: 전체 도수에 대한 각 계급의 도수의 비율

➡ (어떤 계급의 상대도수)$=\dfrac{\text{(그 계급의 도수)}}{\text{(도수의 총합)}}$

(2) 상대도수의 특징

① 상대도수의 총합은 항상 1이고,
상대도수는 0 이상이고 1 이하의 수이다.

② 각 계급의 상대도수는 그 계급의 도수에 정비례한다.

41 오른쪽 도수분포표는 어느 반 학생들의 일주일 동안의 통화 시간을 조사하여 나타낸 것이다. 통화 시간이 20분 이상 40분 미만인 계급의 상대도수를 구하시오.

통화 시간(분)	학생 수(명)
0^{이상} ~ 20^{미만}	4
20 ~ 40	
40 ~ 60	8
60 ~ 80	7
80 ~ 100	5
합계	30

42 오른쪽 히스토그램은 어느 중학교 학생들의 1분당 호흡수를 조사하여 나타낸 것이다. 호흡수가 18회 이상 22회 미만인 계급의 상대도수를 구하시오.

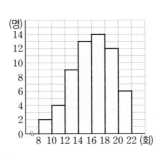

43 오른쪽 도수분포다각형은 어느 반 학생들의 팔굽혀펴기 횟수를 조사하여 나타낸 것이다. 팔굽혀펴기 횟수가 많은 쪽에서 8번째인 학생이 속하는 계급의 상대도수를 구하시오.

유형12 상대도수, 도수, 도수의 총합 사이의 관계

개념편 147쪽

$(상대도수)=\dfrac{(도수)}{(도수의 총합)}$

➡ $(도수)=(도수의 총합)\times(상대도수)$

➡ $(도수의 총합)=\dfrac{(도수)}{(상대도수)}$

44 어떤 계급의 상대도수가 0.3이고 도수의 총합이 20일 때, 이 계급의 도수는?

① 2 ② 4 ③ 6
④ 8 ⑤ 10

45 어느 중학교 학생들의 허리둘레를 조사하였더니 상대도수가 0.2인 계급의 학생이 8명이었다. 이때 전체 학생 수를 구하시오.

46 어느 도수분포표에서 도수가 6인 계급의 상대도수가 0.2일 때, 상대도수가 0.5인 계급의 도수를 구하시오.

서술형

[풀이 과정]

[답]

유형13 상대도수의 분포표 개념편 147쪽

다음을 이용하여 문제를 해결한다.

(1) 상대도수의 총합은 항상 1이다.

(2) (어떤 계급의 상대도수)$=\dfrac{(\text{그 계급의 도수})}{(\text{도수의 총합})}$

➡ (어떤 계급의 도수)

  =(도수의 총합)×(그 계급의 상대도수)

➡ (도수의 총합)$=\dfrac{(\text{그 계급의 도수})}{(\text{어떤 계급의 상대도수})}$

참고 상대도수는 백분율(%)로 환산하기 쉽다.

  (백분율)=(상대도수)×100(%)

[47~49] 오른쪽 상대도수의 분포표는 어느 반 학생 20명의 일주일 동안의 가족과의 대화 시간을 조사하여 나타낸 것이다. 다음 물음에 답하시오.

대화 시간(시간)	학생 수(명)	상대도수
$4^{이상}\sim5^{미만}$	2	A
5 ~6	B	0.2
6 ~7	8	0.4
7 ~8	C	D
8 ~9	1	0.05
합계	20	E

47 A, B, C, D, E의 값을 각각 구하시오.

48 대화 시간이 7시간 이상인 계급의 상대도수를 구하시오.

49 대화 시간이 7시간 이상인 학생은 전체의 몇 %인가?

① 15 %   ② 20 %   ③ 28 %
④ 30 %   ⑤ 35 %

[50~52] 다음 상대도수의 분포표는 어느 동네의 가구별 한 달 전력 소비량을 조사하여 나타낸 것이다. 물음에 답하시오.

전력 소비량(kWh)	가구 수(가구)	상대도수
$100^{이상}\sim150^{미만}$	20	0.1
150 ~200	50	
200 ~250		
250 ~300		0.15
300 ~350	20	
합계		

50 이 동네의 전체 가구 수는?

① 100가구   ② 120가구   ③ 150가구
④ 180가구   ⑤ 200가구

51 전력 소비량이 250 kWh 이상 300 kWh 미만인 가구 수는?

① 15가구   ② 20가구   ③ 25가구
④ 30가구   ⑤ 35가구

52 전력 소비량이 낮은 쪽에서 38번째인 가구가 속하는 계급의 상대도수를 구하시오.

53 오른쪽 상대도수의 분포표는 지영이네 반 학생 40명의 음악 실기 점수를 조사하여 나타낸 것이다. 음악 실기 점수가 45점 이상 55점 미만인 학생 수를 구하시오.

실기 점수(점)	상대도수
$15^{이상}\sim25^{미만}$	0.1
25 ~35	0.2
35 ~45	0.3
45 ~55	
55 ~65	0.15
합계	

유형14 찢어진 상대도수의 분포표 　　개념편 147쪽

도수와 상대도수가 모두 주어진 계급을 이용하여 도수의 총합을 먼저 구한다.

54 다음 상대도수의 분포표는 어느 반 학생들의 발 크기를 조사하여 나타낸 것인데 일부가 찢어져 보이지 않는다. 물음에 답하시오.

발 크기(mm)	학생 수(명)	상대도수
225^{이상}~230^{미만}	4	0.2
230　~235	5	A
235　~240		

(1) 반 전체 학생 수를 구하시오.

(2) A의 값을 구하시오.

55 다음 상대도수의 분포표는 어느 과수원에서 하루 동안 수확한 사과의 무게를 조사하여 나타낸 것인데 일부가 찢어져 보이지 않는다. 무게가 150 g 이상 200 g 미만인 사과의 개수를 구하시오.

사과의 무게(g)	사과의 개수(개)	상대도수
100^{이상}~150^{미만}	68	0.08
150　~200		0.26
200　~250		

> 사용 시간이 60분 이상인 계급의 상대도수의 합을 먼저 구하자.

까다로운 기출문제

56 다음 상대도수의 분포표는 승현이네 반 학생들의 일주일 동안의 컴퓨터 사용 시간을 조사하여 나타낸 것인데 일부가 찢어져 보이지 않는다. 컴퓨터 사용 시간이 60분 이상인 학생이 전체의 80 %일 때, 컴퓨터 사용 시간이 30분 이상 60분 미만인 학생 수를 구하시오.

컴퓨터 사용 시간(분)	학생 수(명)	상대도수
0^{이상}~30^{미만}	2	0.05
30　~60		
60　~90		

유형15 상대도수의 분포를 나타낸 그래프 　　개념편 148쪽

(1) 상대도수의 분포표를 그래프로 나타내기
　➡ 가로축에 각 계급의 양 끝 값을, 세로축에 상대도수를 차례로 표시하여 히스토그램이나 도수분포다각형 모양으로 그린다.

(2) (상대도수의 그래프와 가로축으로 둘러싸인 도형의 넓이)
　 =(계급의 크기)×(상대도수의 총합)=(계급의 크기)
　　　　　　　　　　　 =1

[57~58] 오른쪽 그래프는 어느 볼링 동호회 회원들의 볼링 점수에 대한 상대도수의 분포를 나타낸 것이다. 볼링 점수가 90점 이상 100점 미만인 회원이 14명일 때, 다음 물음에 답하시오.

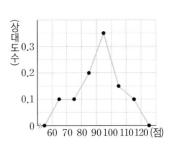

57 전체 회원 수를 구하시오.

58 볼링 점수가 100점 이상인 회원 수를 구하시오.

59 오른쪽 그래프는 어느 지역 50곳의 10월 한 달 동안의 일별 최고 기온에 대한 상대도수의 분포를 나타낸 것이다. 다음 중 옳은 것은?

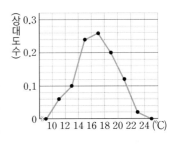

① 상대도수가 가장 큰 계급은 14 ℃ 이상 16 ℃ 미만이다.

② 도수가 클수록 상대도수는 작다.

③ 상대도수의 총합은 도수의 총합과 같다.

④ 최고 기온이 18 ℃ 이상 20 ℃ 미만인 지역은 9곳이다.

⑤ 최고 기온이 18 ℃ 이상인 지역은 전체의 34 %이다.

유형 16 찢어진 상대도수의 분포를 나타낸 그래프
개념편 148쪽

(1) 도수와 상대도수가 모두 주어진 계급을 이용하여 도수의 총합을 구한다.

(2) 상대도수의 총합은 1임을 이용하여 찢어진 부분의 계급에 속하는 상대도수를 구한다.

60 오른쪽 그래프는 어느 중학교 학생 40명의 일주일 동안의 독서 시간에 대한 상대도수의 분포를 나타낸 것인데 일부가 찢어져 보이지 않는다. 독서 시간이 110분 이상 120분 미만인 학생 수를 구하시오.

61 오른쪽 그래프는 어느 반 학생들의 과학 성적에 대한 상대도수의 분포를 나타낸 것인데 일부가 찢어져 보이지 않는다. 과학 성적이 40점 이상 50점 미만인 학생이 6명일 때, 과학 성적이 60점 이상 70점 미만인 학생 수를 구하시오.

서술형

풀이 과정

답

62 오른쪽 그래프는 어느 아파트에 사는 50가구의 한 달 도시가스 사용량에 대한 상대도수의 분포를 나타낸 것인데 일부가 찢어져 보이지 않는다. 도시가스 사용량이 11 m³ 이상인 가구가 전체의 28 %일 때, 도시가스 사용량이 9 m³ 이상 11 m³ 미만인 가구 수는?

① 5가구   ② 10가구   ③ 15가구

④ 20가구   ⑤ 25가구

[63~64] 오른쪽 그래프는 어느 중학교 학생 100명의 원반던지기 기록에 대한 상대도수의 분포를 나타낸 것인데 일부가 찢어져 보이지 않는다. 다음 물음에 답하시오.

63 기록이 20 m 이상 25 m 미만인 학생 수가 40 m 이상인 학생 수와 같을 때, 기록이 20 m 이상 25 m 미만인 계급의 상대도수를 구하시오.

64 기록이 30 m 이상 35 m 미만인 학생 수는?

① 14명   ② 16명   ③ 22명

④ 26명   ⑤ 28명

개념편 **149쪽**

도수의 총합이 다른 두 자료를 비교할 때는 각 계급의 도수를 그대로 비교하지 않고 상대도수를 구하여 비교한다.

65 다음 도수분포표는 A, B 두 중학교 1학년 학생들의 시력을 조사하여 함께 나타낸 것이다. A 중학교보다 B 중학교의 상대도수가 더 큰 계급을 구하시오.

시력	학생 수(명)	
	A 중학교	B 중학교
0.1^{이상}~0.3^{미만}	4	6
0.3 ~0.5	11	16
0.5 ~0.7	17	26
0.7 ~0.9	11	22
0.9 ~1.1	5	8
1.1 ~1.3	2	2
합계	50	80

[66~67] 다음 도수분포표는 같은 지역의 A, B 두 중학교 1학년 학생들의 통학 시간을 조사하여 함께 나타낸 것이다. 물음에 답하시오.

통학 시간(분)	학생 수(명)	
	A 중학교	B 중학교
0^{이상}~10^{미만}	27	38
10 ~20	38	62
20 ~30	75	154
30 ~40		
40 ~50	25	42
50 ~60	15	20
합계	250	400

66 A, B 두 중학교에서 통학 시간이 30분 이상 40분 미만인 계급의 상대도수를 각각 구하시오.

67 A, B 두 중학교 중 통학 시간이 30분 이상 40분 미만인 학생들의 비율은 어느 학교가 더 높은지 말하시오.

68 전체 학생 수의 비가 4 : 3인 1반과 2반에서 체육 성적이 70점 이상 80점 미만인 계급의 학생 수의 비를 조사했더니 3 : 2이었다. 체육 성적이 70점 이상 80점 미만인 계급의 상대도수의 비를 가장 간단한 자연수의 비로 나타낸 것은?

① 3 : 2   ② 3 : 4   ③ 4 : 3
④ 8 : 9   ⑤ 9 : 8

[69~71] 그래프의 비교

69 오른쪽 그래프는 어느 중학교 1학년 남학생과 여학생의 과학 성적에 대한 상대도수의 분포를 함께 나타낸 것이다.

다음 보기 중 옳은 것을 모두 고르시오.

┌ 보기 ┐
ㄱ. 1학년 전체 남학생 수와 여학생 수는 서로 같다.
ㄴ. 과학 성적은 여학생이 남학생보다 더 높은 편이다.
ㄷ. 과학 성적이 60점 이상 70점 미만인 계급의 도수는 여학생보다 남학생이 더 크다.
ㄹ. 각 그래프와 가로축으로 둘러싸인 부분의 넓이는 서로 같다.

70 오른쪽 그래프는 어느 중학교 1학년 학생 150명과 2학년 학생 100명이 일주일 동안 컴퓨터를 사용한 시간에 대한 상대도수의 분포를 함께 나타낸 것이다. 다음 중 옳은 것은?

① 1학년 학생들이 2학년 학생들보다 컴퓨터 사용 시간이 더 많은 편이다.

② 2학년보다 1학년의 비율이 더 높은 계급은 3개이다.

③ 1학년 학생 중에서 컴퓨터 사용 시간이 7시간 미만인 학생은 1학년 전체의 20 %이다.

④ 컴퓨터 사용 시간이 11시간 이상 13시간 미만인 학생 수는 2학년보다 1학년이 더 많다.

⑤ 각 그래프와 가로축으로 둘러싸인 부분의 넓이는 1학년에 대한 그래프가 더 크다.

71 서술형 오른쪽 그래프는 A 중학교 학생 300명, B 중학교 학생 400명의 일주일 동안의 TV 시청 시간에 대한 상대도수의 분포를 함께 나타낸 것이다. 다음 물음에 답하시오.

(1) TV 시청 시간이 8시간 이상 10시간 미만인 학생 수는 A, B 두 중학교 중 어느 학교가 몇 명 더 많은지 구하시오.

(2) A, B 두 중학교 중 TV 시청 시간이 대체적으로 더 긴 학교는 어느 곳인지 말하시오.

풀이 과정

(1)

(2)

답 (1)   (2)

톡톡 튀는 문제

72 다음은 어느 학교 1학년 1반 학생들이 일주일 동안 보는 웹툰의 수에 대해 나눈 대화이다. 1반에서 웹툰을 10편보다 적게 보는 학생 수를 구하시오.

> 의섭: 11명의 학생이 웹툰을 20편 이상을 봐.
> 준호: 웹툰을 10편보다 적게 보는 학생의 비율이 20 %야.
> 민준: 10편 이상 20편 미만인 계급의 상대도수가 0.36이야.

73 다음 (가) 그래프는 한솔이네 반 남학생들의 도덕 성적을 조사하여 나타낸 히스토그램이고, (나) 그래프는 한솔이네 반 여학생들의 도덕 성적에 대한 상대도수의 분포를 나타낸 것이다. 한솔이네 반 전체 학생 수가 38명이고 남학생인 한솔이의 도덕 성적이 80점일 때, 한솔이는 반 전체에서 상위 몇 등인지 구하시오.
(단, 동점자는 없다.)

단원 마무리

 중요

꼭 나오는 기본 문제

[1~2] 오른쪽 줄기와 잎 그림은 어느 반 학생들의 높이뛰기 기록을 조사하여 나타낸 것이다. 다음 물음에 답하시오.

높이뛰기 기록

(3|1은 31 cm)

줄기	잎
3	1 3 6 8 9 9
4	0 1 2 2 3 7 8
5	3 6 8 8
6	0 1 3

1 기록이 60 cm 이상인 학생은 전체의 몇 %인지 구하시오.

2 기록이 높은 쪽에서 6번째인 학생의 기록을 구하시오.

3 오른쪽 도수분포표는 어느 체육관의 수영반 학생들이 숨을 참는 시간을 조사하여 나타낸 것이다. 다음 중 옳지 않은 것은?

숨을 참는 시간(초)	학생 수(명)
$22^{이상} \sim 30^{미만}$	5
30 ~38	3
38 ~46	6
46 ~54	3
54 ~62	2
62 ~70	1
합계	20

① 계급의 크기는 8초이다.

② 숨을 참는 시간이 46초 이상 62초 미만인 학생은 5명이다.

③ 숨을 참는 시간이 38초 미만인 학생은 전체의 40 %이다.

④ 도수가 가장 큰 계급은 38초 이상 46초 미만이다.

⑤ 숨을 참는 시간이 긴 쪽에서 5번째인 학생이 속하는 계급은 54초 이상 62초 미만이다.

4 서술형 오른쪽 도수분포표는 어느 반 학생들이 일주일 동안 보낸 문자 메시지의 개수를 조사하여 나타낸 것이다. 문자 메시지를 50개 이상 보낸 학생이 전체의 25 %일 때, A, B의 값을 각각 구하시오.

메시지의 개수(개)	학생 수(명)
$20^{이상} \sim 30^{미만}$	2
30 ~40	6
40 ~50	A
50 ~60	B
60 ~70	1
합계	20

풀이 과정

답

[5~6] 오른쪽 히스토그램은 명수네 반 학생들의 음악 성적을 조사하여 나타낸 것이다. 다음 물음에 답하시오.

5 반 전체 학생 수를 구하시오.

6 음악 성적이 70점 이상 80점 미만인 학생은 전체의 몇 %인가?

① 20 % ② 22.5 % ③ 25 %

④ 32.5 % ⑤ 37.5 %

7 아래 ㈎, ㈏ 두 그래프는 어느 반 학생들의 중간고사 성적을 조사하여 각각 나타낸 것이다. 다음 중 옳지 <u>않은</u> 것을 모두 고르면? (정답 2개)

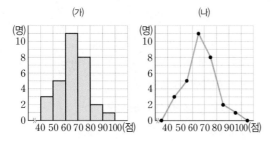

① ㈎의 그래프를 히스토그램이라고 한다.
② ㈏의 그래프를 도수분포다각형이라고 한다.
③ 도수가 가장 작은 계급은 90점 이상 100점 미만이다.
④ 반 전체 학생 수는 40명이다.
⑤ ㈎의 각 직사각형의 넓이의 합은 ㈏의 그래프와 가로축으로 둘러싸인 도형의 넓이보다 크다.

8 오른쪽 도수분포다각형은 어느 반 학생들의 주말 동안의 컴퓨터 사용 시간을 조사하여 나타낸 것이다. 다음 보기 중 옳은 것을 모두 고르시오.

┌ 보기 ┐
ㄱ. 계급의 개수는 8개이다.
ㄴ. 사용 시간이 90분 미만인 학생 수는 15명이다.
ㄷ. 사용 시간이 긴 쪽에서 10번째인 학생이 속하는 계급의 도수는 5명이다.
ㄹ. 도수분포다각형과 가로축으로 둘러싸인 도형의 넓이는 1200이다.

9 우리나라와 미국의 인터넷 사용자의 연령대별 비율을 비교하려고 할 때, 다음 중 가장 편리한 자료 정리 방법은?

① 줄기와 잎 그림   ② 도수분포표
③ 히스토그램   ④ 도수분포다각형
⑤ 상대도수의 분포표

10 어느 반 학생들의 1분 동안의 영어 타자 수를 조사하여 나타낸 상대도수의 분포표에서 타자 수가 160타 이상 180타 미만인 계급에 속하는 학생이 12명이고, 이 계급의 상대도수가 0.3이었다. 이때 반 전체 학생 수를 구하시오.

[11~12] 다음 그래프는 어느 반 학생 40명의 제자리멀리뛰기 기록에 대한 상대도수의 분포를 나타낸 것이다. 물음에 답하시오.

11 제자리멀리뛰기 기록이 120 cm 미만인 학생 수는?

① 4명   ② 6명   ③ 10명
④ 12명   ⑤ 14명

12 도수가 12명인 계급을 구하시오.

자주 나오는 실력 문제

13 오른쪽 히스토그램은 어느 반 학생들의 수학 수행평가 점수를 조사하여 나타낸 것인데 일부가 찢어져 보이지 않는다. 두 직사각형 A와 B의 넓이의 비가 5 : 2일 때, 전체 학생 수를 구하시오.

14 오른쪽 도수분포다각형은 어느 반 학생 30명의 한 달 동안의 과학실 이용 횟수를 조사하여 나타낸 것인데 일부가 찢어져 보이지 않는다. 과학실 이용 횟수가 12회 이상인 학생이 전체의 40 %일 때, 과학실 이용 횟수가 12회 이상 16회 미만인 학생 수는?

① 8명   ② 9명   ③ 10명
④ 11명   ⑤ 12명

15 오른쪽 도수분포다각형은 어느 반 학생들의 미술 시험 점수를 조사하여 나타낸 것이다. 점수가 낮은 쪽에서 13번째인 학생이 속하는 계급의 상대도수를 구하시오.

[16~17] 다음 상대도수의 분포표는 어느 중학교 1학년 학생들의 통학 거리를 조사하여 나타낸 것이다. 물음에 답하시오.

통학 거리(km)	학생 수(명)	상대도수
0이상 ~ 2미만	24	0.08
2 ~ 4	A	0.22
4 ~ 6		0.27
6 ~ 8	60	0.2
8 ~10	C	B
10 ~12		0.07
합계	D	E

16 A, B, C, D, E의 값을 각각 구하시오.

17 통학 거리가 8 km 이상인 학생은 전체의 몇 %인지 구하시오.

18 다음 상대도수의 분포표는 효정이네 중학교 학생들의 한 달 용돈을 조사하여 나타낸 것인데 일부가 찢어져 보이지 않는다. 용돈이 4만 원 이상인 학생이 전체의 60 %일 때, 용돈이 2만 원 이상 4만 원 미만인 학생 수를 구하시오.

서술형

한 달 용돈(만 원)	학생 수(명)	상대도수
0이상~2미만	4	0.05
2 ~4		
4 ~6		
6 ~		

풀이 과정

답

단원 마무리

19 오른쪽 그래프는 어느 중학교 학생 50명이 등교하는 데 걸리는 시간에 대한 상대도수의 분포를 나타낸 것인데 일부가 찢어져 보이지 않

는다. 걸리는 시간이 15분 이상 20분 미만인 계급의 상대도수가 10분 이상 15분 미만인 계급의 상대도수의 2배일 때, 걸리는 시간이 15분 이상 20분 미만인 계급의 도수를 구하시오.

20 아래 그래프는 A, B 두 중학교가 같은 시험 문제로 본 한문 성적에 대한 상대도수의 분포를 함께 나타낸 것이다. 다음 중 옳은 것을 모두 고르면? (정답 2개)

① A 중학교가 B 중학교보다 한문 성적이 더 좋은 편이다.
② A 중학교의 학생 수와 B 중학교의 학생 수는 서로 같다.
③ 한문 성적이 80점 이상인 학생의 비율은 B 중학교가 A 중학교보다 더 높다.
④ A 중학교에서 한문 성적이 60점 이상 70점 미만인 학생 수와 B 중학교에서 한문 성적이 70점 이상 80점 미만인 학생 수는 서로 같다.
⑤ 각 그래프와 가로축으로 둘러싸인 부분의 넓이는 서로 같다.

LEVEL 3 만점을 위한 **도전 문제**

21 다음 줄기와 잎 그림은 웅이네 반 여학생과 남학생의 국어 성적을 조사하여 함께 나타낸 것이다. 남학생인 웅이의 성적이 반 전체에서 상위 25 % 이내에 속할 때, 웅이의 성적은 최소 몇 점인지 구하시오.

국어 성적

(6|2는 62점)

잎(여학생)	줄기	잎(남학생)
8 7 4 3	6	2 5
6	7	0 3 3 8
9 8 2	8	0 4 6
7 5 3 0	9	1 2 4

22 오른쪽 그래프는 1학년 A반 학생들과 1학년 전체 학생들의 과학 성적에 대한 상대도수의 분포를 함께 나타낸 것이다. 과학

성적이 60점 이상 70점 미만인 학생이 A반에서는 17명, 전체에서는 64명일 때, A반에서 11등인 학생은 전체에서 적어도 몇 등을 한다고 할 수 있는지 구하시오.

개념+유형

실력향상 POWER

정답과 해설

개념과 유형이 하나로

중학 수학

1·2

1 기본 도형

1 점, 선, 면, 각

P. 8

필수 문제 1 (1) 교점: 4개, 교선: 6개
(2) 교점: 6개, 교선: 9개

1-1 (1) 13 (2) 20

P. 9

개념 확인 (1) $\overline{PQ}$(또는 $\overline{QP}$) (2) $\overrightarrow{PQ}$
(3) $\overrightarrow{QP}$ (4) $\overleftrightarrow{PQ}$(또는 $\overleftrightarrow{QP}$)

필수 문제 2 ③

2-1 (1) $\overrightarrow{BC}$, $\overrightarrow{AC}$, $\overrightarrow{CA}$ (2) $\overrightarrow{CA}$ (3) $\overrightarrow{AC}$ (4) $\overrightarrow{CB}$

P. 10

개념 확인 (1) 4 cm (2) 6 cm

필수 문제 3 (1) $\frac{1}{2}$ (2) 4 (3) 10, 5

3-1 ④

3-2 (1) 6 cm (2) 3 cm (3) 9 cm

P. 12

개념 확인 (1) ∠BAC, ∠CAB, ∠DAC, ∠CAD
(2) ∠DCB, ∠BCD

필수 문제 4 (1) 45°, 60°, 17° (2) 90°
(3) 158°, 120°, 95° (4) 180°

필수 문제 5 (1) 100° (2) 20°

5-1 (1) 35° (2) 30°

P. 13

개념 확인 (1) ∠COD (2) ∠AOB
(3) ∠AOE (4) ∠AOC

필수 문제 6 (1) ∠x=60°, ∠y=120°
(2) ∠x=75°, ∠y=40°

6-1 (1) 30 (2) 30

6-2 (1) 75 (2) 40

P. 14

개념 확인 (1) 5 cm (2) 90°

필수 문제 7 (1) $\overline{AB}$ (2) 점 A (3) 4 cm

7-1 ㄱ, ㄴ

STEP 1 쏙쏙 개념 익히기 P. 11

1 ㄴ, ㄹ **2** ④ **3** 3개
4 3개, 6개, 3개 **5** 9 cm **6** 9 cm

STEP 1 쏙쏙 개념 익히기 P. 15

1 ∠x=40°, ∠y=50° **2** 30 **3** 70°
4 ④ **5** 90° **6** 45°

~2 점, 직선, 평면의 위치 관계

P. 16

필수 문제 1 ㄴ, ㄹ

1-1 (1) 점 B, 점 C (2) $\overline{AD}$, $\overline{CD}$

필수 문제 2 (1) 점 A, 점 B, 점 E, 점 F
(2) 면 ABCD, 면 BFGC, 면 CGHD

2-1 (1) 면 ABC, 면 ABD, 면 BCD
(2) 면 ABD, 면 BCD
(3) 점 D

P. 17

필수 문제 3 (1) $\overline{AB}$, $\overline{CD}$ (2) $\overline{AB}/\!/\overline{CD}$, $\overline{AD}/\!/\overline{BC}$

3-1 ㄴ, ㄷ

3-2 (1) $\overleftrightarrow{DE}$ (2) $\overleftrightarrow{BC}$, $\overleftrightarrow{CD}$, $\overleftrightarrow{EF}$, $\overleftrightarrow{FA}$

P. 18

개념 확인 (1) 평행하다.
(2) 한 점에서 만난다.
(3) 꼬인 위치에 있다.

필수 문제 4 (1) $\overline{AC}$, $\overline{AD}$, $\overline{BC}$, $\overline{BE}$
(2) $\overline{DE}$
(3) $\overline{CF}$, $\overline{DF}$, $\overline{EF}$

4-1 ㄴ, ㄹ

4-2 2개

P. 19

필수 문제 5 (1) $\overline{AE}$, $\overline{BF}$, $\overline{CG}$, $\overline{DH}$
(2) 면 ABCD, 면 ABFE
(3) $\overline{EF}$, $\overline{FG}$, $\overline{GH}$, $\overline{HE}$

5-1 ㄱ, ㄹ

5-2 3 cm

P. 20

필수 문제 6 (1) 면 ABFE, 면 BFGC, 면 CGHD,
면 AEHD
(2) 면 ABCD, 면 BFGC, 면 EFGH,
면 AEHD
(3) 면 ABCD

6-1 ㄱ, ㄴ, ㄷ

6-2 ①, ⑤

STEP 1 쏙쏙 개념 익히기   P. 21~22

1 ①, ③   **2** ⑤   **3** ㄱ, ㄹ   **4** ②, ④

5 6

6 (1) $\overleftrightarrow{CG}$, $\overleftrightarrow{DH}$, $\overleftrightarrow{EH}$, $\overleftrightarrow{FG}$, $\overleftrightarrow{GH}$ (2) $\overleftrightarrow{AE}$, $\overleftrightarrow{BF}$

7 $m \perp P$ **8** (1) × (2) ×

~3 동위각과 엇각

P. 24

필수 문제 1 (1) $\angle e$ (2) $\angle g$ (3) $\angle h$ (4) $\angle g$

1-1 (1) $\angle d$, 80° (2) $\angle f$, 100°

1-2 (1) $\angle f$, $\angle j$ (2) $\angle e$, $\angle i$

P. 25

개념 확인 (1) 100° (2) 100°

필수 문제 2 (1) $\angle x = 65°$, $\angle y = 115°$
(2) $\angle x = 55°$, $\angle y = 81°$

2-1 (1) 30 (2) 60

필수 문제 3 (1) $\angle x = 30°$, $\angle y = 60°$ (2) $\angle x = 60°$

3-1 (1) 35° (2) 65°

개념 **확인**   (1) ○ (2) × (3) ○

필수 **문제 4**   ㄷ, ㅁ

4-1   ①, ⑤

4-2 $l /\!/ n$, $p /\!/ q$

STEP **1** 쏙쏙 개념 익히기   P. 27~28

1 ⑤

2 (1) $\angle x = 85°$, $\angle y = 130°$ (2) $\angle x = 60°$, $\angle y = 70°$

3 40°   **4** (1) 40° (2) 16°

5 (1) 100° (2) 120°   **6** ㄴ, ㄹ

7 (1) $\angle$ABC, $\angle$ACB (2) 80°   **8** 110°

STEP **2** 탄탄 단원 다지기   P. 29~31

1 19   **2** ④   **3** ②   **4** 2 cm   **5** ③

6 60°   **7** ④   **8** ③   **9** 0

10 ㄱ, ㄴ, ㅁ   **11** ②, ④ **12** ②   **13** 9

14 ④   **15** ④   **16** 면 A, 면 C, 면 E, 면 F

17 ②, ③ **18** ④   **19** 35°

STEP **3** 쏙쏙 서술형 완성하기   P. 32~33

〈과정은 풀이 참조〉

따라 해보자   유제 1   24 cm

유제 2   70°

연습해 보자   **1** 4개, 10개, 6개

2 50°

3 (1) $\overline{CE}$, $\overline{JH}$ (2) 2개

4 132°

생활 속 수학   P. 34

답 54

---

2 작도와 합동

1 삼각형의 작도

필수 **문제 1**   ㉡ → ㉠ → ㉢

1-1   ①

필수 **문제 2**   ㉠ → ㉢ → ㉡ → ㉣ → ㉤

2-1   ①, ④

2-2   (1) ㉣, ㉢, ㉻

(2) 서로 다른 두 직선이 한 직선과 만날 때, 동
위각의 크기가 같으면 두 직선은 평행하다.

STEP **1** 쏙쏙 개념 익히기   P. 40

1 ②   **2** (가) $\overline{AB}$ (나) $\overline{BC}$ (다) 정삼각형

3 ②, ⑤   **4** ④

개념 **확인**   (1) $\overline{BC}$ (2) $\overline{AC}$ (3) $\overline{AB}$

(4) $\angle$C   (5) $\angle$A   (6) $\angle$B

필수 **문제 3**   ③

3-1   ④

필수 문제 4 ㄷ → ㄴ → ㄱ

  4-1 ⑤

필수 문제 5 ③, ④

  5-1 ③

STEP 1 쏙쏙 **개념 익히기**　　　　　　P. 44~45

1 ④　　**2** ⑤　　**3** ④, ⑤
4 (개) ∠B　(내) c　(대) a　**5** ㄱ, ㄷ　**6** ⑤
7 ②　　**8** 1개

⌒2 삼각형의 합동

P. 46~47

개념 확인 (1) $\overline{PQ}$　(2) $\overline{QR}$　(3) $\overline{RP}$
　　　　　(4) ∠P　(5) ∠Q　(6) ∠R

필수 문제 1 (1) $80°$　(2) $5\,cm$

  1-1 ㄱ, ㄷ

필수 문제 2 △ABC≡△DFE, ASA 합동

  2-1 ④

  2-2 ㄱ, ㅁ, ㅂ

STEP 1 쏙쏙 **개념 익히기**　　　　　　P. 48

1 ①　　**2** ①, ⑤　　**3** ②, ⑤
4 (1) (개) $\overline{CD}$　(내) $\overline{AC}$　(대) SSS　(2) $70°$

STEP 2 탄탄 **단원 다지기**　　　　　　P. 49~51

1 눈금 없는 자: ㄴ, ㄷ, 컴퍼스: ㄱ, ㄹ
2 ㄷ → ㄱ → ㄴ　　**3** ⑤　　**4** ④　　**5** 5개
6 ⑤　　**7** ④　　**8** ④　　**9** ③　　**10** ③
11 ㄴ, ㄹ　**12** ③, ⑤　**13** ①, ⑤　**14** ②　　**15** ③
16 ㄱ, ㄴ, ㅁ　　　**17** (1) △BCE≡△DCF　(2) 20 cm

STEP 3 쏙쏙 **서술형 완성하기**　　　　　P. 52~53

〈과정은 풀이 참조〉
따라 해보자 유제 1　$\overline{AC}$의 길이, ∠B의 크기, ∠C의 크기
　　　　　유제 2　SAS 합동
연습해 보자 **1** (1) ㄱ → ㅁ → ㄹ → ㅂ → ㄷ → ㄴ
　　　　　　 (2) 서로 다른 두 직선이 다른 한 직선과 만날
　　　　　　　　때, 엇각의 크기가 같으면 두 직선은 평행
　　　　　　　　하다.
　　　　2 2개
　　　　3 △DCE, SAS 합동
　　　　4 500 m

문학 속 수학　　　　　　　　　　　P. 54

답 ㄱ → ㄹ → ㄷ → ㄴ

1 다각형

P. 58

개념 확인 ②, ④

필수 문제 1 (1) $50°$ (2) $120°$

1-1 (1) $55°$ (2) $80°$

필수 문제 2 (1) 정육각형 (2) 정팔각형

P. 59

개념 확인

다각형	A 사각형	A 오각형	A 육각형	⋯	n각형
꼭짓점의 개수	4개	5개	6개	⋯	n개
한 꼭짓점에서 그을 수 있는 대각선의 개수	1개	2개	3개	⋯	$(n-3)$개
대각선의 개수	2개	5개	9개	⋯	$\dfrac{n(n-3)}{2}$개

필수 문제 3 (1) 20개 (2) 27개 (3) 44개

3-1 (1) 십오각형 (2) 90개

3-2 54개

STEP 1 쏙쏙 개념 익히기 P. 60

1 $135°$ **2** ④, ⑤ **3** 108
4 15개 **5** ② **6** 정십각형

2 삼각형의 내각과 외각

P. 61

필수 문제 1 (1) $35°$ (2) $100°$ (3) $30°$

1-1 20

1-2 $\angle A = 40°$, $\angle B = 60°$, $\angle C = 80°$

P. 62

필수 문제 2 (1) $25°$ (2) $110°$

2-1 (1) $45°$ (2) $40°$

2-2 (1) 60 (2) 30

STEP 1 쏙쏙 개념 익히기 P. 63

1 (1) 40 (2) 60 **2** (1) $100°$ (2) $35°$ **3** $80°$
4 (1) $50°$ (2) $75°$ **5** $90°$

3 다각형의 내각과 외각

P. 64

필수 문제 1 (1) $1080°$ (2) $1620°$ (3) $2340°$

1-1 $70°$

필수 문제 2 칠각형

2-1 12개

P. 65

필수 문제 3 (1) $80°$ (2) $110°$

3-1 (1) $100°$ (2) $70°$

3-2 $128°$

필수 **문제 4** (1) 135°, 45° (2) 140°, 40° (3) 150°, 30°

4-1 60°

4-2 (1) 정십팔각형 (2) 정십오각형

STEP 1 쏙쏙 **개념 익히기** P. 67~68

1 1448 **2** 6개
3 (1) 80° (2) 90° (3) 40° **4** 8
5 ⑤ **6** ②
7 ∠x=72°, ∠y=36°
8 (1) 120° (2) 정삼각형 **9** 정구각형

STEP 2 탄탄 **단원 다지기** P. 69~71

1 ④ **2** ①, ④ **3** 35개 **4** (1) 7쌍 (2) 14쌍
5 ⑤ **6** 80° **7** 80° **8** ④
9 ∠x=65°, ∠y=110° **10** ⑤ **11** ④
12 30° **13** 55° **14** ① **15** 36° **16** 360°
17 ① **18** ③ **19** ④ **20** (1) 36° (2) 36°

STEP 3 쏙쏙 **서술형 완성하기** P. 72~73

〈과정은 풀이 참조〉

따라 해보자 유제 1 50° 유제 2 3240°
연습해 보자 **1** 22° **2** 75°
3 160° **4** 105°

건축 속 수학 P. 74

답 ㄱ, ㄴ, ㄹ

---

4 원과 부채꼴

⌒1 원과 부채꼴

필수 **문제 1**

1-1 ㄱ, ㄹ

1-2 180°

필수 **문제 2** (1) 16 (2) 100

2-1 (1) 9 (2) 50

2-2 150°

개념 **확인** 반지름, ∠COD, ≡, SAS, $\overline{CD}$

필수 **문제 3** (1) 8 (2) 35

3-1 90°

3-2 ㄱ, ㄴ, ㄷ

STEP 1 쏙쏙 **개념 익히기** P. 81~82

1 ④ **2** 10 cm **3** 40 **4** 9 cm²
5 80° **6** 30 cm **7** ②, ④ **8** 36°
9 ④

2 부채꼴의 호의 길이와 넓이

P. 83

필수 문제 1 (1) 8π cm, 16π cm^2 (2) 14π cm, 21π cm^2

1-1 (1) $(5\pi+10)$ cm, $\dfrac{25}{2}\pi$ cm^2

(2) 18π cm, 27π cm^2

P. 84

개념 확인 (1) 4, 45, π (2) 4, 45, 2π

필수 문제 2 (1) 5π cm, 15π cm^2 (2) 12π cm, 54π cm^2

2-1 2π cm, 12π cm^2

2-2 (1) $(4\pi+8)$ cm, 8π cm^2

(2) $(3\pi+12)$ cm, $(36-9\pi)$ cm^2

P. 85

개념 확인 2π, 6π

필수 문제 3 (1) 10π cm^2 (2) 40π cm^2

3-1 (1) 6π cm^2 (2) 120π cm^2

3-2 5π cm

STEP 1 쏙쏙 개념 익히기
P. 87~88

1 (1) 7 cm (2) 9π cm^2

2 (1) 24π cm, 18π cm^2 (2) $(4\pi+8)$ cm, $(16-4\pi)$ cm^2

3 $\dfrac{10}{3}\pi$ cm, $\dfrac{25}{3}\pi$ cm^2 **4** ③ **5** 30π cm^2

6 (1) 12 cm (2) $225°$

7 (1) $\dfrac{160}{3}\pi$ cm^2 (2) $(\pi-2)$ cm^2

8 6π cm, $(18\pi-36)$ cm^2

9 32π cm^2 **10** 450 cm^2

STEP 2 탄탄 단원 다지기
P. 89~91

1 ③, ⑤ **2** $60°$ **3** 27 cm **4** ③ **5** ④

6 30 **7** 48π cm^2 **8** ⑤ **9** ①, ③

10 12π cm, 12π cm^2 **11** ④ **12** ⑤

13 ④ **14** ② **15** $(200\pi-400)$ cm^2

16 $(36-6\pi)$ cm^2 **17** 9π cm, $(9\pi-18)$ cm^2

18 18π cm^2 **19** ①

STEP 3 쏙쏙 서술형 완성하기
P. 92~93

〈과정은 풀이 참조〉

따라 해보자 유제 1 $160°$ 유제 2 $(6\pi+16)$ cm

연습해 보자 **1** 28 cm **2** $\dfrac{27}{2}\pi$ cm^2

3 6 cm^2 **4** 113π m^2

스포츠 속 수학
P. 94

답 540π m^2

5 다면체와 회전체

1 다면체

필수 문제 1 ㄱ, ㄷ, ㄹ

　　1-1 ④

　　1-2 칠면체

개념 확인

겨냥도			
이름	오각기둥	오각뿔	오각뿔대
옆면의 모양	직사각형	삼각형	사다리꼴
꼭짓점의 개수	10개	6개	10개
모서리의 개수	15개	10개	15개
면의 개수	7개	6개	7개

필수 문제 2 ④

　　2-1 ③

1 5개　　**2** ①, ③　　**3** ⑤

4 (1) 각뿔대　(2) 육각뿔대　　**5** ②

2 정다면체

필수 문제 1 (1) ㄱ, ㄷ, ㅁ　(2) ㄹ
　　　　　　(3) ㄱ, ㄴ, ㄹ　(4) ㄷ

　　1-1 정팔면체

　　1-2 30

개념 확인

(1) 정육면체　(2) M, $\overline{ED}$

필수 문제 2 (1) 정팔면체　(2) 점 I　(3) $\overline{GF}$
　　　　　　(4) $\overline{ED}$(또는 $\overline{EF}$)

　　2-1 (1) 정사면체　(2) $\overline{CF}$

1 ③　　　　　　**2** ③, ⑤

3 각 꼭짓점에 모인 면의 개수가 모두 같지 않다.

4 ④

3 회전체

필수 문제 1 ㄱ, ㄷ, ㅁ

　　1-1 ㄴ, ㅁ, ㅇ

　　1-2 (1) (2) (3)

개념 확인　(1) ×　(2) ○　(3) ×

필수 문제 2 ③

　　2-1 원기둥

　　2-2 ④

개념 확인 (1) $a=9$, $b=4$ (2) $a=5$, $b=3$

필수 문제 3 $a=6$, $b=11$, $c=18\pi$

3-1 10π cm

STEP 1 쏙쏙 개념 익히기 P. 108

1 ③, ④ **2** ③ **3** ③ **4** 32 cm²

5 12 cm

STEP 2 탄탄 단원 다지기 P. 109~111

1 ③ **2** 10 **3** ③ **4** ④ **5** 십각뿔

6 ②, ④ **7** 정이십면체 **8** ②, ④ **9** ④

10 ③ **11** ③ **12** ② **13** ④ **14** ⑤

15 16π cm² **16** ③ **17** $\dfrac{8}{3}$ cm **18** ①, ③

STEP 3 쏙쏙 서술형 완성하기 P. 112~113

〈과정은 풀이 참조〉

따라 해보자 유제 1 50 유제 2 $\dfrac{16}{9}\pi$ cm²

연습해 보자 **1** 육면체 **2** 36

3 , 21 cm²

4 $(20\pi+14)$ cm

역사 속 수학 P. 114

답 정육면체

---

6 입체도형의 겉넓이와 부피

1 기둥의 겉넓이와 부피

개념 확인 (1) ㉠ 4 ㉡ 10 ㉢ 8π (2) 16π cm²
(3) 80π cm² (4) 112π cm²

필수 문제 1 (1) 78 cm² (2) 54π cm²

1-1 (1) 360 cm² (2) 296 cm²

개념 확인 (1) 4π cm² (2) 4 cm (3) 16π cm³

필수 문제 2 (1) 240 cm³ (2) 336 cm³ (3) 72π cm³

2-1 60π cm³

STEP 1 쏙쏙 개념 익히기 P. 120

1 184 cm² **2** 4 cm **3** $(56\pi+80)$ cm²

4 180 cm³ **5** ③ **6** $(900-40\pi)$ cm³

2 뿔의 겉넓이와 부피

개념 확인 (1) ㉠ 9 ㉡ 3 ㉢ 6π (2) 9π cm²
(3) 27π cm² (4) 36π cm²

필수 문제 1 (1) 340 cm² (2) 224π cm²

1-1 (1) 120 cm² (2) 216π cm²

필수 문제 2 (1) 9π cm² (2) 36π cm²
(3) 63π cm² (4) 108π cm²

2-1 ④

P. 122~123

필수 문제 3   (1) $80\,\text{cm}^3$ (2) $8\pi\,\text{cm}^3$

     3-1   8

     3-2 $3\,\text{cm}$

필수 문제 4   (1) $384\,\text{cm}^3$ (2) $48\,\text{cm}^3$ (3) $336\,\text{cm}^3$

     4-1 $28\pi\,\text{cm}^3$

STEP 1   쏙쏙 **개념 익히기**   P. 124

1 $256\,\text{cm}^2$ **2**   (1) $2\pi\,\text{cm}$ (2) $1\,\text{cm}$ (3) $4\pi\,\text{cm}^2$

3   (1) $216\,\text{cm}^3$ (2) $36\,\text{cm}^3$ (3) $180\,\text{cm}^3$

4 $192\pi\,\text{cm}^2$, $228\pi\,\text{cm}^3$ **5**   ②

⌒3 구의 겉넓이와 부피

P. 125

개념 확인 $2r$, 4

필수 문제 1   (1) $16\pi\,\text{cm}^2$ (2) $75\pi\,\text{cm}^2$

     1-1 $64\pi\,\text{cm}^2$

P. 126

개념 확인   (1) $54\pi\,\text{cm}^3$ (2) $36\pi\,\text{cm}^3$ (3) $3:2$

필수 문제 2   (1) $\dfrac{32}{3}\pi\,\text{cm}^3$ (2) $144\pi\,\text{cm}^3$

     2-1 $30\pi\,\text{cm}^3$

STEP 1   쏙쏙 **개념 익히기**   P. 127

1 $6\,\text{cm}$ **2** $57\pi\,\text{cm}^2$ **3** $105\pi\,\text{cm}^2$

4 $\dfrac{224}{3}\pi\,\text{cm}^3$ **5** $72\pi\,\text{cm}^3$

STEP 2   탄탄 **단원 다지기**   P. 129~131

1   ③   **2** $(64\pi+120)\,\text{cm}^2$ **3** $72\pi\,\text{cm}^3$

4 $264\,\text{cm}^2$ **5**   ⑤   **6** $63\pi\,\text{cm}^2$

7 $302\,\text{cm}^2$ **8**   ③   **9** $576\,\text{cm}^3$

10   ④   **11** $312\pi\,\text{cm}^3$ **12**   ③   **13**   ④

14   ③   **15** $\dfrac{49}{2}\pi\,\text{cm}^2$ **16** $162\pi\,\text{cm}^3$

17   ④   **18**   ③   **19** $2:3$ **20**   ⑤

STEP 3   쏙쏙 **서술형 완성하기**   P. 132~133

〈과정은 풀이 참조〉

따라 해보자   유제 1 $168\pi\,\text{cm}^3$ 유제 2 $96\pi\,\text{cm}^2$

연습해 보자   **1** $224\,\text{cm}^2$ **2** $120°$

       3 $12\pi\,\text{cm}^3$ **4** $550\pi\,\text{cm}^3$

생활 속 수학   P. 134

답   A 캔

1 줄기와 잎 그림, 도수분포표

P. 138~139

개념 확인 (1) 4, 7 (2) 4

필수 문제 1

가방 무게

(1|5는 1.5 kg)

줄기	잎
1	5 8
2	4 6 7
3	2 3 4 6
4	0 9

(1) 4, 6, 7 (2) 3

1-1

1분당 맥박 수

(6|7은 67회)

줄기	잎
6	7 8 8 9 9 9
7	1 2 3 3 4 6 9 9
8	0 2 3 4
9	0 1

(1) 0, 2, 3, 4 (2) 9 (3) 91회, 67회

필수 문제 2 (1) 20명 (2) 166 cm (3) 4명

2-1 (1) 24명 (2) 31세 (3) 6명 (4) 25 %

P. 140~141

개념 확인

책의 수(권)	학생 수(명)	
5^{이상}~ 10^{미만}	///	3
10 ~ 15	////	5
15 ~ 20	////	4
20 ~ 25	///	3
합계		15

필수 문제 3

가슴둘레(cm)	학생 수(명)
60^{이상}~65^{미만}	2
65 ~70	6
70 ~75	8
75 ~80	4
합계	20

(1) 4개 (2) 5 cm (3) 6명

3-1

(1)

나이(세)	참가자 수(명)
10^{이상}~ 20^{미만}	3
20 ~ 30	5
30 ~ 40	7
40 ~ 50	3
합계	18

(2) 30세 이상 40세 미만 (3) 5명

필수 문제 4 (1) 9 (2) 10개
(3) 500 kcal 이상 600 kcal 미만

4-1 ㄴ, ㄹ

STEP 1 쏙쏙 개념 익히기

P. 142

1 ㄷ, ㅁ
2 (1) 25 (2) 30분 이상 60분 미만 (3) 40 %
3 ㄴ, ㄹ

2 히스토그램과 도수분포다각형

P. 143

개념 확인

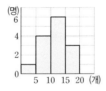

필수 문제 1 (1) 2점 (2) 21명 (3) 74

1-1 (1) 5개 (2) 30명 (3) 120

P. 144

개념 확인

필수 문제 2 (1) 4개 이상 6개 미만 (2) 28 %

2-1 (1) 12회 이상 15회 미만 (2) 120

1 (1) 6개   (2) 8명   (3) 24 %   (4) 40 m 이상 45 m 미만
2 70   **3** (1) ③   (2) 30 %   (3) 300
4 ㄷ, ㄹ   **5** (1) 7명   (2) 28 %
6 12.5 %

3 상대도수와 그 그래프

개념 확인   (차례로) 5, 0.25, 0.5, 0.1, 1

필수 문제 1   (1) $A=0.1$, $B=12$, $C=10$, $D=0.2$, $E=1$
         (2) 0.15

1-1   (1) $A=0.15$, $B=100$, $C=0.3$, $D=80$, $E=1$
      (2) 40 %

개념 확인

필수 문제 2   (1) 12세 이상 16세 미만   (2) 16명

2-1   (1) 0.4   (2) 12편

개념 확인 (1)

앉은키(cm)	여학생		남학생	
	학생 수(명)	상대 도수	학생 수(명)	상대 도수
75^{이상}~ 80^{미만}	6	0.15	4	0.16
80 ~ 85	8	0.2	5	0.2
85 ~ 90	16	0.4	7	0.28
90 ~ 95	10	0.25	9	0.36
합계	40	1	25	1

(2) 여학생

필수 문제 3   (1) 12명   (2) A 중학교   (3) B 중학교

3-1   (1) 3개   (2) A 정류장

1 (1) ○   (2) ×   (3) ○   (4) ×
2 0.36   **3** 40명   **4** (1) 55 %   (2) 6개
5 (1) 50명   (2) $A=20$, $B=0.2$, $C=8$, $D=0.16$, $E=1$
6 (1) 32명   (2) 0.16
7 (1) 350명   (2) 0.4   (3) 140명
8 여학생   **9** ㄱ, ㄷ

1 ④   **2** (1) 남학생   (2) 많은 편
3 (1) 90분 이상 110분 미만   (2) 30 %   **4** 4
5 9명   **6** ⑤   **7** (1) 25명   (2) 8명   **8** ㄴ, ㄹ
9 ③   **10** 0.225   **11** ⑤   **12** 6마리
13 (1) 40명   (2) 0.3   **14** ②   **15** 15명
16 (1) B 제품   (2) 30세 이상 40세 미만   **17** 5 : 2
18 ㄴ, ㄷ

〈과정은 풀이 참조〉
따라 해보자   유제 1   12일   유제 2   10명
연습해 보자   **1** 22명, 47 kg   **2** 8권
           3 30 %
           4 (1) 볼링 동호회   (2) 볼링 동호회

생활 속 수학   P. 158

답 60곳

개념편

1 점, 선, 면, 각

P. 8

필수 문제 1 (1) 교점: 4개, 교선: 6개
(2) 교점: 6개, 교선: 9개

1-1 (1) **13** (2) **20**
(1) 교점의 개수는 5개이므로 $a=5$
교선의 개수는 8개이므로 $b=8$
$\therefore a+b=5+8=13$
(2) 교점의 개수는 8개이므로 $a=8$
교선의 개수는 12개이므로 $b=12$
$\therefore a+b=8+12=20$

P. 9

개념 확인 (1) $\overrightarrow{PQ}$ (또는 $\overrightarrow{QP}$) (2) $\overrightarrow{PQ}$
(3) $\overrightarrow{QP}$ (4) $\overleftrightarrow{PQ}$ (또는 $\overleftrightarrow{QP}$)

필수 문제 2 ③
③ $\overrightarrow{BD}$와 $\overrightarrow{DB}$는 시작점과 뻗어 나가는 방향이 모두 다르므로 서로 다른 반직선이다.

2-1 (1) $\overleftrightarrow{BC}, \overleftrightarrow{AC}, \overleftrightarrow{CA}$ (2) $\overrightarrow{CA}$ (3) $\overrightarrow{AC}$ (4) $\overrightarrow{CB}$

P. 10

개념 확인 (1) **4 cm** (2) **6 cm**
(1) (두 점 A, B 사이의 거리)$=\overline{AB}=4$ cm
(2) (두 점 B, C 사이의 거리)$=\overline{BC}=6$ cm

필수 문제 3 (1) $\dfrac{1}{2}$ (2) **4** (3) **10, 5**

(1) 점 B는 $\overline{AC}$의 중점이므로 $\overline{AB}=\overline{BC}$
$\therefore \overline{AB}=\boxed{\dfrac{1}{2}}\overline{AC}$
(2) 점 C는 $\overline{AD}$의 중점이므로 $\overline{AC}=\overline{CD}$
$\therefore \overline{AD}=2\overline{AC}=2\times2\overline{AB}=\boxed{4}\overline{AB}$
(3) $\overline{AC}=\dfrac{1}{2}\overline{AD}=\dfrac{1}{2}\times20=\boxed{10}$ (cm)
$\overline{AB}=\dfrac{1}{2}\overline{AC}=\dfrac{1}{2}\times10=\boxed{5}$ (cm)

3-1 ④

① 점 M은 $\overline{AB}$의 중점이므로 $\overline{AM}=\overline{MB}$
$\therefore \overline{AB}=2\overline{AM}$
② $\overline{AB}=\overline{BC}=\overline{CD}$이므로 $\overline{AD}=3\overline{AB}$
③ $\overline{AB}=\overline{BC}=\overline{CD}$이므로 $\overline{BC}=\dfrac{1}{3}\overline{AD}$
④ $\overline{AC}=2\overline{AB}=2\times2\overline{AM}=4\overline{AM}$
⑤ $\overline{BD}=2\overline{CD}$, $\overline{AD}=3\overline{CD}$이므로
$\overline{BD}=2\overline{CD}=2\times\dfrac{1}{3}\overline{AD}=\dfrac{2}{3}\overline{AD}$
따라서 옳지 않은 것은 ④이다.

3-2 (1) **6 cm** (2) **3 cm** (3) **9 cm**

(1) 점 M은 $\overline{AB}$의 중점이므로
$\overline{AM}=\dfrac{1}{2}\overline{AB}=\dfrac{1}{2}\times12=6$ (cm)
(2) $\overline{MB}=\overline{AM}=6$ cm이고 점 N은 $\overline{MB}$의 중점이므로
$\overline{MN}=\dfrac{1}{2}\overline{MB}=\dfrac{1}{2}\times6=3$ (cm)
(3) $\overline{AN}=\overline{AM}+\overline{MN}=6+3=9$ (cm)

STEP 1 쏙쏙 개념 익히기

P. 11

1 ㄴ, ㄹ **2** ④ **3** 3개
4 3개, 6개, 3개 **5** 9 cm **6** 9 cm

1 ㄴ. 교점은 선과 선 또는 선과 면이 만나는 경우에 생긴다.
ㄹ. 직육면체에서 교선의 개수는 모서리의 개수와 같다.

2 점 A를 지나는 교선의 개수는 각각 다음과 같다.
① 3개 ② 3개 ③ 3개 ④ 4개 ⑤ 3개
따라서 나머지 넷과 다른 하나는 ④이다.

3 $\overrightarrow{AB}$를 포함하는 반직선은 $\overrightarrow{AB}, \overrightarrow{BA}, \overrightarrow{DB}$의 3개이다.

4 두 점을 이어서 만들 수 있는 서로 다른 직선은
$\overleftrightarrow{AB}, \overleftrightarrow{BC}, \overleftrightarrow{CA}$의 3개이고,
서로 다른 반직선은
$\overrightarrow{AB}, \overrightarrow{AC}, \overrightarrow{BA}, \overrightarrow{BC}, \overrightarrow{CA}, \overrightarrow{CB}$의 6개이고,

서로 다른 선분은

$\overline{AB}$, $\overline{BC}$, $\overline{CA}$의 3개이다.

다른 풀이 반직선, 선분의 개수 구하기

세 점이 한 직선 위에 있지 않으므로

(반직선의 개수)=(직선의 개수)×2

$\qquad$ =3×2=6(개)

(선분의 개수)=(직선의 개수)=3개

참고 어느 세 점도 한 직선 위에 있지 않을 때, 두 점을 이어서 만들
수 있는 직선, 반직선, 선분 사이의 관계

⇨ • (직선의 개수)=(선분의 개수)

$\qquad$ • (반직선의 개수)=(직선의 개수)×2
$\qquad\qquad$ ↳ $\overrightarrow{AB}\neq\overrightarrow{BA}$ $\qquad$ ↳ $\overline{AB}=\overline{BA}$

5 두 점 B, C가 각각 $\overline{AC}$, $\overline{BD}$의
중점이므로

$\overline{AB}=\overline{BC}=\overline{CD}$

이때 $\overline{AB}=\dfrac{1}{2}\overline{AC}=\dfrac{1}{2}\times6=3(cm)$이므로

$\overline{AD}=3\overline{AB}=3\times3=9(cm)$

6 두 점 M, N이 각각 $\overline{AC}$, $\overline{CB}$의
중점이므로

$\overline{MC}=\dfrac{1}{2}\overline{AC}$, $\overline{CN}=\dfrac{1}{2}\overline{CB}$

$\therefore \overline{MN}=\overline{MC}+\overline{CN}=\dfrac{1}{2}\overline{AC}+\dfrac{1}{2}\overline{CB}$

$\qquad =\dfrac{1}{2}(\overline{AC}+\overline{CB})$

$\qquad =\dfrac{1}{2}\overline{AB}$

$\qquad =\dfrac{1}{2}\times18=9(cm)$

P. 12

개념 확인 (1) ∠BAC, ∠CAB, ∠DAC, ∠CAD

$\qquad$ (2) ∠DCB, ∠BCD

필수 문제 4 (1) 45°, 60°, 17° $\qquad$ (2) 90°

$\qquad$ (3) 158°, 120°, 95° $\qquad$ (4) 180°

필수 문제 5 (1) 100° (2) 20°

$\qquad$ (1) ∠x+80°=180° $\quad\therefore$ ∠x=100°

$\qquad$ (2) ∠x+70°=90° $\quad\therefore$ ∠x=20°

5-1 (1) 35° (2) 30°

$\qquad$ (1) 55°+90°+∠x=180° $\quad\therefore$ ∠x=35°

$\qquad$ (2) ∠x+2∠x=90°, 3∠x=90° $\quad\therefore$ ∠x=30°

P. 13

개념 확인 (1) ∠COD $\qquad$ (2) ∠AOB

$\qquad$ (3) ∠AOE $\qquad$ (4) ∠AOC

필수 문제 6 (1) ∠x=60°, ∠y=120°

$\qquad$ (2) ∠x=75°, ∠y=40°

$\qquad$ (1) ∠x=60°(맞꼭지각)

$\qquad\quad$ ∠y+60°=180° $\quad\therefore$ ∠y=120°

$\qquad$ (2) ∠y=40°(맞꼭지각)

$\qquad\quad$ 65°+∠y+∠x=180°에서

$\qquad\quad$ 65°+40°+∠x=180° $\quad\therefore$ ∠x=75°

6-1 (1) 30 (2) 30

$\qquad$ (1) 맞꼭지각의 크기는 서로 같으므로

$\qquad\quad$ x+10=3x-50

$\qquad\quad$ 2x=60 $\quad\therefore$ x=30

$\qquad$ (2) 오른쪽 그림에서 맞꼭지각의 크기는

$\qquad\quad$ 서로 같으므로

$\qquad\quad$ (3x-10)+70+x=180

$\qquad\quad$ 4x=120

$\qquad\quad$ $\therefore$ x=30

6-2 (1) 75 (2) 40

$\qquad$ (1) 맞꼭지각의 크기는 서로 같으므로

$\qquad\quad$ x+55=130 $\quad\therefore$ x=75

$\qquad$ (2) 맞꼭지각의 크기는 서로 같으므로

$\qquad\quad$ (x+5)+90=3x+15

$\qquad\quad$ 2x=80 $\quad\therefore$ x=40

P. 14

개념 확인 (1) 5 cm (2) 90°

$\qquad$ (1) $\overline{AO}=\overline{BO}$이므로

$\qquad\quad$ $\overline{AO}=\dfrac{1}{2}\overline{AB}=\dfrac{1}{2}\times10=5(cm)$

$\qquad$ (2) $\overline{AB}\perp\overleftrightarrow{PO}$이므로 ∠AOP=90°

필수 문제 7 (1) $\overline{AB}$ (2) 점 A (3) 4 cm

$\qquad$ (3) (점 A와 $\overline{BC}$ 사이의 거리)=$\overline{AB}$=4 cm

7-1 ㄱ, ㄴ

$\qquad$ ㄴ. 점 A와 $\overline{BC}$ 사이의 거리는 $\overline{AD}$의 길이와 같으므로

$\qquad\quad$ 12 cm이다.

$\qquad$ ㄷ. $\overline{AB}$와 $\overline{AC}$가 서로 수직이 아니므로 점 C와 $\overline{AB}$ 사이

$\qquad\quad$ 의 거리는 $\overline{AC}$의 길이인 13 cm보다 짧다.

$\qquad$ 따라서 옳은 것은 ㄱ, ㄴ이다.

1	$\angle x=40°$, $\angle y=50°$	**2** 30	**3** 70°	
4	④	**5** 90°	**6** 45°	

1　$50°+\angle x=90°$　　$\therefore \angle x=40°$

$\angle x+\angle y=90°$에서

$40°+\angle y=90°$　　$\therefore \angle y=50°$

2　오른쪽 그림에서 맞꼭지각의 크기는
서로 같으므로

$(3x-10)+2x+(x+10)=180$

$6x=180$　　$\therefore x=30$

3　$\angle a=\angle c$ (맞꼭지각)이므로

$\angle a+\angle c=2\angle a=220°$　　$\therefore \angle a=110°$

$\angle a+\angle b=180°$에서

$110°+\angle b=180°$　　$\therefore \angle b=70°$

4　④ 점 B에서 $\overleftrightarrow{PQ}$에 내린 수선의 발은 점 H이다.

5　$\angle AOB=\angle BOC=\angle x$,
$\angle COD=\angle DOE=\angle y$라고 하면

$2\angle x+2\angle y=180°$이므로

$\angle x+\angle y=90°$

$\therefore \angle BOD=\angle x+\angle y=90°$

6　$\angle AOB=3\angle BOC$,
$\angle DOE=3\angle COD$이므로

$\angle BOC=\angle x$, $\angle COD=\angle y$라고
하면

$\angle AOB=3\angle x$, $\angle DOE=3\angle y$

즉, $3\angle x+\angle x+\angle y+3\angle y=180°$이므로

$4\angle x+4\angle y=180°$, $\angle x+\angle y=45°$

$\therefore \angle BOD=\angle x+\angle y=45°$

2 점, 직선, 평면의 위치 관계

필수 문제 1　ㄴ, ㄹ

ㄱ. 점 A는 직선 l 위에 있지 않다.

ㄷ. 직선 l은 점 B를 지난다.

따라서 옳은 것은 ㄴ, ㄹ이다.

1-1　(1) 점 B, 점 C　(2) $\overline{AD}$, $\overline{CD}$

필수 문제 2　(1) 점 A, 점 B, 점 E, 점 F

　　　　　(2) 면 ABCD, 면 BFGC, 면 CGHD

2-1　(1) 면 ABC, 면 ABD, 면 BCD

　　　(2) 면 ABD, 면 BCD　(3) 점 D

필수 문제 3　(1) $\overleftrightarrow{AB}$, $\overleftrightarrow{CD}$　(2) $\overleftrightarrow{AB}$ // $\overleftrightarrow{CD}$, $\overleftrightarrow{AD}$ // $\overleftrightarrow{BC}$

3-1　ㄴ, ㄷ

ㄱ. $\overleftrightarrow{AB}$와 $\overleftrightarrow{CD}$는 평행하지 않다.

ㄹ. $\overleftrightarrow{AB}$와 $\overleftrightarrow{BC}$의 교점은 점 B이다.

따라서 옳은 것은 ㄴ, ㄷ이다.

3-2　(1) $\overleftrightarrow{DE}$　(2) $\overleftrightarrow{BC}$, $\overleftrightarrow{CD}$, $\overleftrightarrow{EF}$, $\overleftrightarrow{FA}$

(1) $\overleftrightarrow{AB}$와 평행한, 즉 만나지 않는
직선은 $\overleftrightarrow{DE}$이다.
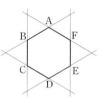

(2) $\overleftrightarrow{AB}$와 한 점에서 만나는 직선은
$\overleftrightarrow{BC}$, $\overleftrightarrow{CD}$, $\overleftrightarrow{EF}$, $\overleftrightarrow{FA}$이다.

개념 확인　(1) 평행하다.

　　　　　(2) 한 점에서 만난다.

　　　　　(3) 꼬인 위치에 있다.

필수 문제 4　(1) $\overline{AC}$, $\overline{AD}$, $\overline{BC}$, $\overline{BE}$

　　　　　(2) $\overline{DE}$

　　　　　(3) $\overline{CF}$, $\overline{DF}$, $\overline{EF}$

4-1　ㄴ, ㄹ

ㄴ. 모서리 AD와 모서리 FG는 평행하다.

ㄷ. 모서리 CD와 한 점에서 만나는 모서리는
$\overline{BC}$, $\overline{CG}$, $\overline{AD}$, $\overline{DH}$의 4개이다.

ㄹ. 모서리 EH와 평행한 모서리는
$\overline{AD}$, $\overline{BC}$, $\overline{FG}$의 3개이다.

따라서 옳지 않은 것은 ㄴ, ㄹ이다.

4-2　2개

모서리 AE와 한 점에서 만나는 모서리는
$\overline{AB}$, $\overline{AC}$, $\overline{AD}$, $\overline{BE}$, $\overline{DE}$의 5개이고,
모서리 AE와 평행한 모서리는 없으므로
모서리 AE와 꼬인 위치에 있는 모서리는
$\overline{BC}$, $\overline{CD}$의 2개이다.

필수 문제 5 (1) $\overline{AE}$, $\overline{BF}$, $\overline{CG}$, $\overline{DH}$
(2) 면 ABCD, 면 ABFE
(3) $\overline{EF}$, $\overline{FG}$, $\overline{GH}$, $\overline{HE}$

5-1 ㄱ, ㄹ
ㄴ. 면 ABFE와 모서리 DH는 평행하므로 만나지 않는다.
ㄷ. 면 AEHD와 평행한 모서리는
$\overline{BC}$, $\overline{BF}$, $\overline{FG}$, $\overline{CG}$의 4개이다.
ㄹ. 면 EFGH와 수직인 모서리는
$\overline{AE}$, $\overline{BF}$, $\overline{CG}$, $\overline{DH}$의 4개이다.
따라서 옳은 것은 ㄱ, ㄹ이다.

5-2 3 cm
점 A와 면 CBEF 사이의 거리는 $\overline{AC}$의 길이와 같으므로
$\overline{AC}=\overline{DF}=3$ cm

필수 문제 6 (1) 면 ABFE, 면 BFGC, 면 CGHD, 면 AEHD
(2) 면 ABCD, 면 BFGC, 면 EFGH, 면 AEHD
(3) 면 ABCD

6-1 ㄱ, ㄴ, ㄷ
ㄱ. 면 DEF와 면 BEFC는 $\overline{EF}$에서 만난다.
ㄷ. 면 ABC와 평행한 면은
면 DEF의 1개이다.
ㄹ. 면 ABC와 수직인 면은
면 ABED, 면 BEFC, 면 ADFC의 3개이다.
따라서 옳은 것은 ㄱ, ㄴ, ㄷ이다.

6-2 ①, ⑤
면 AEGC와 수직인 면은 면 ABCD, 면 EFGH이다.

STEP 1 쏙쏙 개념 익히기 P. 21~22

1 ①, ③ **2** ⑤ **3** ㄱ, ㄹ **4** ②, ④
5 6
6 (1) $\overleftrightarrow{CG}$, $\overleftrightarrow{DH}$, $\overleftrightarrow{EH}$, $\overleftrightarrow{FG}$, $\overleftrightarrow{GH}$ (2) $\overleftrightarrow{AE}$, $\overleftrightarrow{BF}$
7 $m\perp P$ **8** (1) × (2) ×

1 ② 점 B는 직선 l 위에 있다.
④ 직선 l은 점 C를 지나지 않는다.
⑤ 평면 P는 점 D를 포함한다.
따라서 옳은 것은 ①, ③이다.

---

2 ⑤ 한 평면 위의 두 직선이 만나지도 않고 평행하지도 않은 경우는 없다.
참고 ④ 직교한다는 것은 한 점에서 만나는 경우 중 하나이다.

3 ㄴ. $\overline{AD}$와 $\overline{DH}$는 한 점 D에서 만난다.
ㄷ. $\overline{CD}$와 $\overline{EF}$는 평행하다.
ㅁ. $\overline{FG}$와 $\overline{BC}$는 평행하다.
ㅂ. $\overline{GH}$와 $\overline{EH}$는 한 점 H에서 만난다.
따라서 바르게 짝 지은 것은 ㄱ, ㄹ이다.

4 ② $\overleftrightarrow{GF}$와 $\overleftrightarrow{HI}$는 한 점에서 만난다.
④ 면 DIJE와 $\overleftrightarrow{FJ}$는 한 점에서 만나지만 수직이 아니다.

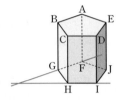

5 면 ABC와 평행한 모서리는
$\overline{DE}$, $\overline{EF}$, $\overline{DF}$의 3개이므로
$a=3$
면 ADEB와 수직인 면은
면 ABC, 면 BEFC, 면 DEF의 3개이므로
$b=3$
$\therefore a+b=3+3=6$

6 (1) $\overleftrightarrow{AB}$와 한 점에서 만나는 직선은
$\overleftrightarrow{AD}$, $\overleftrightarrow{AE}$, $\overleftrightarrow{BC}$, $\overleftrightarrow{BF}$, $\overleftrightarrow{CD}$
$\overleftrightarrow{AB}$와 평행한 직선은 $\overleftrightarrow{EF}$
따라서 $\overleftrightarrow{AB}$와 꼬인 위치에 있는 직선은
$\overleftrightarrow{CG}$, $\overleftrightarrow{DH}$, $\overleftrightarrow{EH}$, $\overleftrightarrow{FG}$, $\overleftrightarrow{GH}$
(2) 면 CGHD와 평행한 직선은 $\overleftrightarrow{AE}$, $\overleftrightarrow{BF}$

7 $l /\!/ m$, $l\perp P$이면 오른쪽 그림과 같이
$m\perp P$이다.

8 (1) $l\perp P$, $l\perp Q$이면 오른쪽 그림과 같이
$P /\!/ Q$이다.

(2) $l\perp m$, $m /\!/ P$이면 직선 l과 평면 P는 다음 그림과 같이 평행하거나 한 점에서 만날 수 있다.

평행하다. 한 점에서 만난다.

⌒3 동위각과 엇각

P. 24

필수 문제 1 (1) $\angle e$ (2) $\angle g$ (3) $\angle h$ (4) $\angle g$

1-1 (1) $\angle d$, $80°$ (2) $\angle f$, $100°$
  (1) $\angle a$의 동위각은 $\angle d$이다.
    $\angle d = 180° - 100° = 80°$
  (2) $\angle b$의 엇각은 $\angle f$이다.
    $\angle f = 100°$ (맞꼭지각)

1-2 (1) $\angle f$, $\angle j$
  (2) $\angle e$, $\angle i$

P. 25

개념 확인 (1) $100°$ (2) $100°$
  (1) $l /\!/ m$이고 $\angle a$의 동위각의 크기가 $100°$이므로
    $\angle a = 100°$
  (2) $l /\!/ m$이고 $\angle b$의 엇각의 크기가 $100°$이므로
    $\angle b = 100°$

필수 문제 2 (1) $\angle x = 65°$, $\angle y = 115°$
  (2) $\angle x = 55°$, $\angle y = 81°$
  (1) $l /\!/ m$이고 $\angle x$의 동위각의 크기가 $65°$이므로
    $\angle x = 65°$
    $\angle x + \angle y = 180°$에서
    $65° + \angle y = 180°$ ∴ $\angle y = 115°$
  (2) $l /\!/ m$이고 $\angle x$의 엇각의 크기가 $55°$이므로
    $\angle x = 55°$
    또 $\angle y$의 동위각의 크기가 $81°$이므로
    $\angle y = 81°$

2-1 (1) 30 (2) 60
  (1) 오른쪽 그림에서 $l /\!/ m$이므로
    $2x + (x + 90) = 180$
    $3x = 90$ ∴ $x = 30$

  (2) 오른쪽 그림에서 $l /\!/ m$이므로
    $50 + x + 70 = 180$
    ∴ $x = 60$

필수 문제 3 (1) $\angle x = 30°$, $\angle y = 60°$ (2) $\angle x = 60°$
  (1) $l /\!/ n$이므로 $\angle x = 30°$ (엇각)
    $n /\!/ m$이므로 $\angle y = 60°$ (엇각)
  (2) 오른쪽 그림과 같이
    $l /\!/ m /\!/ n$인 직선 n을 그으면
    $\angle x = 40° + 20° = 60°$

3-1 (1) $35°$ (2) $65°$
  (1) 오른쪽 그림과 같이
    $l /\!/ m /\!/ n$인 직선 n을 그으면
    $\angle x = 90° - 55° = 35°$
  (2) 오른쪽 그림과 같이
    $l /\!/ m /\!/ n$인 직선 n을 그으면
    $\angle x = 30° + 35° = 65°$

P. 26

개념 확인 (1) ○ (2) × (3) ○

필수 문제 4 ㄷ, ㅁ

ㄱ. ㅂ.

⇨ 동위각의 크기가 같지 않으므로 두 직선 l, m은 평행하지 않다.

ㄴ. ㄹ.

⇨ 엇각의 크기가 같지 않으므로 두 직선 l, m은 평행하지 않다.

ㄷ. ㅁ.

⇨ 동위각의 크기가 같으므로 두 직선 l, m은 평행하다.
따라서 두 직선 l, m이 평행한 것은 ㄷ, ㅁ이다.

4-1 ①, ⑤
  ②, ④ 동위각의 크기가 같으면 $l /\!/ m$이다.
  ③ 엇각의 크기가 같으면 $l /\!/ m$이다.
  따라서 $l /\!/ m$이 되게 하는 조건이 아닌 것은 ①, ⑤이다.

4-2 *l* // *n*, *p* // *q*

오른쪽 그림의 두 직선 *l*, *n*에서 엇각의 크기가 75°로 같으므로 *l* // *n*이다.

또 두 직선 *p*, *q*에서 동위각의 크기가 75°로 같으므로 *p* // *q*이다.

STEP **1** 쏙쏙 **개념 익히기**　　　　　　　P. 27~28

1 ⑤

2 (1) ∠*x*=85°, ∠*y*=130°
　　(2) ∠*x*=60°, ∠*y*=70°

3 40°　　　　　**4** (1) 40° (2) 16°

5 (1) 100° (2) 120°　　　**6** ㄴ, ㄹ

7 (1) ∠ABC, ∠ACB (2) 80°　**8** 110°

---

1 ④ ∠*a*+∠*d*=180°에서
　　110°+∠*d*=180°　　∴ ∠*d*=70°
　⑤ *l* // *m*인 경우에만 ∠*e*=∠*a*=110°(동위각)이다.

2 (1) *l* // *m*이므로
　　∠*x*=85°(동위각), ∠*y*=130°(엇각)
　(2) 오른쪽 그림에서 *l* // *m*이므로
　　120°+∠*x*=180°
　　∴ ∠*x*=60°
　　50°+∠*y*+∠*x*=180°에서
　　50°+∠*y*+60°=180°
　　∴ ∠*y*=70°

3 오른쪽 그림에서 *l* // *m*이므로
　∠*x*=80°(동위각)
　삼각형의 세 각의 크기의 합은
　180°이므로
　∠*y*+60°+∠*x*=180°에서
　∠*y*+60°+80°=180°
　∴ ∠*y*=40°
　∴ ∠*x*−∠*y*=80°−40°=40°

4 (1) 오른쪽 그림과 같이
　　l // *m* // *n*인 직선 *n*을 그으면
　　∠*x*=70°−30°=40°

---

　(2) 오른쪽 그림과 같이
　　l // *m* // *n*인 직선 *n*을 그으면
　　∠*x*+4∠*x*=80°
　　5∠*x*=80°　　∴ ∠*x*=16°

5 (1) 오른쪽 그림과 같이
　　l // *m* // *p* // *q*인 두 직선 *p*, *q*를
　　그으면
　　∠*x*=65°+35°=100°

　(2) 오른쪽 그림과 같이
　　l // *m* // *p* // *q*인 두 직선 *p*, *q*를
　　그으면
　　∠*x*=90°+30°=120°

6 ㄴ.
　⇨ 동위각의 크기가 같으므로
　　l // *m*이다.

ㄹ.
　⇨ 엇각의 크기가 같으므로
　　l // *m*이다.

7 (1) 오른쪽 그림에서
　　∠ABC=∠CBD=50°(접은 각)
　　AC // BD이므로
　　∠ACB=∠CBD=50°(엇각)
　　따라서 ∠CBD와 크기가 같은 각은 ∠ABC, ∠ACB이다.

　(2) ∠ABC=∠ACB=50°이므로
　　삼각형 ABC에서
　　∠*x*+50°+50°=180°
　　∴ ∠*x*=80°

8 오른쪽 그림에서
　∠DEG=∠FEG=35°(접은 각)
　AD // BC이므로
　∠EGF=∠DEG=35°(엇각)
　따라서 삼각형 EFG에서
　35°+∠*x*+35°=180°　　∴ ∠*x*=110°

1 19		**2** ④		**3** ②		**4** 2 cm		**5** ③
6 60°		**7** ④		**8** ③		**9** 0		
10 ㄱ, ㄴ, ㅁ			**11** ②, ④	**12** ②			**13** 9	
14 ④		**15** ④		**16** 면 A, 면 C, 면 E, 면 F				
17 ②, ③	**18** ④		**19** 35°					

1 교점의 개수는 7개이므로 $a=7$
교선의 개수는 12개이므로 $b=12$
∴ $a+b=7+12=19$

2 ④ $\overrightarrow{CB}$와 $\overrightarrow{CD}$는 시작점은 같으나 뻗어 나가는 방향이 다르므로 서로 다른 반직선이다.

3 두 점을 지나는 서로 다른 직선은
$\overleftrightarrow{AB}$, $\overleftrightarrow{AC}$, $\overleftrightarrow{AD}$, $\overleftrightarrow{AE}$, $\overleftrightarrow{BC}$, $\overleftrightarrow{BD}$, $\overleftrightarrow{BE}$, $\overleftrightarrow{CD}$, $\overleftrightarrow{CE}$, $\overleftrightarrow{DE}$
의 10개이다.

4 두 점 M, N이 각각 $\overline{AB}$, $\overline{BC}$의 중점이므로
$\overline{MB}=\dfrac{1}{2}\overline{AB}=\dfrac{1}{2}\times20=10\text{(cm)}$
$\overline{BN}=\dfrac{1}{2}\overline{BC}=\dfrac{1}{2}\times12=6\text{(cm)}$

이때 $\overline{MN}=\overline{MB}+\overline{BN}=10+6=16\text{(cm)}$이고
점 P는 $\overline{MN}$의 중점이므로
$\overline{PN}=\dfrac{1}{2}\overline{MN}=\dfrac{1}{2}\times16=8\text{(cm)}$
∴ $\overline{PB}=\overline{PN}-\overline{BN}=8-6=2\text{(cm)}$

5 $2x+90+(x+30)=180$
$3x=60$ ∴ $x=20$

6 $\angle y=180°\times\dfrac{3}{2+3+4}=60°$

7 두 직선 AB와 CD, AB와 EF, CD와 EF가 각각 만날 때 맞꼭지각이 2쌍씩 생기므로 모두 $2\times3=6$(쌍)이다.
[다른 풀이]
∠AOF와 ∠BOE, ∠AOC와 ∠BOD, ∠COE와 ∠DOF, ∠AOD와 ∠BOC, ∠COF와 ∠DOE, ∠AOE와 ∠BOF
의 6쌍이다.

8 오른쪽 그림에서 맞꼭지각의 크기는 서로 같으므로
$(3x-12)+(x+24)+2x=180$
$6x=168$ ∴ $x=28$

9 맞꼭지각의 크기는 서로 같으므로
$x+30=25+90$ ∴ $x=85$
$25+90+(y-20)=180$ ∴ $y=85$
∴ $x-y=85-85=0$

10 ㄷ. 점 C에서 $\overline{AB}$에 내린 수선의 발은 점 B이다.
ㄹ. 점 C와 $\overline{AB}$ 사이의 거리는 $\overline{BC}$의 길이와 같으므로 8 cm 이다.
따라서 옳은 것은 ㄱ, ㄴ, ㅁ이다.

11 ① 점 A는 직선 l 위에 있지 않다.
③ 직선 m은 점 B를 지난다.
④ 두 점 B, E는 직선 l 위에 있다.
⑤ 점 C는 직선 m 위에 있다.
따라서 옳은 것은 ②, ④이다.

12 $\overline{CG}$와 평행한 모서리는 $\overline{AE}$, $\overline{BF}$, $\overline{DH}$이고,
이 중 $\overline{BD}$와 꼬인 위치에 있는 모서리는 $\overline{AE}$이다.

13 면 ABCDEF와 평행한 모서리는
$\overline{GH}$, $\overline{HI}$, $\overline{IJ}$, $\overline{JK}$, $\overline{KL}$, $\overline{GL}$의 6개이므로 $x=6$
$\overline{AB}$와 평행한 모서리는
$\overline{DE}$, $\overline{GH}$, $\overline{JK}$의 3개이므로 $y=3$
∴ $x+y=6+3=9$

14 ① 한 직선 l에 평행한 서로 다른 두 직선 m, n은 오른쪽 그림과 같이 평행하다.

② 한 직선 l에 수직인 서로 다른 두 직선 m, n은 다음 그림과 같이 평행하거나 한 점에서 만나거나 꼬인 위치에 있을 수 있다.

평행하다.   한 점에서 만난다.   꼬인 위치에 있다.

③ 한 평면 P에 평행한 서로 다른 두 직선 l, m은 다음 그림과 같이 평행하거나 한 점에서 만나거나 꼬인 위치에 있을 수 있다.

평행하다.   한 점에서 만난다.   꼬인 위치에 있다.

④ 한 평면 P에 수직인 서로 다른 두 직선 l, m은 오른쪽 그림과 같이 평행하다.

⑤ 서로 만나지 않는 두 직선 l, m은 다음 그림과 같이 평행
하거나 꼬인 위치에 있을 수 있다.

평행하다.　　　꼬인 위치에 있다.

따라서 옳은 것은 ④이다.

참고 항상 평행한 위치 관계
　• 한 직선에 평행한 서로 다른 모든 직선은 평행하다.
　• 한 평면에 평행한 서로 다른 모든 평면은 평행하다.
　• 한 직선에 수직인 서로 다른 모든 평면은 평행하다.
　• 한 평면에 수직인 서로 다른 모든 직선은 평행하다.

15 ④ 모서리 AB와 한 점에서 만나는 면은
　　면 AED, 면 ADGC, 면 BEF, 면 BFGC의 4개이다.
　⑤ 모서리 BE와 꼬인 위치에 있는 모서리는
　　$\overline{AC}$, $\overline{AD}$, $\overline{CG}$, $\overline{DG}$, $\overline{FG}$의 5개이다.
　따라서 옳지 않은 것은 ④이다.

16 주어진 전개도로 만들어지는 정육면체는 오
른쪽 그림과 같으므로 면 B와 수직인 면은
면 A, 면 C, 면 E, 면 F이다.

17 ① $\angle a$의 동위각은 $\angle e$, $\angle l$이다.
　④ $\angle d$의 엇각은 $\angle i$이다.
　⑤ $\angle d$의 크기와 $\angle j$의 크기는 같은지 알 수 없다.
　따라서 옳은 것은 ②, ③이다.

참고 삼각형을 이루는 세 직선에서 동위각과 엇각을 찾을 때는 다
음 그림과 같이 직선의 일부를 지워서 생각하면 편리하다.

(i)　　(ii)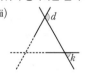

18 오른쪽 그림에서 $l /\!/ m$이므로
　$\angle x + 65° + (\angle x - 15°) = 180°$
　$2\angle x = 130°$
　$\therefore \angle x = 65°$

19 오른쪽 그림과 같이
$l /\!/ m /\!/ p /\!/ q$인 두 직선 p, q를
그으면
　$\angle x = 35°$(엇각)

STEP
3 쓱쓱 **서술형 완성하기**　　　　P. 32~33

〈과정은 풀이 참조〉
따라 해보자　유제 1　24 cm
　　　　　유제 2　70°
연습해 보자　**1** 4개, 10개, 6개　　**2** 50°
　　　　　3 (1) $\overline{CE}$, $\overline{JH}$　(2) 2개
　　　　　4 132°

따라 해보자

유제 1 [1단계] 점 M이 $\overline{AB}$의 중점이므로 $\overline{AB} = 2\overline{MB}$
　　　　점 N이 $\overline{BC}$의 중점이므로 $\overline{BC} = 2\overline{BN}$　… (i)
　　[2단계] $\overline{AC} = \overline{AB} + \overline{BC} = 2\overline{MB} + 2\overline{BN}$
　　　　　　$= 2(\overline{MB} + \overline{BN}) = 2\overline{MN}$
　　　　　　$= 2 \times 12 = 24$(cm)　… (ii)

채점 기준	비율
(i) $\overline{AB}$, $\overline{BC}$의 길이를 각각 $\overline{MB}$, $\overline{BN}$을 사용하여 나타내기	40 %
(ii) $\overline{AC}$의 길이 구하기	60 %

유제 2 [1단계] 오른쪽 그림과 같이 두 직선
　　　　l, m에 평행한 직선 n을 긋
　　　　자.　… (i)
　　[2단계] $l /\!/ n$이므로 $\angle a = 30°$(동위각)
　　　　　$n /\!/ m$이므로 $\angle b = 40°$(엇각)　… (ii)
　　[3단계] $\angle x = \angle a + \angle b$
　　　　　　$= 30° + 40° = 70°$　… (iii)

채점 기준	비율
(i) $l /\!/ m /\!/ n$인 직선 n 긋기	30 %
(ii) $\angle a$, $\angle b$의 크기 구하기	40 %
(iii) $\angle x$의 크기 구하기	30 %

연습해 보자

1 네 점 A, B, C, P 중 두 점을 이어서 만들 수 있는 서로 다
른 직선은
　$\overleftrightarrow{AB}$, $\overleftrightarrow{PA}$, $\overleftrightarrow{PB}$, $\overleftrightarrow{PC}$의 4개이고,　… (i)
서로 다른 반직선은
　$\overrightarrow{AB}$, $\overrightarrow{BA}$, $\overrightarrow{BC}$, $\overrightarrow{CB}$, $\overrightarrow{PA}$, $\overrightarrow{AP}$, $\overrightarrow{PB}$, $\overrightarrow{BP}$, $\overrightarrow{PC}$, $\overrightarrow{CP}$의 10개
이고,　… (ii)
서로 다른 선분은
　$\overline{AB}$, $\overline{AC}$, $\overline{BC}$, $\overline{PA}$, $\overline{PB}$, $\overline{PC}$의 6개이다.　… (iii)

채점 기준	비율
(i) 서로 다른 직선의 개수 구하기	30 %
(ii) 서로 다른 반직선의 개수 구하기	40 %
(iii) 서로 다른 선분의 개수 구하기	30 %

2 $\angle BOC = \angle x$, $\angle COD = \angle y$라고 하면

$\angle AOB = 2\angle x$, $\angle DOE = 3\angle y$

즉, $\angle DOE = 3\angle y = 90°$이므로

$\angle y = 30°$ $\cdots$ (i)

이때 $\angle AOC = 3\angle x = 90° - \angle y$에서

$3\angle x = 60°$ $\therefore \angle x = 20°$ $\cdots$ (ii)

$\therefore \angle BOD = \angle x + \angle y = 20° + 30° = 50°$ $\cdots$ (iii)

다른 풀이

$\angle COE = 4\angle COD$이고 $\angle DOE = 90°$이므로

$\angle COD = \dfrac{1}{3}\angle DOE = \dfrac{1}{3} \times 90° = 30°$ $\cdots$ (i)

$\angle AOC = 90° - \angle COD = 90° - 30° = 60°$이고

$\angle AOB = 2\angle BOC$이므로

$\angle BOC = \dfrac{1}{3}\angle AOC = \dfrac{1}{3} \times 60° = 20°$ $\cdots$ (ii)

$\therefore \angle BOD = \angle BOC + \angle COD = 20° + 30° = 50°$ $\cdots$ (iii)

채점 기준	비율
(i) $\angle COD$의 크기 구하기	40 %
(ii) $\angle BOC$의 크기 구하기	40 %
(iii) $\angle BOD$의 크기 구하기	20 %

3 (1) 주어진 전개도로 만들어지는 입체도 형은 오른쪽 그림과 같으므로 $\cdots$ (i) $\overline{AB}$와 꼬인 위치에 있는 모서리는 $\overline{CE}$, $\overline{JH}$이다. $\cdots$ (ii)

(2) 면 ABCJ와 수직인 면은 면 CDE, 면 JIH의 2개이다. $\cdots$ (iii)

채점 기준	비율
(i) 입체도형의 겨냥도 그리기	30 %
(ii) $\overline{AB}$와 꼬인 위치에 있는 모서리 구하기	40 %
(iii) 면 ABCJ와 수직인 면의 개수 구하기	30 %

4 오른쪽 그림에서 $\overline{AD} /\!/ \overline{BC}$이므로 $\angle GFC = \angle EGF = 66°$(엇각) $\cdots$ (i) $\angle EFG = \angle GFC = 66°$(접은 각) $\cdots$ (ii)

삼각형 EFG에서

$\angle GEF + 66° + 66° = 180°$ $\therefore \angle GEF = 48°$

$\therefore \angle x = 180° - \angle GEF = 180° - 48° = 132°$ $\cdots$ (iii)

다른 풀이

$\angle EFC = \angle EFG + \angle GFC = 66° + 66° = 132°$이므로

$\angle x = \angle EFC = 132°$(엇각) $\cdots$ (iii)

채점 기준	비율
(i) $\angle GFC$의 크기 구하기	30 %
(ii) $\angle EFG$의 크기 구하기	30 %
(iii) $\angle x$의 크기 구하기	40 %

답 **54**

$l /\!/ m$이므로 $y = 2x - 30$(엇각)

즉, $(3x + 70) + y = 180$에서

$(3x + 70) + (2x - 30) = 180$이므로

$5x = 140$ $\therefore x = 28$

$\therefore y = 2x - 30 = 2 \times 28 - 30 = 26$

$\therefore x + y = 28 + 26 = 54$

개념편

2. 작도와 합동

1 삼각형의 작도

P. 38

필수 문제 1 ⓒ → ㉠ → ㉢

1-1 ①
선분 AC를 작도할 때는 직선 l 위에서 $\overline{AB}$의 길이를 한 번 옮기면 되므로 컴퍼스를 사용한다.

P. 39

필수 문제 2 ㉠ → ㉢ → ⓒ → ㉣ → ㉤

2-1 ①, ④
① 작도 순서는 ⓒ → ㉣ → ㉠ → ㉤ → ㉢이다.
②, ③ 두 점 O, P를 중심으로 반지름의 길이가 같은 원을 각각 그리므로
$\overline{OA}=\overline{OB}=\overline{PC}=\overline{PD}$
따라서 옳지 않은 것은 ①, ④이다.

2-2 (1) ㉣, ㉢, ㉤
(2) 서로 다른 두 직선이 한 직선과 만날 때, 동위각의 크기가 같으면 두 직선은 평행하다.
(1) 작도 순서는 다음과 같다.
㉤ 점 P를 지나는 직선을 그어, 직선 l과의 교점을 Q라고 한다.
㉠ 점 Q를 중심으로 원을 그려 $\overrightarrow{PQ}$, 직선 l과의 교점을 각각 A, B라고 한다.
㉣ 점 P를 중심으로 반지름의 길이가 $\overline{QA}$인 원을 그려 $\overrightarrow{PQ}$와의 교점을 C라고 한다.
㉢ $\overline{AB}$의 길이를 잰다.
㉥ 점 C를 중심으로 반지름의 길이가 $\overline{AB}$인 원을 그려 ㉣의 원과의 교점을 D라고 한다.
ⓒ 두 점 P, D를 지나는 $\overrightarrow{PD}$를 그으면 $l\,/\!/\,\overrightarrow{PD}$이다.
따라서 작도 순서는 ㉤ → ㉠ → ㉣ → ㉢ → ㉥ → ⓒ이다.

STEP
1 쏙쏙 개념 익히기　　　　　　P. 40

1 ②　　　**2** (가) $\overline{AB}$ (나) $\overline{BC}$ (다) 정삼각형
3 ②, ⑤　　**4** ④

---

1 ② 눈금 없는 자로는 길이를 잴 수 없으므로 작도에서 두 선분의 길이를 비교할 때는 컴퍼스를 사용한다.

3 두 점 O, P를 중심으로 반지름의 길이가 같은 원을 각각 그리므로
$\overline{OX}=\overline{OY}=\overline{PC}=\overline{PD}$
점 C를 중심으로 반지름의 길이가 $\overline{XY}$인 원을 그리므로
$\overline{XY}=\overline{CD}$
따라서 $\overline{OX}$와 길이가 같은 선분이 아닌 것은 ②, ⑤이다.

4 ①, ⑤ $\angle BAC=\angle QPR$이므로 동위각의 크기가 같다.
　　∴ $l\,/\!/\,\overrightarrow{PR}$
② 두 점 A, P를 중심으로 반지름의 길이가 같은 원을 각각 그리므로
$\overline{AB}=\overline{AC}=\overline{PQ}=\overline{PR}$
③ 점 Q를 중심으로 반지름의 길이가 $\overline{BC}$인 원을 그리므로
$\overline{BC}=\overline{QR}$
따라서 옳지 않은 것은 ④이다.

P. 41

개념 확인 (1) $\overline{BC}$ (2) $\overline{AC}$ (3) $\overline{AB}$
　　　　　 (4) $\angle C$ (5) $\angle A$ (6) $\angle B$

필수 문제 3 ③
① $6<2+5$
② $7<3+6$
③ $9=4+5$
④ $10<6+8$
⑤ $17<7+15$
따라서 삼각형의 세 변의 길이가 될 수 없는 것은 ③이다.

3-1 ④
① $11>5+4$
② $11>5+5$
③ $11=5+6$
④ $11<5+9$
⑤ $17>5+11$
따라서 a의 값이 될 수 있는 것은 ④이다.

P. 42

필수 문제 4 ⓒ → ⓛ → ㉠

4-1 ⑤

한 변의 길이와 그 양 끝 각의 크기가 주어진 경우 한 변을 작도한 후 그 양 끝 각을 작도하거나 한 각을 작도한 후 한 변을 작도하고 다른 한 각을 작도해야 한다.

P. 43

필수 문제 5 ③, ④

① 세 변의 길이가 주어진 경우이지만 $6 > 2+3$이므로 삼각형이 그려지지 않는다.

② ∠A는 $\overline{AB}$와 $\overline{BC}$의 끼인각이 아니므로 삼각형이 하나로 정해지지 않는다.

③ 두 변의 길이와 그 끼인각의 크기가 주어진 경우이다.

④ 한 변의 길이와 그 양 끝 각의 크기가 주어진 경우이다.

⑤ 세 각의 크기가 주어지면 모양은 같고 크기가 다른 삼각형이 무수히 많이 그려진다.

따라서 △ABC가 하나로 정해지는 것은 ③, ④이다.

5-1 ③

① 세 변의 길이가 주어진 경우이고, 이때 $7 < 3+5$이므로 삼각형이 하나로 정해진다.

② 두 변의 길이와 그 끼인각의 크기가 주어진 경우이다.

③ ∠B는 $\overline{AC}$와 $\overline{BC}$의 끼인각이 아니므로 삼각형이 하나로 정해지지 않는다.

④ ∠C$=180° - (95° + 40°) = 45°$이므로 한 변의 길이와 그 양 끝 각의 크기가 주어진 경우와 같다.

⑤ 한 변의 길이와 그 양 끝 각의 크기가 주어진 경우이다.

따라서 △ABC가 하나로 정해지지 않는 것은 ③이다.

1 ④ $\overline{BC} < \overline{AB} + \overline{CA}$

2 ① $5 < 3+4$
② $7 < 4+7$
③ $10 < 4+8$
④ $9 < 5+6$
⑤ $12 = 5+7$
따라서 삼각형을 그릴 수 없는 것은 ⑤이다.

3 x, $x+4$, $x+9$에 주어진 x의 값을 각각 대입하면
① 3, 7, 12 ⇨ $12 > 3+7$ (×)
② 4, 8, 13 ⇨ $13 > 4+8$ (×)
③ 5, 9, 14 ⇨ $14 = 5+9$ (×)
④ 6, 10, 15 ⇨ $15 < 6+10$ (○)
⑤ 7, 11, 16 ⇨ $16 < 7+11$ (○)
따라서 x의 값이 될 수 있는 것은 ④, ⑤이다.

5 두 변의 길이가 주어졌으므로 나머지 한 변인 $\overline{CA}$의 길이 또는 그 끼인각인 ∠B의 크기가 주어지면 △ABC가 하나로 정해진다.

6 ① 세 변의 길이가 주어진 경우이고, 이때 $6 < 4+5$이므로 삼각형이 하나로 정해진다.

② 두 변의 길이와 그 끼인각의 크기가 주어진 경우이다.

③ 한 변의 길이와 그 양 끝 각의 크기가 주어진 경우이다.

④ ∠A$=180° - (50° + 80°) = 50°$이므로 한 변의 길이와 그 양 끝 각의 크기가 주어진 경우와 같다.

⑤ 세 각의 크기가 주어지면 모양은 같고 크기가 다른 삼각형이 무수히 많이 그려진다.

따라서 △ABC가 하나로 정해지지 않는 것은 ⑤이다.

7 3 cm, 4 cm, 5 cm인 경우 ⇨ $5 < 3+4$ (○)
3 cm, 4 cm, 7 cm인 경우 ⇨ $7 = 3+4$ (×)
3 cm, 5 cm, 7 cm인 경우 ⇨ $7 < 3+5$ (○)
4 cm, 5 cm, 7 cm인 경우 ⇨ $7 < 4+5$ (○)
따라서 만들 수 있는 서로 다른 삼각형의 개수는 3개이다.

8 1 cm, 2 cm, 3 cm인 경우 ⇨ $3 = 1+2$ (×)
1 cm, 2 cm, 4 cm인 경우 ⇨ $4 > 1+2$ (×)
1 cm, 3 cm, 4 cm인 경우 ⇨ $4 = 1+3$ (×)
2 cm, 3 cm, 4 cm인 경우 ⇨ $4 < 2+3$ (○)
따라서 만들 수 있는 서로 다른 삼각형의 개수는 1개이다.

STEP 1 쏙쏙 개념 익히기 P. 44~45

1 ④   **2** ⑤   **3** ④, ⑤
4 (개) ∠B (내) c (대) a **5** ㄱ, ㄷ   **6** ⑤
7 ②   **8** 1개

2 삼각형의 합동

개념 확인　(1) $\overline{PQ}$　(2) $\overline{QR}$　(3) $\overline{RP}$
　　　　　　 (4) $\angle P$　(5) $\angle Q$　(6) $\angle R$

필수 문제 1　(1) $80°$　(2) $5\,cm$
　(1) $\angle A = \angle E = 80°$
　(2) $\overline{BC} = \overline{FG} = 5\,cm$

1-1　ㄱ, ㄷ
　ㄱ. $\angle B = \angle E = 40°$
　ㄴ. $\angle D = \angle A = 65°$
　ㄷ. $\angle F = 180° - (40° + 65°) = 75°$
　ㄹ, ㅂ. 알 수 없다.
　ㅁ. $\overline{EF} = \overline{BC} = 8\,cm$
　따라서 옳은 것은 ㄱ, ㄷ이다.

필수 문제 2　$\triangle ABC \equiv \triangle DFE$, ASA 합동
　$\triangle ABC$에서
　$\angle B = 180° - (75° + 60°) = 45°$
　$\triangle ABC$와 $\triangle DFE$에서
　$\overline{AB} = \overline{DF} = 8\,cm$, $\angle A = \angle D = 75°$, $\angle B = \angle F = 45°$
　$\therefore \triangle ABC \equiv \triangle DFE$ (ASA 합동)

2-1　④
　보기의 삼각형에서 나머지 한 각의 크기는
　$180° - (90° + 30°) = 60°$이므로 ④의 삼각형과 SAS 합동
　이다.

2-2　ㄱ, ㅁ, ㅂ
　ㄱ. $\overline{AC} = \overline{DF}$이면 대응하는 두 변의 길이가 각각 같고, 그
　　 끼인각의 크기가 같으므로 SAS 합동이다.
　ㅁ. $\angle B = \angle E$이면 대응하는 한 변의 길이가 같고, 그 양
　　 끝 각의 크기가 각각 같으므로 ASA 합동이다.
　ㅂ. $\angle C = \angle F$이면 $\angle B = \angle E$이다.
　　 따라서 대응하는 한 변의 길이가 같고, 그 양 끝 각의
　　 크기가 각각 같으므로 ASA 합동이다.

1　①　　**2**　①, ⑤　　**3**　②, ⑤
4　(1) (가) $\overline{CD}$　(나) $\overline{AC}$　(다) SSS　(2) $70°$

1　① $\overline{AC}$의 대응변은 $\overline{FD}$이다.
　② $\overline{DE} = \overline{CB} = a$
　④ $\angle D = \angle C = 180° - (55° + 80°) = 45°$
　⑤ $\angle F = \angle A = 55°$
　따라서 옳지 않은 것은 ①이다.

2　ㄱ에서 나머지 한 각의 크기는 $180° - (50° + 100°) = 30°$이므
　로 ㄱ과 ㄷ은 대응하는 한 변의 길이가 같고, 그 양 끝 각의
　크기가 각각 같으므로 ASA 합동이다.
　ㅂ에서 나머지 한 각의 크기는 $180° - (110° + 40°) = 30°$이
　므로 ㄹ과 ㅂ은 대응하는 두 변의 길이가 각각 같고, 그 끼인
　각의 크기가 같으므로 SAS 합동이다.

3　$\overline{AB} = \overline{DE}$, $\overline{BC} = \overline{EF}$이므로
　$\overline{AC} = \overline{DF}$이면 SSS 합동이고,
　$\angle B = \angle E$이면 SAS 합동이다.

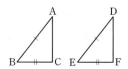

4　(2) 합동인 두 삼각형에서 대응각의 크기는 서로 같으므로
　　 $\angle D = \angle B = 70°$

1　눈금 없는 자: ㄴ, ㄷ, 컴퍼스: ㄱ, ㄹ
2　ⓒ → ㉠ → ⓛ　　**3**　⑤　　**4**　④　　**5**　5개
6　⑤　　**7**　④　　**8**　④　　**9**　③　　**10**　③
11　ㄴ, ㄹ　**12**　③, ⑤　**13**　①, ⑤　**14**　②　　**15**　③
16　ㄱ, ㄴ, ㅁ　　　　**17**　(1) $\triangle BCE \equiv \triangle DCF$　(2) $20\,cm$

2　ⓒ $\overline{AB}$를 점 B의 방향으로 연장한다.
　㉠ 컴퍼스를 사용하여 $\overline{AB}$의 길이를 잰다.
　ⓛ 점 B를 중심으로 하고 반지름의 길이가 $\overline{AB}$인 원을 그려
　　 $\overrightarrow{AB}$와 만나는 점을 C라고 한다.
　따라서 작도 순서는 ⓒ → ㉠ → ⓛ이다.

3 크기가 같은 각의 작도를 이용하여
∠AQB와 크기가 같은 ∠CPD를 작도
한 것으로 ∠AQD=∠CPD(동위각)
이면 l // m임을 이용한 것이다.
따라서 작도에서 이용한 성질은 ⑤이
다.

4 ① 4<2+3
② 8<4+6
③ 9<5+5
④ 12=5+7
⑤ 10<10+10
따라서 삼각형의 세 변의 길이가 될 수 없는 것은 ④이다.

5 (i) 가장 긴 변의 길이가 a cm일 때, 즉 $a \geq 5$일 때
$a<3+5$, 즉 $a<8$이므로
a의 값이 될 수 있는 자연수는 5, 6, 7이다.
(ii) 가장 긴 변의 길이가 5 cm일 때, 즉 $a \leq 5$일 때
$5<3+a$이므로
a의 값이 될 수 있는 자연수는 3, 4, 5이다.
따라서 (i), (ii)에 의해 a의 값이 될 수 있는 자연수는 3, 4, 5, 6, 7의 5개이다.

6 두 변의 길이와 그 끼인각의 크기가 주어진 경우 한 각을 작도하고 두 변을 작도하거나 한 변을 작도한 후 한 각을 작도하고 다른 한 변을 작도해야 한다.

7 ① 세 변의 길이가 주어진 경우이지만 8>3+4이므로 삼각형이 그려지지 않는다.
② ∠C는 $\overline{AB}$와 $\overline{BC}$의 끼인각이 아니므로 삼각형이 하나로 정해지지 않는다.
③ ∠C는 $\overline{AB}$와 $\overline{CA}$의 끼인각이 아니므로 삼각형이 하나로 정해지지 않는다.
④ ∠A=180°−(50°+70°)=60°이므로 한 변의 길이와 그 양 끝 각의 크기가 주어진 경우와 같다.
⑤ 세 각의 크기가 주어지면 모양은 같고 크기가 다른 삼각형이 무수히 많이 그려진다.
따라서 △ABC가 하나로 정해지는 것은 ④이다.

8 ② ∠C=180°−(∠A+∠B)이므로 한 변의 길이와 그 양 끝 각의 크기가 주어진 경우와 같다.
④ ∠A는 $\overline{AB}$와 $\overline{BC}$의 끼인각이 아니므로 삼각형이 하나로 정해지지 않는다.

9 ① 오른쪽 그림의 두 이등변삼각형
은 한 변의 길이가 각각 3으로
같지만 합동은 아니다.

② 오른쪽 그림의 두 마름모는
한 변의 길이가 각각 7로 같
지만 합동은 아니다.

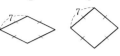

④ 오른쪽 그림의 두 직사각형은
둘레의 길이가 각각 8로 같
지만 합동은 아니다.

⑤ 오른쪽 그림의 두 삼각형
은 세 각의 크기가 같지만
합동은 아니다.

따라서 두 도형이 항상 합동인 것은 ③이다.

> **참고** 항상 합동인 두 도형
> (1) 한 변의 길이가 같은 두 정다각형
> 둘레의 길이가 같은 두 정다각형
> 넓이가 같은 두 정다각형
> (2) 반지름의 길이가 같은 두 원
> 넓이가 같은 두 원

10 ① $\overline{AB}=\overline{EF}=4$ cm
② $\overline{GH}=\overline{CD}$이지만 $\overline{GH}$의 길이는 알 수 없다.
③ ∠B=∠F=70°이므로
∠C=360°−(105°+120°+70°)=65°
④ ∠E=∠A=105°
⑤ ∠H=∠D=120°
따라서 옳은 것은 ③이다.

11 ㄴ.

ASA 합동

ㄹ.

ASA 합동

따라서 주어진 그림의 삼각형과 합동인 삼각형은 ㄴ, ㄹ이다.

12 ① SSS 합동
② SAS 합동
④ ASA 합동

13 ∠B=∠F, ∠C=∠E이면 ∠A=∠D이므로 두 삼각형이 한 쌍의 대응변의 길이가 같으면 ASA 합동이 된다.
②, ④ 대응변이 아니다.
따라서 조건이 될 수 있는 것은 ①, ⑤이다.

15 △ABD와 △CBD에서
$\overline{AB}=\overline{CB}$, $\overline{AD}=\overline{CD}$, $\overline{BD}$는 공통
따라서 △ABD≡△CBD (SSS 합동)(⑤)
이므로 ∠ADB=∠CDB(②),
∠BAD=∠BCD(①)
∠ABD=∠CBD이므로
∠ABC=2∠DBC(④)
③ ∠ABD=∠BDC인지는 알 수 없다.
따라서 옳지 않은 것은 ③이다.

16 △ABM과 △DCM에서
$\overline{AM}=\overline{DM}$, ∠AMB=∠DMC (맞꼭지각),
$\overline{AB} /\!/ \overline{CD}$이므로 ∠BAM=∠CDM (엇각)(ㅁ)
따라서 △ABM≡△DCM (ASA 합동)이므로
$\overline{AB}=\overline{CD}$ (ㄱ), $\overline{BM}=\overline{CM}$ (ㄴ)

17 (1) △BCE와 △DCF에서
사각형 ABCD가 정사각형이므로 $\overline{BC}=\overline{DC}$,
사각형 ECFG가 정사각형이므로 $\overline{CE}=\overline{CF}$,
∠BCE=∠DCF=90°
∴ △BCE≡△DCF (SAS 합동)
(2) 합동인 두 삼각형에서 대응변의 길이는 서로 같으므로
$\overline{BE}=\overline{DF}=20$ cm

STEP **3** 쓱쓱 **서술형 완성하기** P. 52~53

⟨과정은 풀이 참조⟩

따라 해보자 유제 1 $\overline{AC}$의 길이, ∠B의 크기, ∠C의 크기
유제 2 SAS 합동

연습해 보자 **1** (1) ㉠ → ㉺ → ㉣ → ㉧ → ㉢ → ㉡
(2) 서로 다른 두 직선이 다른 한 직선과 만날 때, 엇각의 크기가 같으면 두 직선은 평행하다.
2 2개 **3** △DCE, SAS 합동
4 500 m

따라 해보자

유제 1 **1단계** $\overline{AC}$의 길이를 추가하면 두 변의 길이와 그 끼인각의 크기가 주어진 경우가 되므로 △ABC를 하나로 작도할 수 있다. ⋯ (i)

2단계 ∠B의 크기를 추가하면 한 변의 길이와 그 양 끝 각의 크기가 주어진 경우가 되므로 △ABC를 하나로 작도할 수 있고, ∠C의 크기를 추가하면 ∠B=180°−(∠A+∠C)에서 ∠B의 크기를 알 수 있으므로 이 경우에도 △ABC를 하나로 작도할 수 있다. ⋯ (ii)

3단계 따라서 추가할 수 있는 조건은 $\overline{AC}$의 길이 또는 ∠B의 크기 또는 ∠C의 크기이다. ⋯ (iii)

채점 기준	비율
(i) 변의 길이에 대한 조건 구하기	40 %
(ii) 각의 크기에 대한 조건 구하기	50 %
(iii) 추가할 수 있는 조건 모두 구하기	10 %

유제 2 **1단계** △BCE와 △CDF에서
$\overline{CE}=\overline{DF}$이고,
사각형 ABCD가 정사각형이므로
$\overline{BC}=\overline{CD}$, ∠BCE=∠CDF=90° ⋯ (i)

2단계 따라서 대응하는 두 변의 길이가 각각 같고, 그 끼인각의 크기가 같으므로
△BCE≡△CDF (SAS 합동) ⋯ (ii)

채점 기준	비율
(i) △BCE와 △CDF가 합동인 이유 설명하기	60 %
(ii) 합동 조건 말하기	40 %

연습해 보자

1 (1) 작도 순서를 바르게 나열하면
㉠ → ㉺ → ㉣ → ㉧ → ㉢ → ㉡ ⋯ (i)
(2) '서로 다른 두 직선이 다른 한 직선과 만날 때, 엇각의 크기가 같으면 두 직선은 평행하다.'는 성질을 이용한 것이다. ⋯ (ii)

채점 기준	비율
(i) 작도 순서 바르게 나열하기	50 %
(ii) 작도에 이용한 평행선의 성질 말하기	50 %

참고 작도 순서는 다음과 같다.

㉠ 점 P를 지나는 직선을 그어 직선 l과의 교점을 Q라고 한다.
㉺ 점 Q를 중심으로 원을 그려 $\overrightarrow{PQ}$, 직선 l과의 교점을 각각 A, B라고 한다.
㉣ 점 P를 중심으로 반지름의 길이가 $\overline{QA}$인 원을 그려 $\overrightarrow{PQ}$와의 교점을 C라고 한다.
㉧ $\overline{AB}$의 길이를 잰다.
㉢ 점 C를 중심으로 반지름의 길이가 $\overline{AB}$인 원을 그려 ㉣의 원과의 교점을 D라고 한다.
㉡ $\overrightarrow{PD}$를 그으면 $l /\!/ m$이다.

따라서 작도 순서는 ㉠ → ㉺ → ㉣ → ㉧ → ㉢ → ㉡이다.

2 3개의 막대를 골라 삼각형을 만들 때, 가장 긴 변의 길이가
나머지 두 변의 길이의 합보다 작아야 한다.　… (i)

2 cm, 6 cm, 8 cm인 경우 ⇨ 8=2+6 (×)

2 cm, 6 cm, 9 cm인 경우 ⇨ 9>2+6 (×)

2 cm, 8 cm, 9 cm인 경우 ⇨ 9<2+8 (○)

6 cm, 8 cm, 9 cm인 경우 ⇨ 9<6+8 (○)　… (ii)

따라서 만들 수 있는 서로 다른 삼각형의 개수는 2개이다.
　… (iii)

채점 기준	비율
(i) 세 변의 길이 사이의 관계 설명하기	30 %
(ii) 각 경우의 세 변의 길이 비교하기	50 %
(iii) 삼각형의 개수 구하기	20 %

3 △ABE와 △DCE에서

사각형 ABCD가 직사각형이므로

$\overline{AB}=\overline{DC}$, ∠ABE=∠DCE=90°,

점 E가 $\overline{BC}$의 중점이므로 $\overline{BE}=\overline{CE}$　… (i)

따라서 대응하는 두 변의 길이가 각각 같고, 그 끼인각의 크
기가 같으므로

△ABE≡△DCE (SAS 합동)　… (ii)

채점 기준	비율
(i) △ABE와 △DCE가 합동인 이유 설명하기	60 %
(ii) 합동 조건 말하기	40 %

4 △ABO와 △CDO에서

$\overline{BO}=\overline{DO}=600\,m$,

∠ABO=∠CDO=50°,

∠AOB=∠COD (맞꼭지각)이므로

△ABO≡△CDO (ASA 합동)　… (i)

즉, 합동인 두 삼각형에서 대응변의 길이는 서로 같으므로

$\overline{AB}=\overline{CD}=500\,m$

따라서 두 지점 A, B 사이의 거리는 500 m이다.　… (ii)

채점 기준	비율
(i) △ABO≡△CDO임을 설명하기	60 %
(ii) 두 지점 A, B 사이의 거리 구하기	40 %

문학 속 수학　**P. 54**

답 ㉠ → ㉣ → ㉢ → ㉡

1 다각형

P. 58

개념 확인   ②, ④

② 곡선으로 이루어져 있으므로 다각형이 아니다.

④ 평면도형이 아니므로 다각형이 아니다.

필수 문제 1   (1) 50°   (2) 120°

다각형의 한 꼭짓점에서

(내각의 크기)＋(외각의 크기)＝180°이므로

(1) ∠B＝180°－130°＝50°

(2) (∠C의 외각의 크기)＝180°－60°＝120°

1-1   (1) 55°   (2) 80°

다각형의 한 꼭짓점에서

(내각의 크기)＋(외각의 크기)＝180°이므로

(1) (∠A의 외각의 크기)＝180°－125°＝55°

(2) ∠C＝180°－100°＝80°

필수 문제 2   (1) 정육각형   (2) 정팔각형

(1) ㈎에서 육각형이고, ㈏에서 정다각형이므로
주어진 다각형은 정육각형이다.

(2) ㈎, ㈏에서 모든 변의 길이가 같고, 모든 내각의 크기가
같으므로 정다각형이다.
㈏에서 8개의 내각으로 이루어져 있으므로 팔각형이다.
따라서 주어진 다각형은 정팔각형이다.

P. 59

개념 확인

다각형	A 사각형	A 오각형	A 육각형	…	n각형
꼭짓점의 개수	4개	5개	6개	…	n개
한 꼭짓점에서 그을 수 있는 대각선의 개수	1개	2개	3개	…	$(n-3)$개
대각선의 개수	2개	5개	9개	…	$\dfrac{n(n-3)}{2}$개

필수 문제 3   (1) 20개   (2) 27개   (3) 44개

(1) $\dfrac{8 \times (8-3)}{2} = 20$(개)   (2) $\dfrac{9 \times (9-3)}{2} = 27$(개)

(3) $\dfrac{11 \times (11-3)}{2} = 44$(개)

3-1   (1) 십오각형   (2) 90개

(1) 한 꼭짓점에서 그을 수 있는 대각선의 개수가 12개인
다각형을 n각형이라고 하면
$n-3=12$ ∴ $n=15$
따라서 주어진 다각형은 십오각형이다.

(2) 십오각형의 대각선의 개수는
$\dfrac{15 \times (15-3)}{2} = 90$(개)

3-2   54개

한 꼭짓점에서 대각선을 모두 그었을 때 만들어지는 삼각
형의 개수가 10개인 다각형을 n각형이라고 하면
$n-2=10$ ∴ $n=12$
따라서 십이각형의 대각선의 개수는
$\dfrac{12 \times (12-3)}{2} = 54$(개)

STEP 1 쏙쏙 개념 익히기

P. 60

1 135°	**2** ④, ⑤	**3** 108
4 15개	**5** ②	**6** 정십각형

1   (∠A의 외각의 크기)＝180°－105°＝75°
(∠D의 외각의 크기)＝180°－120°＝60°
따라서 구하는 합은
75°＋60°＝135°

2   ④ 오른쪽 그림의 정팔각형에서 두 대각선의
길이는 다르다.

⑤ 한 꼭짓점에서 내각과 외각의 크기의 합은 180°이다.

3   칠각형의 한 꼭짓점에서 그을 수 있는 대각선의 개수는
$7-3=4$(개)   ∴ $a=4$
십육각형의 대각선의 개수는
$\dfrac{16 \times (16-3)}{2} = 104$(개)   ∴ $b=104$
∴ $a+b=4+104=108$

4   한 꼭짓점에서 대각선을 모두 그었을 때 만들어지는 삼각형
의 개수가 13개인 다각형을 n각형이라고 하면
$n-2=13$ ∴ $n=15$
따라서 십오각형의 변의 개수는 15개이다.

5 대각선의 개수가 14개인 정다각형을 정n각형이라고 하면

$$\frac{n(n-3)}{2}=14$$

→ 차가 3인 두 수를 찾는다.

$n(n-3)=28=\underline{7\times4}$ ∴ $n=7$

따라서 구하는 정다각형은 정칠각형이다.

<한 다른 풀이>

주어진 정다각형의 대각선의 개수를 각각 구하면

① $\dfrac{6\times(6-3)}{2}=9$(개)   ② $\dfrac{7\times(7-3)}{2}=14$(개)

③ $\dfrac{8\times(8-3)}{2}=20$(개)   ④ $\dfrac{12\times(12-3)}{2}=54$(개)

⑤ $\dfrac{14\times(14-3)}{2}=77$(개)

따라서 구하는 정다각형은 ② 정칠각형이다.

6 (가)에서 모든 변의 길이가 같고, 모든 내각의 크기가 같은 다각형은 정다각형이다.

(나)에서 대각선의 개수가 35개인 정다각형을 정n각형이라고 하면

$$\frac{n(n-3)}{2}=35, \ n(n-3)=70=\underline{10\times7}$$

∴ $n=10$

따라서 주어진 다각형은 정십각형이다.

~2 삼각형의 내각과 외각

P. 61

필수 문제 1   (1) $35°$ (2) $100°$ (3) $30°$

(1) $\angle x+120°+25°=180°$

∴ $\angle x=35°$

(2) $\angle x+30°+50°=180°$

∴ $\angle x=100°$

(3) $90°+(\angle x+30°)+\angle x=180°$

$2\angle x=60°$ ∴ $\angle x=30°$

1-1   **20**

$2x+(x+45)+(3x+15)=180$

$6x=120$ ∴ $x=20$

1-2 $\angle A=40°$, $\angle B=60°$, $\angle C=80°$

$\angle A=180°\times\dfrac{2}{2+3+4}=180°\times\dfrac{2}{9}=40°$

$\angle B=180°\times\dfrac{3}{2+3+4}=180°\times\dfrac{3}{9}=60°$

$\angle C=180°\times\dfrac{4}{2+3+4}=180°\times\dfrac{4}{9}=80°$

P. 62

필수 문제 2   (1) $25°$ (2) $110°$

(1) $\angle x+45°=70°$ ∴ $\angle x=25°$

(2) 오른쪽 그림에서

$\angle x=60°+50°=110°$

2-1   (1) $45°$ (2) $40°$

(1) $\angle x+50°=95°$ ∴ $\angle x=45°$

(2) 오른쪽 그림에서

$60°+\angle x=100°$

∴ $\angle x=40°$

2-2   (1) 60 (2) 30

(1) 오른쪽 그림에서

$2x+10=100+30$

$2x=120$ ∴ $x=60$

(2) 오른쪽 그림에서

$3x+25=45+70$

$3x=90$ ∴ $x=30$

STEP 1 쏙쏙 개념 익히기

P. 63

1   (1) 40   (2) 60   **2**   (1) $100°$ (2) $35°$ **3** $80°$

4   (1) $50°$ (2) $75°$ **5** $90°$

1   (1) $(x+20)+(2x-10)+50=180$

$3x=120$ ∴ $x=40$

(2) $35+(x-5)=90$

∴ $x=60$

2   (1) $60°+(180°-\angle x)=\angle x+40°$

$2\angle x=200°$ ∴ $\angle x=100°$

(2) 오른쪽 그림에서

$\angle a=25°+50°=75°$

즉, $\angle x+40°=\angle a$이므로

$\angle x+40°=75°$ ∴ $\angle x=35°$

<한 다른 풀이>

오른쪽 그림에서 맞꼭지각의 크기는 서로 같으므로

$25°+50°+\angle\!\!\!/=\angle x+40°+\angle\!\!\!/$

∴ $\angle x=35°$

3 △ABC에서

$\angle ACB = 180° - (50° + 70°) = 60°$

$\therefore \angle DCB = \frac{1}{2}\angle ACB$

$\qquad = \frac{1}{2} \times 60° = 30°$

따라서 △DBC에서

$\angle x = 180° - (70° + 30°) = 80°$

다른 풀이

$\angle ACD = \frac{1}{2}\angle ACB = \frac{1}{2} \times 60° = 30°$이므로

△ADC에서

$\angle x = \angle CAD + \angle ACD = 50° + 30° = 80°$

4 (1) △ABC가 $\overline{AB} = \overline{AC}$인 이등변

삼각형이므로

$\angle ACB = \angle ABC = 25°$

$\therefore \angle DAC = 25° + 25° = 50°$

(2) △ACD가 $\overline{AC} = \overline{CD}$인 이등변삼각형이므로

$\angle ADC = \angle DAC = 50°$

따라서 △BCD에서

$\angle x = 25° + 50° = 75°$

5 △ABD가 $\overline{AB} = \overline{BD}$인 이등변삼

각형이므로

$\angle ADB = \angle DAB = 30°$

$\therefore \angle DBC = 30° + 30° = 60°$

△DBC가 $\overline{BD} = \overline{CD}$인 이등변삼각형이므로

$\angle DCB = \angle DBC = 60°$

따라서 △ACD에서

$\angle x = 30° + 60° = 90°$

⌒3 다각형의 내각과 외각

P. 64

필수 문제 1 (1) **1080°** (2) **1620°** (3) **2340°**

(1) $180° \times (8-2) = 1080°$

(2) $180° \times (11-2) = 1620°$

(3) $180° \times (15-2) = 2340°$

1-1 **70°**

오각형의 내각의 크기의 합은

$180° \times (5-2) = 540°$이므로

$\angle x + 100° + 110° + 120° + 140° = 540°$

$\angle x + 470° = 540° \qquad \therefore \angle x = 70°$

필수 문제 2 칠각형

주어진 다각형을 n각형이라고 하면

$180° \times (n-2) = 900°$, $n-2 = 5$ $\qquad \therefore n = 7$

따라서 주어진 다각형은 칠각형이다.

2-1 **12개**

주어진 다각형을 n각형이라고 하면

$180° \times (n-2) = 1800°$, $n-2 = 10$ $\qquad \therefore n = 12$

따라서 십이각형의 꼭짓점의 개수는 12개이다.

P. 65

필수 문제 3 (1) **80°** (2) **110°**

(1) $\angle x + 130° + 150° = 360°$

$\angle x + 280° = 360° \qquad \therefore \angle x = 80°$

(2) $80° + \angle x + 100° + 70° = 360°$

$\angle x + 250° = 360° \qquad \therefore \angle x = 110°$

3-1 (1) **100°** (2) **70°**

(1) $80° + 75° + \angle x + 105° = 360°$

$\angle x + 260° = 360° \qquad \therefore \angle x = 100°$

(2) $\angle x + 77° + 63° + 55° + 95° = 360°$

$\angle x + 290° = 360° \qquad \therefore \angle x = 70°$

3-2 **128°**

$(180° - \angle x) + 60° + 63° + 75°$

$\qquad\qquad + 60° + 50° = 360°$

$488° - \angle x = 360°$

$\therefore \angle x = 128°$

P. 66

필수 문제 4 (1) **135°, 45°** (2) **140°, 40°** (3) **150°, 30°**

(1) (한 내각의 크기) $= \dfrac{180° \times (8-2)}{8} = 135°$

(한 외각의 크기) $= \dfrac{360°}{8} = 45°$

(2) (한 내각의 크기) $= \dfrac{180° \times (9-2)}{9} = 140°$

(한 외각의 크기) $= \dfrac{360°}{9} = 40°$

(3) (한 내각의 크기) $= \dfrac{180° \times (12-2)}{12} = 150°$

(한 외각의 크기) $= \dfrac{360°}{12} = 30°$

다른 풀이

(1) 정팔각형의 한 외각의 크기는 $\dfrac{360°}{8} = 45°$이므로

한 내각의 크기는 $180° - 45° = 135°$

(2) 정구각형의 한 외각의 크기는 $\dfrac{360°}{9}=40°$이므로

한 내각의 크기는 $180°-40°=140°$

(3) 정십이각형의 한 외각의 크기는 $\dfrac{360°}{12}=30°$이므로

한 내각의 크기는 $180°-30°=150°$

4-1 **60°**

주어진 정다각형은 정육각형이므로

$\angle a=\dfrac{180°\times(6-2)}{6}=120°$, $\angle b=\dfrac{360°}{6}=60°$

$\therefore \angle a-\angle b=120°-60°=60°$

4-2 **(1) 정십팔각형 (2) 정십오각형**

주어진 정다각형을 정n각형이라고 하면

(1) $\dfrac{360°}{n}=20°$ $\therefore n=18$

따라서 주어진 정다각형은 정십팔각형이다.

(2) $\dfrac{180°\times(n-2)}{n}=156°$

$180°\times n-360°=156°\times n$

$24°\times n=360°$ $\therefore n=15$

따라서 주어진 정다각형은 정십오각형이다.

다른 풀이

한 외각의 크기는 $180°-156°=24°$이므로

$\dfrac{360°}{n}=24°$ $\therefore n=15$

따라서 주어진 정다각형은 정십오각형이다.

STEP 1 **쏙쏙 개념 익히기** P. 67~68

1 1448 **2** 6개

3 (1) 80° (2) 90° (3) 40° **4** 8

5 ⑤ **6** ②

7 $\angle x=72°$, $\angle y=36°$

8 (1) 120° (2) 정삼각형 **9** 정구각형

1 십각형의 한 꼭짓점에서 대각선을 모두 그었을 때 만들어지는 삼각형의 개수는

$10-2=8$(개) $\therefore a=8$

십각형의 내각의 크기의 합은

$180°\times(10-2)=1440°$ $\therefore b=1440$

$\therefore a+b=8+1440=1448$

2 내각의 크기의 합이 1260°인 다각형을 n각형이라고 하면

$180°\times(n-2)=1260°$, $n-2=7$ $\therefore n=9$

따라서 구각형의 한 꼭짓점에서 그을 수 있는 대각선의 개수는

$9-3=6$(개)

3 (1) 사각형의 내각의 크기의 합은 360°이므로

$80°+140°+\angle x+(180°-120°)=360°$

$\angle x+280°=360°$ $\therefore \angle x=80°$

(2) 오각형의 내각의 크기의 합은

$180°\times(5-2)=540°$이므로

$\angle x+(180°-55°)+90°+(180°-75°)+130°=540°$

$\angle x+450°=540°$ $\therefore \angle x=90°$

(3) 육각형의 외각의 크기의 합은 360°이므로

$40°+(180°-95°)+65°+(180°-110°)+\angle x+60°$
$=360°$

$\angle x+320°=360°$ $\therefore \angle x=40°$

4 n각형의 내각의 크기와 외각의 크기의 총합이 1440°이고 한 꼭짓점에서 내각과 외각의 크기의 합은 180°이므로

$180°\times n=1440°$ $\therefore n=8$

5 ① 정오각형의 한 내각의 크기는

$\dfrac{180°\times(5-2)}{5}=108°$

② 정십각형의 한 외각의 크기는

$\dfrac{360°}{10}=36°$

③ 정사각형의 한 내각의 크기와 한 외각의 크기는 모두 90°로 같다.

④ 정다각형의 한 내각의 크기와 한 외각의 크기의 합은 항상 180°이다.

⑤ 정육각형의 내각의 크기의 합은 $180°\times(6-2)=720°$
정오각형의 내각의 크기의 합은 $180°\times(5-2)=540°$
따라서 정육각형의 내각의 크기의 합은 정오각형의 내각의 크기의 합보다 $720°-540°=180°$만큼 더 크다.

따라서 옳지 않은 것은 ⑤이다.

참고 ⑤ 다각형의 내각의 크기의 합의 규칙은 다음과 같다.

삼각형	사각형	오각형	육각형	⋯
180°	360°	540°	720°	⋯

+180° +180° +180° +180°

6 한 외각의 크기가 60°인 정다각형을 정n각형이라고 하면

$\dfrac{360°}{n}=60°$ $\therefore n=6$

따라서 정육각형의 대각선의 개수는

$\dfrac{6\times(6-3)}{2}=9$(개)

7 정오각형의 한 외각의 크기는

$\dfrac{360°}{5}=72°$이므로

$\angle x=\angle FBC=72°$

따라서 $\triangle BFC$에서

$\angle y=180°-(72°+72°)=36°$

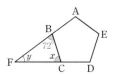

8 (1) 정다각형에서
　　(한 내각의 크기)+(한 외각의 크기)=180°이고
　　(한 내각의 크기) : (한 외각의 크기)=1 : 2이므로
　　(한 외각의 크기)$=180°×\dfrac{2}{1+2}=180°×\dfrac{2}{3}=120°$
　(2) 주어진 정다각형을 정n각형이라고 하면
　　$\dfrac{360°}{n}=120°$　　∴ $n=3$
　　따라서 주어진 정다각형은 정삼각형이다.
　참고 다음과 같이 한 내각의 크기를 이용하여 주어진 정다각형을
　　구할 수도 있지만 한 외각의 크기를 이용하는 것이 편리하다.
　　➡ (한 내각의 크기)$=180°×\dfrac{1}{1+2}=180°×\dfrac{1}{3}=60°$
　　　주어진 정다각형을 정n각형이라고 하면
　　　$\dfrac{180°×(n-2)}{n}=60°$, $180°×n-360°=60°×n$
　　　$120°×n=360°$　　∴ $n=3$, 즉 정삼각형

9 정다각형에서
　(한 내각의 크기)+(한 외각의 크기)=180°이고
　(한 내각의 크기) : (한 외각의 크기)=7 : 2이므로
　(한 외각의 크기)$=180°×\dfrac{2}{7+2}=180°×\dfrac{2}{9}=40°$
　주어진 정다각형을 정n각형이라고 하면
　$\dfrac{360°}{n}=40°$　　∴ $n=9$
　따라서 주어진 정다각형은 정구각형이다.

STEP **2** 탄탄 **단원 다지기**　　　　P. 69~71

1 ④	2 ①, ④	3 35개	4 (1) 7쌍 (2) 14쌍
5 ⑤	6 80°	7 80°	8 ④
9 ∠x=65°, ∠y=110°		10 ⑤	11 ④
12 30°	13 55°	14 ①	15 36°	16 360°
17 ①	18 ③	19 ④	20 (1) 36° (2) 36°

1 $∠x=180°-85°=95°$, $∠y=180°-105°=75°$
　∴ $∠x+∠y=95°+75°=170°$

2 ② 다각형의 한 꼭짓점에 대하여 외각은 2개가 있고, 그 크기
　　는 서로 같다.
　③ 정다각형은 모든 변의 길이가 같고, 모든 내각의 크기가
　　같은 다각형이다.
　⑤ 정삼각형의 한 내각의 크기는 60°, 한 외각의 크기는 120°
　　로 같지 않다.
　따라서 옳은 것은 ①, ④이다.

3 한 꼭짓점에서 대각선을 모두 그었을 때 만들어지는 삼각형
　의 개수가 8개인 다각형을 n각형이라고 하면
　$n-2=8$　　∴ $n=10$
　따라서 십각형의 대각선의 개수는
　$\dfrac{10×(10-3)}{2}=35$(개)

4 (1) 7명의 학생이 양옆에 앉은 학생과 각각 악수하는 것은
　　7개의 점을 서로 이웃하는 것끼리 연결하는 것, 즉 칠각
　　형을 그리는 것으로 생각할 수 있으므로
　　(악수를 하는 학생의 쌍의 수)
　　=(칠각형의 변의 개수)=7(쌍)
　(2) 7명의 학생이 악수하지 않은 학생과 각각 눈인사하는 것
　　은 칠각형의 대각선을 그리는 것으로 생각할 수 있으므로
　　(눈인사를 하는 학생의 쌍의 수)
　　=(칠각형의 대각선의 개수)
　　$=\dfrac{7×(7-3)}{2}=14$(쌍)

5 ⑺에서 모든 변의 길이가 같고, 모든 내각의 크기가 같은 다
　각형은 정다각형이다.
　⒁에서 대각선의 개수가 54개인 정다각형을 정n각형이라고
　하면
　$\dfrac{n(n-3)}{2}=54$, $n(n-3)=108=12×9$　　∴ $n=12$
　따라서 주어진 다각형은 정십이각형이다.

6 $∠A+∠B+∠C=180°$이므로
　$2∠C+60°+∠C=180°$
　$3∠C=120°$　　∴ $∠C=40°$
　∴ $∠A=2∠C=2×40°=80°$

7 △IBC에서 $∠BIC=130°$이므로
　$∠IBC+∠ICB=180°-130°=50°$
　∴ $∠B+∠C=2∠IBC+2∠ICB$
　　　　　　　$=2(∠IBC+∠ICB)$
　　　　　　　$=2×50°=100°$
　따라서 △ABC에서
　$∠x=180°-(∠B+∠C)=180°-100°=80°$

8 오른쪽 그림에서
　$∠a=25°+80°=105°$
　즉, $∠x+40°=∠a$이므로
　$∠x+40°=105°$　　∴ $∠x=65°$
　다른 풀이
　오른쪽 그림에서 맞꼭지각의 크기는
　서로 같으므로
　$80°+25°+$$=∠x+40°+$✓
　∴ $∠x=65°$

9 $\triangle$ABC에서
$\angle x = 40° + 25° = 65°$
따라서 $\triangle$ECD에서
$\angle y = \angle x + 45°$
$= 65° + 45° = 110°$

10 $\angle$ACD $= 180° - 120° = 60°$
$\angle$BAC $= 180° - 130° = 50°$
$\therefore \angle$DAC $= \dfrac{1}{2}\angle$BAC
$= \dfrac{1}{2} \times 50° = 25°$
따라서 $\triangle$ADC에서
$\angle x = 25° + 60° = 85°$

11 $\triangle$ABD는 $\overline{AD} = \overline{BD}$인 이등변삼각형이므로
$\angle$DBA $= \angle$DAB $= \angle x$
$\triangle$ABD에서
$\angle$BDC $= \angle x + \angle x = 2\angle x$
$\triangle$BCD는 $\overline{BC} = \overline{BD}$인 이등변삼각형이므로
$2\angle x = 70°$ $\therefore \angle x = 35°$

12 $\triangle$AGD에서 $\angle$FGB $= 50° + 40° = 90°$
$\triangle$FCE에서 $\angle$GFB $= 35° + 25° = 60°$
따라서 $\triangle$BGF에서
$\angle x = 180° - (\angle$FGB $+ \angle$GFB$)$
$= 180° - (90° + 60°) = 30°$

13 오각형의 내각의 크기의 합은
$180° \times (5-2) = 540°$이므로
$2\angle x + 135° + 2\angle x + 130° + \angle x = 540°$
$5\angle x + 265° = 540°$
$5\angle x = 275°$ $\therefore \angle x = 55°$

14 육각형의 외각의 크기의 합은 $360°$이므로
$60° + (180° - 100°) + \angle x + 70° + 40° + (180° - 3\angle x)$
$= 360°$
$430° - 2\angle x = 360°$
$2\angle x = 70°$ $\therefore \angle x = 35°$

15 (한 내각의 크기) $= 180° -$ (그와 이웃하는 외각의 크기)이므로 크기가 가장 큰 외각과 이웃하는 내각의 크기가 가장 작다.
사각형의 외각의 크기의 합은 $360°$이므로
가장 큰 외각의 크기는
$360° \times \dfrac{4}{1+4+2+3} = 360° \times \dfrac{4}{10} = 144°$
따라서 가장 작은 내각의 크기는
$180° - 144° = 36°$

16 오른쪽 그림과 같이 보조선을 그으면
$\angle e + \angle f = \angle g + \angle h$이고, 사각형의
내각의 크기의 합은 $360°$이므로
$\angle a + \angle b + \angle c + \angle d + \angle e + \angle f$
$= \angle a + \angle b + \angle c + \angle d + \angle g + \angle h$
$= 360°$

> 참고 맞꼭지각의 크기는 서로 같으므로
> $\angle e + \angle f + \bullet = 180°$
> $\angle g + \angle h + \bullet = 180°$
> $\therefore \angle e + \angle f = \angle g + \angle h$

17 내각의 크기의 합이 $2340°$인 정다각형을 정n각형이라고 하면
$180° \times (n-2) = 2340°$
$n-2 = 13$ $\therefore n = 15$
따라서 정십오각형의 한 외각의 크기는
$\dfrac{360°}{15} = 24°$

18 정다각형에서
(한 내각의 크기) + (한 외각의 크기) $= 180°$이고
(한 내각의 크기) : (한 외각의 크기) $= 4 : 1$이므로
(한 외각의 크기) $= 180° \times \dfrac{1}{4+1} = 180° \times \dfrac{1}{5} = 36°$
주어진 정다각형을 정n각형이라고 하면
$\dfrac{360°}{n} = 36°$ $\therefore n = 10$
따라서 정십각형의 꼭짓점의 개수는 10개이다.

> 다른 풀이 **한 외각의 크기 구하기**
> 주어진 정다각형의 한 외각의 크기를 $\angle a$라고 하면
> 한 내각의 크기는 $4\angle a$이므로
> $\angle a + 4\angle a = 180°$
> $5\angle a = 180°$ $\therefore \angle a = 36°$
> 즉, 한 외각의 크기는 $36°$이다.

19 ① 한 내각의 크기가 $140°$인 정다각형을 정n각형이라고 하면
$\dfrac{180° \times (n-2)}{n} = 140°$, $180° \times n - 360° = 140° \times n$
$40° \times n = 360°$ $\therefore n = 9$, 즉 정구각형

> 다른 풀이
> 한 외각의 크기는 $180° - 140° = 40°$이므로
> $\dfrac{360°}{n} = 40°$ $\therefore n = 9$, 즉 정구각형

② 한 꼭짓점에서 그을 수 있는 대각선의 개수는
$9-3 = 6$(개)
③ 대각선의 개수는 $\dfrac{9 \times (9-3)}{2} = 27$(개)
④ 내각의 크기의 합은 $140° \times 9 = 1260°$
⑤ 한 외각의 크기는 $180° - 140° = 40°$이므로
$140° : 40° = 7 : 2$
따라서 옳지 않은 것은 ④이다.

20 (1) 정오각형의 한 내각의 크기는

$$\frac{180° \times (5-2)}{5} = 108°$$이므로

$\angle B = 108°$

$\triangle ABC$는 $\overline{AB} = \overline{BC}$인 이등변삼

각형이므로

$\angle BAC = \dfrac{1}{2} \times (180° - 108°)$

$\qquad\qquad = 36°$

(2) 같은 방법으로 하면

$\triangle ADE$에서 $\angle DAE = 36°$

$\therefore \angle x = \angle BAE - \angle BAC - \angle DAE$

$\qquad = 108° - 36° - 36°$

$\qquad = 36°$

STEP **3** 쓱쓱 서술형 완성하기   P. 72~73

⟨과정은 풀이 참조⟩

따라 해보자 유제 1   50°   유제 2   3240°

연습해 보자   1   22°   2   75°

         3   160°   4   105°

따라 해보자

유제 1 **1단계** $\angle ABD = \angle DBC = \angle a$,

$\angle ACD = \angle DCE = \angle b$라고 하면

$\triangle ABC$에서

$2\angle b = \angle x + 2\angle a$이므로

$\angle b = \dfrac{1}{2}\angle x + \angle a$ … ㉠   … (i)

2단계 $\triangle DBC$에서

$\angle b = 25° + \angle a$ … ㉡   … (ii)

3단계 ㉠, ㉡에서 $\dfrac{1}{2}\angle x = 25°$

$\therefore \angle x = 50°$ … (iii)

채점 기준	비율
(i) △ABC에서 식 세우기	40 %
(ii) △DBC에서 식 세우기	30 %
(iii) ∠x의 크기 구하기	30 %

유제 2 **1단계** 한 외각의 크기가 18°인 정다각형을 정n각형이라고

하면

$\dfrac{360°}{n} = 18°$ $\therefore n = 20$, 즉 정이십각형   … (i)

2단계 따라서 정이십각형의 내각의 크기의 합은

$180° \times (20-2) = 3240°$ … (ii)

채점 기준	비율
(i) 한 외각의 크기가 18°인 정다각형 구하기	50 %
(ii) 정다각형의 내각의 크기의 합 구하기	50 %

연습해 보자

1 $\triangle BAC$가 $\overline{AB} = \overline{BC}$인 이등변삼각형이므로

$\angle BCA = \angle BAC = \angle a$

$\therefore \angle DBC = \angle a + \angle a = 2\angle a$ … (i)

$\triangle BCD$가 $\overline{BC} = \overline{CD}$인 이등변삼각형이므로

$\angle BDC = \angle DBC = 2\angle a$ … (ii)

따라서 $\triangle DAC$에서 $\angle a + 2\angle a = 66°$

$3\angle a = 66°$ $\therefore \angle a = 22°$ … (iii)

채점 기준	비율
(i) ∠DBC의 크기를 ∠a를 사용하여 나타내기	40 %
(ii) ∠BDC의 크기를 ∠a를 사용하여 나타내기	30 %
(iii) ∠a의 크기 구하기	30 %

2 사각형 ABCD에서 내각의 크기의 합은 360°이므로

$\angle B + \angle C = 360° - (\angle A + \angle D)$

$\qquad\qquad = 360° - 150° = 210°$ … (i)

$\angle IBC + \angle ICB = \dfrac{1}{2}\angle B + \dfrac{1}{2}\angle C = \dfrac{1}{2}(\angle B + \angle C)$

$\qquad\qquad\qquad = \dfrac{1}{2} \times 210° = 105°$ … (ii)

따라서 $\triangle IBC$에서

$\angle BIC = 180° - (\angle IBC + \angle ICB)$

$\qquad\quad = 180° - 105° = 75°$ … (iii)

채점 기준	비율
(i) ∠B + ∠C의 크기 구하기	40 %
(ii) ∠IBC + ∠ICB의 크기 구하기	30 %
(iii) ∠BIC의 크기 구하기	30 %

3 한 꼭짓점에서 그을 수 있는 대각선의 개수가 15개인 정다각

형을 정n각형이라고 하면

$n - 3 = 15$ $\therefore n = 18$ … (i)

따라서 정십팔각형의 한 내각의 크기는

$\dfrac{180° \times (18-2)}{18} = 160°$ … (ii)

채점 기준	비율
(i) 정다각형 구하기	50 %
(ii) 정다각형의 한 내각의 크기 구하기	50 %

4 정육각형의 한 내각의 크기는

$$\frac{180°×(6-2)}{6}=120°,$$

정팔각형의 한 내각의 크기는

$$\frac{180°×(8-2)}{8}=135°$$이므로 $\cdots$ (ⅰ)

위의 그림에서

$120°+\angle x+135°=360°$ $\therefore \angle x=105°$ $\cdots$ (ⅱ)

다른 풀이

오른쪽 그림과 같이 두 정다각형이
붙어 있는 변의 연장선을 그으면

정육각형의 한 외각의 크기는

$$\frac{360°}{6}=60°,$$

정팔각형의 한 외각의 크기는 $\dfrac{360°}{8}=45°$이므로 $\cdots$ (ⅰ)

$\angle x=60°+45°=105°$ $\cdots$ (ⅱ)

채점 기준	비율
(ⅰ) 정육각형, 정팔각형의 한 내각(외각)의 크기 구하기	60 %
(ⅱ) ∠x의 크기 구하기	40 %

답 ㄱ, ㄴ, ㄹ

서로 합동인 것을 겹치지 않게 변끼리 붙였을 때 평면을 빈틈
없이 채우려면 한 꼭짓점에 모인 정다각형의 내각의 크기의
합이 360°이어야 한다. 즉, 360°가 정다각형의 한 내각의 크기
로 나누어떨어져야 한다.

ㄱ.   ㄴ.   ㄹ.

$60°×6=360°$ $90°×4=360°$ $120°×3=360°$

따라서 구하는 정다각형은 ㄱ, ㄴ, ㄹ이다.

참고 정다각형으로 평면을 빈틈없이 채우려면 360°가 그 정다각형의
한 내각의 크기로 나누어떨어져야 한다. 즉, 정다각형의 한 내
각의 크기가 360°의 약수이어야 하므로 평면을 빈틈없이 채울
수 있는 정다각형은 정삼각형, 정사각형, 정육각형뿐이다.

개념편

1 원과 부채꼴

P. 78

필수 문제 1

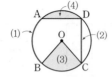

1-1 ㄱ, ㄹ

ㄴ. $\overparen{BC}$에 대한 중심각은 $\angle BOC$이다.

ㄷ. $\overline{AB}$와 $\overparen{AB}$로 둘러싸인 도형은 활꼴이다.

ㅁ. $\overparen{AB}$와 두 반지름 OA, OB로 둘러싸인 도형은 부채꼴
이다.

1-2 $180°$

한 원에서 부채꼴과 활꼴이 같을 때는 오
른쪽 그림과 같이 활꼴의 현이 지름인 경
우, 즉 부채꼴이 반원인 경우이므로 부채
꼴의 중심각의 크기는 $180°$이다.

P. 79

필수 문제 2 (1) 16 (2) 100

(1) $4 : x = 20° : 80°$

$20x = 320$ ∴ $x = 16$

(2) $15 : 6 = x° : 40°$

$6x = 600$ ∴ $x = 100$

2-1 (1) 9 (2) 50

(1) $3 : x = 40° : 120°$

$40x = 360$ ∴ $x = 9$

(2) $12 : 30 = x° : (2x° + 25°)$

$30x = 12(2x + 25)$

$30x = 24x + 300$

$6x = 300$ ∴ $x = 50$

2-2 $150°$

$\overparen{AB} : \overparen{BC} : \overparen{CA} = 3 : 4 : 5$이므로

$\angle AOB : \angle BOC : \angle COA = 3 : 4 : 5$

∴ $\angle AOC = 360° \times \dfrac{5}{3+4+5}$

$= 360° \times \dfrac{5}{12} = 150°$

P. 80

개념 확인 반지름, $\angle COD$, ≡, SAS, $\overline{CD}$

필수 문제 3 (1) 8 (2) 35

(1) $\angle AOB = \angle COD$이므로

$\overline{CD} = \overline{AB} = 8\,\text{cm}$

∴ $x = 8$

(2) $\overline{AB} = \overline{CD}$이므로

$\angle AOB = \angle COD = 35°$

∴ $x = 35$

3-1 $90°$

$\overline{AB} = \overline{CD} = \overline{DE}$이므로

$\angle AOB = \angle COD = \angle DOE = 45°$

∴ $\angle COE = \angle COD + \angle DOE$

$= 45° + 45° = 90°$

3-2 ㄱ, ㄴ, ㄷ

ㄹ. 현의 길이는 중심각의 크기에 정비례하지 않는다.

STEP 1 쏙쏙 개념 익히기   P. 81~82

1 ④	2 10 cm	3 40	4 9 cm²
5 80°	6 30 cm	7 ②, ④	8 36°
9 ④			

1 ④ $\overline{AE}$, $\overparen{AE}$로 이루어진 활꼴은 오른쪽 그
림의 색칠한 부분과 같다.

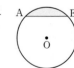

2 원에서 길이가 가장 긴 현은 원의 지름이므로 그 길이는

$5 \times 2 = 10(\text{cm})$

3 $6 : 30 = x° : 150°$, $30x = 900$ ∴ $x = 30$

$y : 30 = 50° : 150°$, $150y = 1500$ ∴ $y = 10$

∴ $x + y = 30 + 10 = 40$

4 부채꼴 AOB의 넓이를 $x\,\mathrm{cm}^2$라고 하면

$27:x=90°:30°$

$90x=810$ $\therefore x=9$

따라서 부채꼴 AOB의 넓이는 $9\,\mathrm{cm}^2$이다.

5 $\widehat{AB}:\widehat{BC}=5:4$이므로

$\angle AOB:\angle BOC=5:4$

이때 $\angle AOC=180°$이므로

$\angle BOC=180°\times\dfrac{4}{5+4}=180°\times\dfrac{4}{9}=80°$

6 오른쪽 그림과 같이 $\overline{OC}$를 그으면

$\widehat{AC}=\widehat{BC}$이므로 $\angle AOC=\angle BOC$

즉, $\overline{BC}=\overline{AC}=7\,\mathrm{cm}$

따라서 색칠한 부분의 둘레의 길이는

$(8+7)\times2=30(\mathrm{cm})$

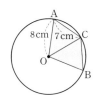

7 ② $\overline{AB}=\overline{ED}<2\overline{CD}$

④ $2\times(\triangle ODC$의 넓이$)$

$=(\triangle ODC$의 넓이$)$

$\qquad+(\triangle OCE$의 넓이$)$

$=(\triangle ODE$의 넓이$)$

$\qquad+(\triangle EDC$의 넓이$)$

$=(\triangle OAB$의 넓이$)+(\triangle EDC$의 넓이$)$

$\therefore (\triangle OAB$의 넓이$)<2\times(\triangle ODC$의 넓이$)$

8 $\overline{AO}\,/\!/\,\overline{BC}$이므로

$\angle OBC=\angle AOB=\angle x$(엇각)

이때 $\triangle OBC$가 $\overline{OB}=\overline{OC}$인 이등변삼

각형이므로

$\angle OCB=\angle OBC=\angle x$

또 $\widehat{BC}=3\widehat{AB}$이므로

$\angle BOC=3\angle AOB=3\angle x$

따라서 $\triangle OBC$에서

$3\angle x+\angle x+\angle x=180°$

$5\angle x=180°$ $\therefore \angle x=36°$

9 $\overline{OC}\,/\!/\,\overline{AB}$이므로

$\angle OBA=\angle COB=\angle x$(엇각)

이때 $\triangle OAB$가 $\overline{OA}=\overline{OB}$인 이등변삼

각형이므로

$\angle OAB=\angle OBA=\angle x$

또 $\widehat{AB}:\widehat{BC}=2:1$이므로

$\angle AOB:\angle BOC=2:1$ $\therefore \angle AOB=2\angle x$

따라서 $\triangle OAB$에서

$2\angle x+\angle x+\angle x=180°$

$4\angle x=180°$ $\therefore \angle x=45°$

---

2 부채꼴의 호의 길이와 넓이

P. 83

필수 문제 1 (1) $8\pi\,\mathrm{cm}$, $16\pi\,\mathrm{cm}^2$ (2) $14\pi\,\mathrm{cm}$, $21\pi\,\mathrm{cm}^2$

(1) 반지름의 길이가 $4\,\mathrm{cm}$이므로

(원의 둘레의 길이)$=2\pi\times4=8\pi(\mathrm{cm})$

(원의 넓이)$=\pi\times4^2=16\pi(\mathrm{cm}^2)$

(2) (색칠한 부분의 둘레의 길이)$=2\pi\times5+2\pi\times2$

$=14\pi(\mathrm{cm})$

(색칠한 부분의 넓이)$=\pi\times5^2-\pi\times2^2$

$=21\pi(\mathrm{cm}^2)$

1-1 (1) $(5\pi+10)\,\mathrm{cm}$, $\dfrac{25}{2}\pi\,\mathrm{cm}^2$ (2) $18\pi\,\mathrm{cm}$, $27\pi\,\mathrm{cm}^2$

(1) 반지름의 길이가 $5\,\mathrm{cm}$이므로

(반원의 둘레의 길이)$=(2\pi\times5)\times\dfrac{1}{2}+10$

$=5\pi+10(\mathrm{cm})$

(반원의 넓이)$=(\pi\times5^2)\times\dfrac{1}{2}=\dfrac{25}{2}\pi(\mathrm{cm}^2)$

(2) (색칠한 부분의 둘레의 길이)$=2\pi\times6+2\pi\times3$

$=18\pi(\mathrm{cm})$

(색칠한 부분의 넓이)$=\pi\times6^2-\pi\times3^2$

$=27\pi(\mathrm{cm}^2)$

P. 84

개념 확인 (1) 4, 45, π (2) 4, 45, 2π

필수 문제 2 (1) $5\pi\,\mathrm{cm}$, $15\pi\,\mathrm{cm}^2$ (2) $12\pi\,\mathrm{cm}$, $54\pi\,\mathrm{cm}^2$

(1) (호의 길이)$=2\pi\times6\times\dfrac{150}{360}=5\pi(\mathrm{cm})$

(넓이)$=\pi\times6^2\times\dfrac{150}{360}=15\pi(\mathrm{cm}^2)$

(2) (호의 길이)$=2\pi\times9\times\dfrac{240}{360}=12\pi(\mathrm{cm})$

(넓이)$=\pi\times9^2\times\dfrac{240}{360}=54\pi(\mathrm{cm}^2)$

2-1 $2\pi\,\mathrm{cm}$, $12\pi\,\mathrm{cm}^2$

(호의 길이)$=2\pi\times12\times\dfrac{30}{360}=2\pi(\mathrm{cm})$

(넓이)$=\pi\times12^2\times\dfrac{30}{360}=12\pi(\mathrm{cm}^2)$

2-2 (1) $(4\pi+8)\,\mathrm{cm}$, $8\pi\,\mathrm{cm}^2$

(2) $(3\pi+12)\,\mathrm{cm}$, $(36-9\pi)\,\mathrm{cm}^2$

(1) (색칠한 부분의 둘레의 길이)

$=2\pi\times8\times\dfrac{60}{360}+2\pi\times4\times\dfrac{60}{360}+4\times2$

$=\dfrac{8}{3}\pi+\dfrac{4}{3}\pi+8=4\pi+8(\mathrm{cm})$

$\therefore$ (색칠한 부분의 넓이)$=\pi \times 8^2 \times \dfrac{60}{360} - \pi \times 4^2 \times \dfrac{60}{360}$

$\qquad\qquad\qquad\qquad = \dfrac{32}{3}\pi - \dfrac{8}{3}\pi = 8\pi(\text{cm}^2)$

(2) (색칠한 부분의 둘레의 길이)$=2\pi \times 6 \times \dfrac{90}{360} + 6 + 6$

$\qquad\qquad\qquad\qquad\qquad = 3\pi + 12(\text{cm})$

$\therefore$ (색칠한 부분의 넓이)$=6 \times 6 - \pi \times 6^2 \times \dfrac{90}{360}$

$\qquad\qquad\qquad\qquad = 36 - 9\pi(\text{cm}^2)$

P. 85

개념 확인 2π, 6π

필수 문제 3 (1) $10\pi\,\text{cm}^2$ (2) $40\pi\,\text{cm}^2$

(1) (부채꼴의 넓이)$=\dfrac{1}{2} \times 5 \times 4\pi = 10\pi(\text{cm}^2)$

(2) (부채꼴의 넓이)$=\dfrac{1}{2} \times 8 \times 10\pi = 40\pi(\text{cm}^2)$

3-1 (1) $6\pi\,\text{cm}^2$ (2) $120\pi\,\text{cm}^2$

(1) (부채꼴의 넓이)$=\dfrac{1}{2} \times 4 \times 3\pi = 6\pi(\text{cm}^2)$

(2) (부채꼴의 넓이)$=\dfrac{1}{2} \times 12 \times 20\pi = 120\pi(\text{cm}^2)$

3-2 $5\pi\,\text{cm}$

부채꼴의 호의 길이를 $l\,\text{cm}$라고 하면

$\dfrac{1}{2} \times 6 \times l = 15\pi$, $3l = 15\pi$ $\therefore l = 5\pi$

따라서 부채꼴의 호의 길이는 $5\pi\,\text{cm}$이다.

STEP 1 쏙쏙 **개념 익히기** P. 87~88

1 (1) $7\,\text{cm}$ (2) $9\pi\,\text{cm}^2$

2 (1) $24\pi\,\text{cm}$, $18\pi\,\text{cm}^2$ (2) $(4\pi+8)\,\text{cm}$, $(16-4\pi)\,\text{cm}^2$

3 $\dfrac{10}{3}\pi\,\text{cm}$, $\dfrac{25}{3}\pi\,\text{cm}^2$ **4** ③ **5** $30\pi\,\text{cm}^2$

6 (1) $12\,\text{cm}$ (2) $225°$

7 (1) $\dfrac{160}{3}\pi\,\text{cm}^2$ (2) $(\pi-2)\,\text{cm}^2$

8 $6\pi\,\text{cm}$, $(18\pi-36)\,\text{cm}^2$

9 $32\pi\,\text{cm}^2$ **10** $450\,\text{cm}^2$

1 (1) 원의 반지름의 길이를 $r\,\text{cm}$라고 하면

$2\pi r = 14\pi$ $\therefore r = 7$

따라서 원의 반지름의 길이는 $7\,\text{cm}$이다.

(2) 원의 반지름의 길이를 $r\,\text{cm}$라고 하면

$2\pi r = 6\pi$ $\therefore r = 3$

따라서 원의 반지름의 길이는 $3\,\text{cm}$이므로

원의 넓이는 $\pi \times 3^2 = 9\pi(\text{cm}^2)$

2 (1) (색칠한 부분의 둘레의 길이)$=2\pi \times 6 + (2\pi \times 3) \times 2$

$\qquad\qquad\qquad\qquad\qquad = 24\pi(\text{cm})$

(색칠한 부분의 넓이)$=\pi \times 6^2 - (\pi \times 3^2) \times 2$

$\qquad\qquad\qquad\qquad = 18\pi(\text{cm}^2)$

(2) (색칠한 부분의 둘레의 길이)$=2\pi \times 2 + 4 \times 2$

$\qquad\qquad\qquad\qquad\qquad = 4\pi + 8(\text{cm})$

(색칠한 부분의 넓이)$=4 \times 4 - \left\{(\pi \times 2^2) \times \dfrac{1}{2}\right\} \times 2$

$\qquad\qquad\qquad\qquad = 16 - 4\pi(\text{cm}^2)$

3 (호의 길이)$=2\pi \times 5 \times \dfrac{120}{360} = \dfrac{10}{3}\pi(\text{cm})$

(넓이)$=\pi \times 5^2 \times \dfrac{120}{360} = \dfrac{25}{3}\pi(\text{cm}^2)$

4 부채꼴의 중심각의 크기를 $x°$라고 하면

$2\pi \times 24 \times \dfrac{x}{360} = 10\pi$ $\therefore x = 75$

따라서 부채꼴의 중심각의 크기는 $75°$이다.

5 (부채꼴의 넓이)$=\dfrac{1}{2} \times 6 \times 10\pi = 30\pi(\text{cm}^2)$

6 (1) 부채꼴의 반지름의 길이를 $r\,\text{cm}$라고 하면

$\dfrac{1}{2} \times r \times 15\pi = 90\pi$ $\therefore r = 12$

따라서 부채꼴의 반지름의 길이는 $12\,\text{cm}$이다.

(2) 부채꼴의 중심각의 크기를 $x°$라고 하면

$2\pi \times 12 \times \dfrac{x}{360} = 15\pi$ $\therefore x = 225$

따라서 부채꼴의 중심각의 크기는 $225°$이다.

7 (1) (색칠한 부분의 넓이)$=\pi \times 12^2 \times \dfrac{150}{360} - \pi \times 4^2 \times \dfrac{150}{360}$

$\qquad\qquad\qquad\qquad = 60\pi - \dfrac{20}{3}\pi$

$\qquad\qquad\qquad\qquad = \dfrac{160}{3}\pi(\text{cm}^2)$

(2)

$\therefore$ (색칠한 부분의 넓이)$=\pi \times 2^2 \times \dfrac{90}{360} - \dfrac{1}{2} \times 2 \times 2$

$\qquad\qquad\qquad\qquad = \pi - 2(\text{cm}^2)$

8 (색칠한 부분의 둘레의 길이)$=\left(2\pi\times6\times\dfrac{90}{360}\right)\times2$
$$=6\pi(\text{cm})$$
오른쪽 그림과 같이 보조선을 그으면
(색칠한 부분의 넓이)
$=$(두 활꼴의 넓이의 합)
$=\left(\pi\times6^2\times\dfrac{90}{360}-\dfrac{1}{2}\times6\times6\right)\times2$
$=18\pi-36(\text{cm}^2)$

6cm

9 오른쪽 그림과 같이 색칠한 부분을 이동하면
(색칠한 부분의 넓이)
$=$(반원의 넓이)
$=(\pi\times8^2)\times\dfrac{1}{2}=32\pi(\text{cm}^2)$

16cm

10 오른쪽 그림과 같이 색칠한 부분을 이동하면
(색칠한 부분의 넓이)
$=$(직각삼각형의 넓이)
$=\dfrac{1}{2}\times30\times30=450(\text{cm}^2)$

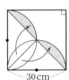
30cm

STEP **2** 탄탄 단원 다지기   P. 89~91

1 ③, ⑤	**2** 60°	**3** 27 cm	**4** ③	**5** ④
6 30	**7** 48π cm²		**8** ⑤	**9** ①, ③
10 12π cm, 12π cm²			**11** ④	**12** ⑤
13 ④	**14** ②	**15** (200π−400) cm²		
16 (36−6π) cm²		**17** 9π cm, (9π−18) cm²		
18 18π cm²		**19** ①		

1 ① 반원은 활꼴이다.
② 원 위의 두 점을 이은 선분은 현이다.
④ 원에서 길이가 가장 긴 현은 원의 지름이므로 그 길이는
    $3\times2=6(\text{cm})$
따라서 옳은 것은 ③, ⑤이다.

2 $\overline{\text{OA}}=\overline{\text{OB}}=\overline{\text{AB}}$이므로 $\triangle$OAB는 정삼각형이다.
  ∴ (호 AB에 대한 중심각의 크기) $=\angle\text{AOB}=60°$

3 $\angle\text{COD}=180°-(40°+20°)=120°$이므로
$9:\widehat{\text{CD}}=40°:120°$, $40\widehat{\text{CD}}=1080$
  ∴ $\widehat{\text{CD}}=27(\text{cm})$

4 $\overline{\text{AO}}\,/\!/\,\overline{\text{BC}}$이므로
$\angle\text{OBC}=\angle\text{AOB}=50°$(엇각)
이때 $\triangle$OBC가 $\overline{\text{OB}}=\overline{\text{OC}}$인 이등변
삼각형이므로
$\angle\text{OCB}=\angle\text{OBC}=50°$
∴ $\angle\text{BOC}=180°-(50°+50°)=80°$
$10:\widehat{\text{BC}}=50°:80°$이므로
$50\widehat{\text{BC}}=800$ ∴ $\widehat{\text{BC}}=16(\text{cm})$

5 $\triangle$DPO가 $\overline{\text{OD}}=\overline{\text{DP}}$인 이등변삼각형이므로
$\angle\text{DOP}=\angle\text{DPO}=25°$
∴ $\angle\text{ODC}=\angle\text{DOP}+\angle\text{DPO}=25°+25°=50°$
$\triangle$OCD가 $\overline{\text{OC}}=\overline{\text{OD}}$인 이등변삼각형이므로
$\angle\text{OCD}=\angle\text{ODC}=50°$
$\triangle$OCP에서
$\angle\text{AOC}=\angle\text{OCP}+\angle\text{OPC}=50°+25°=75°$
따라서 $\widehat{\text{AC}}:6=75°:25°$이므로
$25\widehat{\text{AC}}=450$ ∴ $\widehat{\text{AC}}=18(\text{cm})$

6 $6:18=x°:(2x°+30°)$, $18x=6(2x+30)$
$18x=12x+180$, $6x=180$ ∴ $x=30$

7 부채꼴의 넓이는 중심각의 크기에 정비례하므로
(부채꼴 AOB의 넓이)$=144\pi\times\dfrac{6}{6+5+7}$
$$=144\pi\times\dfrac{1}{3}=48\pi(\text{cm}^2)$$

8 $\overline{\text{AC}}\,/\!/\,\overline{\text{OD}}$이므로 $\angle\text{CAO}=\angle\text{DOB}$(동위각)
오른쪽 그림과 같이 $\overline{\text{OC}}$를 그으면
$\triangle$AOC가 $\overline{\text{OA}}=\overline{\text{OC}}$인 이등변삼각
형이므로
$\angle\text{OCA}=\angle\text{OAC}$
$\overline{\text{AC}}\,/\!/\,\overline{\text{OD}}$이므로
$\angle\text{COD}=\angle\text{OCA}$(엇각)
따라서 $\angle\text{BOD}=\angle\text{COD}$이므로
$\overline{\text{BD}}=\overline{\text{CD}}=10\,\text{cm}$

9 ① 부채꼴의 넓이는 현의 길이에 정비례하지 않는다.
③ 크기가 같은 중심각에 대한 호의 길이와 현의 길이는 각
   각 같다.

10 (색칠한 부분의 둘레의 길이)
$=(2\pi\times6)\times\dfrac{1}{2}+(2\pi\times4)\times\dfrac{1}{2}+(2\pi\times2)\times\dfrac{1}{2}$
$=6\pi+4\pi+2\pi=12\pi(\text{cm})$
(색칠한 부분의 넓이)
$=(\pi\times6^2)\times\dfrac{1}{2}-(\pi\times4^2)\times\dfrac{1}{2}+(\pi\times2^2)\times\dfrac{1}{2}$
$=18\pi-8\pi+2\pi=12\pi(\text{cm}^2)$

11 부채꼴의 중심각의 크기를 $x°$라고 하면

$\pi \times 8^2 \times \dfrac{x}{360} = \dfrac{64}{3}\pi$ ∴ $x = 120$

따라서 부채꼴의 중심각의 크기는 $120°$이다.

12 부채꼴의 호의 길이를 $l\,\mathrm{cm}$라고 하면

$\dfrac{1}{2} \times 9 \times l = 27\pi$ ∴ $l = 6\pi$

따라서 부채꼴의 호의 길이는 $6\pi\,\mathrm{cm}$이므로

(부채꼴의 둘레의 길이)$= 6\pi + 9 + 9 = 6\pi + 18(\mathrm{cm})$

13 정오각형의 한 내각의 크기는 $\dfrac{180° \times (5-2)}{5} = 108°$

∴ (색칠한 부분의 둘레의 길이)$= 2\pi \times 20 \times \dfrac{108}{360} + 20 \times 3$

$= 12\pi + 60(\mathrm{cm})$

14 (색칠한 부분의 넓이)$= \pi \times 8^2 \times \dfrac{90}{360} - (\pi \times 4^2) \times \dfrac{1}{2}$

$= 16\pi - 8\pi = 8\pi(\mathrm{cm}^2)$

15

∴ (색칠한 부분의 넓이)

$= \left(\pi \times 10^2 \times \dfrac{90}{360} - \dfrac{1}{2} \times 10 \times 10\right) \times 8$

$= (25\pi - 50) \times 8 = 200\pi - 400(\mathrm{cm}^2)$

16 $\overline{BE} = \overline{EC} = \overline{BC}$ (원의 반지름)이므로 △EBC는 정삼각형이다.

즉, $\angle EBC = 60°$이므로 $\angle ABE = 90° - 60° = 30°$

∴ (색칠한 부분의 넓이)

$= ($사각형 $ABCD$의 넓이$) - ($부채꼴 ABE의 넓이$) \times 2$

$= 6 \times 6 - \left(\pi \times 6^2 \times \dfrac{30}{360}\right) \times 2$

$= 36 - 6\pi(\mathrm{cm}^2)$

17 (색칠한 부분의 둘레의 길이)

$= 2\pi \times 6 \times \dfrac{90}{360} + \left\{(2\pi \times 3) \times \dfrac{1}{2}\right\} \times 2$

$= 3\pi + 6\pi = 9\pi(\mathrm{cm})$

오른쪽 그림과 같이 도형을 이동시키면 색칠한 부분의 넓이는 활꼴의 넓이와 같으므로

(색칠한 부분의 넓이)

$= \pi \times 6^2 \times \dfrac{90}{360} - \dfrac{1}{2} \times 6 \times 6$

$= 9\pi - 18(\mathrm{cm}^2)$

18

∴ (색칠한 부분의 넓이)

$= ($부채꼴 $B'AB$의 넓이$)$

$= \pi \times 12^2 \times \dfrac{45}{360}$

$= 18\pi(\mathrm{cm}^2)$

19 오른쪽 그림과 같이 점 A가 움직인 거리는 반지름의 길이가 12, 중심각의 크기가 $120°$인 부채꼴의 호의 길이와 같으므로

(점 A가 움직인 거리)

$= 2\pi \times 12 \times \dfrac{120}{360}$

$= 8\pi$

STEP 3 쓱쓱 **서술형 완성하기** P. 92~93

〈과정은 풀이 참조〉

따라 해보자 유제 1 $160°$ 유제 2 $(6\pi + 16)\,\mathrm{cm}$

연습해 보자 **1** $28\,\mathrm{cm}$ **2** $\dfrac{27}{2}\pi\,\mathrm{cm}^2$

3 $6\,\mathrm{cm}^2$ **4** $113\pi\,\mathrm{m}^2$

따라 해보자

유제 1 [1단계] 호의 길이는 중심각의 크기에 정비례하고

$\overset{\frown}{AB} : \overset{\frown}{BC} : \overset{\frown}{CA} = 2 : 3 : 4$이므로

$\angle AOB : \angle BOC : \angle COA = 2 : 3 : 4$ …(i)

[2단계] $\angle AOC = 360° \times \dfrac{4}{2+3+4}$

$= 360° \times \dfrac{4}{9} = 160°$ …(ii)

채점 기준	비율
(i) $\angle AOB : \angle BOC : \angle COA$를 가장 간단한 자연수의 비로 나타내기	50%
(ii) $\angle AOC$의 크기 구하기	50%

유제 2 [1단계] (큰 부채꼴의 호의 길이)

$= 2\pi \times (8+8) \times \dfrac{45}{360}$

$= 4\pi(\mathrm{cm})$ …(i)

2단계 (작은 부채꼴의 호의 길이)

$$=2\pi \times 8 \times \frac{45}{360}$$

$$=2\pi \,(\text{cm}) \qquad \cdots (\text{ii})$$

3단계 (색칠한 부분의 둘레의 길이)

$$=4\pi +2\pi +8 \times 2$$

$$=6\pi +16 \,(\text{cm}) \qquad \cdots (\text{iii})$$

채점 기준	비율
(i) 큰 부채꼴의 호의 길이 구하기	40 %
(ii) 작은 부채꼴의 호의 길이 구하기	40 %
(iii) 색칠한 부분의 둘레의 길이 구하기	20 %

연습해 보자

1 $\overline{\text{AC}} /\!/ \overline{\text{OD}}$이므로

$$\angle \text{OAC} = \angle \text{BOD} = 20^\circ (\text{동위각}) \qquad \cdots (\text{i})$$

오른쪽 그림과 같이 $\overline{\text{OC}}$를 그으면

$\triangle \text{AOC}$가 $\overline{\text{OA}} = \overline{\text{OC}}$인 이등변삼

각형이므로

$$\angle \text{OCA} = \angle \text{OAC} = 20^\circ \quad \cdots (\text{ii})$$

$$\therefore \angle \text{AOC} = 180^\circ - (20^\circ + 20^\circ)$$

$$= 140^\circ \qquad \cdots (\text{iii})$$

따라서 $\overset{\frown}{\text{AC}} : 4 = 140^\circ : 20^\circ$이므로

$$20\overset{\frown}{\text{AC}} = 560 \qquad \therefore \overset{\frown}{\text{AC}} = 28 \,(\text{cm}) \qquad \cdots (\text{iv})$$

채점 기준	비율
(i) $\angle$OAC의 크기 구하기	20 %
(ii) $\angle$OCA의 크기 구하기	20 %
(iii) $\angle$AOC의 크기 구하기	20 %
(iv) $\overset{\frown}{\text{AC}}$의 길이 구하기	40 %

2 부채꼴의 반지름의 길이를 r cm라고 하면

$$2\pi r \times \frac{60}{360} = 3\pi \qquad \therefore r = 9$$

따라서 부채꼴의 반지름의 길이가 9 cm이므로 $\qquad \cdots (\text{i})$

부채꼴의 넓이는

$$\pi \times 9^2 \times \frac{60}{360} = \frac{27}{2}\pi \,(\text{cm}^2) \qquad \cdots (\text{ii})$$

다른 풀이

부채꼴의 반지름의 길이를 r cm라고 하면

$$2\pi r \times \frac{60}{360} = 3\pi \qquad \therefore r = 9$$

따라서 부채꼴의 반지름의 길이가 9 cm이므로 $\qquad \cdots (\text{i})$

부채꼴의 넓이는

$$\frac{1}{2} \times 9 \times 3\pi = \frac{27}{2}\pi \,(\text{cm}^2) \qquad \cdots (\text{ii})$$

채점 기준	비율
(i) 부채꼴의 반지름의 길이 구하기	60 %
(ii) 부채꼴의 넓이 구하기	40 %

3

(색칠한 부분의 넓이)

$$= (\text{지름이 } \overline{\text{AB}} \text{인 반원의 넓이}) + (\text{지름이 } \overline{\text{AC}} \text{인 반원의 넓이})$$

$$+ (\triangle \text{ABC의 넓이}) - (\text{지름이 } \overline{\text{BC}} \text{인 반원의 넓이})$$

$$= \left\{ \pi \times \left(\frac{3}{2} \right)^2 \right\} \times \frac{1}{2} + (\pi \times 2^2) \times \frac{1}{2} + \frac{1}{2} \times 3 \times 4$$

$$- \left\{ \pi \times \left(\frac{5}{2} \right)^2 \right\} \times \frac{1}{2} \qquad \cdots (\text{i})$$

$$= \frac{9}{8}\pi + 2\pi + 6 - \frac{25}{8}\pi = 6 \,(\text{cm}^2) \qquad \cdots (\text{ii})$$

채점 기준	비율
(i) 색칠한 부분의 넓이를 구하는 식 세우기	75 %
(ii) 색칠한 부분의 넓이 구하기	25 %

4 강아지가 울타리 밖에서 최대한 움직일 수 있는 영역은 오른쪽 그림의 색칠한 부분과 같다.

따라서 구하는 넓이는

$$\pi \times 2^2 \times \frac{90}{360} + \pi \times 12^2 \times \frac{270}{360}$$

$$+ \pi \times 4^2 \times \frac{90}{360} \qquad \cdots (\text{i})$$

$$= \pi + 108\pi + 4\pi = 113\pi \,(\text{m}^2) \qquad \cdots (\text{ii})$$

채점 기준	비율
(i) 식 세우기	70 %
(ii) 답 구하기	30 %

스포츠 속 수학 P. 94

답 $540\pi \,\text{m}^2$

(색칠한 부분의 넓이)

$= (\text{반지름의 길이가 44 m이고 중심각의 크기가 45}^\circ\text{인 부채꼴의 넓이})$

$- (\text{반지름의 길이가 24 m이고 중심각의 크기가 45}^\circ\text{인 부채꼴의 넓이})$

$+ (\text{반지름의 길이가 84 m이고 중심각의 크기가 45}^\circ\text{인 부채꼴의 넓이})$

$- (\text{반지름의 길이가 64 m이고 중심각의 크기가 45}^\circ\text{인 부채꼴의 넓이})$

$$= \pi \times 44^2 \times \frac{45}{360} - \pi \times 24^2 \times \frac{45}{360} + \pi \times 84^2 \times \frac{45}{360}$$

$$- \pi \times 64^2 \times \frac{45}{360}$$

$$= 242\pi - 72\pi + 882\pi - 512\pi$$

$$= 540\pi \,(\text{m}^2)$$

1 다면체

P. 98

필수 문제 1 ㄱ, ㄷ, ㄹ

ㄴ, ㅁ. 다각형이 아닌 원이나 곡면으로 둘러싸여 있다.
따라서 다면체는 ㄱ, ㄷ, ㄹ이다.

1-1 ④

④ 모서리의 개수는 9개이다.

1-2 칠면체

주어진 다면체는 면의 개수가 7개이므로 칠면체이다.

P. 99

개념 확인

겨냥도			
이름	오각기둥	오각뿔	오각뿔대
옆면의 모양	직사각형	삼각형	사다리꼴
꼭짓점의 개수	10개	6개	10개
모서리의 개수	15개	10개	15개
면의 개수	7개	6개	7개

필수 문제 2 ④

면의 개수는 각각 다음과 같다.

① 삼각뿔대: 5개
 3 +2

② 오각기둥: 7개
 5 +2

③ 직육면체: 6개
 6

④ 칠각뿔: 8개
 7 +1

⑤ 오각뿔대: 7개
 5 +2

따라서 면의 개수가 가장 많은 것은 ④이다.

2-1 ③

주어진 다면체의 면의 개수와 꼭짓점의 개수를 각각 구하
면 다음과 같다.

다면체	① 사각뿔대	② 육각기둥	③ 육각뿔	④ 팔각뿔대	⑤ 구각기둥
면의 개수	4+2 =6(개)	6+2 =8(개)	6+1 =7(개)	8+2 =10(개)	9+2 =11(개)
꼭짓점 의 개수	4×2 =8(개)	6×2 =12(개)	6+1 =7(개)	8×2 =16(개)	9×2 =18(개)

따라서 면의 개수와 꼭짓점의 개수가 같은 것은 ③이다.

STEP 1 쏙쏙 개념 익히기 P. 100

1 5개 **2** ①, ③ **3** ⑤
4 (1) 각뿔대 (2) 육각뿔대 **5** ②

1 다면체, 즉 다각형인 면으로만 둘러싸인 입체도형은
ㄱ, ㄴ, ㄹ, ㅅ, ㅇ의 5개이다.

2 면의 개수는 각각 다음과 같다.

① 사각기둥: 6개
 4 +2

② 오각기둥: 7개
 5 +2

③ 오각뿔: 6개
 5 +1

④ 육각뿔: 7개
 6 +1

⑤ 육각뿔대: 8개
 6 +2

따라서 육면체는 ①, ③이다.

3 ⑤ 오각뿔 – 삼각형

4 (1) (가)에서 두 밑면이 서로 평행한 입체도형은 각기둥, 각뿔
대이고, (나)에서 옆면의 모양이 직사각형이 아닌 사다리꼴
인 입체도형은 각뿔대이다.

(2) (다)에서 팔면체이므로 각뿔대의 밑면 2개를 빼면 6개의 옆
면을 가진다. 즉, 밑면의 모양이 육각형이므로 구하는 입
체도형은 육각뿔대이다.

5 (가), (나)에서 주어진 다면체는 각기둥이므로
n각기둥이라고 하면
(다)에서 $2n=14$ ∴ $n=7$
따라서 조건을 모두 만족시키는 다면체는 칠각기둥이다.

2 정다면체

P. 101

필수 문제 1 (1) ㄱ, ㄷ, ㅁ (2) ㄹ
 (3) ㄱ, ㄴ, ㄹ (4) ㄷ

1-1 정팔면체

(가), (나)에서 모든 면이 합동인 정다각형이고 각 꼭짓점에 모
인 면의 개수가 같으므로 정다면체이다.

(가) 모든 면이 합동인 정삼각형이다.
 ⇨ 정사면체, 정팔면체, 정이십면체

(나) 한 꼭짓점에 모인 면의 개수는 4개이다.
 ⇨ 정팔면체

따라서 조건을 모두 만족시키는 다면체는 정팔면체이다.

1-2 **30**

정육면체의 면의 개수는 6개이므로 $a=6$

정팔면체의 모서리의 개수는 12개이므로 $b=12$

정이십면체의 꼭짓점의 개수는 12개이므로 $c=12$

$\therefore a+b+c=6+12+12=30$

P. 102

개념 확인

(1) 정육면체 (2) **M**, $\overline{ED}$

필수 문제 2 (1) 정팔면체 (2) 점 **I** (3) $\overline{GF}$ (4) $\overline{ED}$ (또는 $\overline{EF}$)

(1) 정삼각형 8개로 이루어진 정다면체는 정팔면체이다.

(2) 주어진 전개도로 만들어지는 정팔면체는 다음 그림과 같다.

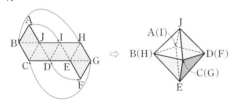

점 A와 겹치는 꼭짓점은 점 I이다.

(3) $\overline{CD}$와 겹치는 모서리는 $\overline{GF}$이다.

(4) $\overline{BJ}$와 평행한 모서리는 $\overline{ED}$(또는 $\overline{EF}$)이다.

2-1 (1) 정사면체 (2) $\overline{CF}$

(1) 정삼각형 4개로 이루어진 정다면체는 정사면체이다.

(2) 주어진 전개도로 만들어지는 정사면체는 다음 그림과 같다.

$\overline{AB}$와 꼬인 위치에 있는 모서리는 $\overline{CF}$이다.

STEP 1 **쓱쓱 개념 익히기** **P. 104**

1 ③   **2** ③, ⑤

3 각 꼭짓점에 모인 면의 개수가 모두 같지 않다.

4 ④

1 ③ 정십이면체의 면의 모양은 정오각형이다.

2 ③ 정사면체의 꼭짓점의 개수는 4개이다.

⑤ 한 꼭짓점에 모인 면의 개수가 3개인 정다면체는 정사면체, 정육면체, 정십이면체이다.

3 오른쪽 그림과 같이 각 꼭짓점에 모인 면의 개수가 4개 또는 5개로 같지 않으므로 정다면체가 아니다.

5개의 면이 모인다.
4개의 면이 모인다.

4 ① 정삼각형 20개로 이루어진 정다면체는 정이십면체이다.

② 모든 면의 모양은 정삼각형이다.

③ 꼭짓점의 개수는 12개이다.

⑤ 한 꼭짓점에 모인 면의 개수는 5개이다.

따라서 옳은 것은 ④이다.

3 회전체

P. 105

필수 문제 1 ㄱ, ㄷ, ㅁ

ㄴ, ㄹ. 다면체

1-1 ㄴ, ㅁ, ㅇ

ㄱ, ㄷ, ㄹ, ㅂ, ㅅ. 다면체

1-2 (1) (2) (3)

P. 106

개념 확인 (1) × (2) ○ (3) ×

(1) 회전체를 회전축을 포함하는 평면으로 자를 때 생기는 단면은 선대칭도형으로, 원기둥을 이와 같이 자를 때 생기는 단면은 원이 아니라 직사각형이다.

(3) 원뿔을 회전축에 수직인 평면으로 자를 때 생기는 단면은 모두 원이지만 합동은 아니다.

필수 문제 2 ③

③ 원뿔 – 이등변삼각형

2-1 원기둥

회전체에 수직인 평면으로 자른 단면이 원, 회전축을 포함하는 평면으로 자른 단면이 직사각형인 회전체는 원기둥이다.

2-2 ④

구는 어떤 방향으로 자르더라도 그 단면이 항상 원이다.

P. 107

개념 확인 (1) $a=9$, $b=4$ (2) $a=5$, $b=3$

(1) $a\,\mathrm{cm}$는 원기둥의 모선의 길이이므로 $a=9$
$b\,\mathrm{cm}$는 밑면인 원의 반지름의 길이이므로 $b=4$

(2) $a\,\mathrm{cm}$는 원뿔의 모선의 길이이므로 $a=5$
$b\,\mathrm{cm}$는 밑면인 원의 반지름의 길이이므로 $b=3$

필수 문제 3 $a=6$, $b=11$, $c=18\pi$

옆면의 아래쪽 호의 길이는 두 밑면 중 큰 원의 둘레의 길이와 같으므로
$c=2\pi\times9=18\pi$

3-1 $10\pi\,\mathrm{cm}$

옆면인 부채꼴의 호의 길이는 밑면인 원의 둘레의 길이와 같으므로
(호의 길이)$=2\pi\times5=10\pi\,(\mathrm{cm})$

STEP **1** 쏙쏙 개념 익히기   **P. 108**

1 ③, ④   **2** ③   **3** ③   **4** $32\,\mathrm{cm}^2$
5 $12\,\mathrm{cm}$

1 ③, ④ 다면체

2 직각삼각형 ABC를 변 AB를 회전축으로 하여 1회전 시킬 때 생기는 회전체는 다음 그림과 같다.

3 ③ 원뿔대를 회전축에 수직인 평면으로 자르면 그 단면은 오른쪽 그림과 같이 모두 원이지만, 그 크기는 서로 다르므로 합동이 아니다.

---

4 주어진 평면도형을 직선 l을 회전축으로 하여 1회전 시킬 때 생기는 회전체는 오른쪽 그림과 같은 원뿔대이다.

이 회전체를 회전축을 포함하는 평면으로 자른 단면은 윗변의 길이가
$3+3=6\,(\mathrm{cm})$, 아랫변의 길이가 $5+5=10\,(\mathrm{cm})$,
높이가 $4\,\mathrm{cm}$인 사다리꼴이므로
(단면의 넓이)$=\dfrac{1}{2}\times(6+10)\times4=32\,(\mathrm{cm}^2)$

참고 [그림 1]을 직선 l을 회전축으로 하여 1회전 시킬 때 생기는 회전체는 [그림 2]와 같고, 이 회전체를 회전축을 포함하는 평면으로 자를 때 생기는 단면은 [그림 3]과 같다.

[그림 1]   [그림 2]   [그림 3]

[그림 1]의 삼각형의 넓이는 $\dfrac{1}{2}\times a\times b=\dfrac{1}{2}ab$

[그림 3]의 삼각형의 넓이는 $\dfrac{1}{2}\times2a\times b=ab$

∴ (회전축을 포함하는 평면으로 자를 때 생기는 단면의 넓이)
=(회전시키기 전 평면도형의 넓이)×2

5 밑면인 원의 둘레의 길이는 직사각형의 가로의 길이와 같으므로 밑면인 원의 반지름의 길이를 $r\,\mathrm{cm}$라고 하면
$2\pi r=24\pi$ ∴ $r=12$
따라서 밑면인 원의 반지름의 길이는 $12\,\mathrm{cm}$이다.

STEP **2** 탄탄 단원 다지기   **P. 109~111**

1 ③   **2** 10   **3** ③   **4** ④   **5** 십각뿔
6 ②, ④   **7** 정이십면체   **8** ②, ④   **9** ④
10 ③   **11** ③   **12** ②   **13** ④   **14** ⑤
15 $16\pi\,\mathrm{cm}^2$ **16** ③   **17** $\dfrac{8}{3}\,\mathrm{cm}$ **18** ①, ③

1 면의 개수는 각각 다음과 같다.
① 사각뿔대: 6개 ⇨ 육면체
   4 +2
② 칠각기둥: 9개 ⇨ 구면체
   7 +2
③ 구각뿔: 10개 ⇨ 십면체
   9 +1
④ 팔각기둥: 10개 ⇨ 십면체
   8 +2
⑤ 십각뿔대: 12개 ⇨ 십이면체
   10 +2
따라서 짝 지은 것으로 옳지 않은 것은 ③이다.

2 사각기둥의 모서리의 개수는 $4 \times 3 = 12$(개)이므로 $a = 12$
오각뿔의 꼭짓점의 개수는 $5 + 1 = 6$(개)이므로 $b = 6$
육각뿔대의 면의 개수는 $6 + 2 = 8$(개)이므로 $c = 8$
$\therefore a + b - c = 12 + 6 - 8 = 10$

3 ① 사각뿔 – 삼각형   ② 삼각뿔대 – 사다리꼴
④ 오각기둥 – 직사각형   ⑤ 사각뿔대 – 사다리꼴
따라서 바르게 짝 지은 것은 ③이다.

4 ㄴ. 팔각뿔의 모서리의 개수는 $8 \times 2 = 16$(개)이다.
ㅁ. 각뿔대의 두 밑면은 서로 평행하지만 합동은 아니다.
따라서 옳은 것은 ㄱ, ㄷ, ㄹ이다.

5 ㈎, ㈏에서 주어진 다면체는 각뿔이므로 n각뿔이라고 하면
㈐에서 $2n = 20$ $\therefore n = 10$
따라서 조건을 모두 만족시키는 다면체는 십각뿔이다.

6 ② 정육면체의 면의 모양은 정사각형이다.
④ 정십이면체의 면의 모양은 정오각형이다.

7 ㈎, ㈏에서 구하는 다면체는 정다면체이다.
㈏ 모든 면이 합동인 정삼각형이다.
    ⇨ 정사면체, 정팔면체, 정이십면체
㈐ 모서리의 개수는 30개이다.
    ⇨ 정십이면체, 정이십면체
따라서 조건을 모두 만족시키는 다면체는 정이십면체이다.

8 ② 정다면체의 면의 모양은 정삼각형, 정사각형, 정오각형뿐이다.
④ 정팔면체의 모서리의 개수는 12개이다.

9 주어진 전개도로 만들어지는 정다면체는 오른쪽 그림과 같은 정팔면체이다.
이때 $\overline{AJ}$와 꼬인 위치에 있는 모서리는 $\overline{BC}$(또는 $\overline{HG}$), $\overline{CD}$(또는 $\overline{GF}$), $\overline{BE}$(또는 $\overline{HE}$), $\overline{DE}$(또는 $\overline{FE}$)이다.

10 주어진 전개도로 만들어지는 정다면체는 정십이면체이다.
③ 정팔면체의 모서리의 개수는 12개이고, 정십이면체의 모서리의 개수는 30개이다.

11 ③ 옆면의 모양이 직사각형인 입체도형: ㄱ, ㅇ

12 ②

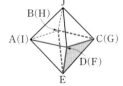

13 회전체를 회전축에 수직인 평면으로 자르면 그 단면의 경계는 항상 원이다.

14

15 주어진 평면도형을 직선 l을 회전축으로 하여 1회전 시킬 때 생기는 회전체는 오른쪽 그림과 같고 회전축에 수직인 평면으로 자른 단면은 원이 된다.
따라서 넓이가 가장 작은 단면은 반지름의 길이가 $4\,cm$인 원이므로 그 넓이는
$\pi \times 4^2 = 16\pi\,(cm^2)$

16 변 BC를 회전축으로 하여 1회전 시킬 때 생기는 회전체는 오른쪽 그림과 같다.
따라서 이 회전체를 회전축을 포함하는 평면으로 자른 단면의 모양은 네 변의 길이가 같은 사각형인 마름모이다.

17 원뿔대의 두 밑면 중 큰 원의 반지름의 길이를 $r\,cm$라고 하면
$2\pi \times 8 \times \dfrac{120}{360} = 2\pi r$ $\therefore r = \dfrac{8}{3}$
따라서 큰 원의 반지름의 길이는 $\dfrac{8}{3}\,cm$이다.

18 ①, ② 회전체를 회전축에 수직인 평면으로 자른 단면의 경계는 항상 원이지만 단면이 항상 합동인 것은 아니다.
③ 다음 그림과 같이 원뿔이 아닐 수도 있다.

 ⇨   ⇨

원뿔   원뿔이 아니다.

⑤ 구의 중심을 지나는 직선은 모두 구의 회전축이 될 수 있다.
따라서 옳지 않은 것은 ①, ③이다.

STEP 3 쓱쓱 **서술형 완성하기**   P. 112~113

〈과정은 풀이 참조〉

따라 해보자 유제 1 50   유제 2 $\dfrac{16}{9}\pi\,cm^2$

연습해 보자 1 육면체   2 36
3 그림은 풀이 참조, $21\pi\,cm^2$
4 $(20\pi + 14)\,cm$

유제 1 **1단계** 꼭짓점의 개수가 24개인 각기둥을 n각기둥이라고
하면

$2n=24$ $\therefore n=12$, 즉 십이각기둥 $\cdots$ (i)

2단계 십이각기둥의 면의 개수는 $12+2=14$(개)이고,
모서리의 개수는 $12\times3=36$(개)이므로

$a=14$, $b=36$ $\cdots$ (ii)

3단계 $a+b=14+36=50$ $\cdots$ (iii)

채점 기준	비율
(i) 각기둥 구하기	40 %
(ii) a, b의 값 구하기	40 %
(iii) $a+b$의 값 구하기	20 %

유제 2 **1단계** 밑면인 원의 반지름의 길이를 $r\,\mathrm{cm}$라고 하면
(부채꼴의 호의 길이)=(밑면인 원의 둘레의 길이)
이므로

$2\pi\times8\times\dfrac{60}{360}=2\pi r$

$\dfrac{8}{3}\pi=2\pi r$ $\therefore r=\dfrac{4}{3}$

따라서 밑면인 원의 반지름의 길이는 $\dfrac{4}{3}\,\mathrm{cm}$이다.

$\cdots$ (i)

2단계 전개도로 만든 원뿔의 밑면인 원의 넓이는

$\pi\times\left(\dfrac{4}{3}\right)^2=\dfrac{16}{9}\pi(\mathrm{cm}^2)$ $\cdots$ (ii)

채점 기준	비율
(i) 밑면인 원의 반지름의 길이 구하기	60 %
(ii) 밑면인 원의 넓이 구하기	40 %

1 (나), (다)에서 주어진 다면체는 각뿔이다.
구하는 각뿔을 n각뿔이라고 하면 밑면은 n각형이므로

$\dfrac{n(n-3)}{2}=5$, $n(n-3)=10=5\times2$

$\therefore n=5$, 즉 오각뿔 $\cdots$ (i)
따라서 오각뿔의 면의 개수는 $5+1=6$(개)이므로 육면체이
다. $\cdots$ (ii)

채점 기준	비율
(i) 조건을 모두 만족시키는 다면체 구하기	70 %
(ii) 조건을 모두 만족시키는 다면체는 몇 면체인지 구하기	30 %

2 한 꼭짓점에 모인 면의 개수가 4개인 정다면체는 정팔면체이
고, 정팔면체의 꼭짓점의 개수는 6개이므로 $x=6$ $\cdots$ (i)
면의 모양이 정오각형인 정다면체는 정십이면체이고, 정십
이면체의 모서리의 개수는 30개이므로 $y=30$ $\cdots$ (ii)
$\therefore x+y=6+30=36$ $\cdots$ (iii)

채점 기준	비율
(i) x의 값 구하기	40 %
(ii) y의 값 구하기	40 %
(iii) $x+y$의 값 구하기	20 %

3 회전체를 회전축에 수직인 평면으로 자른
단면의 모양은 오른쪽 그림과 같다. $\cdots$ (i)

$\therefore$ (단면의 넓이)$=\pi\times5^2-\pi\times2^2$

$=25\pi-4\pi$

$=21\pi(\mathrm{cm}^2)$ $\cdots$ (ii)

채점 기준	비율
(i) 회전축에 수직인 평면으로 자른 단면의 모양 그리기	50 %
(ii) (i)의 단면의 넓이 구하기	50 %

4 원뿔대의 전개도는 오른쪽 그림과
같으므로 작은 원의 둘레의 길이
는

$2\pi\times4=8\pi(\mathrm{cm})$ $\cdots$ (i)
큰 원의 둘레의 길이는
$2\pi\times6=12\pi(\mathrm{cm})$ $\cdots$ (ii)
따라서 옆면을 만드는 데 사용된 종이의 둘레의 길이는
$8\pi+12\pi+7\times2=20\pi+14(\mathrm{cm})$ $\cdots$ (iii)

채점 기준	비율
(i) 전개도에서 작은 원의 둘레의 길이 구하기	40 %
(ii) 전개도에서 큰 원의 둘레의 길이 구하기	40 %
(iii) 옆면을 만드는 데 사용된 종이의 둘레의 길이 구하기	20 %

역사 속 수학 P. 114

답 정육면체

정다면체의 각 면의 한가운데에 있는 점을 꼭짓점으로 하는 정
다면체는 처음 정다면체의 면의 개수만큼 꼭짓점을 가진다.
따라서 구하는 정다면체는 꼭짓점의 개수가 정팔면체의 면의
개수와 같이 8개인 정육면체이다.

참고 정다면체의 각 면의 한가운데에 있는 점을 꼭짓점으로 하는 정
다면체는 다음과 같다.

① 정사면체 ⇨ 정사면체   ② 정육면체 ⇨ 정팔면체

③ 정팔면체 ⇨ 정육면체   ④ 정십이면체 ⇨ 정이십면체

⑤ 정이십면체 ⇨ 정십이면체

1 기둥의 겉넓이와 부피

P. 118

개념 확인 (1) ㉠ **4** ㉡ **10** ㉢ **8π** (2) **$16\pi\,\mathrm{cm}^2$**
(3) **$80\pi\,\mathrm{cm}^2$** (4) **$112\pi\,\mathrm{cm}^2$**

(1) ㉢ $2\pi \times 4 = 8\pi$
(2) (밑넓이)$=\pi \times 4^2 = 16\pi\,(\mathrm{cm}^2)$
(3) (옆넓이)$=8\pi \times 10 = 80\pi\,(\mathrm{cm}^2)$
(4) (겉넓이)$=16\pi \times 2 + 80\pi = 112\pi\,(\mathrm{cm}^2)$

필수 문제 1 (1) **$78\,\mathrm{cm}^2$** (2) **$54\pi\,\mathrm{cm}^2$**

(1) (밑넓이)$=3 \times 3 = 9\,(\mathrm{cm}^2)$
(옆넓이)$=(3+3+3+3) \times 5 = 60\,(\mathrm{cm}^2)$
∴ (겉넓이)$=9 \times 2 + 60 = 78\,(\mathrm{cm}^2)$
(2) (밑넓이)$=\pi \times 3^2 = 9\pi\,(\mathrm{cm}^2)$
(옆넓이)$=(2\pi \times 3) \times 6 = 36\pi\,(\mathrm{cm}^2)$
∴ (겉넓이)$=9\pi \times 2 + 36\pi = 54\pi\,(\mathrm{cm}^2)$

1-1 (1) **$360\,\mathrm{cm}^2$** (2) **$296\,\mathrm{cm}^2$**

(1) (밑넓이)$=\dfrac{1}{2} \times 5 \times 12 = 30\,(\mathrm{cm}^2)$
(옆넓이)$=(5+12+13) \times 10 = 300\,(\mathrm{cm}^2)$
∴ (겉넓이)$=30 \times 2 + 300 = 360\,(\mathrm{cm}^2)$
(2) (밑넓이)$=\dfrac{1}{2} \times (6+12) \times 4 = 36\,(\mathrm{cm}^2)$
(옆넓이)$=(6+5+12+5) \times 8 = 224\,(\mathrm{cm}^2)$
∴ (겉넓이)$=36 \times 2 + 224 = 296\,(\mathrm{cm}^2)$

P. 119

개념 확인 (1) **$4\pi\,\mathrm{cm}^2$** (2) **$4\,\mathrm{cm}$** (3) **$16\pi\,\mathrm{cm}^3$**
(1) (밑넓이)$=\pi \times 2^2 = 4\pi\,(\mathrm{cm}^2)$
(2) (높이)$=4\,\mathrm{cm}$
(3) (부피)$=4\pi \times 4 = 16\pi\,(\mathrm{cm}^3)$

필수 문제 2 (1) **$240\,\mathrm{cm}^3$** (2) **$336\,\mathrm{cm}^3$** (3) **$72\pi\,\mathrm{cm}^3$**

(1) (밑넓이)$=\dfrac{1}{2} \times 6 \times 8 = 24\,(\mathrm{cm}^2)$
(높이)$=10\,\mathrm{cm}$
∴ (부피)$=24 \times 10 = 240\,(\mathrm{cm}^3)$
(2) (밑넓이)$=6 \times 7 = 42\,(\mathrm{cm}^2)$
(높이)$=8\,\mathrm{cm}$
∴ (부피)$=42 \times 8 = 336\,(\mathrm{cm}^3)$
(3) (밑넓이)$=\pi \times 3^2 = 9\pi\,(\mathrm{cm}^2)$
(높이)$=8\,\mathrm{cm}$
∴ (부피)$=9\pi \times 8 = 72\pi\,(\mathrm{cm}^3)$

2-1 **$60\pi\,\mathrm{cm}^3$**

(큰 원기둥의 부피)$=(\pi \times 4^2) \times 5 = 80\pi\,(\mathrm{cm}^3)$
(작은 원기둥의 부피)$=(\pi \times 2^2) \times 5 = 20\pi\,(\mathrm{cm}^3)$
∴ (구멍이 뚫린 원기둥의 부피)
  $=$(큰 원기둥의 부피)$-$(작은 원기둥의 부피)
  $=80\pi - 20\pi = 60\pi\,(\mathrm{cm}^3)$

다른 풀이

주어진 입체도형에서 밑면은 오른쪽
그림의 색칠한 부분과 같으므로
(부피)$=$(밑넓이)$\times$(높이)
  $=(\pi \times 4^2 - \pi \times 2^2) \times 5$
  $=60\pi\,(\mathrm{cm}^3)$

STEP 1 쏙쏙 개념 익히기 P. 120

1 $184\,\mathrm{cm}^2$ **2** $4\,\mathrm{cm}$ **3** $(56\pi+80)\,\mathrm{cm}^2$
4 $180\,\mathrm{cm}^3$ **5** ③ **6** $(900-40\pi)\,\mathrm{cm}^3$

1 (겉넓이)$=\left(\dfrac{1}{2} \times 6 \times 4\right) \times 2 + (5+6+5) \times 10$
  $=24 + 160 = 184\,(\mathrm{cm}^2)$

2 정육면체의 한 모서리의 길이를 $a\,\mathrm{cm}$라고 하면
정육면체의 겉넓이는 정사각형 6개의 넓이의 합과 같으므로
$(a \times a) \times 6 = 96$에서 $a^2 = 16 = 4^2$
∴ $a = 4$
따라서 정육면체의 한 모서리의 길이는 $4\,\mathrm{cm}$이다.

3 (겉넓이)$=\left(\dfrac{1}{2} \times \pi \times 4^2\right) \times 2 + \left(\dfrac{1}{2} \times 2\pi \times 4 + 4 + 4\right) \times 10$
  $=16\pi + 40\pi + 80$
  $=56\pi + 80\,(\mathrm{cm}^2)$

4 (부피)$=20 \times 9 = 180\,(\mathrm{cm}^3)$

5 사각기둥의 높이를 $h\,\mathrm{cm}$라고 하면
$\left(\dfrac{1}{2} \times 5 \times 4 + \dfrac{1}{2} \times 3 \times 4\right) \times h = 64$
$16h = 64$ ∴ $h = 4$
따라서 사각기둥의 높이는 $4\,\mathrm{cm}$이다.

6 (구멍이 뚫린 입체도형의 부피)
  $=$(사각기둥의 부피)$-$(원기둥의 부피)
  $=(10 \times 9) \times 10 - (\pi \times 2^2) \times 10$
  $=900 - 40\pi\,(\mathrm{cm}^3)$

2 뿔의 겉넓이와 부피

개념 확인　(1) ㉠ 9　㉡ 3　㉢ 6π　(2) $9\pi\,\mathrm{cm}^2$
　　　　　　(3) $27\pi\,\mathrm{cm}^2$　(4) $36\pi\,\mathrm{cm}^2$

(1) ㉢ $2\pi\times3=6\pi$

(2) (밑넓이)$=\pi\times3^2=9\pi\,(\mathrm{cm}^2)$

(3) (옆넓이)$=\dfrac{1}{2}\times9\times6\pi=27\pi\,(\mathrm{cm}^2)$

(4) (겉넓이)$=9\pi+27\pi=36\pi\,(\mathrm{cm}^2)$

필수 문제 1　(1) $340\,\mathrm{cm}^2$　(2) $224\pi\,\mathrm{cm}^2$

(1) (밑넓이)$=10\times10=100\,(\mathrm{cm}^2)$

　(옆넓이)$=\left(\dfrac{1}{2}\times10\times12\right)\times4=240\,(\mathrm{cm}^2)$

　∴ (겉넓이)$=100+240=340\,(\mathrm{cm}^2)$

(2) (밑넓이)$=\pi\times8^2=64\pi\,(\mathrm{cm}^2)$

　(옆넓이)$=\dfrac{1}{2}\times20\times(2\pi\times8)=160\pi\,(\mathrm{cm}^2)$

　∴ (겉넓이)$=64\pi+160\pi=224\pi\,(\mathrm{cm}^2)$

1-1　(1) $120\,\mathrm{cm}^2$　(2) $216\pi\,\mathrm{cm}^2$

(1) (겉넓이)$=6\times6+\left(\dfrac{1}{2}\times6\times7\right)\times4$

　　　　$=36+84$

　　　　$=120\,(\mathrm{cm}^2)$

(2) (겉넓이)$=\pi\times9^2+\dfrac{1}{2}\times15\times(2\pi\times9)$

　　　　$=81\pi+135\pi$

　　　　$=216\pi\,(\mathrm{cm}^2)$

필수 문제 2　(1) $9\pi\,\mathrm{cm}^2$　(2) $36\pi\,\mathrm{cm}^2$
　　　　　　(3) $63\pi\,\mathrm{cm}^2$　(4) $108\pi\,\mathrm{cm}^2$

(1) (작은 밑면의 넓이)$=\pi\times3^2=9\pi\,(\mathrm{cm}^2)$

(2) (큰 밑면의 넓이)$=\pi\times6^2=36\pi\,(\mathrm{cm}^2)$

(3) (옆넓이)$=$(큰 부채꼴의 넓이)$-$(작은 부채꼴의 넓이)

　　　$=\dfrac{1}{2}\times14\times(2\pi\times6)-\dfrac{1}{2}\times7\times(2\pi\times3)$

　　　$=84\pi-21\pi$

　　　$=63\pi\,(\mathrm{cm}^2)$

(4) (겉넓이)$=9\pi+36\pi+63\pi$

　　　$=108\pi\,(\mathrm{cm}^2)$

2-1　④

(두 밑면의 넓이의 합)$=2\times2+5\times5$

　　　　　　　　$=29\,(\mathrm{cm}^2)$

(옆넓이)$=\left\{\dfrac{1}{2}\times(2+5)\times4\right\}\times4$

　　　$=56\,(\mathrm{cm}^2)$

∴ (겉넓이)$=29+56=85\,(\mathrm{cm}^2)$

필수 문제 3　(1) $80\,\mathrm{cm}^3$　(2) $8\pi\,\mathrm{cm}^3$

(1) (밑넓이)$=\dfrac{1}{2}\times6\times8=24\,(\mathrm{cm}^2)$

　(높이)$=10\,\mathrm{cm}$

　∴ (부피)$=\dfrac{1}{3}\times24\times10=80\,(\mathrm{cm}^3)$

(2) (밑넓이)$=\pi\times2^2=4\pi\,(\mathrm{cm}^2)$

　(높이)$=6\,\mathrm{cm}$

　∴ (부피)$=\dfrac{1}{3}\times4\pi\times6=8\pi\,(\mathrm{cm}^3)$

3-1　8

$\dfrac{1}{3}\times(6\times7)\times h=112$

$14h=112$

∴ $h=8$

3-2　$3\,\mathrm{cm}$

(뿔의 부피)$=\dfrac{1}{3}\times$(밑넓이)$\times$(높이)이므로

$\dfrac{1}{3}\times$(밑넓이)$\times12=36\pi$에서

$4\times$(밑넓이)$=36\pi$

∴ (밑넓이)$=9\pi\,(\mathrm{cm}^2)$

이 원뿔의 밑면인 원의 반지름의 길이를 $r\,\mathrm{cm}$라고 하면

$\pi r^2=9\pi$에서 $r^2=9=3^2$

∴ $r=3$

따라서 밑면인 원의 반지름의 길이는 $3\,\mathrm{cm}$이다.

필수 문제 4　(1) $384\,\mathrm{cm}^3$　(2) $48\,\mathrm{cm}^3$　(3) $336\,\mathrm{cm}^3$

(1) (큰 사각뿔의 부피)$=\dfrac{1}{3}\times(12\times12)\times(4+4)$

　　　　　　$=384\,(\mathrm{cm}^3)$

(2) (작은 사각뿔의 부피)$=\dfrac{1}{3}\times(6\times6)\times4$

　　　　　　$=48\,(\mathrm{cm}^3)$

(3) (사각뿔대의 부피)$=384-48$

　　　　　　$=336\,(\mathrm{cm}^3)$

4-1　$28\pi\,\mathrm{cm}^3$

(원뿔대의 부피)

$=$(큰 원뿔의 부피)$-$(작은 원뿔의 부피)

$=\dfrac{1}{3}\times(\pi\times4^2)\times(3+3)-\dfrac{1}{3}\times(\pi\times2^2)\times3$

$=32\pi-4\pi$

$=28\pi\,(\mathrm{cm}^3)$

STEP 1 쏙쏙 개념 익히기 P. 124

1 $256\,\text{cm}^2$　**2** (1) $2\pi\,\text{cm}$　(2) $1\,\text{cm}$　(3) $4\pi\,\text{cm}^2$

3 (1) $216\,\text{cm}^3$　(2) $36\,\text{cm}^3$　(3) $180\,\text{cm}^3$

4 $192\pi\,\text{cm}^2,\ 228\pi\,\text{cm}^3$　**5** ②

1 (겉넓이)$=8\times8+\left(\dfrac{1}{2}\times8\times12\right)\times4$
$=64+192=256(\text{cm}^2)$

2 (1) (옆면인 부채꼴의 호의 길이)$=2\pi\times3\times\dfrac{120}{360}$
$=2\pi(\text{cm})$

(2) 밑면인 원의 반지름의 길이를 $r\,\text{cm}$라고 하면
(밑면인 원의 둘레의 길이)$=$(옆면인 부채꼴의 호의 길이)
이므로
$2\pi r=2\pi$ ∴ $r=1$
따라서 밑면인 원의 반지름의 길이는 $1\,\text{cm}$이다.

(3) (겉넓이)$=\pi\times1^2+\dfrac{1}{2}\times3\times2\pi$
$=\pi+3\pi$
$=4\pi(\text{cm}^2)$

3 (1) (처음 정육면체의 부피)$=6\times6\times6$
$=216(\text{cm}^3)$

(2) (잘라 낸 삼각뿔의 부피)$=\dfrac{1}{3}\times\left(\dfrac{1}{2}\times6\times6\right)\times6$
$=36(\text{cm}^3)$

(3) (남은 입체도형의 부피)$=216-36$
$=180(\text{cm}^3)$

4 주어진 평면도형을 직선 l을 회전축으로 하여 1회전 시킬 때 생기는 입체도형은 오른쪽 그림과 같으므로
(두 밑면의 넓이의 합)
$=\pi\times6^2+\pi\times9^2$
$=117\pi(\text{cm}^2)$

(옆넓이)$=\dfrac{1}{2}\times(10+5)\times(2\pi\times9)-\dfrac{1}{2}\times10\times(2\pi\times6)$
$=135\pi-60\pi$
$=75\pi(\text{cm}^2)$
∴ (겉넓이)$=117\pi+75\pi$
$=192\pi(\text{cm}^2)$

(부피)$=$(큰 원뿔의 부피)$-$(작은 원뿔의 부피)
$=\dfrac{1}{3}\times(\pi\times9^2)\times(4+8)-\dfrac{1}{3}\times(\pi\times6^2)\times8$
$=324\pi-96\pi$
$=228\pi(\text{cm}^3)$

5 (그릇의 부피)$=\dfrac{1}{3}\times(\pi\times5^2)\times18=150\pi(\text{cm}^3)$
따라서 1초에 $3\pi\,\text{cm}^3$씩 물을 넣으면 $150\pi\div3\pi=50(초)$ 후에 처음으로 물이 가득 차게 된다.

3 구의 겉넓이와 부피

P. 125

개념 확인 $2r,\ 4$

필수 문제 1 (1) $16\pi\,\text{cm}^2$　(2) $75\pi\,\text{cm}^2$

(1) (겉넓이)$=4\pi\times2^2=16\pi(\text{cm}^2)$

(2) 반구의 반지름의 길이가 $5\,\text{cm}$이므로
(겉넓이)$=\dfrac{1}{2}\times(4\pi\times5^2)+\pi\times5^2$
$=50\pi+25\pi=75\pi(\text{cm}^2)$

1-1 $64\pi\,\text{cm}^2$

잘라 낸 부분은 구의 $\dfrac{1}{4}$이므로 남아 있는 부분은 구의 $\dfrac{3}{4}$이다.
∴ (겉넓이)$=\dfrac{3}{4}\times(4\pi\times4^2)+\left\{\dfrac{1}{2}\times(\pi\times4^2)\right\}\times2$
$=48\pi+16\pi$
$=64\pi(\text{cm}^2)$

P. 126

개념 확인 (1) $54\pi\,\text{cm}^3$　(2) $36\pi\,\text{cm}^3$　(3) $3:2$

(1) $(\pi\times3^2)\times6=54\pi(\text{cm}^3)$

(2) $\dfrac{4}{3}\pi\times3^3=36\pi(\text{cm}^3)$

(3) (원기둥의 부피) : (구의 부피)$=54\pi:36\pi$
$=3:2$

필수 문제 2 (1) $\dfrac{32}{3}\pi\,\text{cm}^3$　(2) $144\pi\,\text{cm}^3$

(1) (부피)$=\dfrac{4}{3}\pi\times2^3=\dfrac{32}{3}\pi(\text{cm}^3)$

(2) 반구의 반지름의 길이가 $6\,\text{cm}$이므로
(부피)$=\dfrac{1}{2}\times\left(\dfrac{4}{3}\pi\times6^3\right)=144\pi(\text{cm}^3)$

2-1 $30\pi\,\text{cm}^3$

(부피)$=$(원뿔의 부피)$+$(반구의 부피)
$=\dfrac{1}{3}\times(\pi\times3^2)\times4+\dfrac{1}{2}\times\left(\dfrac{4}{3}\pi\times3^3\right)$
$=12\pi+18\pi=30\pi(\text{cm}^3)$

1 6 cm	**2** $57\pi \, \mathrm{cm}^2$	**3** $105\pi \, \mathrm{cm}^2$
4 $\dfrac{224}{3}\pi \, \mathrm{cm}^3$	**5** $72\pi \, \mathrm{cm}^3$	

1 구의 반지름의 길이를 $r\,\mathrm{cm}$라고 하면
$4\pi r^2 = 144\pi$에서 $r^2 = 36 = 6^2$
$\therefore r = 6$
따라서 구의 반지름의 길이는 6 cm이다.

2 (겉넓이)$= \dfrac{1}{2} \times (4\pi \times 3^2) + (2\pi \times 3) \times 5 + \pi \times 3^2$
$\qquad\quad = 18\pi + 30\pi + 9\pi$
$\qquad\quad = 57\pi \, (\mathrm{cm}^2)$

3 (밑넓이)$=$(큰 원의 넓이)$-$(작은 원의 넓이)
$\qquad\quad = \pi \times 6^2 - \pi \times 3^2$
$\qquad\quad = 36\pi - 9\pi$
$\qquad\quad = 27\pi \, (\mathrm{cm}^2)$
(원뿔의 옆넓이)$= \dfrac{1}{2} \times 10 \times (2\pi \times 6)$
$\qquad\qquad\qquad = 60\pi \, (\mathrm{cm}^2)$
(안쪽 부분의 겉넓이)$= \dfrac{1}{2} \times (4\pi \times 3^2)$
$\qquad\qquad\qquad\qquad = 18\pi \, (\mathrm{cm}^2)$
$\therefore$ (입체도형의 겉넓이)$= 27\pi + 60\pi + 18\pi$
$\qquad\qquad\qquad\qquad = 105\pi \, (\mathrm{cm}^2)$

4 잘라 낸 부분은 구의 $\dfrac{1}{8}$이므로 남아 있는 부분은 구의 $\dfrac{7}{8}$이다.
$\therefore$ (부피)$= \dfrac{7}{8} \times \left(\dfrac{4}{3}\pi \times 4^3 \right)$
$\qquad\qquad = \dfrac{224}{3}\pi \, (\mathrm{cm}^3)$

5 주어진 평면도형을 직선 l을 회전축으로 하여 1회전 시킬 때 생기는 입체도형은 오른쪽 그림과 같으므로
(부피)$=$(원뿔의 부피)$+$(원기둥의 부피)$+$(반구의 부피)
$\qquad\quad = \dfrac{1}{3} \times (\pi \times 3^2) \times 3$
$\qquad\qquad + (\pi \times 3^2) \times 5 + \dfrac{1}{2} \times \left(\dfrac{4}{3}\pi \times 3^3 \right)$
$\qquad\quad = 9\pi + 45\pi + 18\pi$
$\qquad\quad = 72\pi \, (\mathrm{cm}^3)$

1 ③	**2** $(64\pi + 120)\,\mathrm{cm}^2$	**3** $72\pi\,\mathrm{cm}^3$
4 $264\,\mathrm{cm}^2$	**5** ⑤	**6** $63\pi\,\mathrm{cm}^2$
7 $302\,\mathrm{cm}^2$	**8** ③	**9** $576\,\mathrm{cm}^3$
10 ④	**11** $312\pi\,\mathrm{cm}^3$	**12** ③ **13** ④
14 ③	**15** $\dfrac{49}{2}\pi\,\mathrm{cm}^2$	**16** $162\pi\,\mathrm{cm}^3$
17 ④	**18** ③ **19** $2:3$	**20** ⑤

1 삼각기둥의 높이를 $x\,\mathrm{cm}$라고 하면
$\left(\dfrac{1}{2} \times 4 \times 3 \right) \times 2 + (4+3+5) \times x = 60$
$12 + 12x = 60, \ 12x = 48 \qquad \therefore x = 4$
따라서 삼각기둥의 높이는 4 cm이다.

2 (밑넓이)$= \pi \times 6^2 \times \dfrac{120}{360} = 12\pi \, (\mathrm{cm}^2)$
(옆넓이)$= \left(2\pi \times 6 \times \dfrac{120}{360} + 6 + 6 \right) \times 10$
$\qquad\quad = 40\pi + 120 \, (\mathrm{cm}^2)$
$\therefore$ (겉넓이)$= 12\pi \times 2 + 40\pi + 120$
$\qquad\qquad = 64\pi + 120 \, (\mathrm{cm}^2)$

3 밑면인 원의 반지름의 길이를 $r\,\mathrm{cm}$라고 하면
$2\pi r = 6\pi \qquad \therefore r = 3$
따라서 밑면인 원의 반지름의 길이는 3 cm이므로
(원기둥의 부피)$= (\pi \times 3^2) \times 8$
$\qquad\qquad\qquad = 72\pi \, (\mathrm{cm}^3)$

4 (겉넓이)$= \left(\dfrac{1}{2} \times 6 \times 5 \right) \times 4 + (6+6+6+6) \times 7 + 6 \times 6$
$\qquad\quad = 60 + 168 + 36$
$\qquad\quad = 264 \, (\mathrm{cm}^2)$

5 (겉넓이)$=$(큰 원뿔의 옆넓이)$+$(작은 원뿔의 옆넓이)
$\qquad\quad = \dfrac{1}{2} \times 6 \times (2\pi \times 4) + \dfrac{1}{2} \times 5 \times (2\pi \times 4)$
$\qquad\quad = 24\pi + 20\pi$
$\qquad\quad = 44\pi \, (\mathrm{cm}^2)$

6 주어진 원뿔의 모선의 길이를 $l\,\mathrm{cm}$라고 하면 원 O의 둘레의 길이는 원뿔의 밑면인 원의 둘레의 길이의 6배이므로
$2\pi l = (2\pi \times 3) \times 6$
$2\pi l = 36\pi \qquad \therefore l = 18$
따라서 모선의 길이가 18 cm이므로
(원뿔의 겉넓이)$= \pi \times 3^2 + \dfrac{1}{2} \times 18 \times (2\pi \times 3)$
$\qquad\qquad\qquad = 9\pi + 54\pi$
$\qquad\qquad\qquad = 63\pi \, (\mathrm{cm}^2)$

7 (두 밑면의 넓이의 합)$=5\times5+9\times9$
$$=106(\text{cm}^2)$$
(옆넓이)$=\left\{\dfrac{1}{2}\times(5+9)\times7\right\}\times4$
$$=196(\text{cm}^2)$$
$\therefore$ (겉넓이)$=106+196=302(\text{cm}^2)$

8 $\dfrac{1}{3}\times\left(\dfrac{1}{2}\times9\times14\right)\times x=63$
$21x=63$
$\therefore x=3$

9 주어진 색종이를 접었을 때 만들어지는
삼각뿔은 오른쪽 그림과 같으므로
(부피)$=\dfrac{1}{3}\times\left(\dfrac{1}{2}\times12\times12\right)\times24$
$$=576(\text{cm}^3)$$

10 (잘라 낸 입체도형의 부피)$=\dfrac{1}{3}\times\left(\dfrac{1}{2}\times4\times4\right)\times4$
$$=\dfrac{32}{3}(\text{cm}^3)$$
(남은 입체도형의 부피)$=4\times4\times4-\dfrac{32}{3}$
$$=64-\dfrac{32}{3}$$
$$=\dfrac{160}{3}(\text{cm}^3)$$
따라서 구하는 부피의 비는 $\dfrac{32}{3}:\dfrac{160}{3}=1:5$

11 (부피)$=\dfrac{1}{3}\times(\pi\times9^2)\times(4+8)-\dfrac{1}{3}\times(\pi\times3^2)\times4$
$$=324\pi-12\pi$$
$$=312\pi(\text{cm}^3)$$

12 주어진 평면도형을 직선 l을 회전축으로
하여 1회전 시킬 때 생기는 입체도형은
오른쪽 그림과 같으므로
(부피)$=$(원뿔의 부피)$+$(원기둥의 부피)
$$=\dfrac{1}{3}\times(\pi\times2^2)\times6$$
$$\quad+(\pi\times5^2)\times6$$
$$=8\pi+150\pi$$
$$=158\pi(\text{cm}^3)$$

13 직각삼각형 ABC를 $\overline{\text{AC}}$를 회전축으로
하여 1회전 시킬 때 생기는 입체도형은
오른쪽 그림과 같으므로
(부피)$=\dfrac{1}{3}\times(\pi\times3^2)\times4$
$$=12\pi(\text{cm}^3)$$

직각삼각형 ABC를 $\overline{\text{BC}}$를 회전축으
로 하여 1회전 시킬 때 생기는 입체
도형은 오른쪽 그림과 같으므로
(부피)$=\dfrac{1}{3}\times(\pi\times4^2)\times3$
$$=16\pi(\text{cm}^3)$$
따라서 구하는 부피의 비는
$12\pi:16\pi=3:4$

14 (겉넓이)$=\dfrac{1}{2}\times(4\pi\times7^2)+\pi\times7^2$
$$=98\pi+49\pi=147\pi(\text{cm}^2)$$

15 가죽 두 조각의 넓이가 구의 겉넓이와 같으므로
(한 조각의 넓이)$=\dfrac{1}{2}\times$(구의 겉넓이)
$$=\dfrac{1}{2}\times\left\{4\pi\times\left(\dfrac{7}{2}\right)^2\right\}$$
$$=\dfrac{49}{2}\pi(\text{cm}^2)$$

16 (작은 반구의 부피)$=\dfrac{1}{2}\times\left(\dfrac{4}{3}\pi\times3^3\right)$
$$=18\pi(\text{cm}^3)$$
(큰 반구의 부피)$=\dfrac{1}{2}\times\left(\dfrac{4}{3}\pi\times6^3\right)$
$$=144\pi(\text{cm}^3)$$
$\therefore$ (부피)$=18\pi+144\pi=162\pi(\text{cm}^3)$

17 (A의 부피)$=\dfrac{4}{3}\pi\times r^3=\dfrac{4}{3}\pi r^3(\text{cm}^3)$
(B의 부피)$=\dfrac{4}{3}\pi\times(3r)^3=36\pi r^3(\text{cm}^3)$
따라서 두 구 A, B의 부피의 비는
$\dfrac{4}{3}\pi r^3:36\pi r^3=1:27$

18 원뿔 모양의 그릇에 담긴 물의 높이를 $h\,\text{cm}$라고 하면
원뿔 모양의 그릇에 담긴 물의 부피와 구의 부피가 같으므로
$\dfrac{1}{3}\times(\pi\times8^2)\times h=\dfrac{4}{3}\pi\times8^3$
$\therefore h=32$
따라서 물의 높이는 $32\,\text{cm}$이다.

19 (구의 부피)$=\dfrac{4}{3}\pi\times2^3=\dfrac{32}{3}\pi(\text{cm}^3)$
(원기둥의 부피)$=(\pi\times2^2)\times4=16\pi(\text{cm}^3)$
따라서 구와 원기둥의 부피의 비는
$\dfrac{32}{3}\pi:16\pi=2:3$

20 구의 반지름의 길이를 r cm라고 하면 구 3개가 원기둥 모양의 통 안에 꼭 맞게 들어 있으므로

(통의 높이)=(구의 지름의 길이)$\times 3$
$$=2r\times 3=6r\,(\text{cm})$$

이때 통의 부피는 162π cm^{3}이므로

$\pi r^2\times 6r=162\pi$, $r^3=27=3^3$ $\therefore r=3$

따라서 구의 반지름의 길이는 3 cm이므로

(구 1개의 부피)$=\dfrac{4}{3}\pi\times 3^3=36\pi\,(\text{cm}^3)$

원기둥 모양의 통에서 구 3개를 제외한 빈 공간의 부피는

(통의 부피)$-$(구 3개의 부피)$=162\pi-36\pi\times 3$
$$=162\pi-108\pi$$
$$=54\pi\,(\text{cm}^3)$$

STEP 3 쓱쓱 서술형 완성하기
P. 132~133

〈과정은 풀이 참조〉

따라 해보자	유제 1 168π cm^3	유제 2 96π cm^2
연습해 보자	1 224 cm^2	2 $120°$
	3 12π cm^3	4 550π cm^3

따라 해보자

유제 1 [1단계] (큰 원기둥의 부피)$=(\pi\times 5^2)\times 8$
$$=200\pi\,(\text{cm}^3) \qquad \cdots\text{(i)}$$

[2단계] (작은 원기둥의 부피)$=(\pi\times 2^2)\times 8$
$$=32\pi\,(\text{cm}^3) \qquad \cdots\text{(ii)}$$

[3단계] (구멍이 뚫린 원기둥의 부피)
$$=(\text{큰 원기둥의 부피})-(\text{작은 원기둥의 부피})$$
$$=200\pi-32\pi=168\pi\,(\text{cm}^3) \qquad \cdots\text{(iii)}$$

채점 기준	비율
(i) 큰 원기둥의 부피 구하기	40 %
(ii) 작은 원기둥의 부피 구하기	40 %
(iii) 구멍이 뚫린 원기둥의 부피 구하기	20 %

유제 2 [1단계] 주어진 평면도형을 직선 l을 회전축으로 하여 1회전 시킬 때 생기는 입체도형은 오른쪽 그림과 같다. $\cdots$(i)

[2단계] (겉넓이)
$$=\pi\times 4^2+(2\pi\times 4)\times 6$$
$$+\dfrac{1}{2}\times(4\pi\times 4^2)$$
$$=16\pi+48\pi+32\pi$$
$$=96\pi\,(\text{cm}^2) \qquad \cdots\text{(ii)}$$

채점 기준	비율
(i) 입체도형의 겨냥도 그리기	40 %
(ii) 입체도형의 겉넓이 구하기	60 %

연습해 보자

1 (밑넓이)$=7\times 6-2\times 4=34\,(\text{cm}^2)$ $\qquad\cdots$(i)

(옆넓이)$=(5+4+2+2+7+6)\times 6$
$$=156\,(\text{cm}^2) \qquad\cdots\text{(ii)}$$

$\therefore$ (겉넓이)$=$(밑넓이)$\times 2+$(옆넓이)
$$=34\times 2+156$$
$$=224\,(\text{cm}^2) \qquad\cdots\text{(iii)}$$

채점 기준	비율
(i) 입체도형의 밑넓이 구하기	40 %
(ii) 입체도형의 옆넓이 구하기	40 %
(iii) 입체도형의 겉넓이 구하기	20 %

2 원뿔의 모선의 길이를 l cm라고 하면

$\pi\times 3^2+\dfrac{1}{2}\times l\times(2\pi\times 3)=36\pi$

$9\pi+3l\pi=36\pi$

$3l\pi=27\pi$ $\therefore l=9$

따라서 원뿔의 모선의 길이는 9 cm이다. $\qquad\cdots$(i)

이때 원뿔의 전개도는 오른쪽 그림과 같으므로 부채꼴의 중심각의 크기를 $x°$라고 하면

$2\pi\times 9\times\dfrac{x}{360}=2\pi\times 3$

$\therefore x=120$

따라서 부채꼴의 중심각의 크기는 $120°$이다. $\qquad\cdots$(ii)

채점 기준	비율
(i) 원뿔의 모선의 길이 구하기	50 %
(ii) 부채꼴의 중심각의 크기 구하기	50 %

3 (밑넓이)$=\pi\times 4^2\times\dfrac{60}{360}-\pi\times 2^2\times\dfrac{60}{360}$
$$=\dfrac{8}{3}\pi-\dfrac{2}{3}\pi$$
$$=2\pi\,(\text{cm}^2) \qquad\cdots\text{(i)}$$

(높이)$=6$ cm $\qquad\cdots$(ii)

$\therefore$ (부피)$=$(밑넓이)$\times$(높이)
$$=2\pi\times 6$$
$$=12\pi\,(\text{cm}^3) \qquad\cdots\text{(iii)}$$

채점 기준	비율
(i) 입체도형의 밑넓이 구하기	50 %
(ii) 입체도형의 높이 구하기	10 %
(iii) 입체도형의 부피 구하기	40 %

4 (높이가 12 cm가 되도록 넣은 물의 부피)

$= (\pi \times 5^2) \times 12$

$= 300\pi \, (\text{cm}^3)$ … (i)

(거꾸로 한 병의 빈 공간의 부피)$= (\pi \times 5^2) \times 10$

$= 250\pi \, (\text{cm}^3)$ … (ii)

가득 채운 물의 부피는 높이가 12 cm가 되도록 넣은 물의 부피와 거꾸로 한 병의 빈 공간의 부피의 합과 같으므로

(가득 채운 물의 부피)$= 300\pi + 250\pi$

$= 550\pi \, (\text{cm}^3)$ … (iii)

채점 기준	비율
(i) 높이가 12 cm가 되도록 넣은 물의 부피 구하기	30 %
(ii) 거꾸로 한 병의 빈 공간의 부피 구하기	30 %
(iii) 가득 채운 물의 부피 구하기	40 %

답 **A 캔**

A, B 두 캔에 같은 양의 음료수를 담을 수 있으므로 겉넓이가 작은 캔을 만드는 것이 더 경제적이다.

(A 캔의 겉넓이)$= (\pi \times 4^2) \times 2 + (2\pi \times 4) \times 4$

$= 32\pi + 32\pi$

$= 64\pi \, (\text{cm}^2)$

(B 캔의 겉넓이)$= (\pi \times 2^2) \times 2 + (2\pi \times 2) \times 16$

$= 8\pi + 64\pi$

$= 72\pi \, (\text{cm}^2)$

따라서 A 캔의 겉넓이가 B 캔의 겉넓이보다 작으므로 A 캔이 B 캔보다 더 경제적이다.

1 줄기와 잎 그림, 도수분포표

개념 확인 (1) 4, 7 (2) 4

필수 문제 1

가방 무게

(1|5는 1.5 kg)

줄기	잎
1	5 8
2	4 6 7
3	2 3 4 4 6
4	0 9

(1) 4, 6, 7 (2) 3

(2) 잎이 가장 많은 줄기는 잎의 개수가 5개인 줄기 3이다.

1-1

1분당 맥박 수

(6|7은 67회)

줄기	잎
6	7 8 8 9 9 9
7	1 2 3 3 4 6 9 9
8	0 2 3 4
9	0 1

(1) 0, 2, 3, 4 (2) 9 (3) 91회, 67회

(2) 잎이 가장 적은 줄기는 잎의 개수가 2개인 줄기 9이다.

(3) 맥박 수가 가장 높은 학생의 맥박 수는 줄기가 9이고 잎이 1이므로 91회, 가장 낮은 학생의 맥박 수는 줄기가 6이고 잎이 7이므로 67회이다.

필수 문제 2 (1) 20명 (2) 166 cm (3) 4명

(1) 전체 학생 수는 전체 잎의 개수와 같으므로
$4+8+6+2=20$(명)

(2) 키가 큰 학생의 키부터 차례로 나열하면
173 cm, 171 cm, 166 cm, …이므로
키가 큰 쪽에서 3번째인 학생의 키는 166 cm이다.

(3) 키가 150 cm 미만인 학생 수는 줄기 14에 해당하는 잎의 개수와 같은 4명이다.

2-1 (1) 24명 (2) 31세 (3) 6명 (4) 25 %

(1) 전체 회원 수는 전체 잎의 개수와 같으므로
$4+6+8+5+1=24$(명)

(2) 나이가 적은 회원의 나이부터 차례로 나열하면
23세, 25세, 28세, 29세, 31세, …이므로
나이가 적은 쪽에서 5번째인 회원의 나이는 31세이다.

(3) 나이가 50세 이상인 회원 수는 줄기 5, 6에 해당하는 잎의 개수와 같은 6명이다.

(4) 나이가 50세 이상인 회원은 6명이므로 전체의
$\dfrac{6}{24} \times 100 = 25$(%)이다.

개념 확인

책의 수(권)		학생 수(명)
5^{이상}~10^{미만}	///	3
10 ~ 15	//// /	5
15 ~ 20	////	4
20 ~ 25	///	3
합계		15

필수 문제 3

가슴둘레(cm)	학생 수(명)
60^{이상}~65^{미만}	2
65 ~ 70	6
70 ~ 75	8
75 ~ 80	4
합계	20

(1) 4개 (2) 5 cm (3) 6명

(1) 계급의 개수는 60^{이상}~65^{미만}, 65~70, 70~75, 75~80의 4개이다.

(2) (계급의 크기)$=65-60=70-65=75-70=80-75=5$(cm)

(3) 가슴둘레가 65 cm인 민수가 속하는 계급은 65 cm 이상 70 cm 미만이므로 이 계급의 도수는 6명이다.

3-1 (1)

나이(세)	참가자 수(명)
10^{이상}~20^{미만}	3
20 ~ 30	5
30 ~ 40	7
40 ~ 50	3
합계	18

(2) 30세 이상 40세 미만 (3) 5명

(2) 도수가 가장 큰 계급은 도수가 7명인 30세 이상 40세 미만이다.

(3) 나이가 21세인 참가자가 속하는 계급은 20세 이상 30세 미만이므로 이 계급의 도수는 5명이다.

필수 문제 4 (1) 9 (2) 10개 (3) 500 kcal 이상 600 kcal 미만

(1) $4+7+A+10+8+2=40$에서
$A=40-(4+7+10+8+2)=9$

(2) $8+2=10$(개)

(3) 열량이 600 kcal 이상인 식품은 2개, 500 kcal 이상인 식품은 $8+2=10$(개)이므로 열량이 높은 쪽에서 8번째인 식품이 속하는 계급은 500 kcal 이상 600 kcal 미만이다.

4-1 ㄴ, ㄹ

ㄱ. (계급의 크기)$=20-0=40-20=\cdots=120-100$
$\qquad\qquad\qquad\qquad =20$(분)

ㄴ. $1+3+10+14+5+2=35$(명)

ㄷ. 컴퓨터 사용 시간이 100분 이상인 학생은 2명, 80분 이상인 학생은 $5+2=7$(명)이므로 컴퓨터 사용 시간이 긴 쪽에서 7번째인 학생이 속하는 계급은 80분 이상 100분 미만이다.

ㄹ. 컴퓨터 사용 시간이 80분 이상인 학생은 $5+2=7$(명)이므로 전체의 $\dfrac{7}{35}\times100=20$(%)이다.

따라서 옳은 것은 ㄴ, ㄹ이다.

STEP 1 쏙쏙 개념 익히기 P. 142

1 ㄷ, ㅁ

2 (1) 25 (2) 30분 이상 60분 미만 (3) 40 %

3 ㄴ, ㄹ

---

1 ㄱ. 잎이 가장 많은 줄기는 3이므로 학생 수가 가장 많은 점수대는 30점대이다.

ㄴ. 전체 학생 수는 전체 잎의 개수와 같으므로
$\qquad 3+5+6+7+4=25$(명)

ㄷ. 점수가 10점 미만인 학생은 3명이므로 전체의
$\qquad \dfrac{3}{25}\times100=12$(%)이다.

ㄹ. 점수가 높은 학생의 점수부터 차례로 나열하면
46점, 42점, 41점, 40점, 38점, 37점, …이므로 점수가 높은 쪽에서 6번째인 학생의 점수는 37점이다.

ㅁ. 호진이보다 점수가 높은 학생 수는 35점, 37점, 38점, 40점, 41점, 42점, 46점의 7명이다.

따라서 옳지 않은 것은 ㄷ, ㅁ이다.

2 (1) (계급의 크기)$=30-0=60-30=\cdots=150-120$
$\qquad\qquad\qquad\qquad =30$(분)
$\qquad \therefore a=30$
계급의 개수는 $0^{\text{이상}}\sim30^{\text{미만}}$, $30\sim60$, $60\sim90$, $90\sim120$, $120\sim150$의 5개이다.
$\qquad \therefore b=5$
$\qquad \therefore a-b=30-5=25$

(2) 독서 시간이 30분 미만인 학생은 2명, 60분 미만인 학생은 $2+4=6$(명)이므로 독서 시간이 적은 쪽에서 6번째인 학생이 속하는 계급은 30분 이상 60분 미만이다.

(3) 독서 시간이 90분 이상인 학생은 $5+3=8$(명)이므로 전체의 $\dfrac{8}{20}\times100=40$(%)이다.

---

3 등산 횟수가 10회 이상 15회 미만인 회원 수는
$20-(5+4+3+1)=7$(명)

ㄱ. 도수가 가장 큰 계급은 도수가 7명인 10회 이상 15회 미만이다.

ㄴ. 등산 횟수가 가장 많은 회원의 정확한 등산 횟수는 알 수 없다.

ㄷ. 등산 횟수가 25회 이상인 회원은 1명, 20회 이상인 회원은 $3+1=4$(명)이므로 등산 횟수가 많은 쪽에서 4번째인 회원이 속하는 계급은 20회 이상 25회 미만이다.

ㄹ. 등산 횟수가 15회 미만인 회원은 $5+7=12$(명)이므로 전체의 $\dfrac{12}{20}\times100=60$(%)이다.

따라서 옳지 않은 것은 ㄴ, ㄹ이다.

---

2 히스토그램과 도수분포다각형

P. 143

개념 확인

필수 문제 1 (1) 2점 (2) 21명 (3) 74

(1) (계급의 크기)$=$(직사각형의 가로의 길이)
$\qquad\qquad\qquad\qquad =12-10=14-12=\cdots=20-18$
$\qquad\qquad\qquad\qquad =2$(점)

(2) $9+12=21$(명)

(3) (모든 직사각형의 넓이의 합)
$\qquad =$(계급의 크기)$\times$(도수의 총합)
$\qquad =2\times(4+9+12+7+5)$
$\qquad =2\times37=74$

1-1 (1) 5개 (2) 30명 (3) 120

(1) (계급의 개수)$=$(직사각형의 개수)
$\qquad\qquad\qquad\qquad =5$개

(2) $8+10+9+2+1=30$(명)

(3) (모든 직사각형의 넓이의 합)
$\qquad =$(계급의 크기)$\times$(도수의 총합)
$\qquad =4\times30=120$

개념 확인

필수 문제 2 **(1) 4개 이상 6개 미만** **(2) 28 %**

(1) 도수가 가장 큰 계급은 도수가 8명인 4개 이상 6개 미만이다.

(2) 전체 학생 수는
$4+8+6+5+2=25$(명)
인형의 수가 8개 이상인 학생은 $5+2=7$(명)이므로
전체의 $\dfrac{7}{25} \times 100 = 28$(%)이다.

2-1 **(1) 12회 이상 15회 미만** **(2) 120**

(1) 턱걸이 횟수가 15회 이상인 학생은 5명, 12회 이상인 학생은 $9+5=14$(명)이므로 턱걸이 횟수가 많은 쪽에서 7번째인 학생이 속하는 계급은 12회 이상 15회 미만이다.

(2) (도수분포다각형과 가로축으로 둘러싸인 도형의 넓이)
= (히스토그램의 모든 직사각형의 넓이의 합)
= (계급의 크기)×(도수의 총합)
$= 3 \times (4+10+12+9+5)$
$= 3 \times 40 = 120$

STEP 1 쓱쓱 개념 익히기

1 (1) 6개 (2) 8명 (3) 24 % (4) 40 m 이상 45 m 미만
2 70 **3** (1) ③ (2) 30 % (3) 300
4 ㄷ, ㄹ **5** (1) 7명 (2) 28 %
6 12.5 %

---

1 (2) 던지기 기록이 26 m인 학생이 속하는 계급은 25 m 이상 30 m 미만이므로 이 계급의 도수는 8명이다.

(3) 던지기 기록이 30 m 미만인 학생은 $4+8=12$(명)이므로 전체의 $\dfrac{12}{50} \times 100 = 24$(%)이다.

(4) 멀리 던진 계급부터 학생 수를 차례로 나열하면
45 m 이상 50 m 미만: 3명
40 m 이상 45 m 미만: 9명
따라서 10번째로 멀리 던진 학생이 속하는 계급은 40 m 이상 45 m 미만이다.

---

2 계급의 크기는 5 mm,
도수가 가장 큰 계급의 도수는 12명,
도수가 가장 작은 계급의 도수는 2명이므로
구하는 직사각형의 넓이의 합은
$5 \times 12 + 5 \times 2 = 70$

3 (1) ③ 성적이 5번째로 좋은 학생의 정확한 점수는 알 수 없다.

(2) 반 전체 학생 수는 $4+6+10+9+1=30$(명)이고,
수학 성적이 80점 이상 90점 미만인 학생은 9명이므로
전체의 $\dfrac{9}{30} \times 100 = 30$(%)이다.

(3) (도수분포다각형과 가로축으로 둘러싸인 도형의 넓이)
= (히스토그램의 모든 직사각형의 넓이의 합)
= (계급의 크기)×(도수의 총합)
$= 10 \times 30 = 300$

4 ㄱ. (1반 학생 수)$=3+7+9+4+2=25$(명)
(2반 학생 수)$=1+2+5+8+6+3=25$(명)
즉, 두 반의 학생 수는 같다.

ㄴ. 기록이 가장 좋은 학생은 18초 이상 19초 미만인 계급에 속하므로 2반에 있다.

ㄷ. 기록이 16초 이상 17초 미만인 계급에서 2반에 대한 그래프가 더 위쪽에 있으므로 이 계급에 속하는 학생은 2반이 더 많다.

ㄹ. 2반에 대한 그래프가 1반에 대한 그래프보다 전체적으로 오른쪽으로 치우쳐 있으므로 2반이 1반보다 기록이 대체적으로 더 좋은 편이다.

따라서 옳은 것은 ㄷ, ㄹ이다.

5 (1) 독서량이 8권 이상 12권 미만인 학생 수는
$25 - (4+5+7+2) = 7$(명)

(2) 독서량이 8권 이상 12권 미만인 학생은 전체의
$\dfrac{7}{25} \times 100 = 28$(%)이다.

6 통학 시간이 30분 이상 35분 미만인 학생 수는
$40 - (2+5+8+10+9+1) = 5$(명)
따라서 통학 시간이 30분 이상 35분 미만인 학생은 전체의
$\dfrac{5}{40} \times 100 = 12.5$(%)이다.

3 상대도수와 그 그래프

P. 147

개념 확인 (차례로) 5, 0.25, 0.5, 0.1, 1

필수 문제 1 (1) $A=0.1$, $B=12$, $C=10$, $D=0.2$, $E=1$
(2) **0.15**

(1) $A=\dfrac{4}{40}=0.1$

$B=40\times0.3=12$

$C=40\times0.25=10$

$D=\dfrac{8}{40}=0.2$

$E=1$

(2) 용돈이 2만 원 미만인 학생은 4명, 3만 원 미만인 학생은 $4+6=10$(명)이므로 용돈이 적은 쪽에서 10번째인 학생이 속하는 계급은 2만 원 이상 3만 원 미만이다.
따라서 이 계급의 상대도수는 0.15이다.

1-1 (1) $A=0.15$, $B=100$, $C=0.3$, $D=80$, $E=1$
(2) **40 %**

(1) $A=\dfrac{60}{400}=0.15$

$B=400\times0.25=100$

$C=\dfrac{120}{400}=0.3$

$D=400\times0.2=80$

$E=1$

(2) 키가 155 cm 미만인 계급의 상대도수의 합은
$0.15+0.25=0.4$
$\therefore\ 0.4\times100=40(\%)$

P. 148

개념 확인

필수 문제 2 (1) **12세 이상 16세 미만** (2) **16명**

(1) 각 계급의 상대도수는 그 계급의 도수에 정비례하므로 도수가 가장 작은 계급은 상대도수가 0.05로 가장 작은 계급인 12세 이상 16세 미만이다.

(2) (나이가 20세 이상 24세 미만인 계급의 도수)
＝(도수의 총합)×(그 계급의 상대도수)
$=40\times0.4=16$(명)

2-1 (1) **0.4** (2) **12편**

(1) 각 계급의 상대도수는 그 계급의 도수에 정비례하므로 도수가 가장 큰 계급은 상대도수가 0.4로 가장 큰 계급인 120분 이상 130분 미만이다.

(2) (어떤 계급의 도수)
＝(도수의 총합)×(그 계급의 상대도수)
이고, 상영 시간이 110분 미만인 계급의 상대도수의 합은 $0.05+0.1=0.15$이므로 구하는 영화의 수는
$80\times0.15=12$(편)

P. 149

개념 확인 (1) 풀이 참조 (2) 여학생

(1)

앉은키(cm)	여학생		남학생	
	학생 수(명)	상대도수	학생 수(명)	상대도수
$75^{이상}\sim\ 80^{미만}$	6	0.15	4	0.16
80 ~ 85	8	0.2	5	0.2
85 ~ 90	16	0.4	7	0.28
90 ~ 95	10	0.25	9	0.36
합계	40	1	25	1

(2) 앉은키가 75 cm 이상 80 cm 미만인 계급의 상대도수는
여학생: 0.15, 남학생: 0.16
따라서 앉은키가 75 cm 이상 80 cm 미만인 학생의 비율은 여학생이 더 낮다.

필수 문제 3 (1) **12명** (2) **A 중학교** (3) **B 중학교**

(1) 만족도가 50점 이상 60점 미만인 계급의 학생 수는
A 중학교: $100\times0.28=28$(명)
B 중학교: $200\times0.2=40$(명)
따라서 학생 수의 차는
$40-28=12$(명)

(2) 만족도가 60점 미만인 계급들의 상대도수는 모두 A 중학교가 B 중학교보다 더 크므로 그 계급에 속하는 학생의 비율은 A 중학교가 B 중학교보다 더 높다.

(3) B 중학교에 대한 그래프가 A 중학교에 대한 그래프보다 전체적으로 오른쪽으로 치우쳐 있으므로 만족도는 대체적으로 B 중학교가 A 중학교보다 더 높다고 할 수 있다.

3-1 (1) **3개** (2) **A 정류장**

(1) B 정류장보다 A 정류장의 상대도수가 더 큰 계급은
$5^{이상}\sim10^{미만}$, 10~15, 15~20의 3개이다.

(2) A 정류장에 대한 그래프가 B 정류장에 대한 그래프보다 전체적으로 왼쪽으로 치우쳐 있으므로 버스를 기다리는 시간이 대체적으로 A 정류장이 B 정류장보다 더 적다고 할 수 있다.

1 (1) ○　(2) ×　(3) ○　(4) ×
2 0.36　　**3** 40명　　**4** (1) 55 %　(2) 6개
5 (1) 50명　(2) $A=20$, $B=0.2$, $C=8$, $D=0.16$, $E=1$
6 (1) 32명　(2) 0.16
7 (1) 350명　(2) 0.4　(3) 140명　**8** 여학생　**9** ㄱ, ㄷ

---

1 (2) 상대도수의 총합은 항상 1이다.
(4) 상대도수의 총합은 항상 1이므로 상대도수의 분포를 나타낸 도수분포다각형 모양의 그래프와 가로축으로 둘러싸인 도형의 넓이는 계급의 크기와 같다.

2 전체 학생 수는 $1+5+6+9+4=25$(명)
한문 성적이 85점인 학생이 속하는 계급은 80점 이상 90점 미만이고, 이 계급의 도수는 9명이다.
따라서 한문 성적이 85점인 학생이 속하는 계급의 상대도수는
$\dfrac{9}{25}=0.36$

3 (전체 학생 수)$=\dfrac{(도수)}{(상대도수)}=\dfrac{8}{0.2}=40$(명)

4 (1) 무게가 60 g 이상 80 g 미만인 계급의 상대도수의 합은
$0.3+0.25=0.55$
∴ $0.55\times100=55(\%)$
(2) 상대도수의 총합이 1이므로 무게가 50 g 이상 60 g 미만인 계급의 상대도수는
$1-(0.1+0.3+0.25+0.2)=0.15$
∴ (구하는 토마토의 개수)$=40\times0.15=6$(개)

5 (1) 전체 회원 수는 $\dfrac{7}{0.14}=50$(명)
(2) $A=50\times0.4=20$, $B=\dfrac{10}{50}=0.2$
$C=50-(7+20+10+5)=8$
$D=\dfrac{8}{50}=0.16$, $E=1$

6 (1) 입장 대기 시간이 50분 이상인 계급의 상대도수의 합은
$0.1+0.06=0.16$
따라서 입장 대기 시간이 50분 이상인 관객 수는
$200\times0.16=32$(명)
(2) 입장 대기 시간이 20분 미만인 관객 수는
$200\times0.08=16$(명)
입장 대기 시간이 20분 이상 30분 미만인 관객 수는
$200\times0.16=32$(명)
따라서 입장 대기 시간이 40번째로 적은 관객이 속하는 계급은 20분 이상 30분 미만이므로 구하는 상대도수는
0.16이다.

7 (1) (전체 학생 수)$=\dfrac{70}{0.2}=350$(명)
(2) 상대도수의 총합은 1이므로 몸무게가 50 kg 이상 55 kg 미만인 계급의 상대도수는
$1-(0.12+0.16+0.2+0.08+0.04)=0.4$
(3) 전체 학생 수가 350명이므로 몸무게가 50 kg 이상 55 kg 미만인 학생 수는
$350\times0.4=140$(명)

8 국어 성적이 80점 이상 90점 미만인 계급의 상대도수는
남학생: $\dfrac{15}{100}=0.15$, 여학생: $\dfrac{8}{50}=0.16$
이므로 국어 성적이 80점 이상 90점 미만인 학생의 비율은 여학생이 더 높다.

9 ㄱ. 음악 감상 시간이 90분 이상 120분 미만인 학생 수는
1학년: $200\times0.2=40$(명)
2학년: $150\times0.24=36$(명)
따라서 음악 감상 시간이 90분 이상 120분 미만인 학생은 1학년이 더 많다.
ㄴ. 2학년에 대한 그래프가 1학년에 대한 그래프보다 전체적으로 오른쪽으로 치우쳐 있으므로 2학년이 1학년보다 음악 감상 시간이 더 긴 편이다.
ㄷ. 1학년과 2학년에 대한 각각의 그래프에서 계급의 크기와 상대도수의 총합이 각각 같으므로 그래프와 가로축으로 둘러싸인 부분의 넓이는 서로 같다.
따라서 옳은 것은 ㄱ, ㄷ이다.

---

1 ④　　**2** (1) 남학생　(2) 많은 편
3 (1) 90분 이상 110분 미만　(2) 30 %　　**4** 4
5 9명　　**6** ⑤　　**7** (1) 25명　(2) 8명　　**8** ㄴ, ㄹ
9 ③　　**10** 0.225　**11** ⑤　　**12** 6마리
13 (1) 40명　(2) 0.3　**14** ②　　**15** 15명
16 (1) B 제품　(2) 30세 이상 40세 미만　　**17** 5 : 2
18 ㄴ, ㄷ

---

1 ① 잎이 가장 많은 줄기는 잎의 개수가 8개인 1이다.
② $6+8+7+5+2=28$(명)
⑤ 팔굽혀펴기 기록이 적은 학생의 기록부터 차례로 나열하면
4회, 5회, 6회, 7회, 8회, 9회, 10회, 11회, 12회, 13회,
…이므로 팔굽혀펴기 기록이 적은 쪽에서 10번째인 학생의 기록은 13회이다.
따라서 옳은 것은 ④이다.

2 (1) 휴대 전화에 등록된 친구 수가 많은 학생의 친구 수부터
차례로 나열하면
53명, 52명, 52명, 51명, 51명, 50명, 49명, …이므로 휴
대 전화에 등록된 친구 수가 많은 쪽에서 7번째인 학생은
등록된 친구 수가 49명인 남학생이다.

(2) 전체 학생 수는 30명이고, 휴대 전화에 등록된 친구 수가
43명인 학생은 등록된 친구 수가 적은 쪽에서 20번째, 많
은 쪽에서 11번째이므로 많은 편이다.

3 (1) 인터넷을 사용한 시간이 90분 이상 110분 미만인 계급의
도수는
$30-(3+7+11+1)=8$(명)
따라서 도수가 두 번째로 큰 계급은 90분 이상 110분 미
만이다.

(2) 인터넷을 사용한 시간이 90분 이상인 학생은
$8+1=9$(명)이므로 전체의 $\dfrac{9}{30}\times100=30(\%)$이다.

4 줄넘기 기록이 80회 이상 100회 미만인 학생이 전체의 35 %
이므로
$\dfrac{A}{40}\times100=35$ $\therefore A=14$
$\therefore B=40-(6+8+14+2)=10$
$\therefore A-B=14-10=4$

5 통화 시간이 40분 미만인 학생 수를 x명이라고 하면 통화 시
간이 40분 이상인 학생 수가 40분 미만인 학생 수의 2배이므
로 통화 시간이 40분 이상인 학생 수는 $2x$명이다.
이때 전체 학생 수가 27명이므로
$x+2x=27, 3x=27$ $\therefore x=9$
따라서 통화 시간이 40분 미만인 학생 수는 9명이다.

6 ② $4+7+10+9+2=32$(명)
④ 키가 140 cm 미만인 학생은 4명, 150 cm 미만인 학생은
$4+7=11$(명)이므로 키가 12번째로 작은 학생이 속하는
계급은 150 cm 이상 160 cm 미만이다.
⑤ (모든 직사각형의 넓이의 합)
$=$(계급의 크기)$\times$(도수의 총합)
$=10\times32=320$

7 (1) 기록이 190 cm 미만인 학생은 $2+5=7$(명)이고,
전체의 28 %이므로
(전체 학생 수)$\times\dfrac{28}{100}=7$
$\therefore$ (전체 학생 수)$=25$(명)

(2) 기록이 210 cm 미만인 학생 수는
$25\times\dfrac{4}{4+1}=20$(명)이므로
기록이 190 cm 이상 200 cm 미만인 계급의 도수는
$20-(2+5+5)=8$(명)

8 ㄱ. $1+6+12+10+3=32$(명)
ㄴ. (계급의 크기)$=5-3=7-5=\cdots=13-11=2$(회)
계급의 개수는 $3^{이상}\sim5^{미만}, 5\sim7, 7\sim9, 9\sim11, 11\sim13$의
5개이다.
ㄷ. $1+6=7$(명)
ㄹ. 자유투 성공 횟수가 11회 이상인 학생은 3명, 9회 이상
인 학생은 $10+3=13$(명)이므로 자유투 성공 횟수가 많
은 쪽에서 10번째인 학생이 속하는 계급은 9회 이상 11
회 미만이다.
따라서 옳지 않은 것은 ㄴ, ㄹ이다.

9 ㄱ. 줄기와 잎 그림에서는 실제 변량의 정확한 값을 알 수 있다.
ㄴ. 도수분포표에서 계급의 개수가 너무 많거나 적으면 자료
의 분포 상태를 파악하기 어려우므로 계급의 개수는
5~15개가 적당하다.
ㄷ. 히스토그램에서 각 직사각형의 가로의 길이는 계급의 크
기이므로 일정하다.
ㅁ. 도수의 총합에 따라 도수가 큰 쪽의 상대도수가 더 작을
수도 있다.
따라서 옳은 것은 ㄷ, ㄹ이다.

10 전체 연극의 수는 $2+4+5+7+9+8+4+1=40$(편)
도수가 가장 큰 계급의 도수는 9편이므로
구하는 상대도수는 $\dfrac{9}{40}=0.225$

11 변량의 개수가 다른 두 자료, 즉 도수의 총합이 다른 두 집단
의 분포를 비교할 때는 상대도수끼리 비교하는 것이 적합하
므로 구하는 가장 편리한 것은 ⑤ 상대도수의 분포표이다.

12 (구하는 유기견의 수)$=$(전체 유기견의 수)$\times$(상대도수)
$=40\times0.15=6$(마리)

13 (1) 기록이 0 m 이상 10 m 미만인 계급의 도수는 2명, 상대
도수는 0.05이므로 전체 학생 수는
$\dfrac{2}{0.05}=40$(명)

(2) 기록이 10 m인 학생이 속하는 계급은 10 m 이상 20 m
미만이고, 이 계급의 도수는 12명이다.
따라서 이 계급의 상대도수는
$\dfrac{12}{40}=0.3$

14 나이가 30세 이상 35세 미만인 동물의 수는
$80\times0.05=4$(마리)
나이가 25세 이상 30세 미만인 동물의 수는
$80\times0.15=12$(마리)
따라서 나이가 많은 쪽에서 16번째인 동물이 속하는 계급은
25세 이상 30세 미만이므로 이 계급의 상대도수는 0.15이다.

15 (전체 학생 수)$=\dfrac{4}{0.08}=50$(명)

앉은키가 $80\,cm$ 이상 $85\,cm$ 미만인 계급의 상대도수는
$1-(0.08+0.18+0.26+0.16+0.02)=0.3$
따라서 구하는 학생 수는
$50\times 0.3=15$(명)

16 (1) A 제품을 구매한 20대 고객 수는 $1800\times 0.18=324$(명)
B 제품을 구매한 20대 고객 수는 $2200\times 0.17=374$(명)
따라서 20대 고객들이 더 많이 구매한 제품은 B 제품이다.

(2)

나이(세)	상대도수		고객 수(명)	
	A 제품	B 제품	A 제품	B 제품
$10^{이상}\sim 20^{미만}$	0.09	0.16	162	352
20 ~ 30	0.18	0.17	324	374
30 ~ 40	0.22	0.18	396	396
40 ~ 50	0.31	0.26	558	572
50 ~ 60	0.2	0.23	360	506
합계	1	1	1800	2200

따라서 A, B 두 제품의 구매 고객 수가 같은 계급은 30세 이상 40세 미만이다.

17 도수의 총합의 비가 $1:2$이므로 도수의 총합을 각각
a, $2a$(a는 자연수)라 하고,
어떤 계급의 도수의 비가 $5:4$이므로 이 계급의 도수를 각각
$5b$, $4b$(b는 자연수)라고 하면
이 계급의 상대도수의 비는
$$\dfrac{5b}{a}:\dfrac{4b}{2a}=5:2$$

18 ㄱ. 2학년에 대한 그래프가 1학년에 대한 그래프보다 전체적으로 오른쪽으로 치우쳐 있으므로 2학년이 1학년보다 독서 시간이 더 긴 편이다.

ㄴ. 2학년에 대한 그래프가 1학년에 대한 그래프보다 위쪽에 있는 계급을 찾으면 5시간 이상 6시간 미만, 6시간 이상 7시간 미만이다.

ㄷ. 독서 시간이 4시간 이상 5시간 미만인 학생 수는
1학년: $100\times 0.3=30$(명)
2학년: $125\times 0.28=35$(명)
따라서 독서 시간이 4시간 이상 5시간 미만인 학생은 1학년보다 2학년이 더 많다.

ㄹ. 2학년에서 독서 시간이 5시간 이상인 계급의 상대도수의 합은 $0.28+0.08=0.36$이므로
2학년 전체의 $0.36\times 100=36(\%)$이다.

따라서 옳은 것은 ㄴ, ㄷ이다.

STEP 3 쓱쓱 서술형 완성하기 **P. 156~157**

〈과정은 풀이 참조〉

[따라 해보자] 유제 1 12일 유제 2 10명

[연습해 보자] **1** 22명, 47 kg **2** 8권

3 30 %

4 (1) 볼링 동호회 (2) 볼링 동호회

[따라 해보자]

유제 1 **[1단계]** 기온이 $20\,°C$ 이상 $22\,°C$ 미만인 날수는 전체의 $20\,\%$이므로
$$40\times \dfrac{20}{100}=8(일)\qquad\cdots(i)$$

[2단계] 기온이 $22\,°C$ 이상 $24\,°C$ 미만인 날수는
$$40-(4+7+8+6+3)=12(일)\qquad\cdots(ii)$$

채점 기준	비율
(i) 기온이 $20\,°C$ 이상 $22\,°C$ 미만인 날수 구하기	50 %
(ii) 기온이 $22\,°C$ 이상 $24\,°C$ 미만인 날수 구하기	50 %

유제 2 **[1단계]** 기록이 $10\,m$ 이상 $15\,m$ 미만인 계급의 상대도수는 0.05, 도수는 2명이므로
$$(전체 학생 수)=\dfrac{2}{0.05}=40(명)\qquad\cdots(i)$$

[2단계] 기록이 $30\,m$ 이상인 계급의 상대도수의 합은
$0.2+0.05=0.25$이므로
구하는 학생 수는
$$40\times 0.25=10(명)\qquad\cdots(ii)$$

채점 기준	비율
(i) 전체 학생 수 구하기	50 %
(ii) 기록이 $30\,m$ 이상인 학생 수 구하기	50 %

[연습해 보자]

1 전체 학생 수는 전체 잎의 개수와 같으므로
$$(전체 학생 수)=6+7+5+4=22(명)\qquad\cdots(i)$$
몸무게가 가벼운 학생의 몸무게부터 차례로 나열하면
$41\,kg$, $43\,kg$, $45\,kg$, $46\,kg$, $47\,kg$, $\cdots$이므로 몸무게가 가벼운 쪽에서 5번째인 학생의 몸무게는 $47\,kg$이다. $\cdots(ii)$

채점 기준	비율
(i) 전체 학생 수 구하기	50 %
(ii) 몸무게가 가벼운 쪽에서 5번째인 학생의 몸무게 구하기	50 %

2 전체 학생 수는
$$5+7+9+4+3+2=30(명)이므로\qquad\cdots(i)$$
상위 $30\,\%$ 이내에 속하는 학생 수는
$$30\times \dfrac{30}{100}=9(명)\qquad\cdots(ii)$$

읽은 책의 수가 많은 계급부터 학생 수를 차례로 나열하면
12권 이상 14권 미만인 계급의 학생 수는 2명,
10권 이상 12권 미만인 계급의 학생 수는 3명,
8권 이상 10권 미만인 계급의 학생 수는 4명이다.
따라서 읽은 책의 수가 많은 쪽에서 9번째인 학생이 속하는
계급은 8권 이상 10권 미만이므로 상위 30 % 이내에 속하려
면 8권 이상의 책을 읽어야 한다.   … (iii)

채점 기준	비율
(i) 전체 학생 수 구하기	30 %
(ii) 상위 30 % 이내에 속하는 학생 수 구하기	30 %
(iii) 상위 30 % 이내에 속하려면 몇 권 이상의 책을 읽어야 하는지 구하기	40 %

3 (전체 학생 수)=$\dfrac{5}{0.1}$=50(명)이므로   … (i)

타자 수가 300타 이상 350타 미만인 계급의 상대도수는
$\dfrac{11}{50}$=0.22   … (ii)

따라서 타자 수가 300타 이상인 계급의 상대도수의 합은
0.22+0.08=0.3이므로 타자 수가 300타 이상인 학생은 전
체의 0.3×100=30(%)이다.   … (iii)

채점 기준	비율
(i) 전체 학생 수 구하기	30 %
(ii) 타자 수가 300타 이상 350타 미만인 계급의 상대도수 구하기	30 %
(iii) 타자 수가 300타 이상인 학생은 전체의 몇 %인지 구하기	40 %

4 (1) 전체 회원 수는

테니스 동호회가 $\dfrac{120}{0.4}$=300(명),

볼링 동호회가 $\dfrac{80}{0.25}$=320(명)이므로   … (i)

전체 회원 수가 더 많은 곳은 볼링 동호회이다.   … (ii)

(2) 볼링 동호회에 대한 그래프가 테니스 동호회에 대한 그래
프보다 전체적으로 오른쪽으로 치우쳐 있으므로 회원들
의 연령대는 볼링 동호회가 테니스 동호회보다 더 높다고
할 수 있다.   … (iii)

채점 기준	비율
(i) 테니스 동호회와 볼링 동호회의 전체 회원 수 구하기	40 %
(ii) 전체 회원 수가 더 많은 동호회 구하기	10 %
(iii) 회원들의 연령대가 대체적으로 더 높은 동호회 구하기	50 %

생활 속 수학   P. 158

답 **60곳**
농도가 60 μg/m³ 이상 70 μg/m³ 미만인 계급의 상대도수는
1-(0.05+0.05+0.25+0.2+0.15)=0.3
따라서 농도가 60 μg/m³ 이상 70 μg/m³ 미만인 계급의 지역
의 수는
200×0.3=60(곳)

1 기본 도형

유형 **1~12** P. 6~12

1 ④, ⑥ **2** ④ **3** ④ **4** ③ **5** ②
6 ㄱ, ㄴ **7** 6개, 12개 **8** 14개, 10개
9 26 **10** ⑤ **11** ③ **12** ㄴ, ㅁ **13** ②
14 ③ **15** ④ **16** 21 cm **17** 4 cm **18** 6 cm
19 ③ **20** ㄴ, ㄷ **21** ② **22** ② **23** ⑤
24 $\angle x=70°$, $\angle y=20°$ **25** 60° **26** ④
27 75° **28** ③ **29** ⑤ **30** ③ **31** 50°
32 25 **33** ② **34** ⑤ **35** 50° **36** 50°
37 12쌍 **38** ② **39** ⑤ **40** 90 **41** 150°
42 ③, ⑤, ⑥ **43** (1) 점 B (2) 8 cm
44 ②

유형 **13~20** P. 13~17

45 ㄷ, ㄹ **46** ② **47** 5 **48** ⑤ **49** ②, ④
50 5 **51** ⑤ **52** ③, ⑤ **53** $\overline{AE}$, $\overline{CG}$
54 ③ **55** 3 **56** ④
57 $\overline{BC}$, $\overline{BF}$, $\overline{CD}$, $\overline{DH}$, $\overline{EF}$, $\overline{EH}$ **58** ①
59 (1) 면 ACFD, 면 BCFE (2) $\overline{AD}$, $\overline{BE}$, $\overline{CF}$
60 ③ **61** ⑤ **62** ㄱ, ㄴ, ㄷ **63** ⑤
64 ㄷ, ㄹ
65 (1) $\overleftrightarrow{AD}$, $\overleftrightarrow{DC}$, $\overleftrightarrow{DH}$, $\overleftrightarrow{EH}$, $\overleftrightarrow{GH}$
　　(2) 면 BFGC, 면 EFGH
66 ③, ④ **67** ①, ⑤ **68** ④ **69** ③, ④ **70** ③
71 ③, ⑤ **72** ④, ⑤, ⑥

유형 **21~26** P. 17~21

73 105° **74** ④ **75** ④ **76** $\angle c$, $\angle e$, $\angle g$
77 90° **78** 120° **79** ③ **80** ② **81** ③
82 ④ **83** ③ **84** ④ **85** ①, ③ **86** ④
87 40° **88** 35 **89** 24 **90** ② **91** ③
92 10° **93** ② **94** ⑤ **95** ② **96** 90°
97 120° **98** 60° **99** 65° **100** 80° **101** ③
102 B **103** 180°

단원 마무리 P. 22~25

1 10 **2** ② **3** 7 cm **4** ④ **5** ①
6 ④ **7** ② **8** ③ **9** ④, ⑤ **10** ③
11 60° **12** ③ **13** 30 **14** ③ **15** 60°
16 ② **17** 14 **18** ④
19 $\angle x=20°$, $\angle y=100°$ **20** ④ **21** ⑤
22 B　G　E　D　A　F　C
23 ③ **24** 65°

2 작도와 합동

유형 **1~6** P. 28~30

1 ③ **2** ㄴ → ㄱ → ㄷ → ㄹ
3 ㄷ → ㄴ → ㄱ **4** ② **5** ④
6 ㄱ → ㄹ → ㅁ → ㄷ → ㄴ → ㅂ **7** ③
8 ⑤ **9** ④ **10** ① **11** 3개 **12** ③
13 (가) C (나) c (다) b (라) $\overline{AB}$ **14** ㄱ, ㄷ
15 ㄹ, ㄱ, ㅂ, ㄷ **16** ③ **17** ①, ⑤ **18** ㄴ, ㄷ

유형 **7~11** P. 31~34

19 ②, ⑤, ⑥ **20** 70 **21** ③, ④ **22** ②
23 ②, ④ **24** ④ **25** ㄴ, ㄹ, ㅂ **26** ④
27 (가) $\overline{PC}$ (나) $\overline{PD}$ (다) $\overline{CD}$ (라) SSS
28 ㄱ, ㄷ, ㄹ **29** △ABC≡△ADC, SSS 합동
30 7 cm, 100° **31** ②
32 △BMD≡△CME, ASA 합동 **33** ②
34 ② **35** SAS 합동 **36** 9 cm **37** 60°
38 ┤─┼───┼───┼───────┼──┼→
　　-3　　　　　　　　　　1　　2
39 ①

단원 마무리 P. 35~37

1 ①, ③ **2** ①, ⑤ **3** ② **4** ②, ③ **5** ①, ⑤
6 ②, ④ **7** ① **8** ③
9 △ABC≡△CDA, SAS 합동 **10** ⑤ **11** ①, ④
12 40 km **13** 3쌍 **14** ① **15** 90° **16** 12 cm
17 90° **18** 4 cm²

3 다각형

1 ㄴ, ㄹ, ㅁ, ㅇ   **2** ②, ④, ⑦
3 $\angle x=100°$, $\angle y=60°$ **4** ①, ③   **5** ⑤
6 정십각형   **7** 23   **8** ③   **9** ①
10 15   **11** 54개   **12** 65개   **13** ⑤   **14** ③
15 (1) 6개   (2) 9개

16 ②   **17** 60°   **18** 80°   **19** ②   **20** ⑤
21 ③   **22** ⑤   **23** 100°   **24** ②   **25** ②
26 132°   **27** ③   **28** ②   **29** 120°   **30** 140°
31 140°   **32** 60°   **33** ①   **34** 30°   **35** 80°
36 80°   **37** ③   **38** 96°   **39** 30°   **40** ②
41 ①   **42** 55°

43 1086   **44** 1440°   **45** ③   **46** ④   **47** ④
48 100°   **49** ①   **50** 71°   **51** 40°   **52** 720°
53 ③   **54** ④   **55** ①   **56** 45°   **57** 110°
58 오각형   **59** ④   **60** 360°   **61** 265°
62 ①   **63** ④   **64** ㄱ, ㄷ, ㄹ   **65** ⑤
66 ①   **67** 정십이각형   **68** 2880°
69 (1) 36°   (2) 72°   **70** 72°   **71** 90°   **72** 36°
73 75°   **74** 114°   **75** ③   **76** ②

단원 마무리

1 182°   **2** ④   **3** ③   **4** 85°   **5** ②
6 ⑤   **7** 114°   **8** ④   **9** 130°   **10** ②
11 ④   **12** ②   **13** 22.5°   **14** 정십오각형
15 102°   **16** 20쌍   **17** ③   **18** 79°   **19** 25°
20 100°   **21** ④   **22** ②, ⑤   **23** ③   **24** 61°
25 ③   **26** 540°   **27** 215°

4 원과 부채꼴

1 ②, ③   **2** ③   **3** ⑤   **4** ④   **5** ③
6 ⑤   **7** ②   **8** ①   **9** 15°   **10** 7배
11 16 cm   **12** ③   **13** ①   **14** ③   **15** 28 cm
16 ③   **17** ①   **18** 20   **19** ②   **20** 30 cm²
21 36°   **22** 6 cm   **23** ㄱ, ㄷ   **24** ③

25 $(8\pi+4)$ cm   **26** ③   **27** ⑤
28 12π cm, 12π cm²
29 $(4\pi+20)$ cm, 20π cm²
30 $(6\pi+36)$ cm, 27π cm²   **31** 12π cm²
32 ①   **33** 225°   **34** ①   **35** $(4\pi+16)$ cm
36 $(8\pi+16)$ cm   **37** 12π cm
38 $\dfrac{25}{2}\pi$ cm²   **39** $(32\pi-64)$ cm²
40 $(6-\pi)$ cm²   **41** 20π cm, $(50\pi-100)$ cm²
42 50π cm²   **43** $\dfrac{9}{2}\pi$ cm²
44 $(16\pi-32)$ cm²   **45** $(72\pi-144)$ cm²   **46** ①
47 ②   **48** 2π **49** 45°   **50** $(8\pi-16)$ cm²
51 10π cm   **52** 6π cm   **53** ③
54 ⑤   **55** $(16\pi+360)$ cm²   **56** 30π m²
57 96°   **58** $\dfrac{159}{5}\pi$ cm²

단원 마무리

1 ③   **2** ②   **3** ④   **4** ②   **5** $\dfrac{8}{3}$ cm²
6 ②   **7** ⑤   **8** $(7\pi+6)$ cm, $\dfrac{21}{2}\pi$ cm²
9 40π cm²   **10** $(8\pi+12)$ cm, 24π cm²
11 ④   **12** ⑤   **13** ③   **14** ㄱ, ㄴ   **15** 36°
16 25π cm²   **17** ⑤   **18** $(8\pi-16)$ cm²
19 $2\pi-1$ **20** 8π cm
21 방법 A, 8 cm   **22** $(36\pi+144)$ cm²
23 84π cm²   **24** $(64\pi-128)$ cm²   **25** $\dfrac{59}{2}\pi$ m²

5 다면체와 회전체

유형 1~4 P. 74~76

1 ② 2 ③ 3 ③ 4 ③ 5 ②
6 ⑤ 7 ④ 8 ③ 9 10 10 20
11 ③ 12 ④ 13 ③ 14 ② 15 ㄴ, ㄹ
16 ⑤, ⑦, ⑧ 17 ②

유형 5~7 P. 76~78

18 ㄱ, ㄷ, ㅁ
19 각 꼭짓점에 모인 면의 개수가 모두 같지 않다.
20 정이십면체 21 34 22 ⑤ 23 ①
24 ④ 25 ③ 26 점 D, 점 L 27 ⑤
28 $\overline{CF}$ 29 ⑤

유형 8~11 P. 78~81

30 ④ 31 2 32 ④ 33 ② 34 $\overline{BC}$
35 ③ 36 ③ 37 ① 38 ③ 39 36 cm²
40 48 cm² 41 3π cm 42 60π
43 a=6, b=5, c=4π 44 (1) 8π cm (2) 120°
45 ③, ⑥ 46 ⑤ 47 ② 48 ③

단원 마무리 P. 82~85

1 ⑤ 2 ③ 3 2 4 22 5 ㄷ, ㅂ
6 ③, ④ 7 8개 8 ⑤ 9 ⑤ 10 ④
11 ④ 12 ② 13 9π cm² 14 8 cm
15 ④ 16 ② 17 50 18 ④ 19 ④
20 ④ 21 (10π+8) cm
22 (1) , 42 cm² (2) 25π cm²

23 ⑤ 24 ④ 25 60° 26 80π cm²

6 입체도형의 겉넓이와 부피

유형 1~5 P. 88~90

1 ① 2 128 cm² 3 ③ 4 ④
5 (1) 2 (2) 48π cm² 6 (45π+72) cm²
7 (52π+60) cm² 8 288 cm³ 9 ①
10 ④ 11 16π cm³ 12 ② 13 30π cm³
14 ③ 15 120π cm², 96π cm³
16 270π cm³

유형 6~14 P. 90~95

17 261 cm² 18 ④ 19 8 20 56π cm²
21 8 cm 22 132π cm² 23 133π cm²
24 2 cm 25 36π cm² 26 ⑤
27 360π cm² 28 ① 29 ① 30 6 cm
31 72 cm³ 32 108π cm³ 33 30π cm³
34 200π cm³ 35 140 cm³
36 147π cm³ 37 ③ 38 ① 39 4 cm
40 1 : 11 41 100 cm³ 42 5 43 $\frac{8}{3}$
44 ⑤ 45 (1) 5π cm³ (2) 21분

유형 15~17 P. 95~97

46 ④ 47 60π cm² 48 144π cm²
49 $\frac{250}{3}π$ cm³ 50 648π cm³ 51 2 cm
52 ④ 53 ② 54 64개 55 ② 56 3 : 2 : 1
57 ③ 58 8 59 126 cm²
60 148π cm³

단원 마무리 P. 98~101

1 236 cm² 2 ③ 3 ③ 4 270π cm²
5 (896π-56) cm³ 6 7 7 33π cm²
8 ⑤ 9 ④ 10 ④ 11 2
12 126π cm³ 13 344 cm² 14 ②
15 96π cm² 16 ② 17 ② 18 24번
19 ④ 20 336π cm³ 21 $\frac{128}{3}π$ cm³
22 150000원 23 $\frac{115}{4}$ cm
24 128π cm²

스피드 체크 • 3

유형 1~3

P. 104~105

1 ④　　2 ㄷ, ㄹ　　3 6명　　4 11 cm　　5 40 %
6 높은 편　7 25 %　　8 5 kg, 5개
9 45 kg 이상 50 kg 미만　　10 22명　　11 ⑤
12 32 %　13 ⑤　　14 9

유형 4~10

P. 106~110

15 ④　　16 30 %　　17 ②, ⑥, ⑦　　18 $\frac{3}{2}$배
19 ④　　20 ③　　21 ②　　22 ③
23 (1) 10명　(2) 11명　　24 ⑤
25 15회 이상 18회 미만　　26 ④　　27 ③
28 30　　29 35　　30 9명　31 40 %　32 ④
33 ④　　34 32 %　35 14명　36 ⑤　37 ④
38 ㄱ, ㄷ　39 ③　　40 ㄴ, ㄷ

유형 11~17

P. 111~116

41 0.2　42 0.3　43 0.2　44 ③　　45 40명
46 15　47 $A=0.1$, $B=4$, $C=5$, $D=0.25$, $E=1$
48 0.3　49 ④　　50 ⑤　　51 ④　　52 0.25
53 10명　54 (1) 20명　(2) 0.25　55 221개　56 6명
57 40명　58 10명　59 ⑤　　60 8명　61 10명
62 ③　　63 0.14　64 ④　　65 0.7 이상 0.9 미만
66 A 중학교: 0.28, B 중학교: 0.21
67 A 중학교　　68 ⑤　　69 ㄴ, ㄹ
70 ③　　71 (1) B 중학교가 18명 더 많다.　(2) A 중학교
72 5명　73 11등

마무리

P. 117~120

1 15 %　2 56 cm　3 ⑤　　4 $A=7$, $B=4$
5 40명　6 ②　　7 ④, ⑤　8 ㄴ, ㄹ　9 ⑤
10 40명　11 ②　　12 150 cm 이상 180 cm 미만
13 40명　14 ②　　15 0.32
16 $A=66$, $B=0.16$, $C=48$, $D=300$, $E=1$
17 23 %　18 28명　19 12명　20 ③, ⑤
21 91점　22 144등

유형 1~12
P. 6~12

1 답 ④, ⑥
④ 오른쪽 그림과 같이 선과 면이 만나는 경우에도 교점이 생긴다.
⑥ 평면으로만 둘러싸인 입체도형에서 교점의 개수는 꼭짓점의 개수와 같다.

2 답 ④
(교점의 개수)=(꼭짓점의 개수)=8(개)
(교선의 개수)=(모서리의 개수)=12(개)
따라서 바르게 짝 지은 것은 ④이다.

3 답 ④
(교점의 개수)=(꼭짓점의 개수)=10(개)이므로
$a=10$
(교선의 개수)=(모서리의 개수)=15(개)이므로
$b=15$
∴ $a+b=10+15=25$

4 답 ③
두 반직선이 서로 같으려면 시작점과 뻗어 나가는 방향이 모두 같아야 하므로 $\overrightarrow{AC}$와 같은 것은 ③ $\overrightarrow{AB}$이다.
참고 $\overrightarrow{AC}=\overrightarrow{AB}=\overrightarrow{AD}$

5 답 ②
② $\overrightarrow{BA}$와 $\overrightarrow{BC}$는 시작점은 같지만 뻗어 나가는 방향이 다르므로
$\overrightarrow{BA}\neq\overrightarrow{BC}$

6 답 ㄱ, ㄴ
ㄷ. 시작점과 뻗어 나가는 방향이 모두 같아야 같은 반직선이다.
ㄹ. $\overrightarrow{AB}\neq\overrightarrow{BA}$
따라서 옳은 것은 ㄱ, ㄴ이다.

7 답 6개, 12개
두 점을 이어서 만들 수 있는 서로 다른 직선은
$\overleftrightarrow{AB}$, $\overleftrightarrow{AC}$, $\overleftrightarrow{AD}$, $\overleftrightarrow{BC}$, $\overleftrightarrow{BD}$, $\overleftrightarrow{CD}$의 6개이고,
서로 다른 반직선은
$\overrightarrow{AB}$, $\overrightarrow{AC}$, $\overrightarrow{AD}$, $\overrightarrow{BA}$, $\overrightarrow{BC}$, $\overrightarrow{BD}$, $\overrightarrow{CA}$, $\overrightarrow{CB}$, $\overrightarrow{CD}$, $\overrightarrow{DA}$, $\overrightarrow{DB}$, $\overrightarrow{DC}$의 12개이다.
다른 풀이 반직선의 개수 구하기
어느 세 점도 한 직선 위에 있지 않으므로
(반직선의 개수)=(직선의 개수)×2
=6×2=12(개)

8 답 14개, 10개
두 점을 이어서 만들 수 있는 서로 다른 반직선은
$\overrightarrow{AB}$, $\overrightarrow{BA}$, $\overrightarrow{BC}$, $\overrightarrow{CA}$, $\overrightarrow{CD}$, $\overrightarrow{DA}$, $\overrightarrow{AP}$, $\overrightarrow{PA}$, $\overrightarrow{BP}$, $\overrightarrow{PB}$, $\overrightarrow{CP}$, $\overrightarrow{PC}$, $\overrightarrow{DP}$, $\overrightarrow{PD}$의 14개이고, ⋯ (i)
서로 다른 선분은
$\overline{AB}$, $\overline{AC}$, $\overline{AD}$, $\overline{BC}$, $\overline{BD}$, $\overline{CD}$, $\overline{AP}$, $\overline{BP}$, $\overline{CP}$, $\overline{DP}$의 10개이다. ⋯ (ii)

채점 기준	비율
(i) 반직선의 개수 구하기	50%
(ii) 선분의 개수 구하기	50%

9 답 26
두 점을 이어서 만들 수 있는 서로 다른 직선은
$\overleftrightarrow{AB}$, $\overleftrightarrow{AC}$, $\overleftrightarrow{AD}$, $\overleftrightarrow{BC}$, $\overleftrightarrow{BD}$, $\overleftrightarrow{BO}$, $\overleftrightarrow{CD}$, $\overleftrightarrow{CO}$의 8개이므로
$a=8$
서로 다른 반직선은
$\overrightarrow{AB}$, $\overrightarrow{AC}$, $\overrightarrow{AD}$, $\overrightarrow{BA}$, $\overrightarrow{BC}$, $\overrightarrow{BD}$, $\overrightarrow{BO}$, $\overrightarrow{CA}$, $\overrightarrow{CB}$, $\overrightarrow{CD}$, $\overrightarrow{CO}$, $\overrightarrow{DA}$, $\overrightarrow{DB}$, $\overrightarrow{DC}$, $\overrightarrow{OA}$, $\overrightarrow{OB}$, $\overrightarrow{OC}$, $\overrightarrow{OD}$의 18개이므로
$b=18$
∴ $a+b=8+18=26$
참고 세 점 A, O, D는 한 직선 위에 있으므로
$\overrightarrow{AO}=\overrightarrow{OD}=\overrightarrow{AD}$

10 답 ⑤
① 점 B는 $\overline{AC}$의 중점이므로 $\overline{AB}=\overline{BC}$
점 C는 $\overline{BD}$의 중점이므로 $\overline{BC}=\overline{CD}$
∴ $\overline{AB}=\overline{BC}=\overline{CD}$
② 점 B는 $\overline{AC}$의 중점이므로 $\overline{AB}=\dfrac{1}{2}\overline{AC}$
③ $\overline{AD}=\overline{AB}+\overline{BC}+\overline{CD}$
$=\overline{AB}+\overline{AB}+\overline{AB}=3\overline{AB}$
④ $\overline{BD}=\overline{BC}+\overline{CD}=\overline{AB}+\overline{AB}=2\overline{AB}$
⑤ $\overline{AC}=\overline{AB}+\overline{BC}=\overline{CD}+\overline{CD}=2\overline{CD}$
∴ $\overline{CD}=\dfrac{1}{2}\overline{AC}$
따라서 옳지 않은 것은 ⑤이다.

11 답 ③
점 B는 $\overline{AC}$의 중점이므로
$\overline{AC}=\boxed{2}\overline{AB}$ ∴ (가) 2
점 C는 $\overline{AD}$의 중점이므로
$\overline{AD}=2\overline{AC}=2\times2\overline{AB}=\boxed{4}\overline{AB}$ ∴ (나) 4
$\overline{AB}=\overline{BC}$이므로
$\overline{AD}=4\overline{AB}=4\overline{BC}$에서 $\overline{BC}=\boxed{\dfrac{1}{4}}\overline{AD}$ ∴ (다) $\dfrac{1}{4}$
따라서 바르게 짝 지은 것은 ③이다.

12 답 ㄴ, ㅁ

ㄱ. $\overline{AM}=\overline{MB}=2\overline{MN}$

ㄴ. $\overline{MN}=\dfrac{1}{2}\overline{MB}=\dfrac{1}{2}\times\dfrac{1}{2}\overline{AB}=\dfrac{1}{4}\overline{AB}$

ㄷ. $\overline{NB}=\dfrac{1}{2}\overline{MB}$

ㄹ. $\overline{AB}=2\overline{MB}$

ㅁ. $\overline{AN}=\overline{AM}+\overline{MN}=\dfrac{1}{2}\overline{AB}+\dfrac{1}{4}\overline{AB}=\dfrac{3}{4}\overline{AB}$

$\therefore \overline{AB}=\dfrac{4}{3}\overline{AN}$

따라서 옳은 것은 ㄴ, ㅁ이다.

13 답 ②

$\overline{BC}=\overline{AC}-\overline{AB}=22-8=14\,(\text{cm})$이므로

$\overline{BM}=\dfrac{1}{2}\overline{BC}=\dfrac{1}{2}\times14=7\,(\text{cm})$

$\therefore \overline{AM}=\overline{AB}+\overline{BM}=8+7=15\,(\text{cm})$

14 답 ③

$\overline{AC}=2\overline{MC}$, $\overline{BC}=2\overline{CN}$이므로

$\overline{AB}=\overline{AC}+\overline{BC}=2\overline{MC}+2\overline{CN}=2(\overline{MC}+\overline{CN})$
$\quad\ =2\overline{MN}=2\times11=22\,(\text{cm})$

15 답 ④

$\overline{AM}=\dfrac{1}{2}\overline{AB}=\dfrac{1}{2}\times20=10\,(\text{cm})$

$\overline{MB}=\overline{AM}=10\,\text{cm}$이므로

$\overline{MN}=\dfrac{1}{2}\overline{MB}=\dfrac{1}{2}\times10=5\,(\text{cm})$

$\therefore \overline{AN}=\overline{AM}+\overline{MN}=10+5=15\,(\text{cm})$

다른 풀이

$\overline{NB}=\dfrac{1}{2}\overline{MB}=\dfrac{1}{2}\times\dfrac{1}{2}\overline{AB}=\dfrac{1}{4}\overline{AB}=\dfrac{1}{4}\times20=5\,(\text{cm})$

$\therefore \overline{AN}=\overline{AB}-\overline{NB}=20-5=15\,(\text{cm})$

16 답 **21 cm**

$\overline{AB}=2\overline{MB}=2\times6=12\,(\text{cm})$

이때 $\overline{AB}:\overline{BC}=4:3$이므로 $12:\overline{BC}=4:3$

$4\overline{BC}=36$ $\therefore \overline{BC}=9\,(\text{cm})$

$\therefore \overline{AC}=\overline{AB}+\overline{BC}=12+9=21\,(\text{cm})$

다른 풀이

$\overline{AC}=\overline{AB}+\overline{BC}$이고 $\overline{AB}:\overline{BC}=4:3$이므로

$\overline{AC}=\dfrac{4+3}{4}\times\overline{AB}=\dfrac{7}{4}\times12=21\,(\text{cm})$

17 답 **4 cm**

$\overline{AD}=\overline{AC}+\overline{CD}$이고 $\overline{AC}=2\overline{CD}$이므로

$\overline{AC}=\dfrac{2}{2+1}\times\overline{AD}=\dfrac{2}{3}\times18=12\,(\text{cm})$

이때 $\overline{AC}=\overline{AB}+\overline{BC}$이고 $\overline{AB}=2\overline{BC}$이므로

$\overline{BC}=\dfrac{1}{2+1}\times\overline{AC}=\dfrac{1}{3}\times12=4\,(\text{cm})$

다른 풀이

$\overline{AD}=\overline{AC}+\overline{CD}=2\overline{CD}+\overline{CD}=3\overline{CD}$에서

$\overline{CD}=\dfrac{1}{3}\overline{AD}=\dfrac{1}{3}\times18=6\,(\text{cm})$이므로

$\overline{AC}=\overline{AD}-\overline{CD}=18-6=12\,(\text{cm})$

이때 $\overline{AC}=\overline{AB}+\overline{BC}=2\overline{BC}+\overline{BC}=3\overline{BC}$이므로

$\overline{BC}=\dfrac{1}{3}\overline{AC}=\dfrac{1}{3}\times12=4\,(\text{cm})$

18 답 **6 cm**

조건을 모두 만족시키는 네 점 A, B, C, D는 다음 그림과 같다.

즉, $\overline{BD}=\dfrac{3}{1+3}\times\overline{AD}=\dfrac{3}{4}\times32=24\,(\text{cm})$이므로

$\overline{BC}=\dfrac{1}{1+3}\times\overline{BD}=\dfrac{1}{4}\times24=6\,(\text{cm})$

다른 풀이

$\overline{AD}=\overline{AB}+\overline{BD}=\overline{AB}+3\overline{AB}=4\overline{AB}$에서

$\overline{AB}=\dfrac{1}{4}\overline{AD}=\dfrac{1}{4}\times32=8\,(\text{cm})$이므로

$\overline{BD}=\overline{AD}-\overline{AB}=32-8=24\,(\text{cm})$

이때 $\overline{BD}=\overline{BC}+\overline{CD}=\overline{BC}+3\overline{BC}=4\overline{BC}$이므로

$\overline{BC}=\dfrac{1}{4}\overline{BD}=\dfrac{1}{4}\times24=6\,(\text{cm})$

19 답 ③

① $80°$ ⇨ 예각   ② $110°$ ⇨ 둔각

④ $160°$ ⇨ 둔각   ⑤ $180°$ ⇨ 평각

따라서 바르게 구분한 것은 ③이다.

20 답 ㄴ, ㄷ

ㄱ. ∠AOB ⇨ 직각   ㄹ. ∠AOC ⇨ 둔각

따라서 예각인 것은 ㄴ, ㄷ이다.

21 답 ②

$3x+(5x+20)=180$, $8x=160$ $\therefore x=20$

22 답 ②

$3x+2x=90$, $5x=90$ $\therefore x=18$

23 답 ⑤

$(4x-5)+2x+(x+10)=180$

$7x=175$ $\therefore x=25$

$\therefore \angle BOC=2x°=2\times25°=50°$

24 답 $\angle x=70°$, $\angle y=20°$

$\angle AOC=90°$에서 $\angle COE=180°-90°=90°$

즉, $\angle y+70°=90°$이므로

$\angle y=90°-70°=20°$

또 $\angle x + \angle y = 90°$에서 $\angle x + 20° = 90°$

$\therefore \angle x = 90° - 20° = 70°$

25 답 **60°**

$\angle AOB + \angle BOC = 90°$이므로

$\angle AOB = 90° - \angle BOC$ ⋯ ㉠

$\angle BOC + \angle COD = 90°$이므로

$\angle COD = 90° - \angle BOC$ ⋯ ㉡ ⋯ (i)

즉, ㉠, ㉡에서 $\angle AOB = \angle COD$이고

$\angle AOB + \angle COD = 60°$이므로

$\angle AOB = \angle COD = 30°$ ⋯ (ii)

$\therefore \angle BOC = \angle AOC - \angle AOB$

$= 90° - 30° = 60°$ ⋯ (iii)

채점 기준	비율
(i) $\angle AOB$, $\angle COD$의 크기를 각각 $\angle BOC$를 사용하여 나타내기	40 %
(ii) $\angle AOB$, $\angle COD$의 크기 구하기	30 %
(iii) $\angle BOC$의 크기 구하기	30 %

26 답 **④**

$\angle x + \angle y + \angle z = 180°$이므로

$\angle y = 180° \times \dfrac{3}{5+3+2} = 180° \times \dfrac{3}{10} = 54°$

27 답 **75°**

$\angle AOB + \angle COD = 180° - \angle BOC = 180° - 90° = 90°$

이때 $\angle AOB : \angle COD = 1 : 5$이므로

$\angle COD = 90° \times \dfrac{5}{1+5} = 90° \times \dfrac{5}{6} = 75°$

[다른 풀이]

$\angle AOB = \angle x$라고 하면 $\angle COD = 5\angle x$이므로

$\angle x + 90° + 5\angle x = 180°$

$6\angle x = 90°$ $\therefore \angle x = 15°$

$\therefore \angle COD = 5\angle x = 5 \times 15° = 75°$

28 답 **③**

$\angle a : \angle b = 2 : 3$, $\angle a : \angle c = 1 : 2 = 2 : 4$이므로

$\angle a : \angle b : \angle c = 2 : 3 : 4$

$\therefore \angle b = 180° \times \dfrac{3}{2+3+4} = 180° \times \dfrac{3}{9} = 60°$

29 답 **⑤**

$\angle BOC = \angle x$, $\angle COD = \angle y$라고 하면

$\angle AOB = 2\angle x$, $\angle DOE = 2\angle y$

즉, $2\angle x + \angle x + \angle y + 2\angle y = 180°$이므로 $3\angle x + 3\angle y = 180°$

$\angle x + \angle y = 60°$

$\therefore \angle BOD = \angle x + \angle y = 60°$

30 답 **③**

$\angle AOB = \angle BOC = \angle x$라고 하면

$\angle BOC = \dfrac{1}{4}\angle BOD$이므로

$\angle COD = 3\angle x$

즉, $\angle x + \angle x + 3\angle x + 40° = 180°$이므로

$5\angle x = 140°$, $\angle x = 28°$

$\therefore \angle COD = 3\angle x = 3 \times 28° = 84°$

31 답 **50°**

$\angle BOC = \angle x$, $\angle COD = \angle y$라고 하면

$\angle AOB = 3\angle x$, $\angle DOE = 2\angle y$

즉, $\angle AOB = 3\angle x = 90°$이므로

$\angle x = 30°$

이때 $\angle COE = 3\angle y = 90° - \angle x$에서

$3\angle y = 60°$ $\therefore \angle y = 20°$

$\therefore \angle BOD = \angle x + \angle y = 30° + 20° = 50°$

32 답 **25**

맞꼭지각의 크기는 서로 같으므로

$x + 40 = 3x - 10$, $2x = 50$ $\therefore x = 25$

33 답 **②**

맞꼭지각의 크기는 서로 같으므로

$8x - 5 = 5x + 55$, $3x = 60$ $\therefore x = 20$

$y + (8x - 5) = 180$이므로 $y + 155 = 180$ $\therefore y = 25$

$\therefore x + y = 20 + 25 = 45$

34 답 **⑤**

$\angle a : \angle b = 2 : 1$이고 $\angle a + \angle b = 180°$이므로

$\angle a = 180° \times \dfrac{2}{2+1} = 180° \times \dfrac{2}{3} = 120°$

$\angle a = \angle c$ (맞꼭지각)이므로 $\angle c = 120°$

35 답 **50°**

맞꼭지각의 크기는 서로 같으므로

$\angle DOF = \angle COE = \angle x$ ⋯ (i)

즉, $60° + \angle x + (2\angle x - 30°) = 180°$이므로

$3\angle x = 150°$ $\therefore \angle x = 50°$ ⋯ (ii)

채점 기준	비율
(i) $\angle DOF = \angle x$임을 설명하기	50 %
(ii) $\angle x$의 크기 구하기	50 %

36 답 **50°**

오른쪽 그림에서 맞꼭지각의 크기는 서로 같으므로

$(2x - 40) + (x + 10) + 90 = 180$

$3x = 120$ $\therefore x = 40$

$\therefore \angle COE = x° + 10°$

$= 40° + 10° = 50°$

37 답 **12쌍**

두 직선 k와 l, k와 m, k와 n, l과 m, l과 n, m과 n이 각각 만날 때 맞꼭지각이 2쌍씩 생기므로 모두 $2 \times 6 = 12$(쌍)이다.

38 답 ②

맞꼭지각의 크기는 서로 같으므로
$\angle x + 90° = 130°$ ∴ $\angle x = 40°$

39 답 ⑤

맞꼭지각의 크기는 서로 같으므로
$\angle x = 80° + \angle y$ ∴ $\angle x - \angle y = 80°$

40 답 **90**

맞꼭지각의 크기는 서로 같으므로
$x - 40 = 20 + (y + 30)$
∴ $x - y = 90$

41 답 **150°**

오른쪽 그림에서 맞꼭지각의 크기는 서로 같으므로

$\angle x = 90° - 35° = 55°$ … (i)
$\angle y = \angle x + 40°$
$\quad\quad = 55° + 40° = 95°$ … (ii)
∴ $\angle x + \angle y = 55° + 95° = 150°$ … (iii)

채점 기준	비율
(i) $\angle x$의 크기 구하기	40 %
(ii) $\angle y$의 크기 구하기	40 %
(iii) $\angle x + \angle y$의 크기 구하기	20 %

42 답 ③, ⑤, ⑥

③ $\overline{\mathrm{AO}}$는 $\overline{\mathrm{CD}}$(또는 $\overline{\mathrm{CO}}$, $\overline{\mathrm{DO}}$ 등)의 수선이다.
⑤ 점 C와 직선 AB 사이의 거리는 $\overline{\mathrm{CO}}$의 길이와 같다.
⑥ 점 D에서 직선 AB에 내린 수선의 발은 점 O이다.

43 답 (1) 점 B (2) 8 cm

(1) 점 C에서 $\overline{\mathrm{AB}}$에 내린 수선의 발은 점 B이다.
(2) 점 A와 $\overline{\mathrm{CD}}$ 사이의 거리는 $\overline{\mathrm{BC}}$의 길이와 같으므로 8 cm이다.

44 답 ②

점 B와 $\overleftrightarrow{\mathrm{PQ}}$ 사이의 거리는 $\overline{\mathrm{BM}}$의 길이와 같으므로
$\overline{\mathrm{BM}} = \dfrac{1}{2}\overline{\mathrm{AB}} = \dfrac{1}{2} \times 14 = 7\,(\mathrm{cm})$

45 답 ㄷ, ㄹ

ㄱ. 점 A는 직선 l 위에 있다.
ㄴ. 점 C는 직선 m 위에 있지 않다.
따라서 옳은 것은 ㄷ, ㄹ이다.

46 답 ②

② 점 C는 직선 n 위에 있지 않다.

47 답 **5**

모서리 AB 위에 있지 않은 꼭짓점은 점 C, 점 D, 점 E의 3개이므로 $a = 3$
면 ABC 위에 있지 않은 꼭짓점은 점 D, 점 E의 2개이므로 $b = 2$
∴ $a + b = 3 + 2 = 5$

48 답 ⑤

⑤ 평면에서는 두 직선이 만나지도 않고 평행하지도 않은 경우가 존재하지 않는다.

49 답 ②, ④

② 점 A는 $\overleftrightarrow{\mathrm{BC}}$ 위에 있지 않다.
④ $\overleftrightarrow{\mathrm{AD}}$와 $\overleftrightarrow{\mathrm{CD}}$는 수직이다.

50 답 **5**

$\overleftrightarrow{\mathrm{AH}}$와 평행한 직선은 $\overleftrightarrow{\mathrm{DE}}$의 1개이므로 $a = 1$ … (i)
$\overleftrightarrow{\mathrm{AH}}$와 한 점에서 만나는 직선은
$\overleftrightarrow{\mathrm{AB}}$, $\overleftrightarrow{\mathrm{BC}}$, $\overleftrightarrow{\mathrm{CD}}$, $\overleftrightarrow{\mathrm{EF}}$, $\overleftrightarrow{\mathrm{FG}}$, $\overleftrightarrow{\mathrm{GH}}$의 6개이므로 $b = 6$ … (ii)
∴ $b - a = 6 - 1 = 5$ … (iii)

채점 기준	비율
(i) a의 값 구하기	40 %
(ii) b의 값 구하기	40 %
(iii) $b - a$의 값 구하기	20 %

51 답 ⑤

①, ②, ③, ④ 꼬인 위치에 있다. ⑤ 평행하다.
따라서 나머지 넷과 다른 하나는 ⑤이다.

52 답 ③, ⑤

① 두 모서리 AB, BE는 점 B에서 만난다.
②, ④ 두 모서리는 만나지도 않고 평행하지도 않으므로 꼬인 위치에 있다.
따라서 옳은 것은 ③, ⑤이다.

53 답 $\overline{\mathrm{AE}}$, $\overline{\mathrm{CG}}$

54 답 ③

모서리 BC와 꼬인 위치에 있는 모서리는 $\overline{\mathrm{AD}}$이다.

55 답 3

$\overline{AC}$와 만나는 모서리는
$\overline{AB}$, $\overline{AD}$, $\overline{AE}$, $\overline{BC}$, $\overline{CD}$의 5개이므로 $a=5$ ⋯ (i)
$\overline{AC}$와 꼬인 위치에 있는 모서리는
$\overline{BE}$, $\overline{DE}$의 2개이므로 $b=2$ ⋯ (ii)
∴ $a-b=5-2=3$ ⋯ (iii)

채점 기준	비율
(i) a의 값 구하기	40 %
(ii) b의 값 구하기	40 %
(iii) $a-b$의 값 구하기	20 %

56 답 ④

④ $\overleftrightarrow{FE}$와 $\overleftrightarrow{HI}$는 평행하다.

57 답 $\overline{BC}$, $\overline{BF}$, $\overline{CD}$, $\overline{DH}$, $\overline{EF}$, $\overline{EH}$

$\overline{AG}$와 만나지도 않고 평행하지도 않은 모서리, 즉 꼬인 위치
에 있는 모서리는 $\overline{BC}$, $\overline{BF}$, $\overline{CD}$, $\overline{DH}$, $\overline{EF}$, $\overline{EH}$이다.

58 답 ①

① 꼬인 위치는 공간에서 두 직선의 위치 관계 중 하나이다.

59 답 (1) 면 ACFD, 면 BCFE (2) $\overline{AD}$, $\overline{BE}$, $\overline{CF}$

60 답 ③

$\overline{AD}$와 평행한 면은
면 BFGC, 면 EFGH의 2개이므로 $a=2$
면 EFGH와 수직인 모서리는
$\overline{AE}$, $\overline{BF}$, $\overline{CG}$, $\overline{DH}$의 4개이므로 $b=4$
∴ $a+b=2+4=6$

61 답 ⑤

면 BFHD와 수직인 면은 면 ABCD, 면 EFGH(⑤)이다.

62 답 ㄱ, ㄴ, ㄷ

ㄹ. 면 BEFC와 만나는 면은
  면 ADEB, 면 ADFC, 면 ABC, 면 DEF의 4개이다.
따라서 옳은 것은 ㄱ, ㄴ, ㄷ이다.

63 답 ⑤

① $\overline{BC}$와 평행한 면은 면 AEHD, 면 EFGH의 2개이다.
② 면 AEGC와 평행한 모서리는 $\overline{BF}$, $\overline{DH}$의 2개이다.
④ $\overline{AC}$와 꼬인 위치에 있는 모서리는
  $\overline{BF}$, $\overline{DH}$, $\overline{EF}$, $\overline{FG}$, $\overline{GH}$, $\overline{EH}$의 6개이다.
⑤ 면 AEHD와 면 BFGC 사이의 거리는
  $\overline{AB}$(또는 $\overline{CD}$ 또는 $\overline{EF}$ 또는 $\overline{GH}$)의 길이와 같다.
따라서 옳지 않은 것은 ⑤이다.

64 답 ㄷ, ㄹ

ㄱ. 모서리 BE와 모서리 DF는 꼬인 위치에 있다.
ㄴ. 모서리 BC와 수직인 모서리는
  $\overline{AB}$, $\overline{CD}$, $\overline{CE}$의 3개이다.
ㄷ. 모서리 CE를 포함하는 면은
  면 BCE, 면 CEFD의 2개이다.
따라서 옳은 것은 ㄷ, ㄹ이다.

65 답 (1) $\overleftrightarrow{AD}$, $\overleftrightarrow{DC}$, $\overleftrightarrow{DH}$, $\overleftrightarrow{EH}$, $\overleftrightarrow{GH}$
    (2) 면 BFGC, 면 EFGH

참고 $\overleftrightarrow{BF}$와 한 점에서 만나는 직선은
  $\overleftrightarrow{AE}$, $\overleftrightarrow{BA}$, $\overleftrightarrow{BC}$, $\overleftrightarrow{FE}$, $\overleftrightarrow{FG}$이고,
  $\overleftrightarrow{BF}$와 평행한 직선은 $\overleftrightarrow{CG}$이다.

66 답 ③, ④

① $\overline{AB}$와 꼬인 위치에 있는 모서리는
  $\overline{CF}$, $\overline{CG}$, $\overline{DG}$, $\overline{EF}$의 4개이다.
② $\overline{EF}$를 포함하는 면은 면 BEF, 면 DEFG의 2개이다.
③ 면 ABED와 평행한 면은 면 CFG의 1개이다.
④ 면 CFG와 수직인 모서리는 $\overline{AC}$, $\overline{DG}$, $\overline{EF}$의 3개이다.
⑤ 면 DEFG와 수직인 모서리는 $\overline{AD}$, $\overline{BE}$, $\overline{CG}$의 3개이다.
따라서 옳은 것은 ③, ④이다.

67 답 ①, ⑤

주어진 전개도로 정육면체를 만
들면 오른쪽 그림과 같으므로 모
서리 CD와 평행한 면은
면 MNKL(①), 면 JEHI(⑤)이
다.
② 모서리 CD를 포함한다.
③, ④ 모서리 CD와 한 점에서 만난다.

68 답 ④

주어진 전개도로 삼각뿔을 만들면 오른쪽
그림과 같으므로 모서리 AB와 꼬인 위치
에 있는 모서리는 $\overline{DF}$(④)이다.
① 모서리 AB와 일치한다.
②, ③, ⑤ 모서리 AB와 한 점에서 만난다.

69 답 ③, ④

주어진 전개도로 입체도형을 만들면 오른쪽
그림과 같다.
① 모서리 AH와 모서리 DI는 한 점에서 만
  난다.
② 모서리 BC와 면 GDEH는 한 점에서 만
  난다.
⑤ 면 CFGJ와 면 IDEH는 한 직선에서 만난다.
따라서 옳은 것은 ③, ④이다.

70 답 ③

$l \perp P$, $l \perp m$이면 오른쪽 그림과 같이
직선 m과 평면 P는 평행하다.
($m /\!/ P$)

71 답 ③, ⑤

① 한 직선에 평행한 서로 다른 두 직선은
오른쪽 그림과 같이 평행하다.

② 한 직선에 수직인 서로 다른 두 평면은
오른쪽 그림과 같이 평행하다.

③ 한 직선에 평행한 서로 다른 두 평면은 다음 그림과 같이
평행하거나 한 직선에서 만날 수 있다.

평행하다.　　　한 직선에서 만난다.

④ 한 평면에 수직인 서로 다른 두 직선은
오른쪽 그림과 같이 평행하다.

⑤ 한 평면에 평행한 서로 다른 두 직선은 다음 그림과 같이
평행하거나 한 점에서 만나거나 꼬인 위치에 있을 수 있다.

평행하다.　　한 점에서 만난다.　꼬인 위치에 있다.

따라서 옳지 않은 것은 ③, ⑤이다.

72 답 ④, ⑤, ⑥

① $l /\!/ m$, $l /\!/ n$이면 서로 다른 두 직선 m,
n은 오른쪽 그림과 같이 평행하다.
즉, $m /\!/ n$이다.

② $l \perp n$, $m \perp n$이면 서로 다른 두 직선 l, m은 다음 그림과
같이 평행하거나 한 점에서 만나거나 꼬인 위치에 있을
수 있다.

평행하다.　　한 점에서 만난다.　꼬인 위치에 있다.

③ $l /\!/ P$, $l /\!/ Q$이면 서로 다른 두 평면 P, Q는 다음 그림과
같이 평행하거나 한 직선에서 만날 수 있다.

평행하다.　　한 직선에서 만난다.

④ $l \perp P$, $P /\!/ Q$이면 오른쪽 그림과 같이
$l \perp Q$이다.

⑤ $l \perp P$, $l \perp Q$이면 서로 다른 두 평면 P,
Q는 오른쪽 그림과 같이 평행하다.
즉, $P /\!/ Q$이다.

⑥ $P /\!/ Q$, $P /\!/ R$이면 서로 다른 두 평면 Q,
R는 오른쪽 그림과 같이 평행하다.
즉, $Q /\!/ R$이다.

⑦ $l /\!/ P$, $m /\!/ P$이면 서로 다른 두 직선 l, m은 다음 그림
과 같이 평행하거나 한 점에서 만나거나 꼬인 위치에 있
을 수 있다.

평행하다.　　한 점에서 만난다.　꼬인 위치에 있다.

⑧ $P \perp Q$, $P \perp R$이면 서로 다른 두 평면 Q, R는 다음과
같이 평행하거나 한 직선에서 만날 수 있다.

평행하다.　　한 직선에서 만난다.

따라서 옳은 것은 ④, ⑤, ⑥이다.

유형 21~26　　　　　　　　　　　　　　P. 17~21

73 답 **105°**

∠x의 엇각의 크기는
$180° - 75° = 105°$

74 답 ④

② ∠b의 동위각은 ∠f이고,
∠$f = 180° - 120° = 60°$
④ ∠d의 엇각은 ∠b이고,
∠$b = 80°$ (맞꼭지각)
⑤ ∠e의 동위각은 ∠a이고,
∠$a = 180° - 80° = 100°$
따라서 옳지 않은 것은 ④이다.

75 답 ④

(i) 　　　　(ii)

따라서 (i), (ii)에 의해 ∠x의 모든 동위각의 크기의 합은
$100° + 135° = 235°$

76 답 $\angle c$, $\angle e$, $\angle g$

$\angle a = \angle c$ (맞꼭지각)

$l /\!/ m$이므로 $\angle a = \angle e$ (동위각)

$\angle e = \angle g$ (맞꼭지각)

따라서 $\angle a$와 크기가 같은 각은 $\angle c$, $\angle e$, $\angle g$이다.

77 답 $90°$

$l /\!/ m$이므로 $\angle a = 40°$ (엇각), $\angle b = 50°$ (동위각)

$\therefore \angle a + \angle b = 40° + 50° = 90°$

78 답 $120°$

오른쪽 그림에서 $l /\!/ m$이므로

$\angle a = 180° - 120° = 60°$ (엇각)

$\angle b = \angle a = 60°$ (맞꼭지각)

$\therefore \angle a + \angle b = 60° + 60° = 120°$

79 답 ③

오른쪽 그림에서 $l /\!/ m$이므로

$45° + \angle x = 70°$ (엇각)

$\therefore \angle x = 25°$

80 답 ②

① $\angle a = 50°$ (맞꼭지각)

② $l /\!/ m$이므로 $\angle b = 50°$ (동위각)

③ $\angle c = 180° - (50° + 65°) = 65°$

④ $l /\!/ m$이므로 $\angle d = \angle a + 65° = 50° + 65° = 115°$ (엇각)

⑤ $\angle e = \angle c = 65°$ (동위각)

따라서 옳은 것은 ②이다.

81 답 ③

오른쪽 그림에서 $l /\!/ m$이므로

$\angle x + 35° + 110° = 180°$

$\therefore \angle x = 35°$

82 답 ④

오른쪽 그림에서

$l /\!/ m$, $k /\!/ n$이므로

$\angle x + 45° = 125°$ (동위각)

$\therefore \angle x = 80°$

83 답 ③

오른쪽 그림에서

$l /\!/ m$이므로 $\angle x = 70°$ (동위각)

$k /\!/ n$이므로 $\angle y = 180° - 120° = 60°$

$\therefore \angle x + \angle y = 70° + 60° = 130°$

84 답 ④

① 오른쪽 그림과 같이 동위각의 크기가 같지 않으므로 두 직선 l, m은 평행하지 않다.

② 동위각의 크기가 같지 않으므로 두 직선 l, m은 평행하지 않다.

③ 맞꼭지각의 크기는 항상 같으므로 두 직선 l, m이 평행한지 평행하지 않은지 알 수 없다.

④ 오른쪽 그림과 같이 엇각의 크기가 같으므로 두 직선 l, m은 평행하다.

⑤ 오른쪽 그림과 같이 동위각의 크기가 같지 않으므로 두 직선 l, m은 평행하지 않다.

따라서 두 직선 l, m이 평행한 것은 ④이다.

85 답 ①, ③

①

⇨ 동위각의 크기가 같으므로 $l /\!/ m$

③

⇨ 동위각의 크기가 같으므로 $p /\!/ q$

따라서 평행한 두 직선은 ①, ③이다.

86 답 ④

① $l /\!/ m$이면 $\angle b = 60°$ (엇각)

② $\angle b = \angle f$, 즉 동위각의 크기가 같으면 $l /\!/ m$이다.

③ $l /\!/ m$이면 $\angle c = \angle e$ (엇각)

④ $\angle c = 100°$이면 $\angle d = 180° - 100° = 80°$

즉, 동위각의 크기가 같지 않으므로 두 직선 l, m은 평행하지 않다.

⑤ $\angle a = 120°$이면 $\angle b = 180° - 120° = 60°$

즉, 엇각의 크기가 같으므로 $l /\!/ m$이다.

따라서 옳지 않은 것은 ④이다.

87 답 $40°$

오른쪽 그림과 같이 $l /\!/ m /\!/ n$인 직선 n을 그으면

$\angle x = 40°$ (엇각)

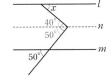

88 답 **35**

오른쪽 그림과 같이 $l /\!/ m /\!/ n$인
직선 n을 그으면 ... (i)

$l /\!/ n$이므로
$\angle a = 180° - 150° = 30°$(엇각)

$n /\!/ m$이므로 $\angle b = 30°$(엇각)

즉, $\angle a + \angle b = 30° + 30° = 60°$이므로

$x + 25 = 60$ ... (ii)

$\therefore x = 60 - 25 = 35$ ... (iii)

채점 기준	비율
(i) $l /\!/ m /\!/ n$인 직선 n 긋기	30 %
(ii) 평행선의 성질을 이용하여 x에 대한 식 세우기	50 %
(iii) x의 값 구하기	20 %

89 답 **24**

오른쪽 그림과 같이 $l /\!/ m /\!/ n$인
직선 n을 그으면

$(x + 15) + (4x + 5) = 140$

$5x = 120$

$\therefore x = 24$

90 답 ②

오른쪽 그림과 같이 $l /\!/ m /\!/ n$인
직선 n을 그으면

$55° + 90° + \angle x = 180°$

$\therefore \angle x = 35°$

91 답 ③

오른쪽 그림과 같이
$l /\!/ m /\!/ p /\!/ q$인
두 직선 p, q를 그으면

$\angle x = 60° + 20° = 80°$

92 답 **10°**

오른쪽 그림과 같이
$l /\!/ m /\!/ p /\!/ q$인
두 직선 p, q를 그으면

$\angle x = 10°$(동위각)

93 답 ②

오른쪽 그림과 같이
$l /\!/ m /\!/ p /\!/ q$인
두 직선 p, q를 그으면

$65° - \angle x = 55° - \angle y$(엇각)

$\therefore \angle x - \angle y = 65° - 55° = 10°$

94 답 ⑤

오른쪽 그림과 같이
$l /\!/ m /\!/ p /\!/ q$인
두 직선 p, q를 그으면

$(\angle x - 30°) + (\angle y - 25°) = 180°$
이므로

$\angle x + \angle y = 180° + 30° + 25°$

$= 235°$

95 답 ②

오른쪽 그림과 같이 $l /\!/ m /\!/ n$인 직선
n을 긋자.

$\angle CBD = \angle a$라고 하면

$\angle ABC = 3\angle a$

이때

$\angle ABD = \angle ABC + \angle CBD$

$= 3\angle a + \angle a = 4\angle a$

이므로

$4\angle a = 15° + 85° = 100°$ $\qquad \therefore \angle a = 25°$

$\therefore \angle CBD = 25°$

96 답 **90°**

오른쪽 그림과 같이
$l /\!/ m /\!/ p /\!/ q$인
두 직선 p, q를 그으면

$\angle x = 55° + 35° = 90°$

97 답 **120°**

오른쪽 그림과 같이
$l /\!/ m /\!/ p /\!/ q /\!/ r$인
세 직선 p, q, r를 그으면

$\angle a_1 + \angle a_2 + \angle a_3 + 60° + \angle a_4$
$= 180°$

$\therefore \angle a_1 + \angle a_2 + \angle a_3 + \angle a_4$

$= 180° - 60°$

$= 120°$

98 답 **60°**

오른쪽 그림과 같이 점 C를 지나고
$l /\!/ m /\!/ n$인 직선 n을 긋자.

$\angle DAC = \angle a$, $\angle CBE = \angle b$라고
하면

$\angle BAC = 2\angle a$, $\angle ABC = 2\angle b$

삼각형 ACB에서

$2\angle a + (\angle a + \angle b) + 2\angle b = 180°$이므로

$3\angle a + 3\angle b = 180°$, $\angle a + \angle b = 60°$

$\therefore \angle ACB = \angle a + \angle b = 60°$

99 답 **65°**

위의 그림에서 $\overline{AD} /\!/ \overline{BC}$이므로
∠DEG=∠EGB=∠x (엇각)
즉, ∠FEG=∠DEG=∠x (접은 각)이므로
$50° + ∠x + ∠x = 180°$
$2∠x = 130°$ ∴ $∠x = 65°$

100 답 **80°**

오른쪽 그림에서
∠BDC′=∠BDC=50° (접은 각)
$\overline{AB} /\!/ \overline{DC}$이므로
∠PBD=∠BDC=50° (엇각)
따라서 삼각형 PBD에서
∠BPD=180°−(50°+50°)=80°

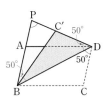

101 답 **③**

오른쪽 그림에서
∠FDE=∠CDE=25° (접은 각)
∠ADC=90°이므로
$∠x=90°−(25°+25°)=40°$
∠ADE=∠x+25°=40°+25°=65°이므로
∠DEC=∠ADE=65° (엇각)
즉, ∠DEF=∠DEC=65° (접은 각)이므로
∠y+65°+65°=180°   ∴ ∠y=50°

102 답 **B**

㈎에서 정우의 단골 가게는 B, C, D, E 중 하나이다.
㈏에서 $\overline{AB}=\overline{BC}$, $\overline{AC}=\overline{CD}$, $\overline{BD}=\overline{DE}$이므로
$\overline{AB}=\overline{BC}=x$라고 하면
$\overline{CD}=\overline{AC}=2\overline{AB}=2x$,
$\overline{DE}=\overline{BD}=\overline{BC}+\overline{CD}=x+2x=3x$

㈐에서 정우의 단골 가게는 E가 될 수 없으므로 B, C, D 중 하나이다.
이때 $\overline{AB}=x$, $\overline{BE}=6x$이므로 $\overline{BE}=6\overline{AB}$
따라서 정우의 단골 가게는 B이다.

103 답 **180°**

맞꼭지각의 크기는 서로 같으므로
∠a+∠b+∠c+∠d+∠e
　　　+∠f+∠g
=180°

---

1 10	**2** ②	**3** 7 cm	**4** ④	**5** ①
6 ④	**7** ②	**8** ③	**9** ④, ⑤	**10** ③
11 60°	**12** ③	**13** 30	**14** ③	**15** 60°
16 ②	**17** 14	**18** ④		
19 ∠x=20°, ∠y=100°		**20** ④	**21** ⑤	
22 풀이 참조		**23** ③	**24** 65°	

1 (교점의 개수)=(꼭짓점의 개수)=4(개)이므로 $x=4$
(교선의 개수)=(모서리의 개수)=6(개)이므로 $y=6$
∴ $x+y=4+6=10$

2 ② $\overrightarrow{AB}$와 $\overrightarrow{BA}$는 시작점이 다르고 뻗어 나가는 방향도 다르므로 $\overrightarrow{AB} \neq \overrightarrow{BA}$

3 두 점 M, N이 각각 $\overline{AB}$, $\overline{BC}$의 중점이므로
$\overline{MB}=\dfrac{1}{2}\overline{AB}$, $\overline{BN}=\dfrac{1}{2}\overline{BC}$　　　…… (i)

∴ $\overline{MN}=\overline{MB}+\overline{BN}=\dfrac{1}{2}\overline{AB}+\dfrac{1}{2}\overline{BC}$
　　$=\dfrac{1}{2}(\overline{AB}+\overline{BC})=\dfrac{1}{2}\overline{AC}$　　…… (ii)
　　$=\dfrac{1}{2}\times 14=7\,(\text{cm})$　　　　　…… (iii)

채점 기준	비율
(i) $\overline{MB}=\dfrac{1}{2}\overline{AB}$, $\overline{BN}=\dfrac{1}{2}\overline{BC}$임을 설명하기	30 %
(ii) $\overline{MN}=\dfrac{1}{2}\overline{AC}$임을 설명하기	40 %
(iii) $\overline{MN}$의 길이 구하기	30 %

4 ∠x+(3∠x+10°)=90°이므로
$4∠x=80°$ ∴ ∠x=20°
∴ ∠COD=3∠x+10°
　　　　　=3×20°+10°=70°

5 오른쪽 그림에서 맞꼭지각의 크기는
서로 같으므로
∠x+(3∠x−20°)+(2∠x−10°)
=180°
$6∠x=210°$ ∴ ∠x=35°

6 ①, ② ∠BOD=∠AOC=30° (맞꼭지각)이므로
　　　∠DOF=90°−30°=60°
③ ∠DOE=90°+30°=120°
④ ∠AOD=90°+60°=150°, ∠COF=30°+90°=120°
　이므로 ∠AOD ≠ ∠COF
⑤ ∠COF=∠DOE=120° (맞꼭지각)
따라서 옳지 않은 것은 ④이다.

7 점 C와 선분 AB 사이의 거리는
$\overline{BC}$의 길이인 12 cm이므로
$x=12$
점 D와 선분 BC 사이의 거리는
$\overline{AB}$의 길이인 5 cm이므로
$y=5$
$\therefore x+y=12+5=17$

8 ③ 면 ABCD와 선분 EG는 평행하다.

9 ② 평면에서 한 직선에 수직인 서로 다른 두
직선은 오른쪽 그림과 같이 평행하다.

④ 공간에서 만나지 않는 서로 다른 두 직선은 다음 그림과
같이 평행하거나 꼬인 위치에 있을 수 있다.

평행하다.   꼬인 위치에 있다.

⑤ 공간에서 한 직선에 평행한 서로 다른 두 평면은 다음 그
림과 같이 평행하거나 한 직선에서 만날 수 있다.

평행하다.   한 직선에서 만난다.

따라서 옳지 않은 것은 ④, ⑤이다.

10 ③, ④ $\angle b$의 엇각은 $\angle f$이고,
$\angle f=50°$ (맞꼭지각)
⑤ $\angle c$의 동위각은 $\angle e$이고,
$\angle e=180°-50°=130°$
따라서 옳지 않은 것은 ③이다.

11 오른쪽 그림과 같이
$l /\!/ m /\!/ n$인 직선 n을 그으면
$50°+70°+\angle x=180°$
$\therefore \angle x=60°$

12 오른쪽 그림과 같이
$l /\!/ m /\!/ p /\!/ q$인
두 직선 p, q를 그으면
$\angle x+40°=30°+30°$
$\therefore \angle x=20°$

13 두 점을 이어서 만들 수 있는 서로 다른 직선은
$\overleftrightarrow{AB}$, $\overleftrightarrow{AC}$, $\overleftrightarrow{AD}$, $\overleftrightarrow{AE}$, $\overleftrightarrow{BC}$, $\overleftrightarrow{BD}$, $\overleftrightarrow{BE}$, $\overleftrightarrow{CD}$, $\overleftrightarrow{CE}$, $\overleftrightarrow{DE}$
의 10개이므로 $a=10$
서로 다른 반직선은
$\overrightarrow{AB}$, $\overrightarrow{AC}$, $\overrightarrow{AD}$, $\overrightarrow{AE}$, $\overrightarrow{BA}$, $\overrightarrow{BC}$, $\overrightarrow{BD}$, $\overrightarrow{BE}$, $\overrightarrow{CA}$, $\overrightarrow{CB}$, $\overrightarrow{CD}$,
$\overrightarrow{CE}$, $\overrightarrow{DA}$, $\overrightarrow{DB}$, $\overrightarrow{DC}$, $\overrightarrow{DE}$, $\overrightarrow{EA}$, $\overrightarrow{EB}$, $\overrightarrow{EC}$, $\overrightarrow{ED}$
의 20개이므로 $b=20$
$\therefore a+b=10+20=30$

다른 풀이 반직선의 개수 구하기

어느 세 점도 한 직선 위에 있지 않으므로
(반직선의 개수)=(직선의 개수)×2
$=10×2=20$(개)

14 크기가 30°인 각은
$\angle AOC$, $\angle COD$, $\angle DOE$, $\angle EOF$, $\angle FOG$, $\angle GOB$
의 6개이고,
크기가 60°인 각은
$\angle AOD$, $\angle COE$, $\angle DOF$, $\angle EOG$, $\angle FOB$
의 5개이다.
따라서 예각의 개수는 $6+5=11$(개)

15 $\angle COD=\angle x$, $\angle DOE=\angle y$라고 하면
$\angle AOC=2\angle x$, $\angle EOB=2\angle y$
즉, $2\angle x+\angle x+\angle y+2\angle y=180°$이므로 ···(i)
$3\angle x+3\angle y=180°$, $\angle x+\angle y=60°$
$\therefore \angle COE=\angle x+\angle y=60°$ ···(ii)

채점 기준	비율
(i) $\angle COE$의 크기를 구하는 식 세우기	50 %
(ii) $\angle COE$의 크기 구하기	50 %

다른 풀이

$\angle AOD+\angle DOB=3\angle COD+3\angle DOE$
$=3(\angle COD+\angle DOE)$
$=3\angle COE$ ···(i)
이때 $\angle AOD+\angle DOB=180°$이므로
$3\angle COE=180°$
$\therefore \angle COE=\dfrac{1}{3}×180°=60°$ ···(ii)

채점 기준	비율
(i) $\angle AOD+\angle DOB=3\angle COE$임을 설명하기	50 %
(ii) $\angle COE$의 크기 구하기	50 %

16 시침과 분침은 1시간 동안 각각 30°,
360°를 회전하므로 시침과 분침이 1분
동안 회전하는 각도는 각각
$30°÷60=0.5°$, $360°÷60=6°$
시침이 시계의 12를 가리킬 때부터 5시
간 40분 동안 움직인 각도는
$30°×5+0.5°×40=170°$

분침이 시계의 12를 가리킬 때부터 40분 동안 움직인 각도는
$6° \times 40 = 240°$
따라서 시침과 분침이 이루는 각 중 작은 쪽의 각의 크기는
$240° - 170° = 70°$

17 모서리 DE와 꼬인 위치에 있는 모서리는
$\overline{AC}, \overline{BH}, \overline{HI}, \overline{HF}, \overline{IF}, \overline{CG}$의 6개이므로 $a = 6$
면 ABED와 평행한 모서리는
$\overline{IC}, \overline{IF}, \overline{FG}, \overline{CG}$의 4개이므로 $b = 4$
면 ADGC와 수직으로 만나는 모서리는
$\overline{AB}, \overline{DE}, \overline{GF}, \overline{CI}$의 4개이므로 $c = 4$
$\therefore a + b + c = 6 + 4 + 4 = 14$

18 주어진 전개도로 정육면체를 만들면 오른쪽 그림과 같으므로 $\overline{NB}$와 $\overline{JF}$는 꼬인 위치에 있다.

19 오른쪽 그림에서 $l \parallel m$이고
삼각형 ABC가 정삼각형이므로
$\angle y = 40° + 60° = 100°$(엇각)
$\therefore \angle x = 180° - (60° + \angle y)$
$\qquad = 180° - (60° + 100°)$
$\qquad = 20°$

20 오른쪽 그림과 같이
$l \parallel m \parallel n \parallel p \parallel q$인 세 직선 n, p, q를 그으면
$\angle a + \angle b + \angle c + \angle d + 31°$
$= 180°$
$\therefore \angle a + \angle b + \angle c + \angle d = 149°$

21 오른쪽 그림에서
$\angle CAB = 180° - 130° = 50°$
$\angle x = \angle CAB = 50°$(엇각)
$\angle ABC = \angle x = 50°$(접은 각)
삼각형 ACB에서
$\angle y = 180° - (50° + 50°) = 80°$
$\therefore \angle y - \angle x = 80° - 50° = 30°$

22 ㈎에서 세 점 A, B, C의 위치는 다음 그림과 같다.

㈏에서 두 점 E, F의 위치는 다음 그림과 같은 두 가지 경우가 있다.

㈐에서 5개의 점의 위치는 다음 그림과 같다.

B G E D A F C

23

위의 그림과 같이 $l \parallel m \parallel s \parallel r$인 두 직선 s, r를 긋고
$\angle PAB = \angle BAD = \angle a$,
$\angle DCB = \angle BCQ = \angle b$라고 하면
$\angle ADC = 2\angle a + 2\angle b = 120°$
$\therefore \angle a + \angle b = 60°$
$\therefore \angle x = \angle a + \angle b = 60°$

24

위의 그림에서 $\overline{GJ} \parallel \overline{HI}$이므로
$\angle BDH = \angle ABG = 70°$(동위각)
$\angle DEJ = \angle HDE$(엇각)
$\qquad = 70° + 60° = 130°$
$\therefore \angle DEF = \angle JEF$(접은 각)
$\qquad = \dfrac{1}{2}\angle DEJ = \dfrac{1}{2} \times 130° = 65°$

P. 28~30

유형 1~6

1 답 ③

③ 작도에서 각도기는 사용하지 않고, 주어진 각의 크기를 옮길 때는 눈금 없는 자와 컴퍼스를 사용한다.

2 답 ⓒ → ㉠ → ㉢ → ㉣

3 답 ㉢ → ⓒ → ㉠

4 답 ②

5 답 ④

①, ② 두 점 O, P를 중심으로 반지름의 길이가 같은 원을 각각 그리므로 $\overline{OA}=\overline{OB}=\overline{PC}=\overline{PD}$

③ 점 D를 중심으로 반지름의 길이가 $\overline{AB}$인 원을 그리므로 $\overline{AB}=\overline{CD}$

④ $\overline{OA}=\overline{AB}$인지는 알 수 없다.

따라서 옳지 않은 것은 ④이다.

6 답 ㉠ → ㉣ → ㉤ → ⓒ → ⓒ → ㉥

7 답 ③

① 두 점 A, P를 중심으로 반지름의 길이가 같은 원을 각각 그리므로 $\overline{AB}=\overline{AC}=\overline{PQ}=\overline{PR}$

② 점 Q를 중심으로 반지름의 길이가 $\overline{BC}$인 원을 그리므로 $\overline{BC}=\overline{QR}$

③ $\overline{PR}=\overline{QR}$인지는 알 수 없다.

④ 동위각의 크기가 같으므로 $\overrightarrow{AC} /\!/ \overrightarrow{PR}$

따라서 옳지 않은 것은 ③이다.

8 답 ⑤

9 답 ④

① $7<5+5$ ② $7<5+6$

③ $8<5+6$ ④ $13=5+8$

⑤ $13<5+10$

따라서 삼각형의 세 변의 길이가 될 수 없는 것은 ④이다.

10 답 ①

x, $x-2$, $x+3$에 주어진 x의 값을 각각 대입하면

① $5, 3, 8$ ⇨ $8=3+5$ (×)

② $6, 4, 9$ ⇨ $9<4+6$ (○)

③ $7, 5, 10$ ⇨ $10<5+7$ (○)

④ $8, 6, 11$ ⇨ $11<6+8$ (○)

⑤ $9, 7, 12$ ⇨ $12<7+9$ (○)

따라서 x의 값이 될 수 없는 것은 ①이다.

11 답 3개

3개의 선분을 골라서 삼각형을 만들 때, 가장 긴 변의 길이가 나머지 두 변의 길이의 합보다 작아야 한다.   … (i)

3 cm, 4 cm, 6 cm인 경우 ⇨ $6<3+4$ (○)

3 cm, 4 cm, 7 cm인 경우 ⇨ $7=3+4$ (×)

3 cm, 6 cm, 7 cm인 경우 ⇨ $7<3+6$ (○)

4 cm, 6 cm, 7 cm인 경우 ⇨ $7<4+6$ (○)   … (ii)

따라서 구하는 삼각형의 개수는 3개이다.   … (iii)

채점 기준	비율
(i) 세 변의 길이 사이의 관계 설명하기	30 %
(ii) 각 경우의 세 변의 길이 비교하기	50 %
(iii) 삼각형의 개수 구하기	20 %

12 답 ③

(i) 가장 긴 변의 길이가 a일 때, 즉 $a≥11$일 때

$a<5+11$에서 $a<16$이므로

a의 값이 될 수 있는 자연수는 11, 12, 13, 14, 15이다.

(ii) 가장 긴 변의 길이가 11일 때, 즉 $a≤11$일 때

$11<5+a$이므로 a의 값이 될 수 있는 자연수는 7, 8, 9, 10, 11이다.

따라서 (i), (ii)에 의해 a의 값이 될 수 있는 자연수는

7, 8, 9, 10, 11, 12, 13, 14, 15의 9개이다.

13 답 (개) C   (내) c (대) b (래) $\overline{AB}$

14 답 ㄱ, ㄷ

한 변의 길이와 그 양 끝 각의 크기가 주어졌을 때는

ㄱ. 한 변을 작도한 후 두 각을 작도하거나

ㄷ. 한 각을 작도한 후 한 변을 작도하고 다른 한 각을 작도하면 된다.

15 답 ㉤, ㉠, ㉥, ⓒ

㉤ → ㉣ → ㉠ ∠B를 작도한다.

ⓒ $\overline{AB}$를 작도한다. ⎤ ⓒ, ㉥의 순서는 바뀌어도 된다.

㉥ $\overline{BC}$를 작도한다. ⎦

ⓒ $\overline{AC}$를 긋는다.

따라서 작도 순서는 ㉤ → ㉣ → ㉠ → ⓒ → ㉥ → ⓒ이다.

16 답 ③

①, ④ 주어진 각이 두 변 사이의 끼인각이 아니므로 삼각형이 하나로 정해지지 않는다.

② $10>3+5$이므로 삼각형이 그려지지 않는다.

③ 한 변의 길이와 그 양 끝 각의 크기가 주어진 경우이다.

⑤ 세 각의 크기가 주어지면 모양은 같고 크기가 다른 삼각형이 무수히 많이 그려진다.

따라서 △ABC가 하나로 정해지는 것은 ③이다.

17 답 ①, ⑤

① 12=5+7이므로 삼각형이 그려지지 않는다.

② 두 변의 길이와 그 끼인각의 크기가 주어진 경우이다.

③ 한 변의 길이와 그 양 끝 각의 크기가 주어진 경우이다.

④ ∠C=180°−(50°+85°)=45°이므로 한 변의 길이와 그 양 끝 각의 크기가 주어진 경우와 같다.

⑤ ∠B+∠C=180°이므로 삼각형이 그려지지 않는다.

따라서 △ABC가 하나로 정해지지 않는 것은 ①, ⑤이다.

18 답 ㄴ, ㄷ

ㄱ. ∠A는 $\overline{AB}$와 $\overline{BC}$의 끼인각이 아니므로 삼각형이 하나로 정해지지 않는다.

ㄴ. ∠B는 $\overline{AB}$와 $\overline{BC}$의 끼인각이므로 삼각형이 하나로 정해진다.

ㄷ. $\overline{AB}<\overline{BC}+\overline{CA}$이므로 삼각형이 하나로 정해진다.

ㄹ. $\overline{CA}=\overline{AB}+\overline{BC}$이므로 삼각형이 그려지지 않는다.

따라서 △ABC가 하나로 정해지기 위해 필요한 나머지 한 조건이 될 수 있는 것은 ㄴ, ㄷ이다.

유형 7~11 P. 31~34

19 답 ②, ⑤, ⑥

② 오른쪽 그림의 두 마름모는 한 변의 길이가 각각 2로 같지만 합동은 아니다.

⑤ 오른쪽 그림의 두 삼각형은 둘레의 길이가 각각 9로 같지만 합동은 아니다.

⑥ 오른쪽 그림의 두 직사각형은 넓이가 각각 24로 같지만 합동은 아니다.

20 답 70

$\overline{BC}=\overline{FG}=10$ cm ∴ $x=10$

∠G=∠C=60° ∴ $y=60$

∴ $x+y=10+60=70$

21 답 ③, ④

① $\overline{AC}=\overline{FD}=8$ cm

② $\overline{DE}=\overline{CB}=6$ cm

③ $\overline{AB}$의 길이는 알 수 없다.

④ ∠A=∠F=45°이므로
△ABC에서 ∠C=180°−(45°+75°)=60°

⑤ ∠E=∠B=75°

따라서 옳지 않은 것은 ③, ④이다.

22 답 ②

②의 삼각형에서 나머지 한 각의 크기는
180°−(45°+105°)=30°이므로
보기의 삼각형과 ②의 삼각형은 ASA 합동이다.

23 답 ②, ④

② ㄱ의 삼각형에서 나머지 한 각의 크기는
180°−(80°+60°)=40°
따라서 ㄱ의 삼각형과 ㄹ의 삼각형은 SAS 합동이다.

④ ㄷ의 삼각형에서 나머지 한 각의 크기는
180°−(80°+60°)=40°
따라서 ㄷ의 삼각형과 ㅁ의 삼각형은 ASA 합동이다.

24 답 ④

① SAS 합동 ② ASA 합동

③ SSS 합동 ⑤ SAS 합동

따라서 △ABC≡△DEF라고 할 수 없는 것은 ④이다.

25 답 ㄴ, ㄹ, ㅂ

ㄱ. $\overline{AB}$와 $\overline{DF}$는 대응변이 아니다.

ㄴ. 대응하는 두 변의 길이가 각각 같고, 그 끼인각의 크기가 같으므로 SAS 합동이다.

ㄷ. ∠B와 ∠E는 각각 주어진 두 변의 끼인각이 아니다.

ㄹ. ∠A=∠D이면 ∠C=∠F이다.
즉, 대응하는 한 변의 길이가 같고, 그 양 끝 각의 크기가 각각 같으므로 ASA 합동이다.

ㅁ. ∠A와 ∠F는 대응각이 아니다.

ㅂ. 대응하는 한 변의 길이가 같고, 그 양 끝 각의 크기가 각각 같으므로 ASA 합동이다.

따라서 나머지 한 조건이 될 수 있는 것은 ㄴ, ㄹ, ㅂ이다.

26 답 ④

① 대응하는 세 변의 길이가 각각 같으므로 SSS 합동이다.

②, ③ 대응하는 두 변의 길이가 각각 같고, 그 끼인각의 크기가 같으므로 SAS 합동이다.

④ ∠C와 ∠F는 각각 주어진 두 변의 끼인각이 아니다.

⑤ ∠B=∠E, ∠C=∠F이면 ∠A=∠D이다.
즉, 대응하는 한 변의 길이가 같고, 그 양 끝 각의 크기가 각각 같으므로 ASA 합동이다.

따라서 나머지 두 조건이 아닌 것은 ④이다.

27 답 ㈎ $\overline{PC}$ ㈏ $\overline{PD}$ ㈐ $\overline{CD}$ ㈑ SSS

28 답 ㄱ, ㄷ, ㄹ

△ACO와 △BDO에서
$\overline{AO}=\overline{BO}$, $\overline{CO}=\overline{DO}$, ∠AOC=∠BOD(맞꼭지각)
∴ △ACO≡△BDO(SAS 합동)
따라서 이용되는 조건은 ㄱ, ㄷ, ㄹ이다.

29 답 △ABC≡△ADC, SSS 합동

△ABC와 △ADC에서
$\overline{AB}=\overline{AD}$, $\overline{BC}=\overline{DC}$, $\overline{AC}$는 공통
∴ △ABC≡△ADC (SSS 합동)

30 답 **7 cm, 100°**

△OAD와 △OBC에서
$\overline{OA}=\overline{OB}$, ∠O는 공통,
$\overline{OD}=\overline{OB}+\overline{BD}=\overline{OA}+\overline{AC}=\overline{OC}$
∴ △OAD≡△OBC (SAS 합동) … (i)
합동인 두 삼각형에서 대응변의 길이는 서로 같으므로
$\overline{BC}=\overline{AD}=7$ cm … (ii)
합동인 두 삼각형에서 대응각의 크기는 서로 같으므로
∠DAO=∠CBO=180°−(55°+25°)=100° … (iii)

채점 기준	비율
(i) 합동인 두 삼각형을 찾고, 합동 조건 말하기	50 %
(ii) $\overline{BC}$의 길이 구하기	25 %
(iii) ∠DAO의 크기 구하기	25 %

31 답 ②

△EBC와 △DCB에서
$\overline{BC}$는 공통, $\overline{AB}=\overline{AC}$이므로 ∠EBC=∠DCB,
∠BEC=∠CDB=90°이므로 ∠ECB=∠DBC
따라서 △EBC≡△DCB (ASA 합동)이므로
$\overline{BD}=\overline{CE}$(③), $\overline{BE}=\overline{CD}$(⑤)
$\overline{AB}=\overline{AC}$, $\overline{BE}=\overline{CD}$이므로 $\overline{AE}=\overline{AD}$(①)
∠ECB=∠DBC이므로 △PBC는 이등변삼각형이다.
∴ $\overline{BP}=\overline{CP}$(④)
② ∠CBE≠∠CEB이므로 $\overline{BC}\neq\overline{CE}$
따라서 옳지 않은 것은 ②이다.

32 답 **△BMD≡△CME, ASA 합동**

△BMD와 △CME에서
$\overline{BM}=\overline{CM}$, ∠BMD=∠CME(맞꼭지각),
∠DBM=180°−(90°+∠BMD)
    =180°−(90°+∠CME)=∠ECM
∴ △BMD≡△CME (ASA 합동)

33 답 ②

△ABC는 정삼각형이고 $\overline{AD}=\overline{BE}=\overline{CF}$이므로
$\overline{AF}=\overline{BD}=\overline{CE}$(①), ∠A=∠B=∠C=60°
따라서 △ADF≡△BED≡△CFE (SAS 합동)이므로
$\overline{FD}=\overline{EF}$(③), ∠ADF=∠BED(⑤)
$\overline{DF}=\overline{ED}=\overline{FE}$이므로 △DEF는 정삼각형이다.
∴ ∠DEF=60°(④)
② $\overline{DE}=\overline{EC}$인지는 알 수 없다.
따라서 옳지 않은 것은 ②이다.

34 답 ②

△BCF와 △GCD에서
사각형 ABCG와 사각형 FCDE가 정사각형이므로
$\overline{BC}=\overline{GC}$, $\overline{CF}=\overline{CD}$, ∠BCF=∠GCD=90°
따라서 △BCF≡△GCD (SAS 합동)(⑤)이므로
$\overline{BF}=\overline{GD}$(①), ∠BFC=∠GDC(③)
또 ∠FBC=∠DGC이고 $\overline{GC}$∥$\overline{ED}$이므로
∠DGC=∠PDE(엇각)
∴ ∠FBC=∠PDE(④)
② ∠PGF≠∠GPF이므로 $\overline{GF}\neq\overline{FP}$
따라서 옳지 않은 것은 ②이다.

35 답 **SAS 합동**

△EAB와 △EDC에서
사각형 ABCD가 정사각형이므로
$\overline{AB}=\overline{DC}$
△EBC가 정삼각형이므로
$\overline{BE}=\overline{CE}$
∠ABE=90°−60°=∠DCE
∴ △EAB≡△EDC (SAS 합동)

36 답 **9 cm**

△AEB와 △ADC에서
△ABC와 △AED는 정삼각형이므로
$\overline{AE}=\overline{AD}$, $\overline{AB}=\overline{AC}$,
∠EAB=60°+∠DAB=∠DAC
∴ △AEB≡△ADC (SAS 합동)
∴ $\overline{BE}=\overline{CD}=3+6=9$(cm)

37 답 **60°**

△BCE와 △ACD에서
△ABC와 △ECD는 정삼각형이므로
$\overline{BC}=\overline{AC}$, $\overline{CE}=\overline{CD}$,
∠BCE=60°+∠ACE=∠ACD
∴ △BCE≡△ACD (SAS 합동) … (i)
따라서 ∠CBE=∠CAD이므로
△ABP에서
∠APB=180°−(∠ABP+∠PAB)
    =180°−(∠ABP+∠CAP+60°)
    =180°−(∠ABP+∠CBP+60°)
    =180°−(∠ABC+60°)
    =180°−(60°+60°)
    =60° … (ii)

채점 기준	비율
(i) △BCE와 △ACD가 합동임을 설명하기	50 %
(ii) ∠APB의 크기 구하기	50 %

38　답　풀이 참조

컴퍼스를 사용하여 1과 2에 대응하는 점 사이의 거리를 재고, 이를 이용하여 1에 대응하는 점에서부터 원을 그려 왼쪽으로 4번 이동한 곳에 점을 찍으면 다음 그림과 같다.

39　답　①

이등변삼각형의 세 변의 길이를 a cm, a cm, b cm (a, b는 자연수)라고 하면 $2a+b=17$

이 식에 $a=1$, 2, 3, $\cdots$을 차례로 대입하여 세 변의 길이를 구하면

1 cm, 1 cm, 15 cm인 경우 ⇨ $15>1+1$ (×)

2 cm, 2 cm, 13 cm인 경우 ⇨ $13>2+2$ (×)

3 cm, 3 cm, 11 cm인 경우 ⇨ $11>3+3$ (×)

4 cm, 4 cm, 9 cm인 경우 ⇨ $9>4+4$ (×)

5 cm, 5 cm, 7 cm인 경우 ⇨ $7<5+5$ (○)

6 cm, 6 cm, 5 cm인 경우 ⇨ $6<5+6$ (○)

7 cm, 7 cm, 3 cm인 경우 ⇨ $7<3+7$ (○)

8 cm, 8 cm, 1 cm인 경우 ⇨ $8<1+8$ (○)

따라서 구하는 이등변삼각형의 개수는 4개이다.

단원 마무리　　P. 35~37

1 ①, ③　　2 ①, ⑤　　3 ②　　4 ②, ③　　5 ①, ⑤
6 ②, ④　　7 ①　　8 ③
9 △ABC≡△CDA, SAS 합동　10 ⑤　　11 ①, ④
12 40 km　13 3쌍　14 ①　15 90°　16 12 cm
17 90°　18 4 cm²

1　②, ④, ⑤ 컴퍼스를 사용한다.

따라서 눈금 없는 자의 용도로 옳은 것은 ①, ③이다.

2　① 작도 순서는 ㉠ → ㉢ → ㉡ → ㉤ → ㉣이다.

③ 점 D를 중심으로 반지름의 길이가 $\overline{AB}$인 원을 그리므로 $\overline{AB}=\overline{CD}$

④ 두 점 O, P를 중심으로 반지름의 길이가 같은 원을 각각 그리므로 $\overline{OA}=\overline{OB}=\overline{PC}=\overline{PD}$

⑤ $\overline{PC}=\overline{CD}$인지는 알 수 없다.

따라서 옳지 않은 것은 ①, ⑤이다.

3　① 두 점 A, B는 점 P를 중심으로 $\overline{PA}$의 길이를 반지름으로 하는 원 위에 있으므로 $\overline{PA}=\overline{PB}$

② $\overline{AB}=\overline{PB}$인지는 알 수 없다.

4　① $8=3+5$　　② $8<3+6$　　③ $8<3+7$

④ $11=3+8$　　⑤ $12>3+8$

따라서 나머지 한 변의 길이가 될 수 있는 것은 ②, ③이다.

5　① 두 변의 길이와 그 끼인각의 크기가 주어진 경우이다.

⑤ 한 변의 길이와 그 양 끝 각의 크기가 주어진 경우이다.

6　① $8>3+4$이므로 삼각형이 그려지지 않는다.

② 두 변의 길이와 그 끼인각의 크기가 주어진 경우이다.

③ ∠B는 $\overline{AB}$와 $\overline{CA}$의 끼인각이 아니므로 삼각형이 하나로 정해지지 않는다.

④ $∠A=180°-(45°+75°)=60°$이므로 한 변의 길이와 그 양 끝 각의 크기가 주어진 경우와 같다.

⑤ 세 각의 크기가 주어지면 모양은 같고 크기가 다른 삼각형이 무수히 많이 그려진다.

따라서 △ABC가 하나로 정해지는 것은 ②, ④이다.

7　$\overline{AC}=\overline{DF}=6$ cm

$∠A=∠D=72°$이므로 $∠B=180°-(60°+72°)=48°$

8　③ ㄷ의 삼각형에서 나머지 한 각의 크기는

$180°-(62°+36°)=82°$

따라서 ㄴ의 삼각형과 ㄷ의 삼각형은 SAS 합동이다.

9　△ABC와 △CDA에서

$\overline{AB}=\overline{CD}$, $∠BAC=∠DCA$, $\overline{AC}$는 공통

∴ △ABC≡△CDA (SAS 합동)

10　2 cm, 4 cm, 5 cm인 경우 ⇨ $5<2+4$ (○)

2 cm, 4 cm, 6 cm인 경우 ⇨ $6=2+4$ (×)

2 cm, 4 cm, 8 cm인 경우 ⇨ $8>2+4$ (×)

2 cm, 5 cm, 6 cm인 경우 ⇨ $6<2+5$ (○)

2 cm, 5 cm, 8 cm인 경우 ⇨ $8>2+5$ (×)

2 cm, 6 cm, 8 cm인 경우 ⇨ $8=2+6$ (×)

4 cm, 5 cm, 6 cm인 경우 ⇨ $6<4+5$ (○)

4 cm, 5 cm, 8 cm인 경우 ⇨ $8<4+5$ (○)

4 cm, 6 cm, 8 cm인 경우 ⇨ $8<4+6$ (○)

5 cm, 6 cm, 8 cm인 경우 ⇨ $8<5+6$ (○)

따라서 구하는 삼각형의 개수는 6개이다.

11　△ABC와 △DBE에서

$\overline{BA}=\overline{BD}$, $∠BAC=∠BDE$, $∠B$는 공통

∴ △ABC≡△DBE (ASA 합동)

따라서 $\overline{AC}=\overline{DE}$ (①), $\overline{BC}=\overline{BE}$, $∠ACB=∠DEB$ (④)

12 △ABC와 △DEC에서
$\overline{BC}=\overline{EC}$, ∠ABC=∠DEC,
∠ACB=∠DCE (맞꼭지각)
∴ △ABC≡△DEC (ASA 합동)   … (i)
이때 합동인 두 삼각형에서 대응변의 길이는 서로 같으므로
$\overline{AB}=\overline{DE}=40$ km
따라서 두 섬 A, B 사이의 거리는 40 km이다.   … (ii)

채점 기준	비율
(i) △ABC와 △DEC가 합동임을 설명하기	60%
(ii) 두 섬 A, B 사이의 거리 구하기	40%

13 △OBC는 $\overline{BO}=\overline{CO}$인 이등변삼각형이므로
∠OBC=∠OCB   … ㉠
△AOD는 $\overline{AO}=\overline{DO}$인 이등변삼각형이므로
∠OAD=∠ODA   … ㉡
△ABC와 △DCB에서
$\overline{AC}=\overline{DB}$, ∠ACB=∠DBC(㉠), $\overline{BC}$는 공통
∴ △ABC≡△DCB (SAS 합동)
△ABD와 △DCA에서
$\overline{BD}=\overline{CA}$, ∠ADB=∠DAC(㉡), $\overline{AD}$는 공통
∴ △ABD≡△DCA (SAS 합동)
△ABO와 △DCO에서
$\overline{AO}=\overline{DO}$, $\overline{BO}=\overline{CO}$, ∠AOB=∠DOC(맞꼭지각)
∴ △ABO≡△DCO (SAS 합동)
따라서 합동인 두 삼각형은 모두 3쌍이다.

14 △ACD와 △BCE에서
△ABC와 △ECD가 정삼각형이므로
$\overline{AC}=\overline{BC}$, $\overline{CD}=\overline{CE}$,
∠ACD=∠ACE+60°=∠BCE(③)
따라서 △ACD≡△BCE (SAS 합동)(⑤)이므로
$\overline{AD}=\overline{BE}$(②), ∠CAD=∠CBE(④)
① $\overline{AC}=\overline{PE}$인지는 알 수 없다.
따라서 옳지 않은 것은 ①이다.

15 △ABE와 △BCF에서
사각형 ABCD가 정사각형이므로
$\overline{AB}=\overline{BC}$, ∠ABE=∠BCF=90°, $\overline{BE}=\overline{CF}$
∴ △ABE≡△BCF (SAS 합동)
△ABE가 직각삼각형이므로
∠BAE+∠BEA=90°
이때 △ABE≡△BCF이므로
∠BAE=∠CBF
∴ ∠CBF+∠BEA=90°
△PBE에서
∠BPE=180°−(∠EBP+∠BEP)
=180°−90°=90°
∴ ∠APF=∠BPE=90° (맞꼭지각)

16 △ACE와 △BAD에서
$\overline{AC}=\overline{BA}$
∠ACE=180°−(∠AEC+∠EAC)
=180°−(90°+∠EAC)
=180°−∠BAE=∠BAD
이때 ∠AEC=∠BDA=90°이므로
∠CAE=∠ABD
∴ △ACE≡△BAD (ASA 합동)
∴ $\overline{DE}=\overline{DA}+\overline{AE}$
$=\overline{EC}+\overline{BD}$
$=3+9=12$ (cm)

17 △ADC와 △ABG에서
사각형 ADEB와 ACFG가
정사각형이므로
$\overline{AD}=\overline{AB}$, $\overline{AC}=\overline{AG}$,
∠DAC=90°+∠BAC
=∠BAG
따라서 △ADC≡△ABG (SAS 합동)이므로
∠ADC=∠ABG
$\overline{AB}$와 $\overline{DC}$의 교점을 H라고 하면
∠DHA=∠BHP (맞꼭지각)이므로
△HBP에서
∠BPH=180°−(∠BHP+∠HBP)
=180°−(∠DHA+∠ADH)
=∠DAH=90°
∴ ∠BPC=180°−∠BPH=180°−90°=90°

18 △EBF와 △ECG에서
$\overline{EB}=\overline{EC}$, ∠EBF=∠ECG=$\frac{1}{2}$×90°=45°,
∠BEF=90°−∠FEC=∠CEG이므로
△EBF≡△ECG (ASA 합동)
∴ (사각형 EFCG의 넓이)=(△EBC의 넓이)
$=\frac{1}{4}$×(사각형 ABCD의 넓이)
$=\frac{1}{4}$×4×4
$=4$ (cm²)

유형 1~4

P. 40~42

1 **답** ㄴ, ㄹ, ㅁ, ㅇ

ㄴ. 곡선으로 이루어져 있으므로 다각형이 아니다.

ㄹ, ㅁ, ㅇ. 평면도형이 아니므로 다각형이 아니다.

2 **답** ②, ④, ⑦

② 곡선이 있는 평면도형은 다각형이 아니다.

④ 다각형을 이루는 각 선분은 변이라고 한다.

⑦ 다각형의 한 꼭짓점에서 내각과 외각의 크기의 합은 $180°$이다.

3 **답** $\angle x = 100°$, $\angle y = 60°$

$\angle x = 180° - 80° = 100°$, $\angle y = 180° - 120° = 60°$

4 **답** ①, ③

② 내각의 크기와 외각의 크기가 같은 정다각형은 정사각형 뿐이다.

④ 정다각형은 모든 변의 길이가 같고, 모든 내각의 크기가 같은 다각형이다.

⑤ 마름모는 변의 길이가 모두 같지만 내각의 크기가 모두 같은 것은 아니다.

5 **답** ⑤

⑤ 오른쪽 그림의 정육각형에서 두 대각선의 길이는 다르다.

6 **답** 정십각형

㈎에서 십각형이고, ㈏에서 정다각형이므로 주어진 다각형은 정십각형이다.

7 **답** 23

$a = 14 - 3 = 11$, $b = 14 - 2 = 12$

$\therefore a + b = 11 + 12 = 23$

8 **답** ③

한 꼭짓점에서 그을 수 있는 대각선의 개수가 8개인 다각형을 n각형이라고 하면

$n - 3 = 8$ $\therefore n = 11$

따라서 십일각형의 변의 개수는 11개이다.

9 **답** ①

내부의 한 점에서 각 꼭짓점에 선분을 모두 그었을 때 만들어지는 삼각형의 개수가 10개인 다각형은 십각형이므로 한 꼭짓점에서 그을 수 있는 대각선의 개수는 $10 - 3 = 7$(개)

10 **답** 15

$a = 8 - 3 = 5$

$b = \dfrac{8 \times 5}{2} = 20$

$\therefore b - a = 20 - 5 = 15$

11 **답** 54개

한 꼭짓점에서 그을 수 있는 대각선의 개수가 9개인 다각형을 n각형이라고 하면

$n - 3 = 9$ $\therefore n = 12$, 즉 십이각형 ··· (i)

따라서 십이각형의 대각선의 개수는

$\dfrac{12 \times (12-3)}{2} = 54$(개) ··· (ii)

채점 기준	비율
(i) 한 꼭짓점에서 그을 수 있는 대각선의 개수가 9개인 다각형 구하기	50 %
(ii) 대각선의 개수 구하기	50 %

12 **답** 65개

주어진 다각형을 n각형이라고 하면

$(n-3) + (n-2) = 21$, $2n = 26$ $\therefore n = 13$

따라서 십삼각형의 대각선의 개수는

$\dfrac{13 \times (13-3)}{2} = 65$(개)

13 **답** ⑤

㈎, ㈏에서 구하는 다각형은 정다각형이다.

㈐에서 대각선의 개수가 90개인 정다각형을 정n각형이라고 하면

$\dfrac{n(n-3)}{2} = 90$, $n(n-3) = 180 = 15 \times 12$

$\therefore n = 15$

따라서 구하는 다각형은 정십오각형이다.

14 **답** ③

대각선의 개수가 44개인 다각형을 n각형이라고 하면

$\dfrac{n(n-3)}{2} = 44$, $n(n-3) = 88 = 11 \times 8$

$\therefore n = 11$

따라서 십일각형의 한 꼭짓점에서 그을 수 있는 대각선의 개수는 $11 - 3 = 8$(개)

15 **답** (1) 6개 (2) 9개

(1) 육각형의 변의 개수와 같으므로 6개

(2) 육각형의 대각선의 개수와 같으므로

$\dfrac{6 \times (6-3)}{2} = 9$(개)

16 답 ②

삼각형의 세 내각의 크기의 합은 $180°$이므로

$(x+60)+2x+(4x-20)=180$

$7x=140$ $\therefore x=20$

17 답 **60°**

$\overleftrightarrow{\text{DE}} /\!/ \overline{\text{BC}}$이므로 $\angle C=\angle x$(엇각)

$\triangle ABC$에서

$55°+65°+\angle x=180°$ $\therefore \angle x=60°$

[다른 풀이]

$\overleftrightarrow{\text{DE}} /\!/ \overline{\text{BC}}$이므로 $\angle DAB=\angle ABC=65°$(엇각)

평각의 크기는 $180°$이므로

$65°+55°+\angle x=180°$ $\therefore \angle x=60°$

18 답 **80°**

$\triangle ABC$에서

$\angle BAC=180°-(60°+80°)=40°$ $\cdots$(i)

$\therefore \angle DAC=\dfrac{1}{2}\angle BAC=\dfrac{1}{2}\times 40°=20°$ $\cdots$(ii)

따라서 $\triangle ADC$에서

$\angle x=180°-(20°+80°)=80°$ $\cdots$(iii)

채점 기준	비율
(i) $\angle BAC$의 크기 구하기	30%
(ii) $\angle DAC$의 크기 구하기	30%
(iii) $\angle x$의 크기 구하기	40%

19 답 ②

$\triangle BCD$에서 $\angle BCD=180°-(63°+42°)=75°$

$\triangle ABC$에서 $\angle x=180°-(75°+90°)=15°$

20 답 ⑤

삼각형의 세 내각의 크기의 합은 $180°$이므로 가장 큰 내각의 크기는

$180°\times\dfrac{5}{1+3+5}=180°\times\dfrac{5}{9}=100°$

21 답 ③

$4\angle B=3\angle C$에서 $\angle C=\dfrac{4}{3}\angle B$이고

$\angle A+\angle B+\angle C=180°$이므로

$61°+\angle B+\dfrac{4}{3}\angle B=180°$

$\dfrac{7}{3}\angle B=119°$ $\therefore \angle B=51°$

22 답 ⑤

$\angle ACB=180°-120°=60°$

$\therefore \angle x=80°+60°=140°$

23 답 **100°**

$\angle x+40°=2\angle x-20°$ $\therefore \angle x=60°$ $\cdots$(i)

$\therefore \angle BAD=2\angle x-20°$

$=2\times 60°-20°=100°$ $\cdots$(ii)

채점 기준	비율
(i) $\angle x$의 크기 구하기	70%
(ii) $\angle BAD$의 크기 구하기	30%

24 답 ②

오른쪽 그림에서

$\angle x+55°=50°+40°$

$\therefore \angle x=35°$

25 답 ②

$\triangle ECD$에서 $\angle ECB=55°+48°=103°$

$\triangle ABC$에서 $\angle x=180°-(32°+103°)=45°$

26 답 **132°**

$\triangle ACD$에서 $\angle x+52°=75°$ $\therefore \angle x=23°$

$\triangle ABC$에서 $\angle y=34°+75°=109°$

$\therefore \angle x+\angle y=23°+109°=132°$

27 답 ③

$\triangle ABC$에서 $\angle ACD=35°+65°=100°$

$\triangle FCD$에서 $100°+\angle x=5\angle x-20°$

$4\angle x=120°$ $\therefore \angle x=30°$

28 답 ②

$\triangle ABD$에서 $80°+\angle ABD=100°$ $\therefore \angle ABD=20°$

따라서 $\angle DBC=\angle ABD=20°$이므로

$\triangle DBC$에서 $\angle x=100°+20°=120°$

29 답 **120°**

$\triangle ABC$에서 $75°+20°+25°+\angle DBC+\angle DCB=180°$

$\therefore \angle DBC+\angle DCB=60°$

$\triangle DBC$에서 $\angle x+\angle DBC+\angle DCB=180°$

$\angle x+60°=180°$ $\therefore \angle x=120°$

[다른 풀이]

오른쪽 그림과 같이 $\overline{\text{AD}}$의 연장선이

$\overline{\text{BC}}$와 만나는 점을 E라고 하면

$\triangle ABD$에서

$\angle BDE=\angle BAD+20°$

$\triangle ADC$에서 $\angle CDE=\angle CAD+25°$

$\therefore \angle x=\angle BDE+\angle CDE$

$=(\angle BAD+20°)+(\angle CAD+25°)$

$=\angle A+20°+25°$

$=75°+20°+25°=120°$

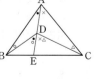

30 답 **140°**

오른쪽 그림과 같이 $\overline{BC}$를 그으면

$\triangle ABC$에서

$85°+40°+15°+\angle DBC$
$\qquad +\angle DCB=180°$

$\therefore \angle DBC+\angle DCB=40°$

$\triangle DBC$에서

$\angle x+\angle DBC+\angle DCB=180°$

$\angle x+40°=180° \qquad \therefore \angle x=140°$

31 답 **140°**

$\triangle ABC$에서

$100°+2\angle DBC+2\angle DCB=180°$

$\therefore \angle DBC+\angle DCB=\dfrac{1}{2}\times(180°-100°)=40°$

$\triangle DBC$에서

$\angle x+\angle DBC+\angle DCB=180°$

$\angle x+40°=180° \qquad \therefore \angle x=140°$

32 답 **60°**

$\triangle DBC$에서 $120°+\angle DBC+\angle DCB=180°$

$\therefore \angle DBC+\angle DCB=60°$

$\angle ABD=\angle DBC, \angle ACD=\angle DCB$이므로

$\angle ABC+\angle ACB=2\angle DBC+2\angle DCB$
$\qquad\qquad\qquad\quad =2(\angle DBC+\angle DCB)$
$\qquad\qquad\qquad\quad =2\times 60°=120°$

$\triangle ABC$에서

$\angle x+\angle ABC+\angle ACB=180°$

$\angle x+120°=180° \qquad \therefore \angle x=60°$

33 답 **①**

$\angle ABD=\angle DBC=\angle a, \angle ACD=\angle DCE=\angle b$라고
하면

$\triangle ABC$에서 $2\angle b=64°+2\angle a$

$\therefore \angle b=32°+\angle a \qquad \cdots \text{㉠}$

$\triangle DBC$에서

$\angle b=\angle x+\angle a \qquad \cdots \text{㉡}$

따라서 ㉠, ㉡에서 $\angle x=32°$

34 답 **30°**

$\angle ABD=\angle DBC=\angle a, \angle ACD=\angle DCE=\angle b$라고
하면

$\triangle ABC$에서 $2\angle b=\angle x+2\angle a$

$\therefore \angle b=\dfrac{1}{2}\angle x+\angle a \qquad \cdots \text{㉠}$

$\triangle DBC$에서

$\angle b=15°+\angle a \qquad \cdots \text{㉡}$

따라서 ㉠, ㉡에서

$\dfrac{1}{2}\angle x=15° \qquad \therefore \angle x=30°$

---

35 답 **80°**

$\angle ABD=\angle DBE=\angle EBC=\angle a,$
$\angle ACD=\angle DCE=\angle ECP=\angle b$라고 하면

$\triangle ABC$에서 $3\angle b=\angle x+3\angle a$

$\therefore \angle b=\dfrac{1}{3}\angle x+\angle a \qquad \cdots \text{㉠}$

$\triangle DBC$에서 $2\angle b=40°+2\angle a$

$\therefore \angle b=20°+\angle a \qquad \cdots \text{㉡}$

㉠, ㉡에서 $\dfrac{1}{3}\angle x=20° \qquad \therefore \angle x=60°$

$\triangle EBC$에서 $\angle b=\angle y+\angle a \qquad \cdots \text{㉢}$

㉡, ㉢에서 $\angle y=20°$

$\therefore \angle x+\angle y=60°+20°=80°$

36 답 **80°**

$\triangle ABD$는 $\overline{AD}=\overline{BD}$인 이등변삼각형이므로

$\angle DBA=\angle DAB=40°$

$\triangle ABD$에서

$\angle BDC=40°+40°=80°$

$\triangle BCD$는 $\overline{BC}=\overline{BD}$인 이등변삼각형이므로

$\angle x=\angle BDC=80°$

37 답 **③**

$\triangle BCD$는 $\overline{BC}=\overline{BD}$인 이등변삼각형이므로

$\angle BDC=\angle BCD=72°$

$\triangle ABD$는 $\overline{AD}=\overline{BD}$인 이등변삼각형이므로

$\angle DBA=\angle DAB=\angle x$

$\angle BDC=\angle x+\angle x=72°$

$2\angle x=72° \qquad \therefore \angle x=36°$

38 답 **96°**

$\triangle ABC$는 $\overline{BC}=\overline{AC}$인 이등변삼각형이므로

$\angle CAB=\angle CBA=32°$

$\therefore \angle ACD=32°+32°=64°$

$\triangle ACD$는 $\overline{AC}=\overline{AD}$인 이등변삼각형이므로

$\angle ADC=\angle ACD=64°$

따라서 $\triangle ABD$에서

$\angle x=32°+64°=96°$

39 답 **30°**

$\triangle ABC$는 $\overline{AB}=\overline{AC}$인 이등변삼각형이므로

$\angle ACB=\angle ABC=\angle x$

$\therefore \angle CAD=\angle x+\angle x=2\angle x$

$\triangle ACD$는 $\overline{AC}=\overline{CD}$인 이등변삼각형이므로

$\angle CDA=\angle CAD=2\angle x$

따라서 $\triangle DBC$에서

$\angle x+2\angle x=90°$

$3\angle x=90° \qquad \therefore \angle x=30°$

40 답 ②

오른쪽 그림에서

$55° + (\angle x + 50°) + 35° = 180°$

$\therefore \angle x = 40°$

41 답 ①

오른쪽 그림에서

$(40° + 35°) + (35° + 40°) + \angle E = 180°$

$\therefore \angle E = 30°$

42 답 55°

$\triangle AGD$에서

$\angle BGF = 40° + 50° = 90°$ $\cdots$ (i)

$\triangle FCE$에서

$\angle BFG = 35° + \angle y$ $\cdots$ (ii)

따라서 $\triangle BGF$에서

$\angle x + 90° + (35° + \angle y) = 180°$

$\angle x + 125° + \angle y = 180°$

$\therefore \angle x + \angle y = 180° - 125°$

$= 55°$ $\cdots$ (iii)

채점 기준	비율
(i) $\angle BGF$의 크기 구하기	35 %
(ii) $\angle BFG$의 크기를 $\angle y$를 사용하여 나타내기	35 %
(iii) $\angle x + \angle y$의 크기 구하기	30 %

유형 11~17 P. 46~51

43 답 1086

팔각형의 한 꼭짓점에서 대각선을 모두 그었을 때 만들어지는 삼각형의 개수는 $8 - 2 = 6$(개) $\therefore a = 6$

이때 팔각형의 내각의 크기의 합은

$180° \times (8 - 2) = 1080°$ $\therefore b = 1080$

$\therefore a + b = 6 + 1080 = 1086$

44 답 1440°

한 꼭짓점에서 그을 수 있는 대각선의 개수가 7개인 다각형을 n각형이라고 하면

$n - 3 = 7$ $\therefore n = 10$

따라서 십각형의 내각의 크기의 합은

$180° \times (10 - 2) = 1440°$

45 답 ③

내각의 크기의 합이 1620°인 다각형을 n각형이라고 하면

$180° \times (n - 2) = 1620°$

$n - 2 = 9$ $\therefore n = 11$

따라서 십일각형의 대각선의 개수는

$\dfrac{11 \times (11 - 3)}{2} = 44$(개)

46 답 ④

사각형의 내각의 크기의 합은 360°이고,

$\angle DCB = 180° - 110° = 70°$이므로

$\angle x = 360° - (75° + 140° + 70°) = 75°$

47 답 ④

오각형의 내각의 크기의 합은

$180° \times (5 - 2) = 540°$이므로

$\angle x + 100° + 120° + (\angle x + 10°) + 140° = 540°$

$2\angle x = 170°$ $\therefore \angle x = 85°$

48 답 100°

육각형의 내각의 크기의 합은

$180° \times (6 - 2) = 720°$이므로

$\angle x = 720° - \{130° + 125° + 105° + (180° - 40°) + 120°\}$

$= 100°$

49 답 ①

오른쪽 그림에서 사각형의 내각의 크기의 합은 360°이므로

$\angle a + 45° + 120° + 60° = 360°$

$\therefore \angle a = 135°$

오각형의 내각의 크기의 합은

$180° \times (5 - 2) = 540°$이므로

$\angle x + 125° + 135° + 70° + 110° = 540°$

$\therefore \angle x = 100°$

50 답 71°

사각형 ABCD의 내각의 크기의 합은 360°이므로

$78° + 64° + 2\angle PCD + 2\angle PDC = 360°$

$2\angle PCD + 2\angle PDC = 218°$

$\therefore \angle PCD + \angle PDC = 109°$ $\cdots$ (i)

따라서 $\triangle PCD$에서

$\angle CPD = 180° - (\angle PCD + \angle PDC)$

$= 180° - 109° = 71°$ $\cdots$ (ii)

채점 기준	비율
(i) $\angle PCD + \angle PDC$의 크기 구하기	60 %
(ii) $\angle CPD$의 크기 구하기	40 %

51 답 **40°**

오른쪽 그림과 같이 $\overline{CD}$를 그으면
오각형의 내각의 크기의 합은
$180° \times (5-2) = 540°$이므로
$\angle FCD + \angle FDC$
$= 540° - (90° + 100° + 40° + 50° + 120°)$
$= 140°$
따라서 $\triangle FCD$에서
$\angle x = 180° - (\angle FCD + \angle FDC) = 180° - 140° = 40°$

52 답 **720°**

오른쪽 그림과 같이 보조선을 그으면
$\angle g + \angle h = \angle i + \angle j$이고,
육각형의 내각의 크기의 합은
$180° \times (6-2) = 720°$이므로
$\angle a + \angle b + \angle c + \underline{\angle i + \angle j} + \angle d$
$\qquad\qquad + \angle e + \angle f = 720°$
$\angle a + \angle b + \angle c + \underline{\angle g + \angle h} + \angle d + \angle e + \angle f = 720°$
$\therefore \angle a + \angle b + \angle c + \angle d + \angle e + \angle f + \angle g + \angle h = 720°$

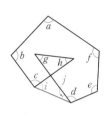

53 답 **③**

오른쪽 그림과 같이 보조선을 그으면
$\angle a + \angle b = \angle x + 30°$이고,
사각형의 내각의 크기의 합은 $360°$이
므로
$80° + 75° + \angle a + \angle b + 65° + 75° = 360°$
$\therefore \angle a + \angle b = 65°$
즉, $\angle x + 30° = 65°$이므로 $\angle x = 35°$

54 답 **④**

오른쪽 그림과 같이 보조선을 그으면
$\angle f + \angle g = 25° + 20° = 45°$이고,
오각형의 내각의 크기의 합은
$180° \times (5-2) = 540°$이므로
$\angle a + \angle b + \angle c + \underline{\angle f + \angle g}$
$\qquad\qquad + \angle d + \angle e = 540°$
$\angle a + \angle b + \angle c + \underline{45°} + \angle d + \angle e = 540°$
$\therefore \angle a + \angle b + \angle c + \angle d + \angle e = 495°$

55 답 **①**

사각형의 외각의 크기의 합은 $360°$이므로
$\angle x + 80° + 3\angle x + 120° = 360°$
$4\angle x = 160° \qquad \therefore \angle x = 40°$

56 답 **45°**

오른쪽 그림에서 오각형의 외각의 크기
의 합은 $360°$이므로
$\angle x + 90° + 75° + 70° + 80° = 360°$
$\therefore \angle x = 45°$

57 답 **110°**

육각형의 외각의 크기의 합은 $360°$이므로
$62° + 47° + 50° + 81° + (180° - \angle x) + (180° - 130°)$
$= 360°$ ⋯ (i)
$470° - \angle x = 360°$
$\therefore \angle x = 110°$ ⋯ (ii)

채점 기준	비율
(i) $\angle x$의 크기를 구하는 식 세우기	60 %
(ii) $\angle x$의 크기 구하기	40 %

58 답 **오각형**

내각의 크기와 외각의 크기의 총합이 $900°$인 다각형을 n각
형이라고 하면 한 꼭짓점에서 내각과 외각의 크기의 합은
$180°$이므로
$180° \times n = 900° \qquad \therefore n = 5$
따라서 주어진 다각형은 오각형이다.

59 답 **④**

위의 그림에서 색칠한 사각형의 내각의 크기의 합은 $360°$이
므로
$(\angle x + \angle y) + \angle z + 50° + (\angle p + \angle q) = 360°$
$\therefore \angle x + \angle y + \angle z + \angle p + \angle q = 310°$

60 답 **360°**

위의 그림에서 색칠한 사각형의 내각의 크기의 합은 $360°$이
므로
$\angle f + (\angle b + \angle d) + (\angle a + \angle c) + \angle e = 360°$
$\therefore \angle a + \angle b + \angle c + \angle d + \angle e + \angle f = 360°$

다른 풀이

오른쪽 그림과 같이 $\overline{BC}$를 그으면
$\triangle PBC$에서
$\angle PBC + \angle PCB = \angle a + \angle d$
사각형 $ABCD$의 내각의 크기의 합
은 $360°$이므로
$\angle f + \angle b + \underline{\angle PBC + \angle PCB} + \angle c + \angle e = 360°$
$\angle f + \angle b + \underline{\angle a + \angle d} + \angle c + \angle e = 360°$
$\therefore \angle a + \angle b + \angle c + \angle d + \angle e + \angle f = 360°$

61 답 **265°**

오른쪽 그림에서 색칠한 사각형의
외각의 크기의 합은 360°이므로

$(\angle a + \angle b) + (\angle c + \angle d)$
$\qquad + (\angle e + \angle f) + 95° = 360°$
$\therefore \angle a + \angle b + \angle c + \angle d$
$\qquad + \angle e + \angle f = 265°$

62 답 **①**

$\angle x = \dfrac{180° \times (10-2)}{10} = 144°$

$\angle y = \dfrac{360°}{9} = 40°$

$\therefore \angle x + \angle y = 144° + 40° = 184°$

63 답 **④**

한 꼭짓점에서 그을 수 있는 대각선의 개수가 5개인 정다각
형을 정n각형이라고 하면

$n - 3 = 5$ $\therefore n = 8$

따라서 정팔각형의 한 내각의 크기는

$\dfrac{180° \times (8-2)}{8} = 135°$

64 답 **ㄱ, ㄷ, ㄹ**

ㄱ. (정오각형의 한 내각의 크기) $= \dfrac{180° \times (5-2)}{5} = 108°$

   (정오각형의 한 외각의 크기) $= \dfrac{360°}{5} = 72°$

   $\therefore 108° - 72° = 36°$

ㄴ. 정육각형의 내각의 크기의 합은
   $180° \times (6-2) = 720°$

ㄷ. 정다각형의 외각의 크기의 합은 항상 360°이므로 변의
   개수가 많아지면 한 외각의 크기는 작아진다.

ㄹ. (정삼각형의 한 내각의 크기) $= \dfrac{180° \times (3-2)}{3} = 60°$

   (정육각형의 한 외각의 크기) $= \dfrac{360°}{6} = 60°$

따라서 옳은 것은 ㄱ, ㄷ, ㄹ이다.

65 답 **⑤**

한 내각의 크기가 156°인 정다각형을 정n각형이라고 하면

$\dfrac{180° \times (n-2)}{n} = 156°$

$180° \times n - 360° = 156° \times n$

$24° \times n = 360°$ $\therefore n = 15$

따라서 정십오각형의 대각선의 개수는

$\dfrac{15 \times (15-3)}{2} = 90(개)$

[다른 풀이] n의 값 구하기

한 외각의 크기가 $180° - 156° = 24°$이므로

$\dfrac{360°}{n} = 24°$ $\therefore n = 15$

66 답 **①**

한 외각의 크기가 45°인 정다각형을 정n각형이라고 하면

$\dfrac{360°}{n} = 45°$ $\therefore n = 8$

따라서 정팔각형의 내각의 크기의 합은
$180° \times (8-2) = 1080°$

67 답 **정십이각형**

(한 외각의 크기) $= 180° \times \dfrac{1}{5+1} = 180° \times \dfrac{1}{6} = 30°$ $\cdots$ (i)

구하는 정다각형을 정n각형이라고 하면

$\dfrac{360°}{n} = 30°$ $\therefore n = 12$

따라서 구하는 정다각형은 정십이각형이다. $\cdots$ (ii)

채점 기준	비율
(i) 정다각형의 한 외각의 크기 구하기	50%
(ii) 한 내각의 크기와 한 외각의 크기의 비가 5 : 1인 정다각형 구하기	50%

68 답 **2880°**

주어진 정다각형의 한 외각의 크기를 $x°$라고 하면 한 내각의
크기는 $x° + 140°$이고, 그 합은 180°이므로

$x + (x + 140) = 180$, $2x = 40$ $\therefore x = 20$

주어진 정다각형을 정n각형이라고 하면

$\dfrac{360°}{n} = 20°$ $\therefore n = 18$

따라서 정십팔각형의 내각의 크기의 합은
$180° \times (18-2) = 2880°$

69 답 **(1) 36° (2) 72°**

(1) 정오각형의 한 내각의 크기는

$\dfrac{180° \times (5-2)}{5} = 108°$이므로

$\angle B = 108°$

$\triangle ABC$는 $\overline{BA} = \overline{BC}$인 이등변삼각
형이므로

$\angle BCA = \dfrac{1}{2} \times (180° - 108°) = 36°$

(2) $\angle x = \angle BCD - \angle BCA = 108° - 36° = 72°$

70 답 **72°**

정오각형의 한 내각의 크기는

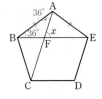

$\dfrac{180° \times (5-2)}{5} = 108°$이므로

$\angle BAE = 108°$

$\triangle ABE$는 $\overline{AB} = \overline{AE}$인 이등변삼각형
이므로

$\angle ABE = \dfrac{1}{2} \times (180° - 108°) = 36°$

같은 방법으로 하면 $\triangle ABC$에서 $\angle BAC = 36°$

따라서 $\triangle ABF$에서 $\angle x = 36° + 36° = 72°$

71 답 **90°**

정육각형의 한 내각의 크기는

$\dfrac{180° \times (6-2)}{6} = 120°$이므로 ∠AFE$=120°$

△AEF는 $\overline{FA} = \overline{FE}$인 이등변삼각형이므로

$\angle x = \angle FEA = \dfrac{1}{2} \times (180° - 120°) = 30°$

같은 방법으로 하면

△DEF에서 ∠EFD$=30°$

△GEF에서

$\angle y = 30° + 30° = 60°$

∴ $\angle x + \angle y = 30° + 60° = 90°$

72 답 **36°**

정오각형의 한 외각의 크기는 $\dfrac{360°}{5} = 72°$이므로

∠DEF$=$∠EDF$=72°$

따라서 △DFE에서

$\angle x = 180° - (72° + 72°) = 36°$

73 답 **75°**

정육각형의 한 내각의 크기는

$\dfrac{180° \times (6-2)}{6} = 120°$,

정팔각형의 한 내각의 크기는

$\dfrac{180° \times (8-2)}{8} = 135°$이므로

$\angle c = 360° - (120° + 135°) = 105°$

삼각형의 세 내각의 크기의 합은 180°이므로

$\angle a + \angle b = 180° - \angle c$
$\qquad\qquad = 180° - 105° = 75°$

다른 풀이

오른쪽 그림에서 ∠c의 크기는
정육각형의 한 외각의 크기와 정
팔각형의 한 외각의 크기의 합과
같으므로

$\angle c = \dfrac{360°}{6} + \dfrac{360°}{8} = 60° + 45° = 105°$

삼각형의 세 내각의 크기의 합은 180°이므로

$\angle a + \angle b = 180° - \angle c$
$\qquad\qquad = 180° - 105° = 75°$

74 답 **114°**

정삼각형의 한 내각의 크기는 60°,

정사각형의 한 내각의 크기는 90°,

정오각형의 한 내각의 크기는 $\dfrac{180° \times (5-2)}{5} = 108°$이므로

∠JED$=108° - 90° = 18°$, ∠JDE$=108° - 60° = 48°$

△DEJ에서 ∠DJE$=180° - (18° + 48°) = 114°$

∴ $\angle x = $ ∠DJE$=114°$ (맞꼭지각)

75 답 ③

오른쪽 그림과 같이 한 꼭짓점에서 한 개
의 대각선을 그어 삼각형과 육각형으로
나누어지는 다각형은 칠각형이다.

따라서 칠각형의 대각선의 개수는

$\dfrac{7 \times (7-3)}{2} = 14$(개)

76 답 ②

서로 합동인 삼각형을 계속 이어
붙이면 오른쪽 그림과 같이 한
내각의 크기가 $90° + 70° = 160°$
인 정다각형이 만들어진다.

이 정다각형을 정n각형이라고
하면

$\dfrac{180° \times (n-2)}{n} = 160°$, $180° \times n - 360° = 160° \times n$

$20° \times n = 360°$ ∴ $n = 18$, 즉 정십팔각형

따라서 사용한 색종이의 개수는 정십팔각형의 변의 개수와
같은 18개이다.

다른 풀이 n의 값 구하기

서로 합동인 삼각형을 계속 이어 붙여 만든 정다각형의 한
내각의 크기가 160°이면 한 외각의 크기는

$180° - 160° = 20°$이므로

$\dfrac{360°}{n} = 20°$ ∴ $n = 18$

단원 마무리

P. 52~55

1 182°	**2** ④	**3** ③	**4** 85°	**5** ②
6 ⑤	**7** 114°	**8** ④	**9** 130°	**10** ②
11 ④	**12** ②	**13** 22.5°	**14** 정십오각형	
15 102°	**16** 20쌍	**17** ③	**18** 79°	**19** 25°
20 100°	**21** ④	**22** ②, ⑤	**23** ③	**24** 61°
25 ③	**26** 540°	**27** 215°		

1 ∠A의 외각의 크기는 $180° - 108° = 72°$

∠D의 크기는 $180° - 70° = 110°$

따라서 그 합은 $72° + 110° = 182°$

2 $a = 9 - 3 = 6$, $b = \dfrac{9 \times (9-3)}{2} = 27$

∴ $b - a = 27 - 6 = 21$

3 $\angle x+(2\angle x+20°)=4\angle x-10°$ $\quad\therefore\ \angle x=30°$

4 오른쪽 그림에서
$\angle x+20°=30°+75°$
$\therefore\ \angle x=85°$

5 오른쪽 그림과 같이 $\overline{AB}$를 그으면
△ABD에서
$\angle DAB+\angle DBA+140°=180°$
$\therefore\ \angle DAB+\angle DBA=40°$
△ABC에서
$40°+(\angle DAB+\angle DBA)+55°+\angle x=180°$
$40°+40°+55°+\angle x=180°$
$\therefore\ \angle x=45°$

6 △DBC에서 $130°+\angle DBC+\angle DCB=180°$
$\therefore\ \angle DBC+\angle DCB=50°$
△ABC에서
$\angle x+2(\angle DBC+\angle DCB)=180°$
$\angle x+2\times50°=180°$ $\quad\therefore\ \angle x=80°$

7 △BAC는 $\overline{AB}=\overline{BC}$인 이등변삼각형이므로
$\angle BCA=\angle BAC=38°$ $\qquad\cdots(\text{i})$
$\therefore\ \angle CBD=38°+38°=76°$ $\qquad\cdots(\text{ii})$
△CDB는 $\overline{BC}=\overline{CD}$인 이등변삼각형이므로
$\angle CDB=\angle CBD=76°$ $\qquad\cdots(\text{iii})$
따라서 △ACD에서
$\angle x=38°+76°=114°$ $\qquad\cdots(\text{iv})$

채점 기준	비율
(i) $\angle BCA$의 크기 구하기	20%
(ii) $\angle CBD$의 크기 구하기	20%
(iii) $\angle CDB$의 크기 구하기	20%
(iv) $\angle x$의 크기 구하기	40%

8 오른쪽 그림에서
$(\angle y+20°)+\angle x+(25°+55°)=180°$
$\angle x+\angle y+100°=180°$
$\therefore\ \angle x+\angle y=80°$

9 육각형의 내각의 크기의 합은
$180°\times(6-2)=720°$이므로
$\angle a+\angle a+120°+(180°-65°)+(180°-70°)+115°$
$=720°$
$2\angle a=260°$ $\quad\therefore\ \angle a=130°$

10 오른쪽 그림과 같이 보조선을 그으면
$\angle a+\angle b=\angle c+\angle d$이고,
육각형의 내각의 크기의 합은
$180°\times(6-2)=720°$이므로
$110°+120°+80°+\angle c+\angle d$
$\qquad+70°+125°+130°=720°$
$\therefore\ \angle c+\angle d=85°$
$\therefore\ \angle a+\angle b=\angle c+\angle d=85°$

11 오각형의 외각의 크기의 합은 360°이므로
$80°+100°+50°+(180°-\angle x)+(180°-105°)=360°$
$485°-\angle x=360°$ $\quad\therefore\ \angle x=125°$

12 한 꼭짓점에서 대각선을 모두 그었을 때 만들어지는 삼각형의 개수가 7개인 정다각형을 정n각형이라고 하면
$n-2=7$ $\quad\therefore\ n=9$
따라서 정구각형의 한 내각의 크기는
$\dfrac{180°\times(9-2)}{9}=140°$

13 내각의 크기의 합이 2520°인 정다각형을 정n각형이라고 하면
$180°\times(n-2)=2520°,\ n-2=14$
$\therefore\ n=16$, 즉 정십육각형 $\qquad\cdots(\text{i})$
따라서 정십육각형의 한 외각의 크기는
$\dfrac{360°}{16}=22.5°$ $\qquad\cdots(\text{ii})$

채점 기준	비율
(i) 내각의 크기의 합이 2520°인 정다각형 구하기	50%
(ii) 한 외각의 크기 구하기	50%

14 (한 외각의 크기)$=180°\times\dfrac{2}{13+2}=180°\times\dfrac{2}{15}=24°$
구하는 정다각형을 정n각형이라고 하면
$\dfrac{360°}{n}=24°$ $\quad\therefore\ n=15$
따라서 구하는 정다각형은 정십오각형이다.

15 정삼각형의 한 내각의 크기는 60°,
정사각형의 한 내각의 크기는 90°,
정오각형의 한 내각의 크기는
$\dfrac{180°\times(5-2)}{5}=108°$이므로
$\angle x=360°-(60°+108°+90°)=102°$

16 양옆에 앉은 학생을 제외한 모든 학생들과 서로 한 번씩 악수를 할 때, 악수를 하는 학생의 쌍의 수는 팔각형의 대각선의 개수와 같으므로
$\dfrac{8\times(8-3)}{2}=20(\text{쌍})$

17 대각선의 개수가 65개인 다각형을 n각형이라고 하면

$$\frac{n(n-3)}{2}=65$$

$$n(n-3)=130=\underline{13}\times\underline{10}$$

$$\therefore n=13$$

따라서 십삼각형의 한 꼭짓점에서 대각선을 모두 그었을 때 만들어지는 삼각형의 개수는 $13-2=11$(개)

18 $\triangle$ABC에서

$\angle$BAC$+64°=138°$이므로 $\angle$BAC$=74°$

$$\therefore \angle DAC=\frac{1}{2}\angle BAC=\frac{1}{2}\times74°=37°$$

따라서 $\triangle$ADC에서

$$\angle x=180°-(37°+64°)=79°$$

$\angle$ABD$=180°-138°=42°$이고

$\angle$BAC$=180°-(42°+64°)=74°$이므로

$$\angle BAD=\frac{1}{2}\angle BAC=\frac{1}{2}\times74°=37°$$

따라서 $\triangle$ABD에서

$$\angle x=37°+42°=79°$$

19 $\angle$ABD$=\angle$DBC$=\angle a$, $\angle$ACD$=\angle$DCE$=\angle b$라고 하면

$\triangle$ABC에서 $2\angle b=50°+2\angle a$

$\therefore \angle b=25°+\angle a$ $\quad\cdots$ ㉠ $\quad\cdots$ (i)

$\triangle$DBC에서 $\angle b=\angle x+\angle a$ $\quad\cdots$ ㉡ $\quad\cdots$ (ii)

따라서 ㉠, ㉡에서 $\angle x=25°$ $\quad\cdots$ (iii)

채점 기준	비율
(i) $\triangle$ABC에서 식 세우기	40%
(ii) $\triangle$DBC에서 식 세우기	40%
(iii) $\angle x$의 크기 구하기	20%

20 사각형 ABCD의 내각의 크기의 합은 $360°$이므로

$2\angle$PAB$+2\angle$PBA$+80°+120°=360°$

$2\angle$PAB$+2\angle$PBA$=160°$

$\therefore \angle$PAB$+\angle$PBA$=80°$

따라서 $\triangle$PAB에서

$\angle$APB$=180°-(\angle$PAB$+\angle$PBA$)$

$\qquad\quad=180°-80°=100°$

21 내각의 크기와 외각의 크기의 총합이 $2700°$인 다각형을 n각형이라고 하면

$180°\times n=2700°$ $\quad\therefore n=15$

따라서 십오각형의 한 꼭짓점에서 그을 수 있는 대각선의 개수는

$15-3=12$(개)

22 ① 칠각형의 내각의 크기의 합은 $180°\times(7-2)=900°$

② 한 내각의 크기가 $160°$인 정다각형을 정n각형이라고 하면

$$\frac{180°\times(n-2)}{n}=160°$$

$180°\times n-360°=160°\times n$

$20°\times n=360°$ $\quad\therefore n=18$, 즉 정십팔각형

$$\therefore \text{(정십팔각형의 대각선의 개수)}=\frac{18\times(18-3)}{2}$$

$$=135\text{(개)}$$

n의 값 구하기

한 외각의 크기가 $180°-160°=20°$이므로

$$\frac{360°}{n}=20°\quad\therefore n=18$$

③ 한 외각의 크기가 $40°$인 정다각형을 정n각형이라고 하면

$$\frac{360°}{n}=40°\quad\therefore n=9,\text{ 즉 정구각형}$$

$\therefore$ (정구각형의 내각의 크기의 합)$=180°\times(9-2)$

$$=1260°$$

④ 내각의 크기와 외각의 크기의 총합이 $1440°$인 다각형을 n각형이라고 하면

$180°\times n=1440°$ $\quad\therefore n=8$, 즉 팔각형

⑤ (한 외각의 크기)$=180°\times\dfrac{1}{9+1}$

$$=180°\times\frac{1}{10}=18°$$

주어진 정다각형을 정n각형이라고 하면

$$\frac{360°}{n}=18°\quad\therefore n=20,\text{ 즉 정이십각형}$$

따라서 옳지 않은 것은 ②, ⑤이다.

23 오른쪽 그림에서 $\angle a$의 크기는 정오각형의 한 외각의 크기이므로

$$\angle a=\frac{360°}{5}=72°$$

$\angle b$의 크기는 정팔각형의 한 외각의 크기이므로

$$\angle b=\frac{360°}{8}=45°$$

$\angle c$의 크기는 정오각형의 한 외각의 크기와 정팔각형의 한 외각의 크기의 합이므로

$$\angle c=72°+45°=117°$$

사각형의 내각의 크기의 합은 $360°$이므로

$\angle x=360°-(\angle a+\angle b+\angle c)$

$\qquad\quad=360°-(72°+45°+117°)=126°$

정오각형의 한 내각의 크기는

$$\frac{180°\times(5-2)}{5}=108°,$$

정팔각형의 한 내각의 크기는

$$\frac{180°\times(8-2)}{8}=135°$$이므로

$\angle x=360°-(72°+45°+117°)=126°$

24 정오각형의 한 내각의 크기는

$$\frac{180° \times (5-2)}{5} = 108°$$

오른쪽 그림과 같이 정오각형의 한 꼭
짓점을 지나면서 두 직선 l, m에 평행
한 직선 n을 그으면

$\angle x = 61°$

25 오른쪽 그림에서

$\angle CBF = \angle DBF = \angle a$,

$\angle BCF = \angle ECF = \angle b$라고 하면

$\triangle BFC$에서

$\angle a + \angle b = 180° - 40° = 140°$

$\triangle ABC$에서

$\angle x + (180° - 2\angle a) + (180° - 2\angle b) = 180°$

$\therefore \angle x = 2(\angle a + \angle b) - 180°$

$\qquad = 2 \times 140° - 180°$

$\qquad = 100°$

다른 풀이

삼각형의 외각의 크기의 합은 360°이므로

$(\angle A$의 외각의 크기$) + 2\angle a + 2\angle b = 360°$

$(\angle A$의 외각의 크기$) = 360° - 2(\angle a + \angle b)$

$\qquad\qquad\qquad\qquad = 360° - 2 \times 140° = 80°$

$\therefore \angle x = 180° - 80° = 100°$

26 $\angle a + \angle b + \angle c + \angle d + \angle e + \angle f + \angle g$

$= (7$개의 삼각형의 내각의 크기의 합$)$

$\quad - ($칠각형의 외각의 크기의 합$) \times 2$

$= 180° \times 7 - 360° \times 2$

$= 540°$

다른 풀이

오른쪽 그림과 같이 $\overline{BA}$, $\overline{CG}$를
그으면

$\angle ACG + \angle BGC$

$= \angle ABG + \angle BAC$

$\therefore \angle a + \angle b + \angle c + \angle d$

$\qquad\qquad + \angle e + \angle f + \angle g$

$= ($사각형 ABDF의 내각의 크기의 합$)$

$\quad + ($삼각형 CEG의 내각의 크기의 합$)$

$= 360° + 180°$

$= 540°$

27 오른쪽 그림에서 색칠한 오각형의
외각의 크기의 합은 360°이므로

$(\angle a + \angle b) + (\angle c + \angle d)$

$\qquad + (\angle e + \angle f) + 80° + 65°$

$= 360°$

$\therefore \angle a + \angle b + \angle c + \angle d + \angle e + \angle f$

$\qquad = 215°$

1 답 ②, ③

② 원 위의 두 점을 연결한 선분은 현이다.

③ 한 원의 중심과 원 위의 한 점을 이은 선분은 원의 반지름이다.

2 답 ③

③ $\overparen{AC}$와 $\overline{AC}$로 이루어진 도형은 활꼴이다.

3 답 ⑤

⑤ $\angle AOD = 180°$이 될 때, 부채꼴 AOD가 활꼴이 된다.

4 답 ④

$x : 14 = 40° : 210°$, $210x = 560$ $\therefore x = \dfrac{8}{3}$

5 답 ③

$x : 3 = 120° : 30°$, $30x = 360$ $\therefore x = 12$

$3 : 6 = 30° : y°$, $3y = 180$ $\therefore y = 60$

6 답 ⑤

$4 : 16 = x° : (2x° + 60°)$

$16x = 4(2x + 60)$, $16x = 8x + 240$

$8x = 240$ $\therefore x = 30$

7 답 ②

$\overparen{AC} = 4\overparen{BC}$에서 $\overparen{AC} : \overparen{BC} = 4 : 1$이므로

$\angle AOC : \angle BOC = 4 : 1$

$\therefore \angle BOC = 180° \times \dfrac{1}{4+1} = 180° \times \dfrac{1}{5} = 36°$

8 답 ①

$\overparen{AB} : \overparen{BC} : \overparen{CA} = 3 : 4 : 5$이므로

$\angle AOB : \angle BOC : \angle COA = 3 : 4 : 5$

$\therefore \angle AOB = 360° \times \dfrac{3}{3+4+5} = 360° \times \dfrac{3}{4} = 90°$

9 답 $15°$

$\angle AOC : \angle BOC = \overparen{AC} : \overparen{BC} = 1 : 5$이므로

$\angle BOC = 180° \times \dfrac{5}{1+5} = 180° \times \dfrac{5}{6} = 150°$ ···(i)

이때 $\triangle BOC$는 $\overline{OB} = \overline{OC}$인 이등변삼각형이므로

$\angle OBC = \dfrac{1}{2} \times (180° - 150°) = 15°$ ···(ii)

채점 기준	비율
(i) $\angle BOC$의 크기 구하기	60 %
(ii) $\angle OBC$의 크기 구하기	40 %

10 답 7배

$\triangle AOB$는 $\overline{OA} = \overline{OB}$인 이등변삼각형이므로

$\angle OAB = \dfrac{1}{2} \times (180° - 140°) = 20°$

$\overline{AB} /\!/ \overline{CD}$이므로

$\angle AOC = \angle OAB = 20°$(엇각)

$\overparen{AB} : \overparen{AC} = 140° : 20° = 7 : 1$

$\therefore \overparen{AB} = 7\overparen{AC}$

따라서 $\overparen{AB}$의 길이는 $\overparen{AC}$의 길이의 7배이다.

11 답 **16 cm**

$\overline{AB} /\!/ \overline{CD}$이므로

$\angle OBA = \angle BOD = 30°$(엇각)

$\triangle AOB$는 $\overline{OA} = \overline{OB}$인 이등변삼각형이므로

$\angle OAB = \angle OBA = 30°$

$\therefore \angle AOB = 180° - (30° + 30°) = 120°$

$\overparen{AB} : \overparen{BD} = \angle AOB : \angle BOD$이므로

$\overparen{AB} : 4 = 120° : 30°$, $30\overparen{AB} = 480$

$\therefore \overparen{AB} = 16$(cm)

12 답 ③

$\angle BOC = \angle x$라고 하면

$\overline{OC} /\!/ \overline{AB}$이므로

$\angle OBA = \angle BOC = \angle x$(엇각)

$\triangle OAB$는 $\overline{OA} = \overline{OB}$인 이등변삼각형이므로

$\angle OAB = \angle OBA = \angle x$

$\overparen{AB} : \overparen{BC} = 4 : 1$이므로

$\angle AOB : \angle BOC = 4 : 1$ $\therefore \angle AOB = 4\angle x$

따라서 $\triangle OAB$에서 $4\angle x + \angle x + \angle x = 180°$

$6\angle x = 180°$ $\therefore \angle x = 30°$

13 답 ①

$\overline{AD} /\!/ \overline{OC}$이므로

$\angle OAD = \angle BOC = 36°$(동위각)

오른쪽 그림과 같이 $\overline{OD}$를 그으면

$\triangle AOD$는 $\overline{OA} = \overline{OD}$인 이등변삼각형이므로

$\angle ODA = \angle OAD = 36°$

$\therefore \angle AOD = 180° - (36° + 36°) = 108°$

$\overparen{AD} : \overparen{BC} = \angle AOD : \angle BOC$이므로

$\overparen{AD} : 8 = 108° : 36°$, $36\overparen{AD} = 864$

$\therefore \overparen{AD} = 24$(cm)

14 답 ③

$\overline{AD}$∥$\overline{OC}$이므로

∠OAD=∠BOC=40° (동위각)

오른쪽 그림과 같이 $\overline{OD}$를 그으면

△AOD는 $\overline{OA}=\overline{OD}$인 이등변삼각형

이므로

∠ODA=∠OAD=40°

∴ ∠AOD=180°−(40°+40°)=100°

∠COD=∠ODA=40° (엇각)이고

$\overparen{AD}$: $\overparen{CD}$=∠AOD : ∠COD이므로

10 : $\overparen{CD}$=100° : 40°, 100$\overparen{CD}$=400

∴ $\overparen{CD}$=4(cm)

15 답 **28 cm**

$\overline{AE}$∥$\overline{CD}$이므로

∠OAE=∠BOD=30° (동위각)

오른쪽 그림과 같이 $\overline{OE}$를 그으면

△AOE는 $\overline{OA}=\overline{OE}$인 이등변삼각

형이므로

∠OEA=∠OAE=30°

∴ ∠AOE=180°−(30°+30°)=120°

∠AOC=∠BOD=30° (맞꼭지각)이고

$\overparen{AE}$: $\overparen{AC}$=∠AOE : ∠AOC이므로

$\overparen{AE}$: 7=120° : 30°, 30$\overparen{AE}$=840

∴ $\overparen{AE}$=28(cm)

16 답 ③

△OPC에서 $\overline{CP}=\overline{CO}$이므로

∠COP=∠CPO=30°

∠OCD=∠CPO+∠COP

　　　　=30°+30°=60°

△OCD는

$\overline{OC}=\overline{OD}$인 이등변삼각형이므로

∠ODC=∠OCD=60°

△OPD에서

∠BOD=∠OPD+∠ODP=30°+60°=90°

$\overparen{AC}$: $\overparen{BD}$=∠AOC : ∠BOD이므로

$\overparen{AC}$: 12=30° : 90°, 90$\overparen{AC}$=360

∴ $\overparen{AC}$=4(cm)

17 답 ①

∠BOD=∠x라고 하면

△ODE에서 $\overline{DO}=\overline{DE}$이므로

∠DEO=∠DOE=∠x

∠ODC=∠DOE+∠DEO

　　　　=∠x+∠x=2∠x

$\overline{OC}$를 그으면 △OCD는 $\overline{OC}=\overline{OD}$인 이등변삼각형이므로

∠OCD=∠ODC=2∠x

△OCE에서

∠AOC=∠OCE+∠OEC=2∠x+∠x=3∠x

$\overparen{AC}$: $\overparen{BD}$=∠AOC : ∠BOD이므로

$\overparen{AC}$: 2=3∠x : ∠x, $\overparen{AC}$: 2=3 : 1

∴ $\overparen{AC}$=6(cm)

18 답 **20**

5 : x=30° : 120°, 30x=600　∴ x=20

19 답 ②

4 : 12=2x° : (4x°+40°)

24x=4(4x+40), 24x=16x+160

8x=160　∴ x=20

20 답 **30 cm²**

세 부채꼴 AOB, BOC, COA의 넓이의 비가 4 : 6 : 5이므

로 부채꼴 COA의 넓이는

$$90\times\frac{5}{4+6+5}=90\times\frac{1}{3}=30(cm^2)$$

21 답 **36°**

$\overline{AB}=\overline{CD}=\overline{DE}=\overline{EF}$이므로

∠AOB=∠COD=∠DOE=∠EOF

　　　　　　=$\frac{1}{3}$∠COF=$\frac{1}{3}\times108°$=36°

22 답 **6 cm**

$\overline{CO}$∥$\overline{DB}$이므로

∠OBD=∠AOC (동위각)

오른쪽 그림과 같이 $\overline{OD}$를 그으면

△OBD는 $\overline{OB}=\overline{OD}$인 이등변삼각형

이므로

∠ODB=∠OBD

이때 ∠COD=∠ODB (엇각)이므로

∠AOC=∠COD

∴ $\overparen{AC}=\overparen{CD}$=6 cm

23 답 ㄱ, ㄷ

ㄱ. 크기가 같은 중심각에 대한 현의 길이는 같으므로

　　$\overline{AB}=\overline{CE}=\overline{DE}$

ㄴ. 현의 길이는 중심각의 크기에 정비례하지 않으므로

　　$\overline{AB}\neq\frac{1}{2}\overline{CD}$, 이때 $\overline{AB}>\frac{1}{2}\overline{CD}$이다.

ㄷ. 호의 길이는 중심각의 크기에 정비례하므로

　　$\overparen{AB}=\frac{1}{2}\overparen{CD}$

ㄹ. 2×(△AOB의 넓이)

　　=(△AOB의 넓이)+(△AOB의 넓이)

　　=(△COE의 넓이)+(△DOE의 넓이)

　　∴ (△COD의 넓이)<2×(△AOB의 넓이)

따라서 옳은 것은 ㄱ, ㄷ이다.

24 답 ③

① 호의 길이는 중심각의 크기에 정비례하므로
$$\widehat{AB}=\frac{1}{2}\widehat{CD}$$

② 현의 길이는 중심각의 크기에 정비례하지 않으므로
$$\overline{CD}\neq 2\overline{AB},\ \text{이때 } \overline{CD}<2\overline{AB}\text{이다.}$$

③ △ABO는 $\overline{OA}=\overline{OB}$인 이등변삼각형이므로
$$\angle BAO=\frac{1}{2}\times(180°-60°)=60°$$

④ △CDO는 $\overline{OC}=\overline{OD}$인 이등변삼각형이므로
$$\angle CDO=\frac{1}{2}\times(180°-120°)=30°$$
$$\therefore \angle CDO\neq\angle BOA$$

⑤ 부채꼴의 넓이는 중심각의 크기에 정비례하므로
(부채꼴 COD의 넓이)$=2\times$(부채꼴 AOB의 넓이)
따라서 옳은 것은 ③이다.

유형 9～19　P. 62～67

25 답 $(8\pi+4)$ cm

(색칠한 부분의 둘레의 길이)
$$=(2\pi\times5)\times\frac{1}{2}+(2\pi\times3)\times\frac{1}{2}+(5-3)\times2$$
$$=5\pi+3\pi+4=8\pi+4\text{(cm)}$$

26 답 ③

가장 큰 원의 반지름의 길이는
$(12+8)\times\frac{1}{2}=10\text{(cm)}$이므로
(색칠한 부분의 넓이)
$$=(\pi\times10^2)\times\frac{1}{2}+(\pi\times6^2)\times\frac{1}{2}-(\pi\times4^2)\times\frac{1}{2}$$
$$=50\pi+18\pi-8\pi=60\pi\text{(cm}^2)$$

27 답 ⑤

구하는 넓이는 오른쪽 그림에서 색칠한
부분의 넓이와 같으므로
(색칠한 부분의 넓이)
$$=\pi\times4^2+(\pi\times8^2)\times\frac{1}{2}$$
$$=16\pi+32\pi=48\pi\text{(cm}^2)$$

28 답 12π cm, 12π cm^2

$\overline{AB}=\overline{BC}=\overline{CD}=4$ cm이므로
(색칠한 부분의 둘레의 길이)$=(\widehat{AC}+\widehat{BD})+(\widehat{AB}+\widehat{CD})$
$$=2\pi\times4+2\pi\times2$$
$$=8\pi+4\pi=12\pi\text{(cm)}$$
(색칠한 부분의 넓이)$=\pi\times4^2-\pi\times2^2$
$$=16\pi-4\pi=12\pi\text{(cm}^2)$$

29 답 $(4\pi+20)$ cm, 20π cm^2

(둘레의 길이)$=2\pi\times10\times\dfrac{72}{360}+10\times2$
$$\qquad\qquad=4\pi+20\text{(cm)}$$
(넓이)$=\pi\times10^2\times\dfrac{72}{360}=20\pi\text{(cm}^2)$

30 답 $(6\pi+36)$ cm, 27π cm^2

(색칠한 부분의 둘레의 길이)
$$=(2\pi\times9)\times\frac{1}{2}-2\pi\times9\times\frac{60}{360}+9\times4$$
$$=9\pi-3\pi+36=6\pi+36\text{(cm)}$$
구하는 넓이는 오른쪽 그림에서 색칠한
부분의 넓이와 같으므로
(색칠한 부분의 넓이)$=\pi\times9^2\times\dfrac{120}{360}$
$$\qquad\qquad=27\pi\text{(cm}^2)$$

31 답 12π cm^2

정육각형의 한 내각의 크기는
$$\frac{180°\times(6-2)}{6}=120° \qquad\qquad\cdots\text{(i)}$$
$\therefore$ (색칠한 부분의 넓이)$=\pi\times6^2\times\dfrac{120}{360}$
$$\qquad\qquad=12\pi\text{(cm}^2) \qquad\cdots\text{(ii)}$$

채점 기준	비율
(i) 정육각형의 한 내각의 크기 구하기	40 %
(ii) 색칠한 부분의 넓이 구하기	60 %

32 답 ①

(부채꼴의 넓이)$=\dfrac{1}{2}\times8\times2\pi=8\pi\text{(cm}^2)$

33 답 $225°$

부채꼴의 반지름의 길이를 r cm라고 하면
$$\frac{1}{2}\times r\times5\pi=10\pi \qquad\therefore r=4$$
따라서 부채꼴의 반지름의 길이가 4 cm이다.
부채꼴의 중심각의 크기를 $x°$라고 하면
$$2\pi\times4\times\frac{x}{360}=5\pi \qquad\therefore x=225$$
따라서 부채꼴의 중심각의 크기는 $225°$이다.

34 답 ①

부채꼴의 반지름의 길이를 r cm라고 하면
$$2\pi r\times\frac{80}{360}=4\pi,\ \frac{4}{9}r=4 \qquad\therefore r=9$$
따라서 부채꼴의 반지름의 길이가 9 cm이므로
(색칠한 부분의 넓이)$=\dfrac{1}{2}\times9\times4\pi=18\pi\text{(cm}^2)$

다른 풀이

부채꼴의 반지름의 길이가 9 cm이므로
(색칠한 부분의 넓이)$=\pi\times9^2\times\dfrac{80}{360}=18\pi\text{(cm}^2)$

35 답 $(4\pi+16)$ cm

(색칠한 부분의 둘레의 길이)
$$=2\pi\times12\times\frac{45}{360}+2\pi\times4\times\frac{45}{360}+8\times2$$
$$=3\pi+\pi+16$$
$$=4\pi+16\text{(cm)}$$

36 답 $(8\pi+16)$ cm

(색칠한 부분의 둘레의 길이)
$$=\overline{AB}+\overarc{AC}+\overarc{BD}+\overline{CD}$$
$$=8+2\pi\times8\times\frac{90}{360}$$
$$\quad+2\pi\times8\times\frac{90}{360}+8$$
$$=8+4\pi+4\pi+8$$
$$=8\pi+16\text{(cm)}$$

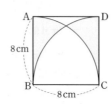

37 답 12π cm

오른쪽 그림과 같이 $\overline{AO}$, $\overline{BO}$, $\overline{AO'}$,
$\overline{BO'}$을 각각 그으면 두 원의 반지름의
길이가 같으므로 $\triangle AOO'$과 $\triangle OBO'$
은 모두 정삼각형이다.

$\therefore \angle AOB=\angle AO'B=120°$
따라서 부채꼴 AOB는 반지름의 길이가 9cm, 중심각의 크
기가 $120°$이므로
$$\overarc{AB}=2\pi\times9\times\frac{120}{360}=6\pi\text{(cm)}$$
$\therefore$ (색칠한 부분의 둘레의 길이)$=2\overarc{AB}$
$$=2\times6\pi$$
$$=12\pi\text{(cm)}$$

38 답 $\dfrac{25}{2}\pi\,\text{cm}^2$

$\therefore$ (색칠한 부분의 넓이)$=\pi\times10^2\times\dfrac{90}{360}-(\pi\times5^2)\times\dfrac{1}{2}$
$$=25\pi-\frac{25}{2}\pi$$
$$=\frac{25}{2}\pi\text{(cm}^2)$$

39 답 $(32\pi-64)$ cm^2

$\therefore$ (색칠한 부분의 넓이)$=\left(\pi\times8^2\times\dfrac{90}{360}-\dfrac{1}{2}\times8\times8\right)\times2$
$$=(16\pi-32)\times2$$
$$=32\pi-64\text{(cm}^2)$$

40 답 $(6-\pi)$ cm^2

(색칠한 부분의 넓이)
$$=(\text{사다리꼴 ABCD의 넓이})$$
$$\quad-(\text{부채꼴 ABC의 넓이})$$
$$=\frac{1}{2}\times(2+4)\times2-\pi\times2^2\times\frac{90}{360}$$
$$=6-\pi\text{(cm}^2)$$

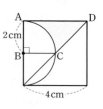

41 답 20π cm, $(50\pi-100)$ cm^2

(색칠한 부분의 둘레의 길이)
$$=2\pi\times5+\left(2\pi\times5\times\frac{90}{360}\right)\times4$$
$$=10\pi+10\pi$$
$$=20\pi\text{(cm)}\qquad\cdots\text{(i)}$$
구하는 넓이는 오른쪽 그림에서 색칠한 부
분의 넓이의 8배와 같으므로
(색칠한 부분의 넓이)

$$=\left(\pi\times5^2\times\frac{90}{360}-\frac{1}{2}\times5\times5\right)\times8$$
$$=\left(\frac{25}{4}\pi-\frac{25}{2}\right)\times8$$
$$=50\pi-100\text{(cm}^2)\qquad\cdots\text{(ii)}$$

채점 기준	비율
(i) 색칠한 부분의 둘레의 길이 구하기	40 %
(ii) 색칠한 부분의 넓이 구하기	60 %

42 답 50π cm^2

$\therefore$ (색칠한 부분의 넓이)$=(\pi\times10^2)\times\dfrac{1}{2}$
$$=50\pi\text{(cm}^2)$$

43 답 $\dfrac{9}{2}\pi\,\text{cm}^2$

$\therefore$ (색칠한 부분의 넓이)$=(\pi\times3^2)\times\dfrac{1}{2}$
$$=\frac{9}{2}\pi\text{(cm}^2)$$

44 답 $(16\pi-32)$ cm^2

$\therefore$ (색칠한 부분의 넓이)$=\pi\times8^2\times\dfrac{90}{360}-\dfrac{1}{2}\times8\times8$
$$=16\pi-32\text{(cm}^2)$$

45 답 $(72\pi-144)\ \text{cm}^2$

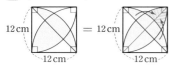

∴ (색칠한 부분의 넓이)

$=\left(\pi\times12^2\times\dfrac{90}{360}-\dfrac{1}{2}\times12\times12\right)\times2$

$=(36\pi-72)\times2$

$=72\pi-144\ (\text{cm}^2)$

46 답 ①

(색칠한 부분의 넓이)

$=(\overline{\text{AB}}$가 지름인 반원의 넓이$)+(\overline{\text{AC}}$가 지름인 반원의 넓이$)$

$\quad+(\triangle\text{ABC}$의 넓이$)-(\overline{\text{BC}}$가 지름인 반원의 넓이$)$

$=(\pi\times6^2)\times\dfrac{1}{2}+(\pi\times8^2)\times\dfrac{1}{2}+\dfrac{1}{2}\times12\times16$

$\quad-(\pi\times10^2)\times\dfrac{1}{2}$

$=18\pi+32\pi+96-50\pi$

$=96\ (\text{cm}^2)$

47 답 ②

(색칠한 부분의 넓이)

$=(\overline{\text{AB}'}$이 지름인 반원의 넓이$)+($부채꼴 $\text{B}'\text{AB}$의 넓이$)$

$\quad-(\overline{\text{AB}}$가 지름인 반원의 넓이$)$

$=($부채꼴 $\text{B}'\text{AB}$의 넓이$)$

$=\pi\times6^2\times\dfrac{30}{360}$

$=3\pi\ (\text{cm}^2)$

48 답 2π

색칠한 두 부분의 넓이가 같으면

(직사각형 ABCD의 넓이)=(부채꼴 ABE의 넓이)이므로

$x\times8=\pi\times8^2\times\dfrac{90}{360}$

$8x=16\pi$　∴ $x=2\pi$

49 답 $45°$

$\angle\text{ABC}=x°$라고 하자. 색칠한 두 부분의 넓이가 같으면

(반원 O의 넓이)=(부채꼴 ABC의 넓이)이므로

$(\pi\times6^2)\times\dfrac{1}{2}=\pi\times12^2\times\dfrac{x}{360}$

$18=\dfrac{2}{5}x$　∴ $x=45$

따라서 ∠ABC의 크기는 $45°$이다.

50 답 $(8\pi-16)\ \text{cm}^2$

(색칠한 부분의 넓이)=(직사각형 ABCD의 넓이)에서

(직사각형 ABCD의 넓이)+(부채꼴 DCE의 넓이)

$\qquad\qquad\qquad\qquad\qquad\qquad-(\triangle\text{ABE}$의 넓이$)$

$=($직사각형 ABCD의 넓이$)$이므로

(부채꼴 DCE의 넓이)=(△ABE의 넓이)

이때 $\overline{\text{BC}}=x\ \text{cm}$라고 하면

$\pi\times4^2\times\dfrac{90}{360}=\dfrac{1}{2}\times(x+4)\times4$

$4\pi=2(x+4),\ 2\pi=x+4$

∴ $x=2\pi-4$

따라서 $\overline{\text{BC}}$의 길이는 $(2\pi-4)\ \text{cm}$이고 색칠한 부분의 넓이와 직사각형 ABCD의 넓이가 같으므로

(색칠한 부분의 넓이)$=4\times(2\pi-4)$

$\qquad\qquad\qquad\qquad=8\pi-16\ (\text{cm}^2)$

51 답 $10\pi\ \text{cm}$

∠EBD=∠ABC=$60°$이므로

$\angle\text{ABE}=180°-\angle\text{EBD}$

$\qquad\quad=180°-60°$

$\qquad\quad=120°$　　　　　　… (i)

따라서 점 A가 움직인 거리는 $\overset{\frown}{\text{AE}}$의 길이와 같으므로

$2\pi\times15\times\dfrac{120}{360}=10\pi\ (\text{cm})$　　… (ii)

채점 기준	비율
(i) ∠ABE의 크기 구하기	40 %
(ii) 점 A가 움직인 거리 구하기	60 %

52 답 $6\pi\ \text{cm}$

∴ (점 A가 움직인 거리)

$=(①의 길이)+(②의 길이)+(③의 길이)$

$=2\pi\times4\times\dfrac{90}{360}+2\pi\times5\times\dfrac{90}{360}+2\pi\times3\times\dfrac{90}{360}$

$=2\pi+\dfrac{5}{2}\pi+\dfrac{3}{2}\pi$

$=6\pi\ (\text{cm})$

53 답 ③

오른쪽 그림에서 필요한 끈의 최소 길이는

$\left(2\pi\times6\times\dfrac{90}{360}\right)\times4+12\times4$

$=12\pi+48\ (\text{cm})$

54 답 ⑤

오른쪽 그림에서 사용한 끈의 최소 길이는

$\left(2\pi\times5\times\dfrac{120}{360}\right)\times3+10\times3$

$=10\pi+30\ (\text{cm})$

55 답 $(16\pi+360)\,\mathrm{cm}^2$

오른쪽 그림에서 원이 지나간 자리의
넓이는

$\left(\pi\times4^2\times\dfrac{120}{360}\right)\times3+(30\times4)\times3$

$=16\pi+360\,(\mathrm{cm}^2)$

56 답 $30\pi\,\mathrm{m}^2$

강아지가 울타리 밖에서 최대한 움직일
수 있는 영역은 오른쪽 그림의 색칠한
부분과 같으므로 그 넓이는

$\pi\times6^2\times\dfrac{300}{360}=30\pi\,(\mathrm{m}^2)$

57 답 $96°$

부채꼴의 넓이는 중심각의 크기에 정비례하므로

$14\pi:60\pi=\angle\mathrm{AOB}:360°$

$60\angle\mathrm{AOB}=5040°$ $\therefore \angle\mathrm{AOB}=84°$

따라서 △OCD에서

$\angle x+\angle y=180°-\angle\mathrm{AOB}=180°-84°=96°$

58 답 $\dfrac{159}{5}\pi\,\mathrm{cm}^2$

정사각형의 한 내각의 크기는 $90°$,

정오각형의 한 내각의 크기는 $\dfrac{180°\times(5-2)}{5}=108°$,

정육각형의 한 내각의 크기는 $\dfrac{180°\times(6-2)}{6}=120°$이므로

색칠한 부채꼴의 중심각의 크기는

$90°+108°+120°=318°$

$\therefore$ (색칠한 부분의 넓이)$=\pi\times6^2\times\dfrac{318}{360}=\dfrac{159}{5}\pi\,(\mathrm{cm}^2)$

단원 마무리

P. 68~71

1 ③	**2** ②	**3** ④	**4** ②	**5** $\dfrac{8}{3}\,\mathrm{cm}$
6 ②	**7** ⑤	**8** $(7\pi+6)\,\mathrm{cm}$, $\dfrac{21}{2}\pi\,\mathrm{cm}^2$		
9 $40\pi\,\mathrm{cm}^2$		**10** $(8\pi+12)\,\mathrm{cm}$, $24\pi\,\mathrm{cm}^2$		
11 ④	**12** ⑤	**13** ③	**14** ㄱ, ㄴ	**15** $36°$
16 $25\pi\,\mathrm{cm}^2$		**17** ⑤	**18** $(8\pi-16)\,\mathrm{cm}^2$	
19 $2\pi-1$		**20** $8\pi\,\mathrm{cm}$		
21 방법 A, $8\,\mathrm{cm}$		**22** $(36\pi+144)\,\mathrm{cm}^2$		
23 $84\pi\,\mathrm{cm}^2$		**24** $(64\pi-128)\,\mathrm{cm}^2$	**25** $\dfrac{59}{2}\pi\,\mathrm{m}^2$	

1 ③ 원의 중심 O를 지나는 현이 길이가 가장 긴 현이다.

2 $8:x=120°:30°$, $120x=240$ $\therefore x=2$

$4:8=y°:120°$, $8y=480$ $\therefore y=60$

$\therefore x+y=2+60=62$

3 $\overparen{\mathrm{AC}}:\overparen{\mathrm{BC}}=10:2=5:1$이므로

$\angle\mathrm{AOC}:\angle\mathrm{BOC}=5:1$

$\therefore \angle\mathrm{AOC}=180°\times\dfrac{5}{5+1}=180°\times\dfrac{5}{6}=150°$

4 △AOB는 $\overline{\mathrm{OA}}=\overline{\mathrm{OB}}$인 이등변삼각형
이므로

$\angle\mathrm{OAB}=\angle\mathrm{OBA}$

$\qquad=\dfrac{1}{2}\times(180°-90°)$

$\qquad=45°$

$\overline{\mathrm{AB}}\,/\!/\,\overline{\mathrm{CD}}$이므로

$\angle\mathrm{AOC}=\angle\mathrm{OAB}=45°$(엇각)

$\angle\mathrm{BOD}=\angle\mathrm{OBA}=45°$(엇각)

따라서 호의 길이는 중심각의 크기에 정비례하므로

$\overparen{\mathrm{AC}}:\overparen{\mathrm{AB}}:\overparen{\mathrm{BD}}=45°:90°:45°=1:2:1$

5 $\overparen{\mathrm{AB}}:\overparen{\mathrm{CD}}=3:2$이므로 $\angle\mathrm{AOB}:\angle\mathrm{COD}=3:2$

부채꼴 COD의 넓이를 $x\,\mathrm{cm}^2$라고 하면

부채꼴의 넓이는 중심각의 크기에 정비례하므로

$4:x=3:2$, $3x=8$ $\therefore x=\dfrac{8}{3}$

따라서 부채꼴 COD의 넓이는 $\dfrac{8}{3}\,\mathrm{cm}^2$이다.

6 $\overparen{\mathrm{AB}}=\overparen{\mathrm{BC}}$이므로

오른쪽 그림과 같이 $\overline{\mathrm{OB}}$를 그으면

$\angle\mathrm{AOB}=\angle\mathrm{BOC}$

$\therefore \overline{\mathrm{BC}}=\overline{\mathrm{AB}}=6\,\mathrm{cm}$

$\overline{\mathrm{OC}}=\overline{\mathrm{OA}}=7\,\mathrm{cm}$이므로

(색칠한 부분의 둘레의 길이)$=\overline{\mathrm{OA}}+\overline{\mathrm{AB}}+\overline{\mathrm{BC}}+\overline{\mathrm{OC}}$

$\qquad=7+6+6+7$

$\qquad=26\,(\mathrm{cm})$

7 ⑤ 삼각형의 넓이는 중심각의 크기에 정비례하지 않으므로

(△OAC의 넓이)$\neq2\times$(△OAB의 넓이)

이때 (△OAC의 넓이)$<2\times$(△OAB의 넓이)이다.

8 (색칠한 부분의 둘레의 길이)

$=(2\pi\times5)\times\dfrac{1}{2}+(2\pi\times2)\times\dfrac{1}{2}+6$

$=5\pi+2\pi+6=7\pi+6\,(\mathrm{cm})$

(색칠한 부분의 넓이)

$=(\pi\times5^2)\times\dfrac{1}{2}-(\pi\times2^2)\times\dfrac{1}{2}$

$=\dfrac{25}{2}\pi-2\pi=\dfrac{21}{2}\pi\,(\mathrm{cm}^2)$

9 부채꼴의 반지름의 길이를 r cm라고 하면

$2\pi r \times \dfrac{225}{360} = 10\pi$　$\therefore r = 8$

따라서 부채꼴의 반지름의 길이가 8 cm이므로

(부채꼴의 넓이)$= \dfrac{1}{2} \times 8 \times 10\pi = 40\pi\,(\text{cm}^2)$

10 (색칠한 부분의 둘레의 길이)

$= 2\pi \times 9 \times \dfrac{120}{360} + 2\pi \times 3 \times \dfrac{120}{360} + 6 \times 2$

$= 6\pi + 2\pi + 12 = 8\pi + 12\,(\text{cm})$　　　… (i)

(색칠한 부분의 넓이)

$= \pi \times 9^2 \times \dfrac{120}{360} - \pi \times 3^2 \times \dfrac{120}{360}$

$= 27\pi - 3\pi = 24\pi\,(\text{cm}^2)$　　　… (ii)

채점 기준	비율
(i) 색칠한 부분의 둘레의 길이 구하기	50 %
(ii) 색칠한 부분의 넓이 구하기	50 %

11

$\therefore$ (색칠한 부분의 넓이)$= \left(4 \times 4 - \pi \times 4^2 \times \dfrac{90}{360}\right) \times 2$

$= (16 - 4\pi) \times 2$

$= 32 - 8\pi\,(\text{cm}^2)$

12 (색칠한 부분의 넓이)$= 8 \times 8 - \left(\pi \times 4^2 \times \dfrac{90}{360}\right) \times 4$

$= 64 - 16\pi\,(\text{cm}^2)$

[다른 풀이]

색칠하지 않은 부분의 넓이의 합은 반지름의 길이가 4 cm인 원의 넓이와 같으므로

(색칠한 부분의 넓이)$= 8 \times 8 - \pi \times 4^2 = 64 - 16\pi\,(\text{cm}^2)$

13

$\therefore$ (색칠한 부분의 넓이)$= \dfrac{1}{2} \times 10 \times 10 = 50\,(\text{cm}^2)$

14 ㄱ. 부채꼴의 호의 길이는 중심각의 크기에 정비례하므로

$\angle \text{AOC} : \angle \text{BOC} = \overset{\frown}{\text{AC}} : \overset{\frown}{\text{BC}} = 2 : 3$

ㄴ. $\angle \text{AOC} = 180° \times \dfrac{2}{2+3} = 180° \times \dfrac{2}{5} = 72°$

ㄷ. $\angle \text{BOC} = 180° - 72° = 108°$이고

$\triangle \text{OBC}$는 $\overline{\text{OB}} = \overline{\text{OC}}$인 이등변삼각형이므로

$\angle \text{BCO} = \dfrac{1}{2} \times (180° - 108°) = 36°$

따라서 옳은 것은 ㄱ, ㄴ이다.

15 $\overline{\text{AC}} /\!/ \overline{\text{OD}}$이므로

$\angle \text{OAC} = \angle \text{BOD} = \angle x$ (동위각)

오른쪽 그림과 같이 $\overline{\text{OC}}$를 그으면

$\triangle \text{AOC}$는 $\overline{\text{OA}} = \overline{\text{OC}}$인 이등변삼각형이므로

$\angle \text{OCA} = \angle \text{OAC} = \angle x$

$\overset{\frown}{\text{AC}} = 3\overset{\frown}{\text{BD}}$이므로

$\angle \text{AOC} = 3 \angle \text{BOD} = 3 \angle x$

$\triangle \text{AOC}$에서 $\angle x + \angle x + 3 \angle x = 180°$

$5 \angle x = 180°$　　$\therefore \angle x = 36°$

16 $\triangle \text{COE}$는 $\overline{\text{CE}} = \overline{\text{CO}}$인 이등변삼각형이므로

$\angle \text{COE} = \angle \text{CEO} = 30°$

$\therefore \angle \text{OCD} = \angle \text{COE} + \angle \text{CEO}$

$= 30° + 30° = 60°$　　　… (i)

$\triangle \text{OCD}$는 $\overline{\text{OC}} = \overline{\text{OD}}$인 이등변삼각형이므로

$\angle \text{ODC} = \angle \text{OCD} = 60°$

$\triangle \text{OED}$에서

$\angle \text{BOD} = \angle \text{OED} + \angle \text{ODE}$

$= 30° + 60° = 90°$　　　… (ii)

$\therefore$ (부채꼴 BOD의 넓이)$= \pi \times 10^2 \times \dfrac{90}{360}$

$= 25\pi\,(\text{cm}^2)$　　　… (iii)

채점 기준	비율
(i) $\angle \text{OCD}$의 크기 구하기	30 %
(ii) $\angle \text{BOD}$의 크기 구하기	30 %
(iii) 부채꼴 BOD의 넓이 구하기	40 %

17 $\overline{\text{BE}} = \overline{\text{EC}} = \overline{\text{BC}}$ (원의 반지름)이므로 $\triangle \text{EBC}$는 정삼각형이다.

즉, $\angle \text{EBC} = \angle \text{ECB} = 60°$이므로

$\angle \text{ABE} = \angle \text{ECD} = 90° - 60° = 30°$

부채꼴 ABE의 넓이와 부채꼴 ECD의 넓이가 같으므로

(색칠한 부분의 넓이)

$=$ (정사각형 ABCD의 넓이)$-$ (부채꼴 ABE의 넓이)$\times 2$

$= 12 \times 12 - \left(\pi \times 12^2 \times \dfrac{30}{360}\right) \times 2$

$= 144 - 24\pi\,(\text{cm}^2)$

18 오른쪽 그림과 같이 $\overline{\text{OD}}$를 그으면

$\triangle \text{OBD}$는 $\overline{\text{OB}} = \overline{\text{OD}}$인 이등변삼각형이므로

$\angle \text{ODB} = \angle \text{OBD} = 45°$

$\therefore \angle \text{DOB} = 180° - (45° + 45°) = 90°$

즉, 위의 그림과 같이 색칠한 부분을 이동하면

(색칠한 부분의 넓이)

$=$ (부채꼴 ABC의 넓이)$-$ ($\triangle \text{ABD}$의 넓이)

$= \pi \times 8^2 \times \dfrac{45}{360} - \dfrac{1}{2} \times 8 \times 4$

$= 8\pi - 16\,(\text{cm}^2)$

19 색칠한 두 부분의 넓이가 같으면

(직각삼각형 ABD의 넓이)=(부채꼴 ABC의 넓이)이므로

$\dfrac{1}{2} \times (x+1) \times 4 = \pi \times 4^2 \times \dfrac{90}{360}$

$2(x+1) = 4\pi$

$x+1 = 2\pi$

$\therefore x = 2\pi - 1$

20

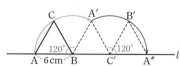

$\therefore$ (점 A가 움직인 거리)$=\widehat{AA'}+\widehat{A'A''}=2\widehat{AA'}$

$=2 \times \left(2\pi \times 6 \times \dfrac{120}{360}\right)$

$=8\pi(\text{cm})$

21

[방법 A]　　　　[방법 B]

(방법 A의 끈의 최소 길이)$=\left(2\pi \times 2 \times \dfrac{1}{2}\right) \times 2 + 12 \times 2$

$=4\pi + 24(\text{cm})$

(방법 B의 끈의 최소 길이)$=\left(2\pi \times 2 \times \dfrac{90}{360}\right) \times 4 + 4 \times 4$

$=4\pi + 16(\text{cm})$

$\therefore$ (방법 A와 방법 B의 끈의 길이의 차이)

$=(4\pi + 24) - (4\pi + 16)$

$=8(\text{cm})$

따라서 방법 A가 8 cm 더 길다.

22 오른쪽 그림에서 원이 지나간 자리의 넓이는

$\left(\pi \times 6^2 \times \dfrac{90}{360}\right) \times 4 + (6 \times 4) \times 2$

$\qquad\qquad + (8 \times 6) \times 2$

$=36\pi + 48 + 96$

$=36\pi + 144(\text{cm}^2)$

23 정육각형의 한 외각의 크기는 $\dfrac{360°}{6}=60°$이고,

$\overline{AF}=6\,\text{cm}$, $\overline{EG}=6+6=12(\text{cm})$,

$\overline{DH}=6+12=18(\text{cm})$이므로

(색칠한 부분의 넓이)

$=$(부채꼴 AFG의 넓이)$+$(부채꼴 GEH의 넓이)

$\quad +$(부채꼴 HDI의 넓이)

$=\pi \times 6^2 \times \dfrac{60}{360} + \pi \times 12^2 \times \dfrac{60}{360} + \pi \times 18^2 \times \dfrac{60}{360}$

$=6\pi + 24\pi + 54\pi$

$=84\pi(\text{cm}^2)$

24

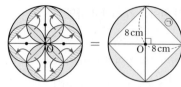

$\therefore$ (색칠한 부분의 넓이)$=$(㉠의 넓이)$\times 4$

$=\left(\pi \times 8^2 \times \dfrac{90}{360} - \dfrac{1}{2} \times 8 \times 8\right) \times 4$

$=(16\pi - 32) \times 4$

$=64\pi - 128(\text{cm}^2)$

다른 풀이

(색칠한 부분의 넓이)$=\pi \times 8^2 - 16 \times 16 \times \dfrac{1}{2}$

$=64\pi - 128(\text{cm}^2)$

25 염소가 울타리 밖에서 최대한 움직일 수 있는 영역은 오른쪽 그림의 색칠한 부분과 같으므로 그 넓이는

$\pi \times 1^2 \times \dfrac{90}{360} + \pi \times 6^2 \times \dfrac{270}{360}$

$\qquad\qquad + \pi \times 3^2 \times \dfrac{90}{360}$

$=\dfrac{1}{4}\pi + 27\pi + \dfrac{9}{4}\pi = \dfrac{59}{2}\pi(\text{m}^2)$

유형 1~4　P. 74~76

1 답 ②

①, ③, ④, ⑤ 곡면을 포함한 입체도형이므로 다면체가 아니다.

② 다각형인 면으로만 둘러싸인 입체도형이므로 다면체이다.

따라서 다면체인 것은 ②이다.

2 답 ③

다면체는 ㄴ. 오각뿔대, ㄷ. 직육면체, ㄹ. 십이면체, ㅁ. 육각뿔, ㅇ. 사각기둥의 5개이다.

3 답 ③

주어진 입체도형은 면이 모두 6개이므로 육면체이다.

4 답 ③

면의 개수는 각각 다음과 같다.

① 6+2=8(개) ⇨ 팔면체
② 5+2=7(개) ⇨ 칠면체
③ 10+1=11(개) ⇨ 십일면체
④ 9+1=10(개) ⇨ 십면체
⑤ 9+2=11(개) ⇨ 십일면체

따라서 짝 지은 것으로 옳지 않은 것은 ③이다.

5 답 ②

면의 개수는 각각 다음과 같다.

① 7+1=8(개)　② 8+1=9(개)　③ 8+2=10(개)
④ 9+1=10(개)　⑤ 9+2=11(개)

주어진 다면체의 면의 개수는 9개이므로 면의 개수가 같은 것은 ②이다.

6 답 ⑤

꼭짓점의 개수는 각각 다음과 같다.

① 4×2=8(개)　② 8개　③ 7+1=8(개)
④ 4×2=8(개)　⑤ 4+1=5(개)

따라서 꼭짓점의 개수가 나머지 넷과 다른 하나는 ⑤이다.

7 답 ④

모서리의 개수는 각각 다음과 같다.

① 3×2=6(개)　② 4×3=12(개)　③ 4×2=8(개)
④ 3×3=9(개)　⑤ 5×3=15(개)

따라서 짝 지은 것으로 옳지 않은 것은 ④이다.

8 답 ③

꼭짓점의 개수와 면의 개수를 차례로 구하면 각각 다음과 같다.

① 8개, 6개　② 10개, 10개　③ 10개, 7개
④ 8개, 6개　⑤ 20개, 12개

따라서 구하는 입체도형은 ③이다.

9 답 10

사각기둥의 면의 개수는 4+2=6(개)이므로
$a=6$ … (ⅰ)
오각뿔의 모서리의 개수는 5×2=10(개)이므로
$b=10$ … (ⅱ)
칠각뿔대의 꼭짓점의 개수는 7×2=14(개)이므로
$c=14$ … (ⅲ)
∴ $a-b+c=6-10+14=10$ … (ⅳ)

채점 기준	비율
(ⅰ) a의 값 구하기	30 %
(ⅱ) b의 값 구하기	30 %
(ⅲ) c의 값 구하기	30 %
(ⅳ) $a-b+c$의 값 구하기	10 %

10 답 20

주어진 각뿔대를 n각뿔대라고 하면
$3n=18$　∴ $n=6$, 즉 육각뿔대
육각뿔대의 면의 개수는 6+2=8(개)이므로
$a=8$
꼭짓점의 개수는 6×2=12(개)이므로
$b=12$
∴ $a+b=8+12=20$

11 답 ③

두 밑면이 서로 평행하지만 합동은 아니므로 주어진 다면체는 각뿔대이고, 밑면의 모양이 오각형이므로 오각뿔대이다.
이때 각뿔대의 옆면의 모양은 사다리꼴이다.

12 답 ④

옆면의 모양은 각각 다음과 같다.

①, ③ 삼각형　　　　　　② 사다리꼴
④, ⑤ 직사각형

따라서 바르게 짝 지은 것은 ④이다.

13 답 ③

옆면의 모양은 각각 다음과 같다.

①, ⑤ 사다리꼴　　　　　② 직사각형
③ 삼각형　　　　　　　　④ 정사각형

따라서 옆면의 모양이 사각형이 아닌 것은 ③이다.

14 답 ②

밑면의 모양과 옆면의 모양을 차례로 구하면 각각 다음과 같다.

① 삼각형, 직사각형　　　② 삼각형, 삼각형
③ 삼각형, 사다리꼴　　　④ 사각형, 직사각형
⑤ 사각형, 삼각형

따라서 밑면과 옆면의 모양이 모두 삼각형인 것은 ②이다.

15 답 ㄴ, ㄹ

ㄱ. 팔각뿔대의 두 밑면은 서로 평행하지만 합동은 아니다.
ㄷ. 팔각뿔대의 모서리의 개수는 8×3=24(개)이다.
ㄹ. 팔각뿔대와 팔각기둥의 꼭짓점의 개수는 8×2=16(개)
　로 서로 같다.
따라서 옳은 것은 ㄴ, ㄹ이다.

16 답 ⑤, ⑦, ⑧

⑤ 각기둥의 옆면의 모양은 직사각형이다.
⑦ 사각기둥의 밑면의 모양은 사각형이지만 항상 직사각형
　인 것은 아니다.
⑧ 육각뿔을 밑면에 평행한 평면으로 자른 단면의 모양은
　육각형이다.

17 답 ②

(나), (다)에서 주어진 입체도형은 각기둥이므로 n각기둥이라
고 하면
(가)에서 $n+2=7$ 　∴ $n=5$
따라서 조건을 모두 만족시키는 입체도형은 오각기둥이다.

유형 5～7　　　　　　　　　　　　　　　　　　P. 76～78

18 답 ㄱ, ㄷ, ㅁ

면의 모양	정다면체
정삼각형	정사면체, 정팔면체, 정이십면체
정사각형	정육면체
정오각형	정십이면체

19 답 각 꼭짓점에 모인 면의 개수가 모두 같지 않다.

위의 그림과 같이 각 꼭짓점에 모인 면의 개수가 3개 또는
4개로 같지 않으므로 정다면체가 아니다.

20 답 정이십면체

(가), (나)에서 모든 면이 합동인 정다각형이고 각 꼭짓점에 모
인 면의 개수가 같은 다면체는 정다면체이다.
(가) 모든 면이 합동인 정삼각형이다.
　⇨ 정사면체, 정팔면체, 정이십면체
(나) 각 꼭짓점에 모인 면의 개수가 5개이다.
　⇨ 정이십면체
따라서 조건을 모두 만족시키는 다면체는 정이십면체이다.

21 답 34

꼭짓점의 개수가 가장 많은 정다면체는 정십이면체이고,
정십이면체의 모서리의 개수는 30개이므로 $a=30$
모서리의 개수가 가장 적은 정다면체는 정사면체이고,
정사면체의 꼭짓점의 개수는 4개이므로 $b=4$
∴ $a+b=30+4=34$

22 답 ⑤

① 한 꼭짓점에 모인 면의 개수가 3개인 정다면체는 정사면
　체, 정육면체, 정십이면체의 세 가지이다.
② 정사면체, 정팔면체, 정이십면체의 면의 모양은 정삼각
　형으로 모두 같다.
③ 정사면체의 모서리의 개수와 정팔면체의 꼭짓점의 개수
　는 6개로 같다.
④ 정육면체와 정팔면체의 모서리의 개수는 12개로 같다.
⑤ 정십이면체의 꼭짓점의 개수는 20개, 정이십면체의 꼭짓
　점의 개수는 12개이므로 정십이면체와 정이십면체의 꼭
　짓점의 개수는 다르다.
따라서 옳지 않은 것은 ⑤이다.

23 답 ①

오른쪽 그림과 같이 세 꼭짓점 A, C, F
를 지나는 평면으로 자를 때 생기는 단면
은 삼각형 AFC이고, 세 변의 길이가 모
두 같으므로 정삼각형이다.

24 답 ④

정이십면체의 면의 개수는 20개이므로 꼭짓점의 개수가 20개
인 정다면체, 즉 정십이면체가 만들어진다.

25 답 ③

정육면체의 면의 개수는 6개이므로 꼭짓점의 개수가 6개인
정다면체, 즉 정팔면체가 만들어진다.
③ 정팔면체에서 한 꼭짓점에 모인 면의 개수는 4개이다.

26 답 점 D, 점 L

따라서 점 B와 겹치는 꼭짓점은 점 D, 점 L이다.

27 답 ⑤

따라서 $\overline{AB}$와 겹치는 모서리는 $\overline{IH}$, 평행한 모서리는 $\overline{FG}$ (또는 $\overline{DC}$)이다.

28 답 $\overline{CF}$

따라서 $\overline{AB}$와 꼬인 위치에 있는 모서리는 $\overline{CF}$이다.

29 답 ⑤

⑤ 주어진 전개도로 만들어지는 정다면체는 정십이면체이므로 한 꼭짓점에 모인 면의 개수는 3개이다.

유형 8～11　　　　　　　　　　P. 78～81

30 답 ④

④ 삼각기둥은 다면체이다.

31 답 2

회전축을 갖는 입체도형은 회전체이다.

ㄱ, ㄷ, ㄹ, ㅁ. 다면체

ㄴ, ㅂ. 회전체

따라서 $a=4$, $b=2$이므로

$a-b=4-2=2$

32 답 ④

④

33 답 ②

②

34 답 $\overline{BC}$

따라서 회전축이 될 수 있는 변은 $\overline{BC}$이다.

35 답 ③

따라서 회전체와 단면의 모양을 짝 지은 것으로 옳지 않은 것은 ③이다.

36 답 ③

회전체를 회전축에 수직인 평면으로 자를 때 생기는 단면의 경계는 항상 원이다.

37 답 ①

구는 어떤 평면으로 잘라도 그 단면이 항상 원이다.

38 답 ③

따라서 단면의 모양이 될 수 없는 것은 ③이다.

39 답 $36\,\mathrm{cm}^2$

오른쪽 그림과 같이 회전축을 포함하는 평면으로 자를 때 생기는 단면의 넓이가 가장 크다.

$\therefore$ (단면의 넓이)$=\dfrac{1}{2}\times(4+4)\times9$

$=36(\mathrm{cm}^2)$

40 답 $48\,\mathrm{cm}^2$

주어진 평면도형을 직선 l을 회전축으로 하여 1회전 시킬 때 생기는 회전체는 오른쪽 그림과 같은 원뿔대이다.

　　　　　　　　　　　　　　　… (i)

이 회전체를 회전축을 포함하는 평면으로 자른 단면은

윗변의 길이가 $5+5=10(\mathrm{cm})$,

아랫변의 길이가 $3+3=6(\mathrm{cm})$,

높이가 $6\,\mathrm{cm}$인 사다리꼴이므로

(단면의 넓이)$=\dfrac{1}{2}\times(10+6)\times6$

$=48(\mathrm{cm}^2)$　　　… (ii)

채점 기준	비율
(i) 회전체의 겨냥도 그리기	50 %
(ii) 단면의 넓이 구하기	50 %

41 답 3π cm

주어진 원기둥의 높이를 x cm라고 하자.
주어진 원기둥을 회전축에 수직인 평면으로 자를 때 생기는 단면은 다음 [그림 1]과 같은 원이고, 회전축을 포함하는 평면으로 자를 때 생기는 단면은 다음 [그림 2]와 같은 직사각형이다.

[그림 1]　　　　[그림 2]

이 두 단면의 넓이가 서로 같으므로
$\pi \times 6^2 = 12 \times x$　　$\therefore x = 3\pi$
따라서 원기둥의 높이는 3π cm이다.

42 답 60π

옆면이 되는 직사각형의 가로의 길이는 밑면인 원의 둘레의 길이와 같으므로
$2\pi \times 3 = 6\pi$ (cm)　　$\therefore a = 6\pi$
옆면이 되는 직사각형의 세로의 길이는 원기둥의 높이와 같으므로 $b = 10$
$\therefore ab = 6\pi \times 10 = 60\pi$

43 답 $a = 6$, $b = 5$, $c = 4\pi$

옆면의 아래쪽 호의 길이는 큰 원의 둘레의 길이와 같으므로
$2\pi \times b = 10\pi$　　$\therefore b = 5$
옆면의 위쪽 호의 길이는 작은 원의 둘레의 길이와 같으므로
$c = 2\pi \times 2 = 4\pi$

44 답 (1) 8π cm　(2) $120°$

(1) 부채꼴의 호의 길이는 밑면인 원의 둘레의 길이와 같으므로
$2\pi \times 4 = 8\pi$ (cm)　　… (i)
(2) 부채꼴의 중심각의 크기를 $x°$라고 하면
$2\pi \times 12 \times \dfrac{x}{360} = 8\pi$
$\therefore x = 120$
따라서 부채꼴의 중심각의 크기는 $120°$이다.　… (ii)

채점 기준	비율
(i) 부채꼴의 호의 길이 구하기	40 %
(ii) 부채꼴의 중심각의 크기 구하기	60 %

45 답 ③, ⑥

③ 원뿔, 원뿔대를 회전축에 수직인 평면으로 자를 때 생기는 단면은 모두 원이지만, 그 크기는 다르다.
⑥ 원뿔을 밑면과 수직인 평면으로 자를 때 생기는 단면은 △, ◠이다.

46 답 ⑤

① 높이는 8 cm이다.
② 이 회전체는 원뿔이다.
③ 밑면인 원의 둘레의 길이는
$2\pi \times 6 = 12\pi$ (cm)
④ 전개도를 그리면 그 옆면의 모양은 부채꼴이다.
⑤ 원뿔을 회전축을 포함하는 평면으로 자를 때 생기는 단면은 이등변삼각형이므로
(단면의 넓이)$= \dfrac{1}{2} \times (6+6) \times 8 = 48$ (cm²)
따라서 옳은 것은 ⑤이다.

47 답 ②

① 　③ 　④ 　⑤

따라서 단면의 모양이 될 수 없는 것은 ②이다.

48 답 ③

점 A에서 출발하여 원뿔의 옆면을 따라 다시 점 A로 돌아오는 가장 짧은 선을 주어진 전개도 위에 그리면 점 A와 점 A′을 잇는 선분과 같으므로 바르게 나타낸 것은 ③이다.

단원 마무리 P. 82~85

1 ⑤	**2** ③	**3** 2	**4** 22	**5** ㄷ, ㅂ
6 ③, ④	**7** 8개	**8** ⑤	**9** ⑤	**10** ④
11 ④	**12** ②	**13** 9π cm²		**14** 8 cm
15 ④	**16** ②	**17** 50	**18** ④	**19** ③
20 ④	**21** $(10\pi+8)$ cm			
22 (1) 겨냥도는 풀이 참조, 42 cm² (2) 25π cm²				
23 ⑤	**24** ④	**25** $60°$	**26** 80π cm²	

1 면의 개수는 각각 다음과 같다.
① $6+2 = 8$ (개)　② $6+2 = 8$ (개)　③ 8개
④ $7+1 = 8$ (개)　⑤ $7+2 = 9$ (개)
따라서 면의 개수가 나머지 넷과 다른 하나는 ⑤이다.

2

다면체	① 삼각기둥	② 사각뿔대	③ 오각뿔	④ 정육면체	⑤ 팔각기둥
면의 개수	5개	6개	6개	6개	10개
꼭짓점의 개수	6개	8개	6개	8개	16개

3 $v=7$, $e=12$, $f=7$이므로
$v-e+f=7-12+7=2$

4 꼭짓점의 개수가 24개인 각뿔대를 n각뿔대라고 하면
$2n=24$ ∴ $n=12$, 즉 십이각뿔대
십이각뿔대의 면의 개수는 $12+2=14$(개)이므로 $a=14$
모서리의 개수는 $12\times3=36$(개)이므로 $b=36$
∴ $b-a=36-14=22$

5 ㄱ. 옆면의 모양이 직사각형이다.
ㄴ, ㄹ, ㅁ, ㅇ. 다면체가 아니다.
ㅅ, ㅈ. 옆면의 모양이 사다리꼴이다.
따라서 옆면의 모양이 삼각형인 다면체는 ㄷ, ㅂ이다.

6 ① 각뿔대의 옆면의 모양은 사다리꼴이다.
② 각뿔대의 두 밑면은 서로 평행하지만 그 크기가 다르다.
③ 십각뿔의 면의 개수와 꼭짓점의 개수는 11개로 같다.
④ 삼각기둥의 꼭짓점의 개수와 오각뿔의 꼭짓점의 개수는 6개로 같다.
⑤ 각뿔대의 한 꼭짓점에 모인 면의 개수는 항상 3개이다.
따라서 옳은 것은 ③, ④이다.

7 ㈎, ㈏에서 주어진 다면체는 각뿔대이므로 n각뿔대라고 하면
㈐에서 $2n=12$ ∴ $n=6$
따라서 조건을 모두 만족시키는 다면체는 육각뿔대이므로
⋯ (ⅰ)
그 면의 개수는 $6+2=8$(개)이다. ⋯ (ⅱ)

채점 기준	비율
(ⅰ) 조건을 모두 만족시키는 다면체 구하기	70 %
(ⅱ) 다면체의 면의 개수 구하기	30 %

8 ① 정사면체 – 정삼각형 – 3개
② 정육면체 – 정사각형 – 3개
③ 정팔면체 – 정삼각형 – 4개
④ 정십이면체 – 정오각형 – 3개
따라서 바르게 짝 지은 것은 ⑤이다.

9 ⑤ 정이십면체의 꼭짓점의 개수는 12개이다.

10 ④ 오른쪽 그림에서 두 면 A와 B가 겹치므로 정육면체를 만들 수 없다.

11

12

따라서 단면의 모양이 될 수 없는 것은 ②이다.

13 구를 구의 중심을 지나는 평면으로 자를 때 생기는 단면의 크기가 가장 크다.
이때 생기는 단면은 반지름의 길이가 3 cm인 원이므로 그 넓이는
$\pi\times3^2=9\pi$ (cm²)

14 주어진 전개도에서 부채꼴의 반지름의 길이를 r cm라고 하면 부채꼴의 호의 길이는 원뿔의 밑면인 원의 둘레의 길이와 같으므로
$2\pi r\times\dfrac{90}{360}=2\pi\times2$ ∴ $r=8$
즉, 부채꼴의 반지름의 길이는 8 cm이다.
이때 원뿔의 모선의 길이는 부채꼴의 반지름의 길이와 같으므로 8 cm이다.

15 대각선의 개수가 20개인 다각형을 n각형이라고 하면
$\dfrac{n(n-3)}{2}=20$
$n(n-3)=40=8\times5$
∴ $n=8$, 즉 팔각형
따라서 밑면이 팔각형인 각기둥은 팔각기둥이고, 팔각기둥은 $(8+2)$면체, 즉 십면체이다.

16 모서리의 개수와 면의 개수의 합이 22개인 각뿔을 n각뿔이라고 하면
모서리의 개수는 $2n$개, 면의 개수는 $(n+1)$개이므로
$2n+(n+1)=22$, $3n=21$ ∴ $n=7$
따라서 칠각뿔이므로 밑면은 칠각형이다.

17 ㈐에서 모든 면이 합동인 정오각형이고, ㈎, ㈏에서 한 꼭짓점에 모인 면의 개수가 3개인 다면체는 정십이면체이다.
⋯ (ⅰ)
정십이면체의 모서리의 개수는 30개이므로 $a=30$ ⋯ (ⅱ)
정십이면체의 꼭짓점의 개수는 20개이므로 $b=20$ ⋯ (ⅲ)
∴ $a+b=30+20=50$ ⋯ (ⅳ)

채점 기준	비율
(i) 주어진 조건을 모두 만족시키는 입체도형 구하기	40 %
(ii) a의 값 구하기	20 %
(iii) b의 값 구하기	20 %
(iv) $a+b$의 값 구하기	20 %

채점 기준	비율
(i) 회전체의 겨냥도 그리기	20 %
(ii) 회전축을 포함하는 평면으로 자를 때 생기는 단면의 넓이 구하기	40 %
(iii) 회전축에 수직인 평면으로 자를 때 생기는 단면 중 크기가 가장 큰 단면의 모양 설명하기	20 %
(iv) 회전축에 수직인 평면으로 자를 때 생기는 단면 중 크기가 가장 큰 단면의 넓이 구하기	20 %

18 ④ 정십이면체의 면의 개수는 12개이므로 각 면의 한가운데에 있는 점을 연결하여 만든 입체도형은 꼭짓점의 개수가 12개인 정이십면체이다.

19 a와 마주 보는 면에 적힌 수는 1이므로 $a=7-1=6$
b와 마주 보는 면에 적힌 수는 3이므로 $b=7-3=4$
c와 마주 보는 면에 적힌 수는 2이므로 $c=7-2=5$
$\therefore a+b-c=6+4-5=5$

20 ① ②
③ ⑤

따라서 1회전 시킬 때 생기는 회전체가 아닌 것은 ④이다.

21 주어진 원뿔대의 전개도는 오른쪽 그림과 같으므로
(옆면의 둘레의 길이)
$=2\pi\times2+2\pi\times3+4\times2$
$=4\pi+6\pi+8$
$=10\pi+8\,(\text{cm})$

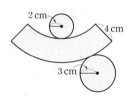

22 (1) 주어진 평면도형을 직선 l을 회전축으로 하여 1회전 시킬 때 생기는 회전체의 겨냥도는 오른쪽 그림과 같다. ⋯ (i)
$\therefore$ (단면의 넓이)
= (사다리꼴의 넓이) + (삼각형의 넓이)
$=\dfrac{1}{2}\times(6+10)\times4+\dfrac{1}{2}\times10\times2$
$=32+10=42\,(\text{cm}^2)$ ⋯ (ii)

(2) 회전체를 회전축에 수직인 평면으로 자를 때 생기는 단면 중 크기가 가장 큰 단면은 오른쪽 그림과 같이 반지름의 길이가 5 cm인 원이다. ⋯ (iii)
$\therefore$ (단면의 넓이) $=\pi\times5^2=25\pi\,(\text{cm}^2)$ ⋯ (iv)

23 ① 구는 전개도를 그릴 수 없다.
② 원뿔을 밑면에 평행한 평면으로 자를 때 생기는 단면은 항상 원이다.
③ 원뿔, 원뿔대를 회전축에 수직인 평면으로 자를 때 생기는 단면은 모두 원이지만, 그 크기는 다르다.
④ 구는 어느 방향으로 잘라도 그 단면이 항상 원이다.
따라서 옳은 것은 ⑤이다.

24 축구공은 12개의 정오각형과 20개의 정육각형으로 이루어져 있고 한 모서리에 2개의 면이 모이므로
모서리의 개수는 $\dfrac{5\times12+6\times20}{2}=90(\text{개})$
한 꼭짓점에 모인 면의 개수는 3개이므로
꼭짓점의 개수는 $\dfrac{5\times12+6\times20}{3}=60(\text{개})$

25 주어진 전개도로 만든 정육면체는 오른쪽 그림과 같다.
정육면체를 이루는 면은 모두 합동인 정사각형이고, $\overline{AB}$, $\overline{BC}$, $\overline{CA}$는 각각 합동인 정사각형의 대각선이므로 그 길이가 같다.
즉, $\triangle ABC$는 세 변의 길이가 같으므로 정삼각형이다.
따라서 정삼각형의 한 내각의 크기는 $60°$이므로
$\angle ABC=60°$

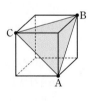

26 주어진 도형을 회전시켜 만든 회전체는 도넛 모양이고, 이 회전체를 원의 중심 O를 지나면서 회전축에 수직인 평면으로 자른 단면은 오른쪽 그림과 같다.
$\therefore$ (단면의 넓이) $=\pi\times9^2-\pi\times1^2$
$=80\pi\,(\text{cm}^2)$

유형 1~5 P. 88~90

1 답 ①

$$(\text{겉넓이})=\left(\frac{1}{2}\times12\times5\right)\times2+(12+13+5)\times20$$
$$=60+600$$
$$=660(\text{cm}^2)$$

2 답 $128\,\text{cm}^2$

$(\text{밑넓이})=4\times4=16(\text{cm}^2)$ … (i)
$(\text{옆넓이})=(4+4+4+4)\times6=96(\text{cm}^2)$ … (ii)
$\therefore(\text{겉넓이})=16\times2+96=128(\text{cm}^2)$ … (iii)

채점 기준	비율
(i) 사각기둥의 밑넓이 구하기	40 %
(ii) 사각기둥의 옆넓이 구하기	40 %
(iii) 사각기둥의 겉넓이 구하기	20 %

3 답 ③

$$\left\{\frac{1}{2}\times(6+10)\times3\right\}\times2+(3+6+5+10)\times h=240$$
$$24\times2+24h=240$$
$$24h=192$$
$$\therefore h=8$$

4 답 ④

주어진 직사각형을 직선 l을 회전축으로 하여 1회전 시킬 때 생기는 입체도형은 오른쪽 그림과 같으므로
$(\text{겉넓이})=(\pi\times2^2)\times2+(2\pi\times2)\times3$
$=8\pi+12\pi$
$=20\pi(\text{cm}^2)$

5 답 (1) 2 (2) $48\pi\,\text{cm}^2$

(1) $2\pi r=4\pi$이므로 $r=2$
(2) $(\text{겉넓이})=(\pi\times2^2)\times2+4\pi\times10$
$=8\pi+40\pi$
$=48\pi(\text{cm}^2)$

6 답 $(45\pi+72)\,\text{cm}^2$

$(\text{밑넓이})=\frac{1}{2}\times\pi\times3^2=\frac{9}{2}\pi(\text{cm}^2)$

$(\text{옆넓이})=\left(\frac{1}{2}\times2\pi\times3+6\right)\times12$
$=36\pi+72(\text{cm}^2)$

$\therefore(\text{겉넓이})=\frac{9}{2}\pi\times2+(36\pi+72)$
$=45\pi+72(\text{cm}^2)$

7 답 $(52\pi+60)\,\text{cm}^2$

$(\text{밑넓이})=\pi\times3^2\times\frac{240}{360}=6\pi(\text{cm}^2)$

$(\text{옆넓이})=\left(2\pi\times3\times\frac{240}{360}+3+3\right)\times10$
$=40\pi+60(\text{cm}^2)$

$\therefore(\text{겉넓이})=6\pi\times2+(40\pi+60)$
$=52\pi+60(\text{cm}^2)$

8 답 $288\,\text{cm}^3$

$(\text{부피})=\left(\frac{1}{2}\times8\times6\right)\times12=288(\text{cm}^3)$

9 답 ①

$(\text{부피})=\left\{\frac{1}{2}\times(10+5)\times4\right\}\times8=240(\text{cm}^3)$

10 답 ④

$(\text{밑넓이})=\left(\frac{1}{2}\times8\times3\right)\times2+4\times8$
$=24+32=56(\text{cm}^2)$

$(\text{높이})=6\,\text{cm}$

$\therefore(\text{부피})=56\times6=336(\text{cm}^3)$

11 답 $16\pi\,\text{cm}^3$

$(\text{부피})=\left(\pi\times4^2\times\frac{60}{360}\right)\times6=16\pi(\text{cm}^3)$

12 답 ②

밑면인 원의 반지름의 길이를 $r\,\text{cm}$라고 하면
$2\pi r=6\pi$ $\therefore r=3$
따라서 밑면인 원의 반지름의 길이가 $3\,\text{cm}$이므로
$(\text{부피})=(\pi\times3^2)\times8=72\pi(\text{cm}^3)$

13 답 $30\pi\,\text{cm}^3$

$(\text{부피})=(\pi\times1^2)\times3+(\pi\times3^2)\times3$
$=3\pi+27\pi=30\pi(\text{cm}^3)$

14 답 ③

$(\text{밑넓이})=8\times8-3\times3=55(\text{cm}^2)$

$(\text{옆넓이})=(8+8+8+8)\times5+(3+3+3+3)\times5$
$=160+60$
$=220(\text{cm}^2)$

$\therefore(\text{겉넓이})=55\times2+220=330(\text{cm}^2)$

$(\text{부피})=(8\times8)\times5-(3\times3)\times5$
$=320-45=275(\text{cm}^3)$

다른 풀이

$(\text{부피})=(\text{밑넓이})\times(\text{높이})$
$=55\times5=275(\text{cm}^3)$

15 답 $120\pi\,\text{cm}^2,\ 96\pi\,\text{cm}^3$

(밑넓이)$=\pi\times 4^2-\pi\times 2^2=12\pi\,(\text{cm}^2)$

(옆넓이)$=(2\pi\times 4)\times 8+(2\pi\times 2)\times 8$

$\qquad\quad =64\pi+32\pi$

$\qquad\quad =96\pi\,(\text{cm}^2)$

$\therefore$ (겉넓이)$=12\pi\times 2+96\pi=120\pi\,(\text{cm}^2)$

(부피)$=(\pi\times 4^2)\times 8-(\pi\times 2^2)\times 8$

$\qquad\ =128\pi-32\pi$

$\qquad\ =96\pi\,(\text{cm}^3)$

다른 풀이

(부피)$=$(밑넓이)$\times$(높이)

$\qquad\ =12\pi\times 8=96\pi\,(\text{cm}^3)$

16 답 $270\pi\,\text{cm}^3$

주어진 직사각형을 직선 l을 회전축으로 하여 1회전 시킬 때 생기는 입체도형은 오른쪽 그림과 같다. $\cdots$ (i)

(큰 원기둥의 부피)$=(\pi\times 6^2)\times 10$

$\qquad\qquad\qquad\quad =360\pi\,(\text{cm}^3)$

$\cdots$ (ii)

(작은 원기둥의 부피)$=(\pi\times 3^2)\times 10$

$\qquad\qquad\qquad\qquad =90\pi\,(\text{cm}^3)$ $\cdots$ (iii)

$\therefore$ (입체도형의 부피)$=360\pi-90\pi$

$\qquad\qquad\qquad\qquad =270\pi\,(\text{cm}^3)$ $\cdots$ (iv)

채점 기준	비율
(i) 입체도형의 겨냥도 그리기	20 %
(ii) 큰 원기둥의 부피 구하기	30 %
(iii) 작은 원기둥의 부피 구하기	30 %
(iv) 입체도형의 부피 구하기	20 %

다른 풀이

주어진 직사각형을 직선 l을 회전축으로 하여 1회전 시킬 때 생기는 입체도형은 오른쪽 그림과 같다. $\cdots$ (i)

이 입체도형의 밑면은 오른쪽 그림의 색칠한 부분과 같으므로

(밑넓이)$=\pi\times 6^2-\pi\times 3^2$

$\qquad\quad =27\pi\,(\text{cm}^2)$ $\cdots$ (ii)

$\therefore$ (입체도형의 부피)$=$(밑넓이)$\times$(높이)

$\qquad\qquad\qquad\qquad =27\pi\times 10$

$\qquad\qquad\qquad\qquad =270\pi\,(\text{cm}^3)$ $\cdots$ (iii)

채점 기준	비율
(i) 입체도형의 겨냥도 그리기	20 %
(ii) 입체도형의 밑넓이 구하기	50 %
(iii) 입체도형의 부피 구하기	30 %

17 답 $261\,\text{cm}^2$

(겉넓이)$=9\times 9+\left(\dfrac{1}{2}\times 9\times 10\right)\times 4$

$\qquad\quad =81+180$

$\qquad\quad =261\,(\text{cm}^2)$

18 답 ④

(겉넓이)$=5\times 5+\left(\dfrac{1}{2}\times 5\times 6\right)\times 4$

$\qquad\quad =25+60$

$\qquad\quad =85\,(\text{cm}^2)$

19 답 8

$8\times 8+\left(\dfrac{1}{2}\times 8\times h\right)\times 4=192$이므로

$64+16h=192,\ 16h=128$

$\therefore h=8$

20 답 $56\pi\,\text{cm}^2$

주어진 직각삼각형을 직선 l을 회전축으로 하여 1회전 시킬 때 생기는 입체도형은 오른쪽 그림과 같으므로

(겉넓이)$=\pi\times 4^2+\dfrac{1}{2}\times 10\times(2\pi\times 4)$

$\qquad\quad =16\pi+40\pi$

$\qquad\quad =56\pi\,(\text{cm}^2)$

21 답 $8\,\text{cm}$

원뿔의 모선의 길이를 $l\,\text{cm}$라고 하면

$\pi\times 3^2+\dfrac{1}{2}\times l\times(2\pi\times 3)=33\pi$

$9\pi+3\pi l=33\pi$

$3\pi l=24\pi$ $\quad\therefore l=8$

따라서 원뿔의 모선의 길이는 $8\,\text{cm}$이다.

22 답 $132\pi\,\text{cm}^2$

(원뿔의 옆넓이)$=\dfrac{1}{2}\times 9\times(2\pi\times 4)=36\pi\,(\text{cm}^2)$

(원기둥의 옆넓이)$=(2\pi\times 4)\times 10=80\pi\,(\text{cm}^2)$

(원기둥의 밑넓이)$=\pi\times 4^2=16\pi\,(\text{cm}^2)$

$\therefore$ (입체도형의 겉넓이)$=36\pi+80\pi+16\pi=132\pi\,(\text{cm}^2)$

23 답 $133\pi\,\text{cm}^2$

밑면인 원의 반지름의 길이를 $r\,\text{cm}$라고 하면

$\dfrac{1}{2}\times 12\times 2\pi r=84\pi$ $\quad\therefore r=7$

따라서 밑면인 원의 반지름의 길이가 $7\,\text{cm}$이므로

(겉넓이)$=\pi\times 7^2+84\pi=49\pi+84\pi=133\pi\,(\text{cm}^2)$

24 답 **2 cm**

밑면인 원의 반지름의 길이를 r cm라고 하면 모선의 길이는 $3r$ cm이므로

$\pi r^2 + \dfrac{1}{2} \times 3r \times 2\pi r = 16\pi$

$\pi r^2 + 3\pi r^2 = 16\pi$, $4\pi r^2 = 16\pi$, $r^2 = 4 = 2^2$

$\therefore r = 2$

따라서 밑면인 원의 반지름의 길이는 2 cm이다.

25 답 **$36\pi\ \text{cm}^2$**

주어진 원뿔의 모선의 길이를 l cm라고 하면 원 O의 둘레의 길이는 원뿔의 밑면인 원의 둘레의 길이의 3배이므로

$2\pi l = (2\pi \times 3) \times 3$

$2\pi l = 18\pi$ $\therefore l = 9$

따라서 원뿔의 모선의 길이가 9 cm이므로

$(\text{겉넓이}) = \pi \times 3^2 + \dfrac{1}{2} \times 9 \times (2\pi \times 3)$

$\qquad\quad = 9\pi + 27\pi$

$\qquad\quad = 36\pi\ (\text{cm}^2)$

26 답 **⑤**

$(\text{두 밑면의 넓이의 합}) = 3 \times 3 + 7 \times 7 = 58\ (\text{cm}^2)$

$(\text{옆넓이}) = \left\{ \dfrac{1}{2} \times (3+7) \times 5 \right\} \times 4 = 100\ (\text{cm}^2)$

$\therefore (\text{겉넓이}) = 58 + 100 = 158\ (\text{cm}^2)$

27 답 **$360\pi\ \text{cm}^2$**

$(\text{두 밑면의 넓이의 합}) = \pi \times 6^2 + \pi \times 12^2 = 180\pi\ (\text{cm}^2)$

$(\text{옆넓이}) = \dfrac{1}{2} \times (10+10) \times (2\pi \times 12) - \dfrac{1}{2} \times 10 \times (2\pi \times 6)$

$\qquad\quad = 240\pi - 60\pi$

$\qquad\quad = 180\pi\ (\text{cm}^2)$

$\therefore (\text{겉넓이}) = 180\pi + 180\pi = 360\pi\ (\text{cm}^2)$

28 답 **①**

주어진 평면도형을 직선 l을 회전축으로 하여 1회전 시킬 때 생기는 입체도형은 오른쪽 그림과 같으므로

$(\text{두 밑면의 넓이의 합}) = \pi \times 2^2 + \pi \times 4^2$

$\qquad\qquad\qquad\qquad = 20\pi\ (\text{cm}^2)$

$(\text{옆넓이}) = \dfrac{1}{2} \times (6+6) \times (2\pi \times 4)$

$\qquad\qquad - \dfrac{1}{2} \times 6 \times (2\pi \times 2)$

$\qquad\quad = 48\pi - 12\pi$

$\qquad\quad = 36\pi\ (\text{cm}^2)$

$\therefore (\text{겉넓이}) = 20\pi + 36\pi = 56\pi\ (\text{cm}^2)$

29 답 **①**

$(\text{부피}) = \dfrac{1}{3} \times \left(\dfrac{1}{2} \times 4 \times 6 \right) \times 5 = 20\ (\text{cm}^3)$

30 답 **6 cm**

사각뿔의 높이를 h cm라고 하면

$\dfrac{1}{3} \times (5 \times 5) \times h = 50$ $\therefore h = 6$

따라서 사각뿔의 높이는 6 cm이다.

31 답 **$72\ \text{cm}^3$**

주어진 정사각형 ABCD로 만들어지는 삼각뿔은 오른쪽 그림과 같으므로

$(\text{부피}) = \dfrac{1}{3} \times \left(\dfrac{1}{2} \times 6 \times 6 \right) \times 12$

$\qquad\quad = 72\ (\text{cm}^3)$

32 답 **$108\pi\ \text{cm}^3$**

$(\text{부피}) = \dfrac{1}{3} \times (\pi \times 6^2) \times 9 = 108\pi\ (\text{cm}^3)$

33 답 **$30\pi\ \text{cm}^3$**

$(\text{부피}) = \dfrac{1}{3} \times (\pi \times 3^2) \times 6 + \dfrac{1}{3} \times (\pi \times 3^2) \times 4$

$\qquad\quad = 18\pi + 12\pi = 30\pi\ (\text{cm}^3)$

34 답 **$200\pi\ \text{cm}^3$**

주어진 평면도형을 직선 l을 회전축으로 하여 1회전 시킬 때 생기는 입체도형은 오른쪽 그림과 같으므로

(부피)

$= (\pi \times 5^2) \times 12 - \dfrac{1}{3} \times (\pi \times 5^2) \times 12$

$= 300\pi - 100\pi$

$= 200\pi\ (\text{cm}^3)$

35 답 **$140\ \text{cm}^3$**

$(\text{부피}) = (\text{큰 사각뿔의 부피}) - (\text{작은 사각뿔의 부피})$

$\qquad\quad = \dfrac{1}{3} \times (8 \times 6) \times 10 - \dfrac{1}{3} \times (4 \times 3) \times 5$

$\qquad\quad = 160 - 20 = 140\ (\text{cm}^3)$

36 답 **$147\pi\ \text{cm}^3$**

$(\text{부피}) = (\text{큰 원뿔의 부피}) - (\text{작은 원뿔의 부피})$

$\qquad\quad = \dfrac{1}{3} \times (\pi \times 6^2) \times 14 - \dfrac{1}{3} \times (\pi \times 3^2) \times 7$

$\qquad\quad = 168\pi - 21\pi = 147\pi\ (\text{cm}^3)$

37 답 **③**

$(\text{큰 사각뿔의 부피}) = \dfrac{1}{3} \times (4 \times 4) \times 6 = 32\ (\text{cm}^3)$

$(\text{작은 사각뿔의 부피}) = \dfrac{1}{3} \times (2 \times 2) \times 3 = 4\ (\text{cm}^3)$

$(\text{사각뿔대의 부피}) = 32 - 4 = 28\ (\text{cm}^3)$

따라서 위쪽 사각뿔과 아래쪽 사각뿔대의 부피의 비는

$4 : 28 = 1 : 7$

38 답 ①

삼각뿔 G−BCD에서 밑면을 직각삼각형 BCD라고 하면 높이는 $\overline{CG}$이므로

(부피)$=\dfrac{1}{3}\times\left(\dfrac{1}{2}\times9\times4\right)\times5=30(\text{cm}^3)$

39 답 **4 cm**

정육면체의 한 모서리의 길이를 a cm라고 하면

$\dfrac{1}{3}\times\left(\dfrac{1}{2}\times a\times a\right)\times a=\dfrac{32}{3}$

$a^3=64=4^3$ ∴ $a=4$

따라서 정육면체의 한 모서리의 길이는 4 cm이다.

40 답 **1 : 11**

(정육면체의 부피)$=6\times6\times6=216(\text{cm}^3)$

(삼각뿔 G−BCM의 부피)$=\dfrac{1}{3}\times\left(\dfrac{1}{2}\times6\times3\right)\times6$

$\qquad\qquad=18(\text{cm}^3)$

∴ (나머지 부분의 부피)$=216-18$

$\qquad\qquad=198(\text{cm}^3)$

따라서 삼각뿔 G−BCM의 부피와 나머지 부분의 부피의 비는

$18 : 198=1 : 11$

41 답 **100 cm³**

물의 부피는 삼각뿔의 부피와 같으므로

(부피)$=\dfrac{1}{3}\times\left(\dfrac{1}{2}\times10\times12\right)\times5=100(\text{cm}^3)$

42 답 **5**

물의 부피가 400 cm³이므로

$\left(\dfrac{1}{2}\times16\times x\right)\times10=400$

$80x=400$ ∴ $x=5$

43 답 $\dfrac{8}{3}$

(㈎에 들어 있는 물의 부피)$=\dfrac{1}{3}\times\left(\dfrac{1}{2}\times5\times8\right)\times4$

$\qquad\qquad=\dfrac{80}{3}(\text{cm}^3)$

(㈏에 들어 있는 물의 부피)$=\left(\dfrac{1}{2}\times5\times x\right)\times4$

$\qquad\qquad=10x(\text{cm}^3)$

두 그릇에 들어 있는 물의 양이 같으므로

$\dfrac{80}{3}=10x$ ∴ $x=\dfrac{8}{3}$

44 답 ⑤

(그릇의 부피)$=\dfrac{1}{3}\times(\pi\times9^2)\times15=405\pi(\text{cm}^3)$

따라서 1분에 3π cm³씩 물을 넣으면 그릇을 가득 채우는 데 걸리는 시간은 $405\pi\div3\pi=135$(분)이다.

45 답 (1) $5\pi\,\text{cm}^3$ (2) **21분**

(1) (3분 동안 채워진 물의 부피)

$=\dfrac{1}{3}\times(\pi\times3^2)\times5=15\pi(\text{cm}^3)$ ⋯ (i)

따라서 1분 동안 채워지는 물의 부피는

$15\pi\div3=5\pi(\text{cm}^3)$이다. ⋯ (ii)

(2) (그릇의 부피)$=\dfrac{1}{3}\times(\pi\times6^2)\times10=120\pi(\text{cm}^3)$이므로

(그릇에 물이 채워지지 않은 부분의 부피)

$=120\pi-15\pi=105\pi(\text{cm}^3)$ ⋯ (iii)

따라서 앞으로 $105\pi\div5\pi=21$(분) 동안 물을 더 넣어야 한다. ⋯ (iv)

채점 기준	비율
(i) 3분 동안 채워진 물의 부피 구하기	20 %
(ii) 1분 동안 채워지는 물의 부피 구하기	30 %
(iii) 그릇에 물이 채워지지 않은 부분의 부피 구하기	30 %
(iv) 그릇에 물을 가득 채우는 데 더 필요한 시간 구하기	20 %

유형 **15~17**　　　　　P. 95~97

46 답 ④

(겉넓이)$=\dfrac{1}{2}\times(4\pi\times2^2)+\pi\times2^2$

$\qquad\quad=8\pi+4\pi=12\pi(\text{cm}^2)$

47 답 **60π cm²**

(반구 부분의 겉넓이)$=\dfrac{1}{2}\times(4\pi\times4^2)=32\pi(\text{cm}^2)$ ⋯ (i)

(원뿔의 옆넓이)$=\dfrac{1}{2}\times7\times(2\pi\times4)=28\pi(\text{cm}^2)$ ⋯ (ii)

∴ (입체도형의 겉넓이)$=32\pi+28\pi=60\pi(\text{cm}^2)$ ⋯ (iii)

채점 기준	비율
(i) 반구 부분의 겉넓이 구하기	40 %
(ii) 원뿔의 옆넓이 구하기	40 %
(iii) 입체도형의 겉넓이 구하기	20 %

48 답 **144π cm²**

잘라 낸 부분은 구의 $\dfrac{1}{4}$이므로 남아 있는 부분은 구의 $\dfrac{3}{4}$이다.

∴ (겉넓이)$=\dfrac{3}{4}\times(4\pi\times6^2)+\left\{\dfrac{1}{2}\times(\pi\times6^2)\right\}\times2$

$\qquad\quad=108\pi+36\pi=144\pi(\text{cm}^2)$

49 답 $\dfrac{250}{3}\pi\,\text{cm}^3$

(부피)$=\dfrac{1}{2}\times\left(\dfrac{4}{3}\pi\times5^3\right)=\dfrac{250}{3}\pi(\text{cm}^3)$

50 답 $648\pi\,\mathrm{cm}^3$

(반구의 부피)$=\dfrac{1}{2}\times\left(\dfrac{4}{3}\pi\times6^3\right)$

$\qquad\qquad\quad=144\pi\,(\mathrm{cm}^3)$ $\qquad\cdots$ (i)

(원기둥의 부피)$=(\pi\times6^2)\times10$

$\qquad\qquad\qquad=360\pi\,(\mathrm{cm}^3)$ $\qquad\cdots$ (ii)

$\therefore$ (입체도형의 부피)$=144\pi\times2+360\pi$

$\qquad\qquad\qquad\qquad=648\pi\,(\mathrm{cm}^3)$ $\qquad\cdots$ (iii)

채점 기준	비율
(i) 반구의 부피 구하기	40 %
(ii) 원기둥의 부피 구하기	40 %
(iii) 입체도형의 부피 구하기	20 %

51 답 $2\,\mathrm{cm}$

잘라 낸 부분은 구의 $\dfrac{1}{8}$이므로 남아 있는 부분은 구의 $\dfrac{7}{8}$이다.

구의 반지름의 길이를 $r\,\mathrm{cm}$라고 하면

$\dfrac{7}{8}\times\left(\dfrac{4}{3}\pi\times r^3\right)=\dfrac{28}{3}\pi$

$r^3=8=2^3$ $\qquad\therefore r=2$

따라서 구의 반지름의 길이는 $2\,\mathrm{cm}$이다.

52 답 ④

구의 반지름의 길이를 $r\,\mathrm{cm}$라고 하면

$4\pi r^2=64\pi,\ r^2=16=4^2$

$\therefore r=4$

따라서 구의 반지름의 길이가 $4\,\mathrm{cm}$이므로

(부피)$=\dfrac{4}{3}\pi\times4^3=\dfrac{256}{3}\pi\,(\mathrm{cm}^3)$

53 답 ②

부채꼴 AOB에서 색칠한 부분을 선분 AO를 회전축으로 하여 1회전 시킬 때 생기는 입체도형은 오른쪽 그림과 같으므로

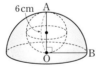

(부피)$=\dfrac{1}{2}\times\left(\dfrac{4}{3}\pi\times6^3\right)-\dfrac{4}{3}\pi\times3^3$

$\qquad\quad=144\pi-36\pi=108\pi\,(\mathrm{cm}^3)$

54 답 64개

$\left(\dfrac{4}{3}\pi\times8^3\right)\div\left(\dfrac{4}{3}\pi\times2^3\right)=\dfrac{2048}{3}\pi\div\dfrac{32}{3}\pi=64\,(개)$

55 답 ②

원뿔의 높이를 $h\,\mathrm{cm}$라고 하면

$\dfrac{4}{3}\pi\times3^3=\left\{\dfrac{1}{3}\times(\pi\times3^2)\times h\right\}\times\dfrac{6}{5}$

$36\pi=\dfrac{18}{5}\pi h$ $\qquad\therefore h=10$

따라서 원뿔의 높이는 $10\,\mathrm{cm}$이다.

56 답 $3:2:1$

(원기둥의 부피) : (구의 부피) : (원뿔의 부피)

$=\left\{(\pi\times6^2)\times12\right\}:\left(\dfrac{4}{3}\pi\times6^3\right):\left\{\dfrac{1}{3}\times(\pi\times6^2)\times12\right\}$

$=432\pi:288\pi:144\pi$

$=3:2:1$

57 답 ③

구의 반지름의 길이를 $r\,\mathrm{cm}$라고 하면

$\dfrac{4}{3}\pi r^3=36\pi,\ r^3=27=3^3$ $\qquad\therefore r=3$

따라서 구의 반지름의 길이가 $3\,\mathrm{cm}$이므로

(원뿔의 부피)$=\dfrac{1}{3}\times(\pi\times3^2)\times6=18\pi\,(\mathrm{cm}^3)$

(원기둥의 부피)$=(\pi\times3^2)\times6=54\pi\,(\mathrm{cm}^3)$

> 다른 풀이

(원뿔의 부피) : (구의 부피) : (원기둥의 부피)$=1:2:3$

이므로

(원뿔의 부피)$=\dfrac{1}{2}\times$(구의 부피)$=\dfrac{1}{2}\times36\pi=18\pi\,(\mathrm{cm}^3)$

(원기둥의 부피)$=3\times$(원뿔의 부피)

$\qquad\qquad\qquad=3\times18\pi=54\pi\,(\mathrm{cm}^3)$

58 답 8

(정육면체의 부피)$=20\times20\times20=8000\,(\mathrm{cm}^3)$

(구의 부피)$=\dfrac{4}{3}\pi\times10^3=\dfrac{4000}{3}\pi\,(\mathrm{cm}^3)$

(사각뿔의 부피)$=\dfrac{1}{3}\times(20\times20)\times20=\dfrac{8000}{3}\,(\mathrm{cm}^3)$

(정육면체의 부피) : (구의 부피) : (사각뿔의 부피)

$=8000:\dfrac{4000}{3}\pi:\dfrac{8000}{3}$

$=6:\pi:2$

따라서 $a=6,\ b=2$이므로

$a+b=6+2=8$

59 답 $126\,\mathrm{cm}^2$

(처음 정육면체의 겉넓이)$=(3\times3)\times6=54\,(\mathrm{cm}^2)$

이때 정육면체를 면 ABCD에 평행한 평면으로 4번 자르면 면 ABCD와 합동인 면이 8개가 더 생기므로

(늘어난 겉넓이)$=(3\times3)\times8=72\,(\mathrm{cm}^2)$

따라서 5개의 직육면체의 겉넓이의 합은

$54+72=126\,(\mathrm{cm}^2)$

60 답 $148\pi\,\mathrm{cm}^3$

주어진 입체도형을 그리면 오른쪽 그림과 같으므로

(부피)

$=$(원뿔의 부피)$+$(반구의 부피)

$=\dfrac{1}{3}\times(\pi\times2^2)\times3+\dfrac{1}{2}\times\left(\dfrac{4}{3}\pi\times6^3\right)$

$=4\pi+144\pi=148\pi\,(\mathrm{cm}^3)$

1 $236\,\mathrm{cm}^2$　**2** ③　**3** ③　**4** $270\pi\,\mathrm{cm}^2$
5 $(896\pi-56)\,\mathrm{cm}^3$　**6** 7　**7** $33\pi\,\mathrm{cm}^2$
8 ⑤　**9** ④　**10** ④　**11** 2
12 $126\pi\,\mathrm{cm}^3$　**13** $344\,\mathrm{cm}^2$　**14** ②
15 $96\pi\,\mathrm{cm}^2$　**16** ②　**17** ②　**18** 24번
19 ④　**20** $336\pi\,\mathrm{cm}^3$　**21** $\dfrac{128}{3}\pi\,\mathrm{cm}^3$
22 150000원　**23** $\dfrac{115}{4}\,\mathrm{cm}$
24 $128\pi\,\mathrm{cm}^2$

1 $(겉넓이)=\left\{\dfrac{1}{2}\times(4+8)\times3\right\}\times2+(4+5+8+3)\times10$
　　　　$=36+200=236(\mathrm{cm}^2)$

2 주어진 입체도형을 오른쪽 그림과 같이 두 부분으로 나누어 생각하면 윗부분은 밑면인 원의 반지름의 길이가 $2\,\mathrm{cm}$, 높이가 $4\,\mathrm{cm}$인 원기둥의 절반이므로

$(부피)=\dfrac{1}{2}\times\{(\pi\times2^2)\times4\}+(\pi\times2^2)\times6$
　　　　$=8\pi+24\pi$
　　　　$=32\pi(\mathrm{cm}^3)$

3 기둥의 높이를 $h\,\mathrm{cm}$라고 하면
$\left(\pi\times8^2\times\dfrac{225}{360}\right)\times h=280\pi$
$40\pi h=280\pi$　　$\therefore h=7$
따라서 기둥의 높이는 $7\,\mathrm{cm}$이다.

4 주어진 직사각형을 직선 l을 회전축으로 하여 1회전 시킬 때 생기는 입체도형은 오른쪽 그림과 같다.　… (ⅰ)

$(밑넓이)=\pi\times7^2-\pi\times2^2$
　　　　$=49\pi-4\pi$
　　　　$=45\pi(\mathrm{cm}^2)$　… (ⅱ)
$(옆넓이)=(큰\ 원기둥의\ 옆넓이)+(작은\ 원기둥의\ 옆넓이)$
　　　　$=(2\pi\times7)\times10+(2\pi\times2)\times10$
　　　　$=140\pi+40\pi$
　　　　$=180\pi(\mathrm{cm}^2)$　… (ⅲ)
$\therefore (겉넓이)=45\pi\times2+180\pi$
　　　　　　$=270\pi(\mathrm{cm}^2)$　… (ⅳ)

채점 기준	비율
(ⅰ) 입체도형의 겨냥도 그리기	20 %
(ⅱ) 입체도형의 밑넓이 구하기	30 %
(ⅲ) 입체도형의 옆넓이 구하기	30 %
(ⅳ) 입체도형의 겉넓이 구하기	20 %

5 $(부피)=(\pi\times8^2)\times14-(2\times2)\times14$
　　　　$=896\pi-56(\mathrm{cm}^3)$

6 $6\times6+\left(\dfrac{1}{2}\times6\times h\right)\times4=120$이므로
$36+12h=120,\ 12h=84$
$\therefore h=7$

7 밑면인 원의 반지름의 길이를 $r\,\mathrm{cm}$라고 하면
$2\pi\times8\times\dfrac{135}{360}=2\pi r$
$6\pi=2\pi r$　　$\therefore r=3$
따라서 밑면인 원의 반지름의 길이가 $3\,\mathrm{cm}$이므로
$(겉넓이)=\pi\times3^2+\dfrac{1}{2}\times8\times(2\pi\times3)$
　　　　$=9\pi+24\pi=33\pi(\mathrm{cm}^2)$

8 $(두\ 밑면의\ 넓이의\ 합)=4\times4+8\times8=80(\mathrm{cm}^2)$
$(옆넓이)=\left\{\dfrac{1}{2}\times(4+8)\times7\right\}\times4=168(\mathrm{cm}^2)$
$\therefore (겉넓이)=80+168=248(\mathrm{cm}^2)$

9 원뿔의 높이를 $h\,\mathrm{cm}$라고 하면
$\dfrac{1}{3}\times(\pi\times5^2)\times h=75\pi$　　$\therefore h=9$
따라서 원뿔의 높이는 $9\,\mathrm{cm}$이다.

10 주어진 입체도형은 오른쪽 그림과 같으므로

$(직육면체의\ 부피)$
$=6\times10\times6=360(\mathrm{cm}^3)$
$(잘라\ 낸\ 삼각뿔의\ 부피)$
$=\dfrac{1}{3}\times\left(\dfrac{1}{2}\times4\times3\right)\times4=8(\mathrm{cm}^3)$
$\therefore (입체도형의\ 부피)=360-8=352(\mathrm{cm}^3)$

11 $\dfrac{1}{3}\times\left(\dfrac{1}{2}\times4\times6\right)\times3=\left\{\dfrac{1}{2}\times3\times(6-x)\right\}\times2$
$12=18-3x,\ 3x=6$　　$\therefore x=2$

12 주어진 평면도형을 직선 l을 회전축으로 하여 1회전 시킬 때 생기는 입체도형은 오른쪽 그림과 같으므로
$(부피)$
$=(큰\ 반구의\ 부피)-(작은\ 반구의\ 부피)$
$=\dfrac{1}{2}\times\left(\dfrac{4}{3}\pi\times6^3\right)-\dfrac{1}{2}\times\left(\dfrac{4}{3}\pi\times3^3\right)$
$=144\pi-18\pi$
$=126\pi(\mathrm{cm}^3)$

13 오른쪽 그림과 같이 잘린 부분의 면을 이동하여 생각하면 주어진 입체도형의 겉넓이는 가로, 세로의 길이가 각각 10 cm, 6 cm이고, 높이가 7 cm인 직육면체의 겉넓이와 같다.

$\therefore$ (겉넓이) $= (10 \times 6) \times 2 + (10 + 6 + 10 + 6) \times 7$
$= 120 + 224 = 344 \, (\text{cm}^2)$

14 (밑넓이) $= \pi \times 6^2 \times \dfrac{120}{360} - \pi \times 3^2 \times \dfrac{120}{360}$
$= 12\pi - 3\pi = 9\pi \, (\text{cm}^2)$
(옆넓이)
$= \left(2\pi \times 3 \times \dfrac{120}{360}\right) \times 8 + \left(2\pi \times 6 \times \dfrac{120}{360}\right) \times 8 + (3 \times 8) \times 2$
$= 16\pi + 32\pi + 48$
$= 48\pi + 48 \, (\text{cm}^2)$
$\therefore$ (겉넓이) $= 9\pi \times 2 + 48\pi + 48$
$= 66\pi + 48 \, (\text{cm}^2)$

15 주어진 원뿔의 모선의 길이를 l cm라고 하면 원 O의 둘레의 길이는 원뿔의 밑면인 원의 둘레의 길이의 5배이므로
$2\pi l = (2\pi \times 4) \times 5$
$2\pi l = 40\pi \qquad \therefore l = 20$
따라서 원뿔의 모선의 길이가 20 cm이므로
(겉넓이) $= \pi \times 4^2 + \dfrac{1}{2} \times 20 \times (2\pi \times 4)$
$= 16\pi + 80\pi$
$= 96\pi \, (\text{cm}^2)$

16 (원뿔대의 작은 밑면의 넓이) $= \pi \times 3^2$
$= 9\pi \, (\text{cm}^2)$
(원뿔대의 옆넓이) $= \dfrac{1}{2} \times 8 \times (2\pi \times 6) - \dfrac{1}{2} \times 4 \times (2\pi \times 3)$
$= 48\pi - 12\pi$
$= 36\pi \, (\text{cm}^2)$
(원기둥의 옆넓이) $= (2\pi \times 6) \times 5$
$= 60\pi \, (\text{cm}^2)$
(원기둥의 밑넓이) $= \pi \times 6^2$
$= 36\pi \, (\text{cm}^2)$
$\therefore$ (겉넓이) $= 9\pi + 36\pi + 60\pi + 36\pi$
$= 141\pi \, (\text{cm}^2)$

17 주어진 그림에서 색칠한 부분을 $\overline{AC}$를 회전축으로 하여 1회전 시킬 때 생기는 입체도형은 오른쪽 그림과 같으므로
(부피)
$=$ (큰 원뿔의 부피) $-$ (작은 원뿔의 부피)
$= \dfrac{1}{3} \times (\pi \times 4^2) \times 6 - \dfrac{1}{3} \times (\pi \times 4^2) \times 3$
$= 32\pi - 16\pi$
$= 16\pi \, (\text{cm}^3)$

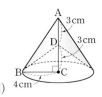

18 (작은 컵의 부피) $= \dfrac{1}{3} \times (\pi \times 3^2) \times 7$
$= 21\pi \, (\text{cm}^3)$
(큰 컵의 부피) $= (\pi \times 6^2) \times 14$
$= 504\pi \, (\text{cm}^3)$
따라서 큰 컵에 물을 가득 채우려면 작은 컵으로 물을
$\dfrac{504\pi}{21\pi} = 24$(번) 부어야 한다.

19 정육면체의 한 모서리의 길이를 a라고 하면
(정육면체의 부피) $= a \times a \times a = a^3$
(작은 입체도형의 부피) $= \dfrac{1}{3} \times \left(\dfrac{1}{2} \times \dfrac{1}{2} a \times \dfrac{1}{2} a\right) \times \dfrac{1}{2} a$
$= \dfrac{1}{48} a^3$
$\therefore$ (큰 입체도형의 부피) $= a^3 - \dfrac{1}{48} a^3$
$= \dfrac{47}{48} a^3$
따라서 큰 입체도형의 부피는 작은 입체도형의 부피의
$\dfrac{47}{48} a^3 \div \dfrac{1}{48} a^3 = 47$(배)이다.

20 주어진 평면도형을 직선 l을 회전축으로 하여 1회전 시킬 때 생기는 입체도형은 오른쪽 그림과 같다. $\cdots$ (i)

(반구의 부피) $= \dfrac{1}{2} \times \left(\dfrac{4}{3} \pi \times 6^3\right)$
$= 144\pi \, (\text{cm}^3) \qquad \cdots$ (ii)
(원기둥의 부피) $= (\pi \times 6^2) \times 8$
$= 288\pi \, (\text{cm}^3) \qquad \cdots$ (iii)
(원뿔의 부피) $= \dfrac{1}{3} \times (\pi \times 6^2) \times 8 = 96\pi \, (\text{cm}^3) \qquad \cdots$ (iv)
$\therefore$ (입체도형의 부피) $= 144\pi + 288\pi - 96\pi$
$= 336\pi \, (\text{cm}^3) \qquad \cdots$ (v)

채점 기준	비율
(i) 입체도형의 겨냥도 그리기	20 %
(ii) 반구의 부피 구하기	20 %
(iii) 원기둥의 부피 구하기	20 %
(iv) 원뿔의 부피 구하기	20 %
(v) 입체도형의 부피 구하기	20 %

21 원기둥의 밑면인 원의 반지름의 길이를 r cm라고 하면 원기둥의 겉넓이가 96π cm^{2}이므로
$\pi r^2 \times 2 + 2\pi r \times 2r = 96\pi$
$6\pi r^2 = 96\pi$, $r^2 = 16 = 4^2$
$\therefore r = 4$
따라서 밑면인 원의 반지름의 길이가 4 cm이므로
(원뿔의 부피) $= \dfrac{1}{3} \times (\pi \times 4^2) \times 8 = \dfrac{128}{3}\pi \, (\text{cm}^3)$

22 (일반 용량의 향수의 부피)$=\dfrac{1}{3}\times(\pi\times3^2)\times8=24\pi\,(\mathrm{cm}^3)$

(대용량의 향수의 부피)$=\dfrac{1}{3}\times(\pi\times6^2)\times15=180\pi\,(\mathrm{cm}^3)$

대용량의 향수의 가격을 x원이라고 하면

향수의 가격이 향수의 부피에 정비례하므로

$24\pi:180\pi=20000:x$

$2:15=20000:x$　　∴ $x=150000$

따라서 대용량의 향수의 가격은 150000원이다.

23 원기둥 모양의 그릇에 남아 있는 물의 높이를 $h\,\mathrm{cm}$라고 하면

(남아 있는 물의 양)

$=$(원기둥의 부피)$-$(쇠공 1개의 부피)$\times3$이므로

$(\pi\times20^2)\times h=(\pi\times20^2)\times30-\left(\dfrac{4}{3}\pi\times5^3\right)\times3$

$400\pi h=12000\pi-500\pi$

$400\pi h=11500\pi$　　∴ $h=\dfrac{115}{4}$

따라서 남아 있는 물의 높이는 $\dfrac{115}{4}\,\mathrm{cm}$이다.

24 공의 반지름의 길이를 $r\,\mathrm{cm}$라고 하면 원기둥 모양의 통의 부피가 $256\pi\,\mathrm{cm}^3$이므로

$\pi r^2\times4r=256\pi$

$4\pi r^3=256\pi,\ r^3=64=4^3$

∴ $r=4$

따라서 공의 반지름의 길이가 $4\,\mathrm{cm}$이므로

(공 2개의 겉넓이의 총합)$=(4\pi\times4^2)\times2$

$=128\pi\,(\mathrm{cm}^2)$

유형 1~3

P. 104~105

1 답 ④

④ 줄기가 5이고 잎이 2인 변량이 2개이므로 기록이 52 m 인 학생 수는 2명이다.

2 답 ㄷ, ㄹ

ㄷ. 기록이 10회 미만인 학생 수는 4명이다.

ㄹ. 제기차기를 가장 많이 한 학생의 기록은 34회, 가장 적게 한 학생의 기록은 2회이므로 두 학생의 기록의 차는 $34-2=32$(회)

3 답 **6명**

지선이보다 키가 작은 학생은 144 cm, 148 cm, 151 cm, 153 cm, 154 cm, 156 cm의 6명이다.

4 답 **11 cm**

키가 큰 학생의 키부터 차례로 나열하면

177 cm, 172 cm, 171 cm, 170 cm, 168 cm, 167 cm, …

이므로 키가 큰 쪽에서 6번째인 학생의 키는 167 cm이다.

키가 작은 학생의 키부터 차례로 나열하면

144 cm, 148 cm, 151 cm, 153 cm, 154 cm, 156 cm, …

이므로 키가 작은 쪽에서 6번째인 학생의 키는 156 cm이다.

따라서 구하는 차는 $167-156=11$(cm)

5 답 **40 %**

전체 학생 수는 $2+6+8+4=20$(명)이고,

키가 160 cm 미만인 학생은 $2+6=8$(명)이므로

전체의 $\dfrac{8}{20}\times100=40(\%)$이다.

6 답 **높은 편**

성적이 85점인 학생은 성적이 낮은 쪽에서 12번째, 높은 쪽에서 9번째이므로 성적이 높은 편이다.

7 답 **25 %**

남학생 수와 여학생 수는 각각 9명, 11명이므로 반 전체 학생 수는 $9+11=20$(명)이고, 성적이 90점 이상인 학생은 남학생이 2명, 여학생이 3명이므로

반 전체의 $\dfrac{2+3}{20}\times100=25(\%)$이다.

8 답 **5 kg, 5개**

계급의 크기는 $40-35=45-40=\cdots=60-55=5$(kg)이고,

계급의 개수는 35^{이상}~40^{미만}, 40~45, 45~50, 50~55, 55~60의 5개이다.

9 답 **45 kg 이상 50 kg 미만**

도수가 가장 큰 계급은 도수가 17명인 45 kg 이상 50 kg 미만이다.

10 답 **22명**

몸무게가 50 kg 이상인 학생 수는

$13+9=22$(명)

11 답 ⑤

① $A=30-(1+6+9+7+2)=5$

② (계급의 크기)$=15-10=20-15=\cdots=40-35=5$(분)

③ 계급의 개수는 10^{이상}~15^{미만}, 15~20, 20~25, 25~30, 30~35, 35~40의 6개이다.

④ 점심 식사 시간이 20분 미만인 학생 수는 $1+6=7$(명)

⑤ 점심 식사 시간이 가장 짧은 학생의 정확한 식사 시간은 알 수 없다.

따라서 옳지 않은 것은 ⑤이다.

12 답 **32 %**

봉사 활동 시간이 8시간 이상 12시간 미만인 학생은 8명이므로 전체의 $\dfrac{8}{25}\times100=32(\%)$이다.

13 답 ⑤

봉사 활동 시간이 12시간 이상인 학생은 $5+2=7$(명)이므로 전체의 $\dfrac{7}{25}\times100=28(\%)$이다.

14 답 **9**

점수가 85점 미만인 학생이 전체의 55 %이므로

85점 미만인 학생 수는 $40\times\dfrac{55}{100}=22$(명)

따라서 $1+A+12=22$이므로 $A=9$

유형 4~10

P. 106~110

15 답 ④

① (계급의 크기)$=50-40=60-50=\cdots=100-90$
　　　　　　　　$=10$(분)

② 직사각형의 개수가 6개이므로 계급의 개수는 6개이다.

③ (전체 학생 수)$=4+6+8+4+2+1=25$(명)

④ 라디오 청취 시간이 가장 적은 학생의 정확한 청취 시간은 알 수 없다.

따라서 히스토그램에서 알 수 없는 것은 ④이다.

16 답 **30%**

전체 학생 수는

$1+2+4+7+5+1=20$(명) ⋯⋯ (i)

방문 횟수가 10회 이상인 학생은 $5+1=6$(명)이므로 ⋯ (ii)

전체의 $\dfrac{6}{20}\times100=30(\%)$이다. ⋯⋯ (iii)

채점 기준	비율
(i) 전체 학생 수 구하기	30%
(ii) 방문 횟수가 10회 이상인 학생 수 구하기	30%
(iii) 전체의 몇 %인지 구하기	40%

17 답 **②, ⑥, ⑦**

① 직사각형의 개수가 6개이므로 계급의 개수는 6개이다.

② (계급의 크기)$=5-4=6-5=\cdots=10-9=1$(시간)

③ (전체 학생 수)$=2+8+12+14+10+4=50$(명)

④ 수면 시간이 짧은 쪽에서부터 도수를 차례로 더하여 그 합이 처음으로 6명 이상이 되는 계급은 5시간 이상 6시간 미만이다.

⑤ 도수가 가장 큰 계급의 도수는 14명이고, 도수가 두 번째로 큰 계급의 도수는 12명이므로 도수가 두 번째로 큰 계급은 6시간 이상 7시간 미만이다.

⑥ 수면 시간이 7시간 미만인 학생은 $2+8+12=22$(명)이므로 전체의 $\dfrac{22}{50}\times100=44(\%)$이다.

⑦ (모든 직사각형의 넓이의 합)

$=$(계급의 크기)$\times$(도수의 총합)

$=1\times50=50$

따라서 옳지 않은 것은 ②, ⑥, ⑦이다.

18 답 $\dfrac{3}{2}$배

히스토그램에서 계급의 크기는 모두 같으므로 각 직사각형의 넓이는 각 계급의 도수에 정비례한다.

따라서 성적이 60점 이상 70점 미만인 계급의 직사각형의 넓이는 80점 이상 90점 미만인 계급의 직사각형의 넓이의

$\dfrac{6}{4}=\dfrac{3}{2}$(배)이다.

19 답 **④**

전체 학생 수는 $4+6+8+4+2=24$(명)이므로

성적이 상위 25% 이내에 속하는 학생 수는

$24\times\dfrac{25}{100}=6$(명)

따라서 성적이 90점 이상인 학생 수가 2명, 80점 이상인 학생 수가 $4+2=6$(명)이므로 성적이 상위 25% 이내에 속하려면 최소 80점을 받아야 한다.

20 답 **③**

$32-(2+7+9+4)=10$(명)

21 답 **②**

통학 시간이 25분 이상 30분 미만인 학생 수를 x명이라고 하면 통학 시간이 20분 이상인 학생 수는

$6+x+1+3=x+10$(명)이므로

$x:(x+10)=1:3$, $x+10=3x$

$2x=10$ ∴ $x=5$

따라서 전체 학생 수는

$3+2+5+6+5+1+3=25$(명)

22 답 **③**

사회 성적이 70점 미만인 학생은 $3+9=12$(명)이고, 전체의 30%이므로

(전체 학생 수)$\times\dfrac{30}{100}=12$

∴ (전체 학생 수)$=40$(명)

따라서 사회 성적이 70점 이상 80점 미만인 학생 수는

$40-(3+9+8+5)=15$(명)

23 답 **(1) 10명 (2) 11명**

(1) 앉은키가 85 cm 이상인 학생이 전체의 50%이므로 그 수는

$40\times\dfrac{50}{100}=20$(명) ⋯⋯ (i)

따라서 앉은키가 85 cm 이상 90 cm 미만인 학생 수는

$20-(6+4)=10$(명) ⋯⋯ (ii)

(2) 앉은키가 80 cm 이상 85 cm 미만인 학생 수는

$40-(1+3+5+20)=11$(명) ⋯⋯ (iii)

채점 기준	비율
(i) 앉은키가 85 cm 이상인 학생 수 구하기	30%
(ii) 앉은키가 85 cm 이상 90 cm 미만인 학생 수 구하기	30%
(iii) 앉은키가 80 cm 이상 85 cm 미만인 학생 수 구하기	40%

24 답 **⑤**

① 계급의 개수는 $50^{\text{이상}}{\sim}60^{\text{미만}}$, $60{\sim}70$, $70{\sim}80$, $80{\sim}90$, $90{\sim}100$의 5개이다.

② (전체 학생 수)$=2+7+15+9+7=40$(명)

③ 성적이 80점 미만인 학생 수는 $2+7+15=24$(명)

④ 도수가 가장 큰 계급은 도수가 15명인 70점 이상 80점 미만이다.

⑤ 성적이 90점인 학생이 속하는 계급은 90점 이상 100점 미만이므로 이 계급의 도수는 7명이다.

따라서 옳은 것은 ⑤이다.

25 답 **15회 이상 18회 미만**

도서관을 많이 이용한 쪽에서부터 도수를 차례로 더하여 그 합이 처음으로 5명 이상이 되는 계급은 15회 이상 18회 미만이다.

26 답 ④

전체 학생 수는 $2+6+12+10+4+2=36$(명)이고,
도서관을 이용한 횟수가 6회 이상 12회 미만인 학생은
$6+12=18$(명)이므로 전체의 $\frac{18}{36}\times100=50$(%)이다.

27 답 ③

색칠한 두 삼각형은 밑변의 길이와 높이가 각각 같으므로
넓이도 같다.   ∴ $S_1=S_2$

28 답 30

(도수분포다각형과 가로축으로 둘러싸인 도형의 넓이)
$=$(계급의 크기)$\times$(도수의 총합)
$=1\times(2+4+7+8+5+3+1)$
$=1\times30=30$

29 답 35

(도수분포다각형과 가로축으로 둘러싸인 도형의 넓이)
$=$(계급의 크기)$\times$(도수의 총합)
$=5\times(a+b+c+d+e+f)=175$
∴ $a+b+c+d+e+f=35$

30 답 9명

양팔을 벌린 길이가 160 cm 이상 170 cm 미만인 학생 수는
$30-(3+4+11+3)=9$(명)

31 답 40 %

양팔을 벌린 길이가 160 cm 이상인 학생은 $9+3=12$(명)
이므로 전체의 $\frac{12}{30}\times100=40$(%)이다.

32 답 ④

자습 시간이 80분 이상인 학생은 $4+2=6$(명)이고, 전체의
24 %이므로
(전체 학생 수)$\times\dfrac{24}{100}=6$
∴ (전체 학생 수)$=25$(명)
따라서 자습 시간이 40분 이상 60분 미만인 학생 수는
$25-(3+6+4+2)=10$(명)

33 답 ④

성적이 60점 이상 70점 미만인 계급의 도수가 10명이므로
80점 이상 90점 미만인 계급의 도수는
$10\times\dfrac{1}{2}=5$(명)
따라서 성적이 80점 이상인 학생 수는
$5+2=7$(명)

34 답 32 %

성적이 70점 이상 80점 미만인 학생 수는
$50-(5+8+11+10+5+2)=9$(명)이므로   ⋯ (i)
성적이 70점 이상인 학생 수는
$9+5+2=16$(명)   ⋯ (ii)
따라서 성적이 70점인 학생은 상위 $\dfrac{16}{50}\times100=32$(%) 이내
에 속한다.   ⋯ (iii)

채점 기준	비율
(i) 성적이 70점 이상 80점 미만인 학생 수 구하기	30 %
(ii) 성적이 70점 이상인 학생 수 구하기	30 %
(iii) 성적이 70점인 학생은 상위 몇 % 이내에 속하는지 구하기	40 %

35 답 14명

세로축의 눈금 한 칸이 나타내는 도수를 a명이라고 하면
$2a+4a+7a+3a+a=34$
$17a=34$ ∴ $a=2$
즉, 세로축의 눈금 한 칸이 나타내는 도수는 2명이다.
따라서 도수가 가장 큰 계급인 150 cm 이상 160 cm 미만에
속하는 학생 수는
$7a=7\times2=14$(명)

36 답 ⑤

① 여학생 수는
  $5+9+7+6+3=30$(명),
  남학생 수는
  $4+5+11+8+2=30$(명)
  이므로 여학생 수와 남학생 수는 서로 같다.
② 기록이 30 m 이상 35 m 미만인 학생 수는 여학생이 7명,
  남학생이 5명이므로 모두 $7+5=12$(명)이다.
③ 계급의 크기가 같고, 여학생 수와 남학생 수가 같으므로
  각각의 도수분포다각형과 가로축으로 둘러싸인 도형의
  넓이는 $5\times30=150$으로 서로 같다.
④ 기록이 45 m 이상 50 m 미만인 학생은 모두 남학생이므
  로 기록이 가장 좋은 학생은 남학생이다.
⑤ 남학생에 대한 그래프가 여학생에 대한 그래프보다 전체
  적으로 오른쪽으로 치우쳐 있으므로 남학생이 여학생보
  다 기록이 더 좋은 편이다.
따라서 옳지 않은 것은 ⑤이다.

37 답 ④

① 미술 성적이 70점 이상 80점 미만인 학생은 A반이 5명,
  B반이 4명이므로 A반이 B반보다 1명 더 많다.
② 미술 성적이 90점 이상 100점 미만인 학생이 B반은 3명,
  A반은 1명인 것을 알 수 있지만 미술 성적이 가장 높
  은 학생이 B반 학생인지는 알 수 없다.

③ A반 학생 수는
$4+7+5+3+1=20$(명),
B반 학생 수는
$2+3+4+8+3=20$(명)
이므로 A반 학생 수와 B반 학생 수는 서로 같다.
④ B반에 대한 그래프가 A반에 대한 그래프보다 전체적으로 오른쪽으로 치우쳐 있으므로 B반이 A반보다 미술 성적이 더 높은 편이다.
⑤ 두 반의 전체 학생 수는 $20+20=40$(명)이고,
미술 성적이 90점 이상 100점 미만인 학생은 $3+1=4$(명)
이므로 전체의 $\dfrac{4}{40}\times100=10(\%)$이다.
따라서 옳은 것은 ④이다.

38 답 ㄱ, ㄷ
ㄴ. 계급의 크기는 변량을 일정한 간격으로 나눈 구간의 너비이다.
ㄹ. 도수분포다각형에서 세로축은 도수를 나타낸다.
따라서 옳은 것은 ㄱ, ㄷ이다.

39 답 ③
① 줄기와 잎 그림에서 줄기에는 중복되는 수를 한 번만 쓰고, 잎에는 중복되는 수를 모두 써야 한다.
② 도수분포표를 만들 때, 각 계급의 크기가 너무 크면 자료의 분포 상태를 파악하기 어렵다.
④ 도수분포다각형에서 점의 개수는 계급의 개수보다 2개 더 많다.
⑤ 도수분포다각형은 히스토그램에서 각 직사각형의 윗변의 중앙의 점을 차례로 선분으로 연결하여 그린 그래프이다.
따라서 옳은 것은 ③이다.

40 답 ㄴ, ㄷ
ㄴ. 자료를 수량으로 나타낸 것을 변량이라고 한다.
ㄷ. 도수분포표를 만들 때, 계급의 개수가 너무 많으면 자료의 분포 상태를 파악하기 어려우므로 계급의 개수는 5~15개가 적당하다.

유형 11~17 P. 111~116

41 답 0.2
통화 시간이 20분 이상 40분 미만인 학생 수는
$30-(4+8+7+5)=6$(명)
이므로 이 계급의 상대도수는
$\dfrac{6}{30}=0.2$

42 답 0.3
전체 학생 수는 $2+4+9+13+14+12+6=60$(명)이고,
호흡수가 18회 이상 22회 미만인 학생 수는
$12+6=18$(명)
이므로 이 계급의 상대도수는
$\dfrac{18}{60}=0.3$

43 답 0.2
팔굽혀펴기 횟수가 많은 쪽에서부터 도수를 차례로 더하여 그 합이 처음으로 8명 이상이 되는 계급은 9회 이상 11회 미만이고, 이 계급의 도수는 7명이다.
따라서 전체 학생 수는 $5+9+12+7+2=35$(명)이므로 구하는 계급의 상대도수는
$\dfrac{7}{35}=0.2$

44 답 ③
(도수)=(도수의 총합)×(상대도수)
$\quad=20\times0.3=6$

45 답 40명
(전체 학생 수)$=\dfrac{(도수)}{(상대도수)}=\dfrac{8}{0.2}=40$(명)

46 답 15
도수가 6인 계급의 상대도수가 0.2이므로
(도수의 총합)$=\dfrac{6}{0.2}=30$ ⋯ (i)
따라서 상대도수가 0.5인 계급의 도수는
$30\times0.5=15$ ⋯ (ii)

채점 기준	비율
(i) 도수의 총합 구하기	50%
(ii) 상대도수가 0.5인 계급의 도수 구하기	50%

47 답 $A=0.1$, $B=4$, $C=5$, $D=0.25$, $E=1$
$A=\dfrac{2}{20}=0.1$
$B=20\times0.2=4$
$C=20-(2+4+8+1)=5$
$D=\dfrac{5}{20}=0.25$
상대도수의 총합은 1이므로
$E=1$

48 답 0.3
대화 시간이 7시간 이상 8시간 미만인 계급의 상대도수는 0.25이고, 8시간 이상 9시간 미만인 계급의 상대도수는 0.05이므로 대화 시간이 7시간 이상인 계급의 상대도수는
$0.25+0.05=0.3$

49 답 ④

대화 시간이 7시간 이상인 계급의 상대도수가 0.3이므로
전체의 $0.3 \times 100 = 30(\%)$이다.

50 답 ⑤

전력 소비량이 $100\,kWh$ 이상 $150\,kWh$ 미만인 계급의 도
수는 20가구, 상대도수는 0.1이므로
$(\text{전체 가구 수}) = \dfrac{20}{0.1} = 200(\text{가구})$

51 답 ④

전력 소비량이 $250\,kWh$ 이상 $300\,kWh$ 미만인 계급의 상
대도수는 0.15이므로 이 계급의 가구 수는
$200 \times 0.15 = 30(\text{가구})$

52 답 **0.25**

전력 소비량이 낮은 쪽에서부터 도수를 차례로 더하여 그 합
이 처음으로 38가구 이상이 되는 계급은 $150\,kWh$ 이상
$200\,kWh$ 미만이므로 이 계급의 상대도수는
$\dfrac{50}{200} = 0.25$

53 답 **10명**

음악 실기 점수가 45점 이상 55점 미만인 계급의 상대도수는
$1 - (0.1 + 0.2 + 0.3 + 0.15) = 0.25$
따라서 음악 실기 점수가 45점 이상 55점 미만인 학생 수는
$40 \times 0.25 = 10(\text{명})$

54 답 (1) **20명** (2) **0.25**

(1) $(\text{전체 학생 수}) = \dfrac{4}{0.2} = 20(\text{명})$

(2) $A = \dfrac{5}{20} = 0.25$

55 답 **221개**

$(\text{전체 사과의 개수}) = \dfrac{68}{0.08} = 850(\text{개})$이고,
무게가 $150\,g$ 이상 $200\,g$ 미만인 계급의 상대도수가 0.26이
므로 이 계급의 사과의 개수는
$850 \times 0.26 = 221(\text{개})$

56 답 **6명**

$(\text{전체 학생 수}) = \dfrac{2}{0.05} = 40(\text{명})$이고,
컴퓨터 사용 시간이 60분 이상인 학생이 전체의 80%이므로
이 계급의 상대도수는 0.8이다.
따라서 30분 이상 60분 미만인 계급의 상대도수는
$1 - (0.05 + 0.8) = 0.15$이므로
컴퓨터 사용 시간이 30분 이상 60분 미만인 학생 수는
$40 \times 0.15 = 6(\text{명})$

57 답 **40명**

볼링 점수가 90점 이상 100점 미만인 계급의 상대도수는
0.35이고, 이 계급의 도수는 14명이므로
$(\text{전체 회원 수}) = \dfrac{14}{0.35} = 40(\text{명})$

58 답 **10명**

볼링 점수가 100점 이상인 계급의 상대도수의 합은
$0.15 + 0.1 = 0.25$
따라서 볼링 점수가 100점 이상인 회원 수는
$40 \times 0.25 = 10(\text{명})$

59 답 ⑤

① 상대도수가 가장 큰 계급은 $16\,℃$ 이상 $18\,℃$ 미만이다.
② 각 계급의 상대도수는 그 계급의 도수에 정비례하므로
　도수가 클수록 상대도수도 크다.
③ 상대도수의 총합은 항상 1이다. 즉, 상대도수의 총합은
　도수의 총합과 다르다.
④ 최고 기온이 $18\,℃$ 이상 $20\,℃$ 미만인 계급의 상대도수는
　0.2이므로 이 계급에 속하는 지역은
　$50 \times 0.2 = 10(\text{곳})$
⑤ 최고 기온이 $18\,℃$ 이상인 계급의 상대도수의 합은
　$0.2 + 0.12 + 0.02 = 0.34$이므로
　전체의 $0.34 \times 100 = 34(\%)$이다.
따라서 옳은 것은 ⑤이다.

60 답 **8명**

상대도수의 총합은 1이므로 독서 시간이 110분 이상 120분
미만인 계급의 상대도수는
$1 - (0.05 + 0.15 + 0.35 + 0.15 + 0.1) = 0.2$
따라서 전체 학생 수가 40명이므로 독서 시간이 110분 이상
120분 미만인 학생 수는
$40 \times 0.2 = 8(\text{명})$

61 답 **10명**

과학 성적이 40점 이상 50점 미만인 계급의 상대도수는
0.15이고, 이 계급의 학생 수는 6명이므로
$(\text{전체 학생 수}) = \dfrac{6}{0.15} = 40(\text{명})$ ⋯ (ⅰ)
과학 성적이 60점 이상 70점 미만인 계급의 상대도수는
$1 - (0.15 + 0.2 + 0.2 + 0.1 + 0.1) = 0.25$ ⋯ (ⅱ)
따라서 과학 성적이 60점 이상 70점 미만인 학생 수는
$40 \times 0.25 = 10(\text{명})$ ⋯ (ⅲ)

채점 기준	비율
(ⅰ) 전체 학생 수 구하기	30%
(ⅱ) 과학 성적이 60점 이상 70점 미만인 계급의 상대도수 구하기	30%
(ⅲ) 과학 성적이 60점 이상 70점 미만인 학생 수 구하기	40%

62 답 ③

도시가스 사용량이 $11\,m^3$ 이상인 가구가 전체의 28 %이므로 도시가스 사용량이 $11\,m^3$ 이상인 계급의 상대도수의 합은 0.28이다.

따라서 도시가스 사용량이 $9\,m^3$ 이상 $11\,m^3$ 미만인 계급의 상대도수는

$1-(0.04+0.16+0.22+0.28)=0.3$이므로

이 계급의 가구 수는 $50 \times 0.3=15$(가구)

63 답 **0.14**

기록이 20 m 이상 25 m 미만인 학생 수가 40 m 이상인 학생 수와 같고, 상대도수는 도수에 정비례하므로

기록이 20 m 이상 25 m 미만인 계급의 상대도수는

$0.08+0.06=0.14$

64 답 ④

기록이 30 m 이상 35 m 미만인 계급의 상대도수는

$1-(0.14+0.3+0.16+0.08+0.06)=0.26$

따라서 기록이 30 m 이상 35 m 미만인 학생 수는

$100 \times 0.26=26$(명)

65 답 **0.7 이상 0.9 미만**

시력	상대도수	
	A 중학교	B 중학교
0.1^{이상}~0.3^{미만}	0.08	0.075
0.3 ~0.5	0.22	0.2
0.5 ~0.7	0.34	0.325
0.7 ~0.9	0.22	0.275
0.9 ~1.1	0.1	0.1
1.1 ~1.3	0.04	0.025
합계	1	1

A 중학교보다 B 중학교의 상대도수가 더 큰 계급은 0.7 이상 0.9 미만이다.

66 답 **A 중학교: 0.28, B 중학교: 0.21**

통학 시간이 30분 이상 40분 미만인 계급의 도수는

A 중학교가

$250-(27+38+75+25+15)=70$(명),

B 중학교가

$400-(38+62+154+42+20)=84$(명)

따라서 이 계급의 상대도수는

A 중학교: $\dfrac{70}{250}=0.28$

B 중학교: $\dfrac{84}{400}=0.21$

67 답 **A 중학교**

통학 시간이 30분 이상 40분 미만인 계급의 상대도수는 A 중학교가 B 중학교보다 더 크므로 이 계급의 학생들의 비율은 A 중학교가 더 높다.

68 답 ⑤

	1반	2반
도수의 총합	$4a$명	$3a$명
70점 이상 80점 미만인 계급의 도수	$3b$명	$2b$명

(단, a, b는 자연수)

(1반의 상대도수)$=\dfrac{3b}{4a}$

(2반의 상대도수)$=\dfrac{2b}{3a}$

$\therefore \dfrac{3b}{4a} : \dfrac{2b}{3a} = \dfrac{3}{4} : \dfrac{2}{3} = 9:8$

각 항을 $\dfrac{b}{a}$로 나눈다. 각 항에 12를 곱한다.

69 답 ㄴ, ㄹ

ㄱ. 1학년 전체 남학생 수와 여학생 수가 같은지는 알 수 없다.

ㄴ. 여학생에 대한 그래프가 남학생에 대한 그래프보다 전체적으로 오른쪽으로 치우쳐 있으므로 과학 성적은 여학생이 남학생보다 더 높은 편이다.

ㄷ. 1학년 전체 남학생 수와 여학생 수가 다를 수 있으므로 상대도수가 크다고 해서 도수도 큰 것은 아니다.

ㄹ. 계급의 크기가 같고, 상대도수의 총합이 같으므로 각 그래프와 가로축으로 둘러싸인 부분의 넓이는 서로 같다.

따라서 옳은 것은 ㄴ, ㄹ이다.

70 답 ③

① 2학년에 대한 그래프가 1학년에 대한 그래프보다 전체적으로 오른쪽으로 치우쳐 있으므로 2학년 학생들이 1학년 학생들보다 컴퓨터 사용 시간이 더 많은 편이다.

② 2학년보다 1학년의 비율이 더 높은 계급은

3시간 이상 5시간 미만, 5시간 이상 7시간 미만, 7시간 이상 9시간 미만, 9시간 이상 11시간 미만의 4개이다.

③ 1학년 학생 중에서 컴퓨터 사용 시간이 7시간 미만인 계급의 상대도수의 합은

$0.04+0.16=0.2$

$\therefore 0.2 \times 100=20(\%)$

④ 컴퓨터 사용 시간이 11시간 이상 13시간 미만인 계급의 상대도수는 1학년, 2학년이 각각 0.16, 0.26이므로 학생 수는

1학년: $150 \times 0.16=24$(명)

2학년: $100 \times 0.26=26$(명)

즉, 컴퓨터 사용 시간이 11시간 이상 13시간 미만인 학생 수는 1학년보다 2학년이 더 많다.

⑤ 계급의 크기가 같고, 상대도수의 총합이 같으므로 각 그래프와 가로축으로 둘러싸인 부분의 넓이는 서로 같다.

따라서 옳은 것은 ③이다.

71 답 (1) **B 중학교가 18명 더 많다.** (2) **A 중학교**

(1) TV 시청 시간이 8시간 이상 10시간 미만인 학생 수는
A 중학교가 $300 \times 0.26 = 78$(명),
B 중학교가 $400 \times 0.24 = 96$(명)이므로 ⋯ (i)
B 중학교가 $96 - 78 = 18$(명) 더 많다. ⋯ (ii)

(2) A 중학교에 대한 그래프가 B 중학교에 대한 그래프보다
전체적으로 오른쪽으로 치우쳐 있으므로 A 중학교가
B 중학교보다 TV 시청 시간이 더 길다고 할 수 있다.
⋯ (iii)

채점 기준	비율
(i) TV 시청 시간이 8시간 이상 10시간 미만인 A, B 두 중학교의 학생 수 구하기	40 %
(ii) TV 시청 시간이 8시간 이상 10시간 미만인 학생 수가 더 많은 학교와 학생 수의 차 구하기	20 %
(iii) TV 시청 시간이 대체적으로 더 긴 학교 구하기	40 %

72 답 **5명**

웹툰의 수(편)	학생 수(명)	상대도수
$0^{이상} \sim 10^{미만}$		$0.2(=20\%)$
10 $\sim$ 20		0.36
20 $\sim$	11	
합계		1

웹툰의 수가 20편 이상인 계급의 상대도수의 합은
$1 - (0.2 + 0.36) = 0.44$
$\therefore$ (1반 전체 학생 수) $= \dfrac{11}{0.44} = 25$(명)
따라서 구하는 학생 수는
$25 \times 0.2 = 5$(명)

73 답 **11등**

남학생 수는 $2 + 5 + 6 + 3 + 2 = 18$(명)이므로
여학생 수는 $38 - 18 = 20$(명)
이때 성적이 80점 이상인 남학생 수는
$3 + 2 = 5$(명),
여학생 중 성적이 80점 이상인 계급의 상대도수의 합이
$0.2 + 0.1 = 0.3$이므로
성적이 80점 이상인 여학생 수는
$20 \times 0.3 = 6$(명)
따라서 반 전체에서 성적이 80점 이상인 학생 수는
$5 + 6 = 11$(명)이므로 한솔이는 반에서 상위 11등이다.

단원 **마무리** P. 117~120

1 15 % **2** 56 cm **3** ⑤ **4** $A = 7$, $B = 4$
5 40명 **6** ② **7** ④, ⑤ **8** ㄴ, ㄹ **9** ⑤
10 40명 **11** ② **12** 150 cm 이상 180 cm 미만
13 40명 **14** ② **15** 0.32
16 $A = 66$, $B = 0.16$, $C = 48$, $D = 300$, $E = 1$
17 23 % **18** 28명 **19** 12명 **20** ③, ⑤
21 91점 **22** 144등

1 전체 학생 수는 $6 + 7 + 4 + 3 = 20$(명)이고,
기록이 60 cm 이상인 학생은
60 cm, 61 cm, 63 cm의 3명이므로
전체의 $\dfrac{3}{20} \times 100 = 15(\%)$이다.

2 기록이 높은 학생의 기록부터 차례로 나열하면
63 cm, 61 cm, 60 cm, 58 cm, 58 cm, 56 cm, ⋯이므로
기록이 높은 쪽에서 6번째인 학생의 기록은 56 cm이다.

3 ① (계급의 크기) $= 30 - 22 = 38 - 30 = \cdots = 70 - 62 = 8$(초)
②, ④ 숨을 참는 시간이 46초 이상 54초 미만인 학생은
$20 - (5 + 3 + 6 + 2 + 1) = 3$(명)이므로
도수가 가장 큰 계급은 도수가 6명인 38초 이상 46초 미만이고, 숨을 참는 시간이 46초 이상 62초 미만인 학생은
$3 + 2 = 5$(명)이다.
③ 숨을 참는 시간이 38초 미만인 학생은
$5 + 3 = 8$(명)이므로 전체의 $\dfrac{8}{20} \times 100 = 40(\%)$이다.
⑤ 숨을 참는 시간이 긴 쪽에서부터 도수를 차례로 더하여 그 합이 처음으로 5명 이상이 되는 계급은 46초 이상 54초 미만이다.
따라서 옳지 않은 것은 ⑤이다.

4 문자 메시지를 50개 이상 보낸 학생이 전체의 25 %이므로
문자 메시지를 50개 이상 보낸 학생 수는
$20 \times \dfrac{25}{100} = 5$(명) ⋯ (i)
보낸 문자 메시지의 개수가 50개 이상 60개 미만인 계급의 도수는
$5 - 1 = 4$(명) $\therefore B = 4$ ⋯ (ii)
따라서 보낸 문자 메시지의 개수가 40개 이상 50개 미만인 계급의 도수는
$20 - (2 + 6 + 4 + 1) = 7$(명)
$\therefore A = 7$ ⋯ (iii)

채점 기준	비율
(i) 문자 메시지를 50개 이상 보낸 학생 수 구하기	40 %
(ii) B의 값 구하기	30 %
(iii) A의 값 구하기	30 %

5 반 전체 학생 수는
$2+3+7+12+9+5+2=40$(명)

6 음악 성적이 70점 이상 80점 미만인 학생은 9명이므로
전체의 $\dfrac{9}{40}\times100=22.5(\%)$이다.

7 ④ (전체 학생 수)$=3+5+11+8+2+1$
$=30$(명)
⑤ (히스토그램의 각 직사각형의 넓이의 합)
$=$(도수분포다각형과 가로축으로 둘러싸인 도형의 넓이)

8 ㄱ. 계급의 개수는
$30^{이상}\sim60^{미만}$, $60\sim90$, $90\sim120$, $120\sim150$, $150\sim180$, $180\sim210$의 6개이다.
ㄴ. 사용 시간이 90분 미만인 학생 수는
$6+9=15$(명)
ㄷ. 사용 시간이 긴 쪽에서부터 도수를 차례로 더하여 그 합이 처음으로 10명 이상이 되는 계급은 120분 이상 150분 미만으로 이 계급의 도수는 7명이다.
ㄹ. (도수분포다각형과 가로축으로 둘러싸인 도형의 넓이)
$=$(계급의 크기)$\times$(도수의 총합)
$=(60-30)\times(6+9+10+7+5+3)$
$=30\times40$
$=1200$
따라서 옳은 것은 ㄴ, ㄹ이다.

9 도수의 총합이 다른 두 집단의 분포 상태를 비교할 때는 상대도수, 상대도수의 분포표, 상대도수의 분포를 나타낸 그래프가 편리하다.

10 (전체 학생 수)$=\dfrac{(도수)}{(상대도수)}$
$=\dfrac{12}{0.3}=40$(명)

11 제자리멀리뛰기 기록이 120 cm 미만인 계급의 상대도수의 합은
$0.05+0.1=0.15$
따라서 제자리멀리뛰기 기록이 120 cm 미만인 학생 수는
$40\times0.15=6$(명)

12 도수가 12명인 계급의 상대도수는 $\dfrac{12}{40}=0.3$이므로
이 계급은 150 cm 이상 180 cm 미만이다.

13 각 직사각형의 넓이는 각 계급의 도수에 정비례하고, 점수가 25점 이상 30점 미만인 학생 수는 6명이므로 점수가 20점 이상 25점 미만인 학생 수를 x명이라고 하면
$x:6=5:2$
$2x=30$ ∴ $x=15$
따라서 전체 학생 수는
$2+8+6+15+6+3=40$(명)

14 과학실 이용 횟수가 12회 이상인 학생이 전체의 40 %이므로 그 수는
$30\times\dfrac{40}{100}=12$(명)
따라서 과학실 이용 횟수가 12회 이상 16회 미만인 학생 수는
$12-3=9$(명)

15 (전체 학생 수)$=4+6+8+5+2=25$(명)
점수가 낮은 쪽에서부터 도수를 차례로 더하여 그 합이 처음으로 13명 이상이 되는 계급은 60점 이상 70점 미만이다.
따라서 점수가 60점 이상 70점 미만인 학생은 8명이므로 이 계급의 상대도수는
$\dfrac{8}{25}=0.32$

16 (전체 학생 수)$=\dfrac{24}{0.08}=300$(명)이므로
$D=300$
$A=300\times0.22=66$
$B=1-(0.08+0.22+0.27+0.2+0.07)$
$=0.16$
$C=300\times0.16=48$
상대도수의 총합은 1이므로 $E=1$

17 통학 거리가 8 km 이상인 계급의 상대도수의 합은
$0.16+0.07=0.23$
따라서 통학 거리가 8 km 이상인 학생은
전체의 $0.23\times100=23(\%)$이다.

18 (전체 학생 수)$=\dfrac{4}{0.05}=80$(명)이고, $\cdots$(ⅰ)
용돈이 4만 원 이상인 학생이 전체의 60 %이므로 2만 원 이상 4만 원 미만인 계급의 상대도수는
$1-(0.05+0.6)=0.35$ $\cdots$(ⅱ)
따라서 용돈이 2만 원 이상 4만 원 미만인 학생 수는
$80\times0.35=28$(명) $\cdots$(ⅲ)

채점 기준	비율
(ⅰ) 전체 학생 수 구하기	30 %
(ⅱ) 용돈이 2만 원 이상 4만 원 미만인 계급의 상대도수 구하기	40 %
(ⅲ) 용돈이 2만 원 이상 4만 원 미만인 학생 수 구하기	30 %

19 등교하는 데 걸리는 시간이 10분 이상 15분 미만인 계급의
상대도수를 x라고 하면
15분 이상 20분 미만인 계급의 상대도수는 $2x$이고,
상대도수의 총합은 1이므로
$0.08+x+2x+0.3+0.14+0.1+0.02=1$
$3x=0.36$
$\therefore x=0.12$
따라서 등교하는 데 걸리는 시간이 15분 이상 20분 미만인
계급의 상대도수는
$2x=2\times0.12=0.24$이므로
이 계급의 도수는 $50\times0.24=12$(명)

20 ① B 중학교에 대한 그래프가 A 중학교에 대한 그래프보다
전체적으로 오른쪽으로 치우쳐 있으므로 B 중학교가 A
중학교보다 한문 성적이 더 좋은 편이다.
② A 중학교의 학생 수와 B 중학교의 학생 수가 서로 같은
지는 알 수 없다.
④ 상대도수가 같을 뿐 학생 수가 서로 같은지는 알 수 없다.
따라서 옳은 것은 ③, ⑤이다.

21 여학생과 남학생이 각각 12명씩이므로 전체 학생 수는
$12+12=24$(명)
성적이 상위 25 % 이내에 속하는 학생 수는
$24\times\dfrac{25}{100}=6$(명)
이때 반 전체에서 6등인 학생의 성적이 91점이므로 웅이의
성적은 최소 91점이다.

22 1학년 A반의 전체 학생 수는 $\dfrac{17}{0.34}=50$(명)이므로
1등부터 11등까지의 학생들이 1학년 A반에서 차지하는 비
율은 $\dfrac{11}{50}=0.22$
1학년 A반에서 과학 성적이 80점 이상인 계급의 상대도수
의 합이 $0.14+0.08=0.22$이므로 1학년 A반에서 11등인
학생의 점수는 80점 이상이다.
이때 1학년 전체 학생 수는 $\dfrac{64}{0.16}=400$(명)이므로
1학년 전체에서 과학 성적이 80점 이상인 학생 수는
$400\times(0.26+0.1)=144$(명)
따라서 1학년 A반에서 11등인 학생은 1학년 전체에서 적어
도 144등을 한다고 할 수 있다.

memo